westermann

Autorinnen und Autoren: Alexander Alves, Christian Bünz, Katharina Fild, Carmen Hockerup, Patricia Matutat, Thomas Megele, Alexa Oerke, Reiner Schlausch

Herausgeber: Christian Bünz, Reiner Schlausch, Harald Strating

Metalltechnik für Industrieberufe

Fachbuch Grundstufe

Metall SMART Lernen

1. Auflage

Bestellnummer 16261

Zusatzmaterialien zu Metalltechnik für Industrieberufe – Fachbuch – Grundstufe

Für Lehrerinnen und Lehrer

Lösungen zum Arbeitsheft: 978-3-427-16291-9
Lösungen zum Arbeitsheft Download: 978-3-427-16288-9

BiBox Einzellizenz für Lehrer/-innen (Dauerlizenz)
BiBox Klassenlizenz Premium für Lehrer/-innen und bis zu 35 Schüler/-innen (1 Schuljahr)
BiBox Kollegiumslizenz für Lehrer/-innen (Dauerlizenz)
BiBox Kollegiumslizenz für Lehrer/-innen (1 Schuljahr)

Für Schülerinnen und Schüler

Arbeitsheft: 978-3-427-16285-8

BiBox Einzellizenz für Schüler/-innen (1 Schuljahr)
BiBox Einzellizenz für Schüler/-innen (4 Schuljahre)
BiBox Klassensatz PrintPlus (1 Schuljahr)

© 2025 Westermann Berufliche Bildung GmbH, Ettore-Bugatti-Straße 6-14, 51149 Köln
www.westermann.de

Das Werk und seine Teile sind urheberrechtlich geschützt. Jede Nutzung in anderen als den gesetzlich zugelassenen bzw. vertraglich zugestandenen Fällen bedarf der vorherigen schriftlichen Einwilligung des Verlages. Wir behalten uns die Nutzung unserer Inhalte für Text und Data Mining im Sinne des UrhG ausdrücklich vor. Nähere Informationen zur vertraglich gestatteten Anzahl von Kopien finden Sie auf www.schulbuchkopie.de.

Für Verweise (Links) auf Internet-Adressen gilt folgender Haftungshinweis: Trotz sorgfältiger inhaltlicher Kontrolle wird die Haftung für die Inhalte der externen Seiten ausgeschlossen. Für den Inhalt dieser externen Seiten sind ausschließlich deren Betreiber verantwortlich. Sollten Sie daher auf kostenpflichtige, illegale oder anstößige Inhalte treffen, so bedauern wir dies ausdrücklich und bitten Sie, uns umgehend per E-Mail davon in Kenntnis zu setzen, damit beim Nachdruck der Verweis gelöscht wird.

Druck und Bindung: Westermann Druck GmbH, Georg-Westermann-Allee 66, 38104 Braunschweig

ISBN 978-3-427-16261-2

Vorwort

Das vorliegende Werk „Metalltechnik für Industrieberufe – Fachbuch – Grundstufe" aus der Reihe „Metall SMART Lernen" dient der Ausbildung in den industriellen Metallberufen im 1. Ausbildungsjahr.

Zielgruppen
Das vorliegende Werk ist auf den Berufsschulunterricht von Auszubildenden in den Berufen Industrie-, Zerspanungs- und Werkzeugmechaniker/-in ausgerichtet.

Inhalt
Der Inhalt ist fachsystematisch strukturiert und in elf Hauptkapitel gegliedert.

Konzeption
Die Konzeption des Fachbuchs zeichnet sich durch folgende Merkmale aus:

- Es liefert das Berufswissen zur Bearbeitung beruflicher Arbeitsaufgaben und Kundenaufträge.
- Es stellt die fachsystematischen Zusammenhänge der modernen Metalltechnik praxisnah und berufsbezogen dar.

Konzeptionselemente
Jedes Kapitel ist einheitlich strukturiert und enthält die folgenden Konzeptionselemente:

- Eine berufliche Handlungssituation zum Einstieg in das jeweilige Thema.
- Es folgt ein Einstiegstext und eine Übersichtstabelle mit Beispielen zu beruflichen Tätigkeiten im jeweiligen Fachgebiet. Der Füllgrad innerhalb einer Zelle zeigt jeweils die Bedeutung für den einzelnen Beruf an.

geringe Bedeutung	mittlere Bedeutung	hohe Bedeutung	sehr hohe Bedeutung
◔	◑	◕	●

- Ein Video, das eine mögliche berufliche Anforderung im folgenden Fachgebiet für einen ausgewählten Beruf veranschaulicht, hier z. B. Industriemechaniker/-in.
- Neben vielen Abbildungen, Übersichten und Tabellen finden sich in allen Kapiteln Beispiele, Merksätze ❗ und Definitionen 🅰🆉.
- Jedes Kapitel endet mit einer Handlungssituation, deren verschiedene Handlungsphasen Analysieren, Informieren, Planen, Durchführen und Auswerten jeweils durch entsprechende Icons in der Randspalte kenntlich gemacht sind und von einem exemplarischen Video zu einer ausgewählten Handlungsphase ergänzt werden.

Vorwort

In diesem Werk finden Sie QR-Codes, die Augmented-Reality-Szenen enthalten. Diese projizieren den Lehrstoff mithilfe von 3D-Animationen direkt in die reale Welt, wenn Sie die Codes mit einem Smartphone oder Tablet scannen. Augmented Reality (AR) erweitert die reale Umgebung um digitale Inhalte, sodass die Lerninhalte anschaulich und interaktiv dargestellt werden.

Schritte zur Nutzung der AR-Szenen im Buch:

1. Laden Sie sich die kostenlose 3DQR Plus App herunter.
2. Geben Sie einmalig den nachfolgen Code ein, um Ihr Endgerät zur Nutzung der AR-Inhalte freizuschalten.
   Freischaltcode: **UBRL4W5YSQVB**
3. Scannen Sie die 3DQR-Codes der auf den jeweiligen Seiten referenzierten Szenen.
4. Für die Ansicht der Szenen ist keine weitere Registrierung erforderlich, lediglich ein AR-fähiges Smartphone oder Tablet.

Mit folgenden Symbolen wird auf die weiteren Zusatzmaterialien referenziert:

 Situationsvideos zum Kapiteleinstieg und zur Handlungssituation

 Erklärvideos

 Zusatzinformationen, Vorlagen und Muster-Dateien

 Anschauungsmodelle

 Weblinks zu nützlichen Informationen von Herstellern, Verbänden und anderen Institutionen

Ergänzt wird das Werk durch ein Arbeitsheft mit arbeitsprozessorientierten Lernsituationen, eine Landingpage über die man u.a. auf die Zusatzmaterialien der QR-Codes alternativ zugreifen kann (https://www.westermann.de/landing/metallsmartlernen), eine BiBox mit weiteren Zusatzmaterialien (u.a. interaktiven Aufgaben zu jedem Kapitel zur Wissensabfrage/Lernstandserhebung) und ein Tabellenbuch.

Das Autorenteam, die Herausgeber und der Verlag sind für Hinweise und Verbesserungsvorschläge zu diesem Titel an service@westermann.de dankbar.

Frühjahr 2025   Autorinnen, Autoren, Herausgeber und Verlag

Inhaltsverzeichnis

1 Beruf und betriebliche Organisation — 12
1.1 Grundlagen und Begriffe zur Arbeitswelt 4.0 — 13
    1.1.1 Digitalisierung und Industrie 4.0 — 13
    1.1.2 Digitalisierung und Globalisierung – Arbeitswelt 4.0 — 14
    1.1.3 Smart Products und Smart Factory — 15
    1.1.4 Future Skills und Ausbildung 4.0 — 16
1.2 Geschäfts- und Arbeitsprozesse — 18
    1.2.1 Projektmanagement — 21
    1.2.2 Projektmanagement-Methoden — 23
1.3 Ausgewählte Arbeitsprozesse und Ziele — 25
    1.3.1 Bearbeiten von Kundenaufträgen — 25
    1.3.2 Kommunikation und Kundenzufriedenheit — 26
    1.3.3 Arbeitsplanung und -organisation — 29
    1.3.4 Kostenrechnung — 33
1.4 Handlungssituation: Anstehende Aufgaben effizient planen — 35

2 Arbeitsschutz und Umweltschutz im Betrieb — 40
2.1 Arbeitsschutz — 41
    2.1.1 Grundlagen des Arbeitsschutzes — 41
    2.1.2 Gefahrenquellen — 42
    2.1.3 Schutzausrüstung — 42
    2.1.4 Arbeitsschutz in der Praxis — 43
    2.1.5 Hinweisschilder zur Arbeitssicherheit — 45
    2.1.6 Gesetzliche Verankerung — 45
    2.1.7 Organe des Arbeitsschutzes — 46
    2.1.8 Gefährdungsbeurteilung — 48
    2.1.9 Unterweisungen — 49
    2.1.10 Betriebsanweisungen — 50
    2.1.11 Verhalten im Notfall — 52
    2.1.12 Arbeitsschutzmanagementsystem — 53
2.2 Umweltschutz — 53
    2.2.1 Grundlagen Umweltschutz — 53
    2.2.2 Gesetzliche Verankerung — 54
    2.2.3 Umweltbelastungen in der Metallindustrie — 56
    2.2.4 Umweltmanagement — 58
    2.2.5 Hinweisschilder im Zusammenhang mit dem Arbeits- und Umweltschutz — 60
2.3 Handlungssituation: Reinigung und Wartung einer Fräsmaschine — 60

3 Technische Kommunikation — 66
3.1 Grundlagen der technischen Kommunikation — 67
    3.1.1 Definition — 67
    3.1.2 Normen — 67
    3.1.3 Relevanz in den Metallberufen — 70
3.2 Zeichnungsableitungen — 71
    3.2.1 Arten von Zeichnungen — 71

		3.2.2 Stücklisten	72
		3.2.3 Linienarten	73
		3.2.4 Ansichten Erstellung	74
		3.2.5 3D-Perspektiven	76
		3.2.6 Schnittansichten	76
		3.2.7 Detailansichten	78
	3.3	Darstellung von Formelementen in Zeichnungsableitungen	78
		3.3.1 Bohrungen	78
		3.3.2 Sacklochbohrungen	79
		3.3.3 Senkung	79
		3.3.4 Gewindebohrungen	79
		3.3.5 Außengewinde	80
	3.4	Angaben in Zeichnungsableitungen	81
		3.4.1 Bemaßungen	81
		3.4.2 Toleranzen	84
		3.4.3 Schweißangaben	85
		3.4.4 Geometrische Produktspezifikation nach ISO GPS	86
		3.4.5 Oberflächenangaben	88
	3.5	Handlungssituation: Zeichnungsableitung erstellen	90
4	**Mess- und Prüftechnik**		**94**
	4.1	Qualitätsmerkmale	95
	4.2	Physikalische Größen und Einheiten	98
		4.2.1 Dimensionelle Einheiten	98
		4.2.2 Das Dreiecksverhältnis elektrischer Einheiten und die Naturkonstanten	106
		4.2.3 Akustische Einheiten	107
	4.3	Anforderungen an Prüfsysteme	108
		4.3.1 Grundbegriffe der Messunsicherheit	111
		4.3.2 Grundbegriffe des Qualitätsmanagements	113
		4.3.3 Automatisierte Prüfsysteme	115
	4.4	Handlungssituation: Prüfauftrag	117
5	**Werkstofftechnik**		**120**
	5.1	Bedeutung der Werkstoffkunde für die Berufe	121
	5.2	Herstellung und Weiterverarbeitung von Werkstoffen	122
	5.3	Werkstoffeigenschaften	124
		5.3.1 Physikalische Werkstoffeigenschaften	125
		5.3.2 Chemische Werkstoffeigenschaften	131
		5.3.3 Technologische Werkstoffeigenschaften	132
		5.3.4 Toxische Werkstoffeigenschaften	134
	5.4	Einteilung der Werkstoffe	135
		5.4.1 Metalle	137
		5.4.2 Nichteisenmetalle	142
		5.4.3 Kunststoffe	142
		5.4.4 Naturstoffe	146
	5.5	Verbundwerkstoffe	147

5.6	Recycling	148
5.7	Handlungssituation: Werkstoffauswahl am Beispiel einer Kreiselpumpenwelle	150

6	**Zerspanen und Schneiden**	**156**
6.1	Überblick zu Trennverfahren	157
6.2	Handgeführte Werkzeuge	158
	6.2.1 Anreißen	159
	6.2.2 Körnen	160
	6.2.3 Die Werkzeugschneide	161
	6.2.4 Zerteilen (Schneiden)	163
	6.2.5 Meißeln	163
	6.2.6 Feilen	165
	6.2.7 Sägen	166
6.3	Bohren, Senken, Reiben	170
	6.3.1 Grundlagen des Bohrens	170
	6.3.2 Historische Entwicklung	171
	6.3.3 Einteilung der Bohrverfahren Bohren, Senken, Reiben	173
	6.3.4 Schnittwerte beim Bohren	175
	6.3.5 Einspannen der Bohrer	179
	6.3.6 Senken	180
	6.3.7 Reiben	181
	6.3.8 Gewindebohren	183
	6.3.9 Arbeitssicherheit bei der Arbeit an Bohrmaschinen	185
6.4	Drehen	186
	6.4.1 Grundlagen des Drehens	186
	6.4.2 Aufbau von Drehmaschinen	190
	6.4.3 Spannen der Werkstücke	193
	6.4.4 Spannen der Werkzeuge	196
	6.4.5 Drehmeißel	196
	6.4.6 Spanarten	198
	6.4.7 Arbeitssicherheit bei der Arbeit an Drehmaschinen	199
6.5	Fräsen	200
	6.5.1 Grundlegendes zum Fräsen	200
	6.5.2 Historische Entwicklung	200
	6.5.3 Bauarten von Fräsmaschinen	202
	6.5.4 Fräsverfahren	204
	6.5.5 Aufbau der konventionellen Universalfräsmaschine	206
	6.5.6 Spannen der Werkstücke	207
	6.5.7 Fräswerkzeuge	208
	6.5.8 Spannen der Fräswerkzeuge	212
	6.5.9 Spanarten beim Fräsen	213
	6.5.10 Arbeitssicherheit bei der Arbeit an Fräsmaschinen	214
6.6	Handlungssituation: Nachrüstung einer 3-Achs-CNC-Fräsmaschine mit einem 2-Achs-Dreh-Schwenktisch	215

7	**Fügetechnik**	**220**
7.1	Grundlagen des Fügens	221

7.2	**Kraftschlüssiges Fügen**	**222**
	7.2.1 Überblick kraftschlüssige Verbindungen	222
	7.2.2 Schraubenverbindungen	223
	7.2.3 Wirkungsweise von Schraubenverbindungen	227
	7.2.4 Schraubensicherungen	232
	7.2.5 Pressverbindungen	233
7.3	**Formschlüssiges Fügen**	**235**
	7.3.1 Stiftverbindungen	235
	7.3.2 Nietverbindungen	237
	7.3.3 Schnappverbindungen	238
	7.3.4 Welle-Nabe-Verbindung	238
7.4	**Stoffschlüssiges Fügen**	**239**
	7.4.1 Kleben	239
	7.4.2 Löten	241
	7.4.3 Schweißen (Schmelzschweißverfahren)	244
7.5	**Handlungssituation: Montage eines Bodenschildstützrads**	**249**

8 Umformtechnik und Urformtechnik — 256

8.1	**Umformen**	**257**
	8.1.1 Grundlagen des Umformens	257
	8.1.2 Werkstoffverhalten beim Umformprozess	258
	8.1.3 Beispiele einzelner Umformverfahren	259
8.2	**Urformen**	**265**
	8.2.1 Grundlagen des Gießens	265
	8.2.2 Fertigungsverfahren beim Gießen	269
	8.2.3 Sintern	271
8.3	**Additive Fertigung**	**272**
	8.3.1 Datenaufbereitung zur additiven Fertigung	272
	8.3.2 Anwendungsgebiete	276
	8.3.3 Aufbau der 3D-Drucker	277
	8.3.4 Additive Fertigungsverfahren	278
	8.3.5 Materialauswahl für die additive Fertigung	280
	8.3.6 Zusammenfassung	281
8.4	**Handlungssituation: Herstellung von Halterungen für Werkzeugwände**	**281**

9 Elektrotechnik — 286

9.1	**Theoretische Grundlagen der Elektrotechnik**	**286**
	9.1.1 Beschreibung der elektrischen Grundgrößen	286
	9.1.2 Elektrische Schaltungen	289
	9.1.3 Spannungsarten	292
	9.1.4 Speichern und Nutzen im Kleinspannungsbereich	293
	9.1.5 Funktionsweise einer sekundären Batterie am Beispiel eines Bleiakkumulators	296
9.2	**Energieumwandlung**	**297**
	9.2.1 Wirkungsgrad	297
	9.2.2 Nutzung der elektrischen Energie im beruflichen Alltag	298
	9.2.3 Betrachtung des Energiebedarfs einer CNC-Fräsmaschine	298
9.3	**Gefahren durch elektrischen Strom und elektrische Spannung**	**299**

9.4 Schutzmaßnahmen ... 299
9.5 Tätigkeiten und Berechtigungen ... 303
9.6 Handlungssituation: Betrieblichen Unfall mit der Hauselektrik analysieren ... 304

10 Steuerungstechnik   **308**

10.1 Druckerzeugung und Aufbereitung der Medien (Gase und Flüssigkeiten) in Steuerungsanlagen ... 308
10.2 Physikalische Grundlagen und Berechnungen zu pneumatischen Anlagen ... 311
10.3 Bauelemente einer pneumatischen Steuerung ... 314
    10.3.1 Aktoren der Pneumatik ... 314
    10.3.2 Ventile ... 316
10.4 Beschreibung und Darstellung pneumatischer Schaltungen ... 320
    10.4.1 Direkte und indirekte Steuerung ... 320
    10.4.2 Anforderung an die Steuerung einer Bohrvorrichtung ... 321
    10.4.3 Technologieschema, pneumatische Schaltpläne und GRAFCET ... 321
    10.4.4 GRAFCET-Plan nach DIN EN 60848 und pneumatischer Schaltplan zum Spannen und Bohren des Werkstücks ... 322
    10.4.5 Elektropneumatischeatische Steuerung des Spannvorgangs ... 325
10.5 Speicherprogrammierbare Steuerungen (SPS) ... 328
10.6 Einsatz digitaler Werkzeuge in der Steuerungstechnik ... 330
10.7 Handlungssituation: Automatisierung einer Bohrstation ... 330

11 Instandhaltung   **340**

11.1 Grundbegriffe der Instandhaltung ... 341
    11.1.1 Instandhaltung und Abnutzungsvorrat ... 341
    11.1.2 Inspektion und Wartung ... 342
    11.1.3 Instandsetzung und Verbesserung ... 343
    11.1.4 Instandhaltungsstrategien ... 344
11.2 Reibung, Verschleiß, Korrosion ... 346
    11.2.1 Reibungsarten ... 347
    11.2.2 Reibungszustände ... 348
    11.2.3 Verschleißmechanismen ... 349
    11.2.4 Korrosion ... 350
11.3 Betriebsstoffe für die Instandhaltung ... 352
    11.3.1 Aufgaben von Schmierstoffen ... 352
    11.3.2 Flüssige Schmierstoffe ... 352
    11.3.3 Schmierfette ... 353
    11.3.4 Feste Schmierstoffe ... 354
    11.3.5 Schmierverfahren ... 355
    11.3.6 Kühlschmierstoffe (KSS) ... 357
    11.3.7 Reinigungsmittel ... 358
11.4 Handlungssituation: Umsetzung von Wartungs- und Inspektionsarbeiten ... 360

Sachwortverzeichnis   **366**

Bildquellenverzeichnis   **374**

BERUF UND BETRIEBLICHE ORGANISATION

1

1 Beruf und betriebliche Organisation

Berufliche Handlungssituation

Sie sind als Fachkraft in der Produktion eingesetzt und erhalten einen (internen) Kundenauftrag. Um die Fertigungsmöglichkeiten zu erweitern, soll als Projekt eine bestehende 3-Achs-Fräsmaschine mit einem 2-Achs-Dreh-Schwenktisch (siehe Abbildung) nachgerüstet werden. Hierfür muss eine geeignete Adapterplatte gefertigt werden. Bislang müssen Bauteile mit Hinterschneidungen umgespannt werden. Nach der Fertigung sollen die Umrüstung der Maschine und die Inbetriebnahme erfolgen.

Unternehmen in nahezu allen produzierenden Wirtschaftsbereichen setzen Fachkräfte der metalltechnischen Berufsfelder in Produktionsabläufen ein. Je nach beruflichem Schwerpunkt gehören verschiedene Aufgaben zum Job. Als Zerspanungsmechaniker/-in wählen Sie Werkzeuge aus und fertigen Bauteile an geeigneten Maschinen. Als Werkzeugmechaniker/-in fertigen Sie komplexe Werkzeuge und Vorrichtungen für die Produktion. Als Industriemechaniker/-in richten Sie Maschinen ein, bauen sie um und übernehmen die Wartung und Reparatur der Produktionsanlagen. Die Ausbildung aller drei Berufe ist dual organisiert.

Der persönliche berufliche Erfolg hängt mit dem Verständnis der beruflichen Arbeitswelt direkt zusammen. Es gilt, die Zusammenhänge der Aufgaben und Arbeiten, von Menschen und Maschinen, von Wissen und Fähigkeiten insgesamt zu betrachten. Dann können Sie allen vielfältigen Anforderungen gerecht werden.

Berufliche Tätigkeiten	Industriemechaniker/-in	Werkzeugmechaniker/-in	Zerspanungsmechaniker/-in
Sie stellen Bauteile und Baugruppen her	◕	●	●
Sie stellen technische Systeme her und montieren sie	●	●	◔
Sie richten technische Systeme ein	●	◐	●
Sie halten technische Systeme instand	●	◔	◐
Sie automatisieren technische Systeme	◐	◔	◔
Sie arbeiten in vernetzten betrieblichen Strukturen	●	●	●
Sie arbeiten digital- und medienkompetent, auch im virtuellen Raum	●	●	●

Tab.: Berufliche Tätigkeiten

1.1 Grundlagen und Begriffe zur Arbeitswelt 4.0

1.1.1 Digitalisierung und Industrie 4.0

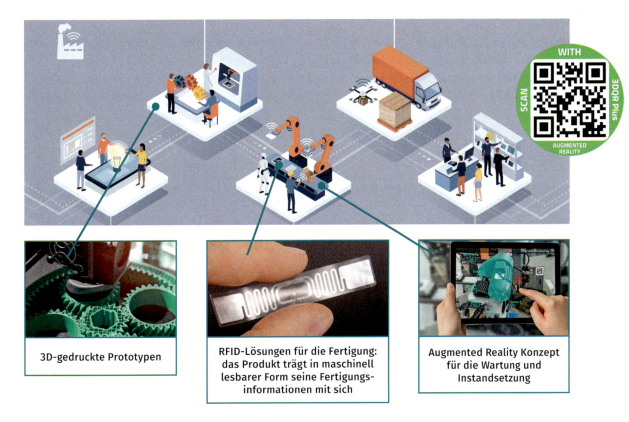

Digitale Transformation und Industrie 4.0 mit einigen typischen Innovationen

Unsere eigenen beruflichen Handlungen stehen immer auch in einem größeren Zusammenhang der betrieblichen Organisation und so trägt jede Person ihren Anteil zu der Wertschöpfung bei. Sowohl im allgemeinen Arbeitsumfeld als auch im konkreten Fall, wenn es um die Erfüllung von Kundenaufträgen (siehe Kapitel 1.3.1, Bearbeitung von Kundenaufträgen) geht. Die wachsende Komplexität der modernen Arbeitswelt und der industriellen Arbeitswelt im Besonderen verlangt dabei von allen Beteiligten ein hohes Maß an Selbstständigkeit, Verantwortungsbewusstsein und Handlungsfähigkeit.

> Die **Wertschöpfungskette** stellt die Stufen der Produktion in eine geordnete Reihe. Diese Reihe besteht aus Tätigkeiten, verbraucht Ressourcen und ist in Prozessen miteinander verbunden (siehe Kapitel 1.2, Geschäfts- und Arbeitsprozesse).

1.1.2 Digitalisierung und Globalisierung – Arbeitswelt 4.0

Die weitreichenden Neuerungen in der Industrie 4.0 bringen einen Wandel der gesamten klassischen Wertschöpfungskette mit sich. Die zwei großen treibenden Kräfte hierfür sind die Digitalisierung und die Globalisierung. Beide führen zu einer veränderten Verzahnung und Aufteilung der Teile einer Wertschöpfungskette.

> **Was sind Digitalisierung und Globalisierung?**
> Mit Digitalisierung ist die Transformation hin zu einer digitalen Welt gemeint. Im betrieblichen Umfeld wird diese unter dem Stichwort „Industrie 4.0" zusammengefasst. Industrie 4.0 nutzt die digitale Form der Informationsdarstellung und Kommunikation. In der Globalisierung werden die betrieblichen Zusammenhänge immer weiter international verflochten, über die Kommunikation, globale Einkauf- und Absatzmärkte, Finanzen und die Politik.

Digitalisierung beinhaltet den Einsatz neuer Technologien und baut auf einer geeigneten IT-Infrastruktur. Globalisierung führt zu globalen Produktionsnetzwerken und betrifft weit mehr als die Lieferketten.

Im Ergebnis existiert keine starre Folge aus Entwicklung, Beschaffung, Produktion, Vertrieb und Recycling mehr, sondern ein flexibles (globales) Netzwerk, das auch den Service und cyber-physische Systeme (CPS) oder künstliche Intelligenz (KI) umfasst. Innerhalb dieses Netzwerks sind Verantwortungen und Zuständigkeiten nach Möglichkeit auf verschiedene Stellen aufgeteilt. Es entstehen mehr und mehr Mensch-Maschine-Schnittstellen. Bedingt durch diesen Wandel entsteht auch eine neue Arbeitswelt mit sich verändernden Tätigkeiten – die Arbeitswelt 4.0: vernetzt, flexibel und digital. Die Betriebe gestalten neue Produktionsprozesse und (internationale) Formen der Zusammenarbeit. Es entstehen allerdings auch enorme Datenmengen. KI kann dazu eingesetzt werden, große Datenmengen auszuwerten und so wichtige Rückschlüsse für eine Steigerung der Produktivität und Nachhaltigkeit zu gewinnen. So können z. B. Energiesensoren, die mit Maschinendaten in Zusammenhang gebracht werden, dafür genutzt werden, den Energieverbrauch zahlreicher Werkzeugmaschinen zu optimieren.

> **Was ist künstliche Intelligenz (KI)?**
> Mit der KI ist gemeint, dass wesentliche Aspekte der menschlichen Intelligenz auf Maschinen übertragen werden. Durch „Machine Learning" erkennen KI-Systeme Muster und erstellen daraus Modelle, um z. B. potenzielle Probleme vorherzusagen. Durch „Chatbots" werden neue Mensch-Maschine-Schnittstellen generiert, um z. B. mit einem verantwortlichen Mitarbeiter über Warnungen oder Empfehlungen zu kommunizieren.

1.1.3 Smart Products und Smart Factory

Mit der Industrie 4.0 sind die Betriebe in der Lage, Sach- und Dienstleistungen innerhalb der Wertschöpfungsprozesse zu verbinden. Zudem werden Kundinnen und Kunden viel tiefer eingebunden. Sie bekommen frühere und umfangreichere Informationen zu ihrem Produkt. Die Produkte werden individueller angeboten. Smarte Produkte (Smart Products) mit digitalen und intelligenten Zusatzleistungen erweitern das Kundenerlebnis durch smart Services (siehe Abbildung). So werden etwa die Automobilhersteller von gestern zu den Mobilitätsanbietern von morgen. Durch die Verbindung der realen mit der digitalen Welt gelingt es, wertvolle Informationen zu verdichten und zu teilen. Neben smarten Fertigungssystemen sind Smarthome-Systeme oder Fahrzeuge im Sharing-Modell weitere Beispiele für smarte Produkte.

> **Was ist der Unterschied zwischen Sach- und Dienstleistung?**
> Eine **Dienstleistung** beinhaltet bestimmte Funktionen, z. B. Informieren, Beraten, Kontrollieren, Befördern, Bedienen, Anwenden, Testen, Analysieren.
> Bei einer **Sachleistung** handelt es sich um ein konkretes Produkt, z. B. eine Maschine, ein System, ein Maschinenelement, ein Werkstück.

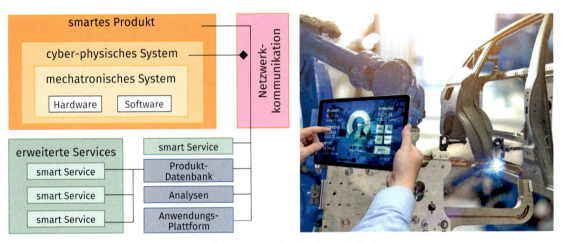

Struktur smarter Produkte (links), smarte Produktion mit Industrieroboter (rechts)

> - **Mechatronische Systeme** bestehen aus vorwiegend mechanischen und elektronischen Systemen sowie einer einfachen Informationsverarbeitung.
> - **Cyber-physische Systeme** erweitern die mechatronischen Systeme um den Bereich der Netzwerkkommunikation.
> - **Smarte Produkte** erweitern cyber-physische Systeme um internetbasierte Dienste (Services).

Viele Unternehmen in den Entwicklungsstufen hin zur Industrie 4.0 (siehe Abbildung auf der folgenden Seite) investieren Kapital und Wissen, um ihren Betrieb zur Smart Factory weiterzuentwickeln. In dieser neuen Produktionsumgebung trägt das Produkt im Produktionsprozess in maschinell lesbarer Form seine Fertigungsinformationen mit sich. Es kann darüber selbst mit der Maschine kommunizieren, welcher Produktionsschritt folgt. Die fortschreitende Vernetzung und Optimierung von Prozessschritten wie Zulieferung, Fertigung, Montage, Auslieferung, Wartung und Instandhaltung bis zum Recycling ermöglichen innovative Verbesserungen von industriellen Prozessen. Gleichzeitig verlangen sie aber auch angepasste

1 Beruf und betriebliche Organisation

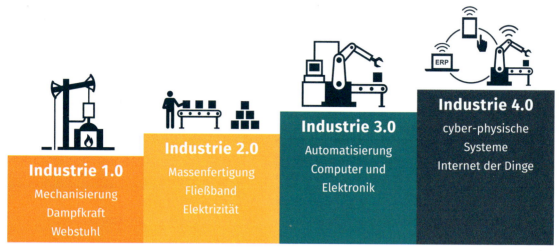

Die Entwicklungsstufen zur Industrie 4.0

moderne Managementmethoden und neuartige Formen der Arbeit. Die Arbeitswelt 4.0 stellt damit immer neue Anforderungen an ihre zukünftigen Beschäftigten. Die Beziehung zwischen Beschäftigten, Betrieb und Technologie muss aktiv neugestaltet werden.

1.1.4 Future Skills und Ausbildung 4.0

Die Digitalisierung ist ein Megatrend, der jeden erreicht hat. Sie hat weitreichende Auswirkungen, sowohl auf unsere Gesellschaft als auch auf die Berufs- und Arbeitswelt. In der Vergangenheit reichte in vielen Berufen das Fachwissen zum Durchführen von einzelnen Arbeitsvorgängen aus. Heute stehen die Forderungen nach sogenannten „Future Skills" im Raum. Betriebe suchen nach Beschäftigten mit besonderen Kompetenzen, um zukunftsfähig zu sein. Die Innovationen entlang der Wertschöpfungskette betreffen schließlich nicht allein Produkte.

Folgende Future Skills gelten als relevant:
- teamorientiertes Arbeiten und Anwendung aktueller Kommunikationsformen auch im virtuellen Raum für die Zusammenarbeit mit Kundinnen und Kunden sowie mit Kolleginnen und Kollegen
- Berücksichtigen der Informations- und Datensicherheit
- Digital- und Medienkompetenz

Für den Einsatz neuester Technologien beschäftigen sich die Betriebe auch innerhalb der Ausbildungsorganisation mit den veränderten Anforderungen. Es stellt sich die Frage, welche Kompetenzen gerade zukünftig verlangt werden, und wie sich diese optimal im Rahmen der Berufsausbildung vermitteln lassen. Wie sieht eine erfolgreiche Ausbildung 4.0 aus?

„Die Berufsausbildung hat die für die Ausübung einer qualifizierten beruflichen Tätigkeit in einer sich wandelnden Arbeitswelt notwendigen beruflichen Fertigkeiten, Kenntnisse und Fähigkeiten (berufliche Handlungsfähigkeit) in einem geordneten Ausbildungsgang zu vermitteln. Sie hat ferner den Erwerb der erforderlichen Berufserfahrungen zu ermöglichen." (§ 1 Berufsbildungsgesetz)

1.1 Grundlagen und Begriffe zur Arbeitswelt 4.0

Digitalisierung in der Berufsausbildung betrifft beide Seiten, die Auszubildenden und die Ausbilder/-innen. Obwohl die fortschreitende Digitalisierung die Arbeitswelt und Arbeitsorganisation verändert, bestehen bei der Ausbildung weiterhin berufsübergreifend bekannte und bewährte Gemeinsamkeiten. Die Arbeit wird von Menschen gestaltet, folglich lassen sich auch die Auswirkungen der Digitalisierung von Menschen gestalten. Bei der Gestaltung der Ausbildungsorganisation setzen die Betriebe auch weiter auf das Grundkonzept der zwei Rollen, Auszubildende und Ausbilder/-innen, die sich gegenseitig beeinflussen. Von den Auszubildenden wird dabei verlangt, dass sie sich Wissen und Kompetenzen erarbeiten, mit denen sie ihre spätere Rolle als Beschäftigte ausüben können. Von den Ausbildenden wird verlangt, dass sie den Auszubildenden Wissen und Kompetenzen vermitteln und den geeigneten Rahmen dafür gestalten. Unabhängig vom Grad der Digitalisierung und den eingesetzten Medien wird die betriebliche Ausbildung für die Auszubildenden in folgenden vier Formen gestaltet:

Steuerung durch Ausbilder/-in		Steuerung durch Auszubildende	
Unterweisung	**Lernen on demand (LoD)**	**selbstorganisiertes Lernen (SoL)**	**Learning Lab**
theoretische und praktische Grundlagen, streng modularisiert	thematische Einführung modularisiert, selbstständige Bearbeitung	eigenverantwortlich, teamorientiert	selbstbestimmt, problemlösekompetent

Formen betrieblicher Ausbildung

- Unterweisung: Der/die Ausbilder/-in gibt Ihnen die Reihenfolge der Themen und die Bearbeitungsdauer vor. Die Bearbeitung erfolgt in vorgeplanten Lehrgängen. Die Unterweisung erfolgt durch den/die Ausbilder/-in durch Vorbereiten, Vormachen, Nachmachen, Vertiefen (4-Stufen-Methode).

- Lernen on demand (LoD): Der/die Ausbilder/-in kontrolliert weiterhin die Themen und stellt Ihnen Lehrgänge zur Verfügung. Sie wählen jedoch selbstständig aus und bearbeiten diese Themen frei, ganz nach ihrem persönlichen Bedarf. Theoretisch steht zu jedem Thema ein Lehrgang zur Verfügung.

- Selbstorganisiertes Lernen (SoL): Der/die Ausbilder/-in kontrolliert nur noch den Rahmen und organisiert dafür die Themen. Sie nehmen die Vorgehensweise und Bearbeitung in Ihre eigene Verantwortung, idealerweise mit anderen Auszubildenden als Projektteam. Der Projektgedanke wird durch offene Problem- und Fragestellungen zu den Themen verstärkt. Der/die Ausbilder/-in agiert als Coach.

- Learning Lab: Als Gegensatz zur strukturierten Unterweisung erleben Sie hier einen offenen Lernraum, in dem Sie Ihr eigenes Lernen offen und selbstbestimmt umsetzen. Sie bestimmen ihre Themen darin selbst und gestalten Ihren eigenen Lernprozess. Der/die Ausbilder/-in stellt dafür optimale Bedingungen und Medien bereit.

1 Beruf und betriebliche Organisation

Mit den gezeigten Formen zur Organisation der Ausbildung 4.0 können alle Anforderungen erfüllt werden: die rechtlich bindenden Ausbildungsrahmenpläne genauso, wie die Forderung, zukünftig wichtige Kompetenzen zu vermitteln, wie die Digitalkompetenz, das eigenverantwortliche Arbeiten im Team oder Problemlösungskompetenzen. Nach der Unterweisung folgen alle weiteren Formen dem Modell der vollständigen Handlung, dem grundlegenden Lernkonzept für die betriebliche Ausbildung.

Fünf-Phasen-Modell der vollständigen Handlung

1.2 Geschäfts- und Arbeitsprozesse

Organisation der Unternehmensstruktur, Hierarchie und Teams

Im geordneten Bereich der Unternehmensstruktur wird die Zuordnung von Mitarbeiterinnen und Mitarbeitern zu Abteilungen, Teams und übergeordneten Geschäftsfeldern sichtbar. Ihnen selbst wird neben der eigenen Zuordnung auch klar, welche Ansprechpartnerinnen und -partner für Sie wichtig sind und wo die Schnittstellen zwischen den Abteilungen liegen. Die Unternehmensstruktur trägt alle Geschäftsprozesse eines Unternehmens. Um diese zu erfüllen, fallen für die (fachlichen) Abteilungen definierte Arbeitsprozesse an. Als Fachkraft eines metalltechnischen Berufsfelds arbeiten Sie vermutlich in der Produktion oder der Produktnutzung Ihres Unternehmens (siehe Beispiel auf der nächsten Seite).

Kundinnen und Kunden können sowohl Privatpersonen als auch weiterverarbeitende Betriebe sein. Geschäftsprozesse beziehen sich im Allgemeinen auf einen vollständigen Kundenauftrag (siehe Kapitel 1.3.1 und 1.3.2). Auch innerbetriebliche Aufträge kommen innerhalb eines Unternehmens häufig vor. Kundin und Kunde wären in so einem Fall dann etwa die Person in Leitungsfunktion der Nachbarabteilung, die für Sie einen Auftrag bereithält.

1.2 Geschäfts- und Arbeitsprozesse

Zu einem sehr guten Prozesswissen zählt die Kenntnis, welche Aufträge, Produkte oder Dienstleistungen für wen und nach welchen Anforderungen zu erbringen sind.

Beispiel

Abteilungen innerhalb eines Unternehmens

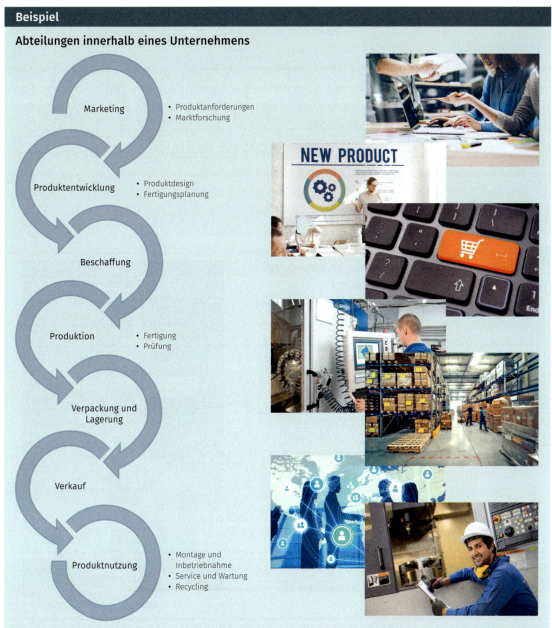

- Marketing
  - Produktanforderungen
  - Marktforschung
- Produktentwicklung
  - Produktdesign
  - Fertigungsplanung
- Beschaffung
- Produktion
  - Fertigung
  - Prüfung
- Verpackung und Lagerung
- Verkauf
- Produktnutzung
  - Montage und Inbetriebnahme
  - Service und Wartung
  - Recycling

In einem Arbeitsprozess werden alle zusammenwirkenden Tätigkeiten zu einem Produkt beschrieben. Dabei können mehrere Abteilungen innerhalb des Unternehmens betroffen sein.
Sie arbeiten in der Produktnutzung und erhalten einen Auftrag für Service und Wartung eines Spannwerkzeugs. Der gesamte Arbeitsprozess zu diesem Auftrag betrifft folgende Abteilungen:
- **Produktnutzung:** Service und Wartung; Ihnen geht der Auftrag zu, Sie klären alle Anforderungen.
- **Produktentwicklung:** Fertigungsplanung; Sie holen alle notwendigen Informationen zum Auftrag ein (Zeichnungen, Stücklisten, Montagepläne, Prüfpläne).
- **Lagerung:** Sie entnehmen ein eingelagertes Spannwerkzeug gleicher Bauart. Sie entnehmen die für die Instandsetzung benötigten Ersatzteile.

> - **Produktnutzung:** Montage und Inbetriebnahme. Sie tauschen das defekte Spannwerkzeug aus, die Anlage ist wieder betriebsbereit.
> - **Produktnutzung:** Service und Wartung. Sie setzen das defekte Spannwerkzeug fachgerecht instand.
> - **Lagerung:** Sie lagern das instandgesetzte Spannwerkzeug ein.

Der Geschäftsprozess dient, betriebswirtschaftlich gesehen, der Wertschöpfung. Dies geschieht durch den Einsatz und den Nutzen der betrieblichen Ressourcen, und wird durch die Kundinnen und Kunden finanziert. Zentral sind darin insbesondere die Personalressourcen, was die Bedeutung der Qualifikation aller an der Wertschöpfung beteiligten Fachkräfte erklärt.

Die Geschäftsprozesse lassen sich herunterbrechen, um die Arbeitsprozesse der Beschäftigten in (berufliche) Handlungsfelder und weiter in einzeln abgegrenzte Arbeitsaufgaben zu unterteilen. In allen Abteilungen sind Fachkräfte tätig, sodass sich für jede Fachkraft im Unternehmen die jeweiligen beruflichen Arbeits- und Handlungsfelder zuordnen lassen. Dies führt uns zu unterschiedlichen prozessbezogenen Berufsbildern und Tätigkeitsbeschreibungen.

> **Berufliche Handlungsfelder werden im Rahmenlehrplan für die Berufsausbildung benannt:**
> - „Industriemechanikerinnen/Industriemechaniker sind überwiegend in den Handlungsfeldern Herstellen, Montieren, Instandhalten und Automatisieren von technischen Systemen eingesetzt."
> - „Werkzeugmechanikerinnen/Werkzeugmechaniker stellen Bauelemente und technische Systeme der Stanz- und Formentechnik, des Vorrichtungs-, Lehren- und Instrumentenbaus her. Sie montieren diese, nehmen sie in Betrieb und halten sie instand."
> - „Zerspanungsmechanikerinnen/Zerspanungsmechaniker stellen Bauelemente durch überwiegend spanabhebende Bearbeitungsverfahren in Einzel- und Serienfertigung her. Zu ihren Aufgaben gehören das Vorbereiten, Durchführen, Überwachen und Sicherstellen von Fertigungsabläufen sowie die Ermittlung und Auswertung von Prüfdaten im Rahmen von Qualitätssicherungssystemen."

In der Arbeitswelt 4.0 reichen Wissen und Können nicht aus. Sie werden nur dann erfolgreich arbeiten, wenn Sie auch Ihre persönlichen und sozialen Kompetenzen einbringen. Folgendes ist dabei besonders förderlich:
- Sich Lern- und Arbeitsziele setzen
- Ziele realisieren und verantwortlich handeln
- Innerhalb Ihrer Abteilung die Arbeitsumgebung mitgestalten
- Unterstützung anbieten und Fragen stellen
- Tätigkeiten und Ergebnisse begründen
- Mit allen Beteiligten kommunizieren

1.2.1 Projektmanagement

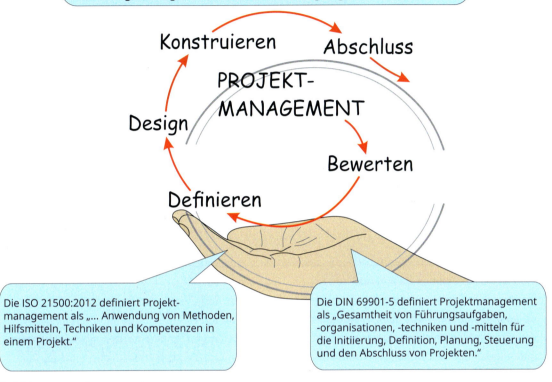

Projektmanagement

So zahlreich die Definitionen für Projekte und das zugehörige Projektmanagement (PM) auch sind (siehe Abbildung), sie weisen viele Gemeinsamkeiten auf. Eine davon grenzt Projekte deutlich vom Alltagsgeschäft ab, wenngleich viele PM-Methoden sich auch auf den Alltag übertragen lassen. Ein Projekt ist ein einmaliges Vorhaben.

Die Effekte der digitalen Transformation zeigen sich auch in diesem Methodenfeld. Immer mehr Betriebe gehen die Schritte hin zum digitalen Unternehmen. Auf strategischer Ebene sind die Transformationen in digitalen Erweiterungen klassischer Produkte und Kundenbeziehungen (siehe Kapitel 1.1.1) sichtbar. Auf operativer Ebene verfolgt das Management datengetriebene Entscheidungen und Automatisierungen. Eine „Digital Leadership" inklusive Innovationsmanagement und digitaler Kultur entsteht. Das digitale Arbeiten innerhalb der lernenden Organisation wird betrieblicher Alltag. Die Beschäftigten arbeiten in agilen Strukturen, passen sich dem Bedarf an und übernehmen mehr Verantwortung. Dabei liegt der Fokus auf der Zusammenarbeit.

Was ist ein Projekt?

Definition der DIN-Norm 69901:

ein Vorhaben mit einmaligen Bedingungen (z. B. Zielvorgaben, Begrenzungen von Personal, Terminen, Kosten oder Sachmitteln, Projektorganisation).

Ein modernes Wertesystem in Ihrem Projektumfeld

 Die agile Arbeitsweise basiert auf bestimmten Grundwerten (siehe Videomaterial). So arbeiten die Beschäftigten während des gesamten Projekts häufig zusammen und alle sind auf das Projekt fokussiert. Die Kommunikation untereinander ist von entscheidender Bedeutung, ebenso ein respektvoller Umgang. Es wird immer die einfachste Lösung gesucht, die den größtmöglichen Nutzen liefert. Der Maßstab für den Projektfortschritt ist ein funktionierendes Produkt.

 Welche Rollen gibt es im Projekt?

Ein ideales Projektteam besteht aus drei bis neun Personen. Ausgehend von den Grundwerten des agilen PMs sind innerhalb des Projektteams verschiedene Rollen vorgesehen, damit die Teammethode erfolgreich ist. Die **Produkteignerin bzw. der Produkteigner** vertritt die Interessen der **Kundinnen und Kunden** und der **Stakeholderinnen und -holder** im Projekt. Die **Projektleitung** arbeitet als Teil des Teams und schafft alle notwendigen Rahmenbedingungen. Die **Mitarbeitenden des Projektteams** konzentrieren sich auf die Projektaufgabe.

Die Ziele eines Projekts lassen sich von den Zielen des Unternehmens ableiten. Das folgende Beispiel verdeutlicht den Unterschied zwischen der Projektaufgabe und dem Ziel (Begriffsdefinition).

Beispiel

 Als Projekt führt Ihr Unternehmen die Erweiterung der bestehenden Fertigungsmöglichkeiten durch. Bislang werden Bauteile für die 5-Achs-Fräsbearbeitung umgespannt, um auch Hinterschneidungen fertigen zu können. Die Projektaufgabe besteht darin, die 3-Achs-Fräsmaschine in geeigneter Weise nachzurüsten. Die Aufgabe bezieht sich auf die Lösung: die erweiterte Maschine. Dafür soll ein 2-Achs-Dreh-Schwenktisch verwendet werden.

Mit dem Projekt verfolgt das Unternehmen zwei Ziele: die direkte und präzisere Fräsbearbeitung von Bauteilen ohne Umspannen und einen kürzeren Arbeitsgang in der Fertigung durch die Reduzierung der Durchführungszeit der Fräsbearbeitung. Die Zeiten für das Umspannen fallen weg und Sie verbessern damit die Wirtschaftlichkeit der Teilefertigung.

Projekt	Aufgabe	Ziele
Erweiterung der bestehenden Fertigungsmöglichkeiten	Nachrüstung der 3-Achs-Fräsmaschine mit einem 2-Achs-Dreh-Schwenktisch	präzise 5-Achs-Fräsbearbeitung ohne Umspannen
		wirtschaftlichere Fertigungsmöglichkeit durch kürzere Arbeitsgänge

1.2.2 Projektmanagement-Methoden

Eine Methode für Ihre Zielformulierungen

Ziele sollen erreichbar und überprüfbar sein. Bei der Vorgabe der Projektziele gibt es einige Regeln, die immer und für alle Projekte anzuwenden sind. Die wohl bekannteste Methode für Zielformulierungen erleichtert die Zuordnung der Kriterien anhand der Abkürzung SMART:

- **S**pezifisch (**specific**): Die Projektziele sind so spezifisch wie möglich zu formulieren. Zur Verdeutlichung kann auch vorgegeben werden, was nicht erreicht werden darf (Nicht-Ziele).
- **M**essbar (**measurable**): Die Projektziele sollen so weit wie möglich in Zahlen vorgegeben werden, sie werden damit messbar.
- **A**usführbar (**achievable**): Die Abhängigkeit von Zielen muss berücksichtigt sein. Gleichzeitig soll auf eine Unterscheidung von Muss, Kann und Soll verzichtet werden. Es werden nur relevante Ziele formuliert, keine bedeutungslosen.
- **R**ealistisch (**realistic**): Es dürfen nur realistische Ziele formuliert und vorgegeben werden, damit sie erreichbar bleiben.
- **T**erminiert (**time-bound**): Es wird ein Termin festgesetzt, zu dem das Ziel erreicht werden muss.

Die Methoden des Projektmanagements dienen Ihnen in der Regel zur Strukturierung. Sie sollen die Arbeit im Projektumfeld erleichtern. Im folgenden Beispiel werden drei effektive Methoden vorgestellt, die für das Arbeiten in Projekten weit verbreitet sind. Üblicherweise findet sich eine Kombination mehrerer Methoden und Werkzeuge innerhalb einer Projektumgebung (z. B. Projektstrukturplan, Timeboxing, Taskboard, Review).

Beispiel

Backlog

Vereinfacht ausgedrückt ist das Backlog eine Liste, die je nach Zusammenhang im agilen PM der Sammlung von Projektaufgaben dient:
- Im Product-Backlog sammelt der Produkteigner alle Anforderungen an das zu entwickelnde Produkt. Innerhalb dieser Liste werden die Aufgaben optimal priorisiert, sie kann jederzeit um neue Anforderungen erweitert werden.
- Im Sprint-Backlog werden die Projektaufgaben festgeschrieben, die zur aktuellen Projektphase gehören. Sie lassen sich einzelnen Mitarbeitenden zuordnen.

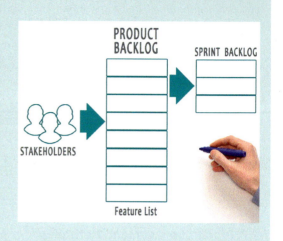

Timeboxing

Diese Methode wird eingesetzt, um jeder Aufgabe eine bestimmte Zeitbox (Timebox) zuzuordnen. Dies kann z. B. die Länge einer Projektaufgabe sein, oder die Dauer einer Teambesprechung. Ziel der Methode ist es, Arbeit besser und effektiver zu organisieren. Gilt für ein Projekt ein fester Zeitrahmen, ist es ohnehin notwendig, alle Projektaufgaben entlang der verfügbaren Zeit zu planen. Dabei sollten für bestimmte Aufgaben innerhalb eines Teams stets die gleichen Werte für eine Timebox gelten. Ähnliche Aufgaben lassen sich bündeln, um Abläufe zu optimieren und Zeit zu sparen.

Taskboard

Mit dem Taskboard, ob physisch oder softwarebasiert, hat das Projektteam zu jeder Zeit eine Übersicht über den Status der Projektaufgaben. Die Unterteilung kann, mehr oder weniger umfangreich, vom Projektteam festgelegt werden (z. B. Backlog, To-do, in Bearbeitung, bereit zur Überprüfung, erledigt). Wichtig ist die Aktualität des Boards, um es dem Team leicht zu machen, sich auf die anstehenden Aufgaben zu konzentrieren. Weiterhin wichtig ist die Abstimmung der Arbeitsweise im Team, z. B. um zu klären, wie Aufgaben zu übernehmen sind oder wann sie erledigt sind (Definition of Done).

1.3 Ausgewählte Arbeitsprozesse und Ziele

1.3.1 Bearbeiten von Kundenaufträgen

 Das zentrale Element bei der Bearbeitung eines Kundenauftrags sind die **Anforderungen**.

 Eine Anforderung ist eine (technische) Eigenschaft, über die ein Produkt verfügen muss, um aus Sicht von Kundinnen und Kunden von Nutzen zu sein.

> **Beispiel**
>
> Sie erhalten von Ihrer Teamleitung den Auftrag, für die Projektaufgabe „Nachrüstung der 3-Achs-Fräsmaschine mit einem 2-Achs-Dreh-Schwenktisch" eine Adapterplatte anzupassen (siehe Kapitel 6.6). Ihnen wird dazu folgende Unterlage übergeben:
>
>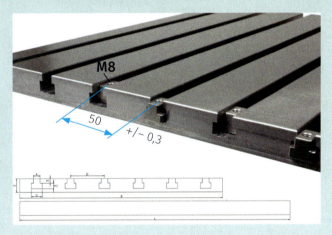
>
> Montagesituation an der 3-Achs-Fräsmaschine mit T-Nutenplatte

Bevor Sie mit der Ausführung beginnen, klären Sie mit Ihrer Auftraggeberin oder Ihrem Auftraggeber (in diesem Fall der Teamleitung) alle Anforderungen. Sie erfahren damit, was die Teamleitung mit dem Auftrag erfüllt sehen will. Sie führen ein auftragsbezogenes Gespräch.

> **Beispiel**
>
> Ihre Teamleitung gibt Ihnen alle Informationen, die Sie für den Auftrag benötigen:
> - Funktion der Bauteile und der Verstellmöglichkeit
> - Material der Adapterplatte (AlMg4,5Mn)
> - Maß der T-Nutensteine (nach DIN 508 mit M8 Gewinde für 10 mm Nuten)
> - Bauteilsymmetrie und Maßbezug (Längssymmetrie zur Mitte)
> - Längenmaß und Lagemaße aller Bohrungen
> - Umfang des Auftrags (Anzahl der Adapterplatten/Spannwerkzeuge: 1)
> - Auftragszeit (Termin zur Fertigstellung)

1 Beruf und betriebliche Organisation

Sie erfassen alle Informationen strukturiert. Da Sie zunächst keine Fertigungszeichnung erstellen sollen, tragen Sie die Bemaßungen und wesentlichen Auftragsinformationen (Name Auftraggeber/-in, Termin) in einer Handskizze nach. Dies ist in Ihrem Unternehmen für kleine innerbetriebliche Fertigungsaufträge gängige Praxis. Weiter nimmt Ihre Teamleitung den Auftrag als Vorgang in die Unternehmenssoftware zur Auftragsfeinplanung in der Fertigung auf. Sie erhalten eine Auftragsnummer. Damit können Sie auftragsbezogen auf vorhandene Stücklisten und Arbeitspläne zur Fräsmaschine zugreifen. Zusätzlich können Sie die aufgewendete Arbeitszeit, Maschinenzeit und Kosten erfassen (siehe Kapitel 1.3.4. Kostenrechnung).

Beispiel

Anforderungsdokumentation mit Zeichnungseinträgen und Zugriff auf Auftragsdaten mit dem Tablet

> Ziel der Kommunikation ist es, alle Anforderungen, die den Umfang des Auftrags definieren, zu erfassen.

Zum vollständigen Kundenauftrag gehört nach der Auftragsdurchführung abschließend auch die Übergabe des Produkts an die jeweiligen Kundinnen und Kunden. Sie übergeben in diesem Fall die gefertigte Adapterplatte für den 2-Achs-Dreh-Schwenktisch an Ihre Teamleitung.

1.3.2 Kommunikation und Kundenzufriedenheit

Ziel der auftragsbezogenen Kommunikation ist es, alle Anforderungen, die den Umfang des Auftrags definieren, zu erfassen. Erfassen bedeutet hier, dass Sie die Anforderungen ermitteln, dokumentieren, prüfen und verwalten müssen. Werden diese Schritte konsequent eingehalten, kann mit dieser Form des Anforderungsmanagements der Erfolg des Auftrags entscheidend beeinflusst werden. In der Folge treten weniger Abweichungen auf, weniger Änderungswünsche müssen umgesetzt werden, die Kundenzufriedenheit steigt und es fallen weniger Gesamtkosten an.

Was ist eine Abweichung?
Eine Abweichung ist die Nichterfüllung einer festgelegten Anforderung, also ein Merkmalswert, der die Anforderung nicht erfüllt.

Bei umfangreicheren Aufträgen steigt in der Regel auch die Menge der Anforderungen. Möglichkeiten zur strukturierten Dokumentation von Anforderungen bieten das Lastenheft (Auftraggeberseite) und das Pflichtenheft (Auftragnehmerseite). Die Dokumentation der Anforderungen ist nicht zuletzt wegen der rechtlichen Relevanz im Streitfall von Bedeutung. Eventuelle Konflikte zwischen Auftragnehmerinnen und -nehmer und Auftraggeberinnen und -geber können damit schnell geklärt werden.

> **Anforderungsdokumentation mit Lasten- und Pflichtenheft:**
> - Das Lastenheft: Enthält alle Anforderungen von Kundinnen und Kunden an das zu liefernde Produkt.
> - Das Pflichtenheft: Beschreibt detailliert die technische Umsetzung als Lösungskonzept und beziffert Kosten und Lieferumfang.

Der Grad, in dem die Anforderungen erfüllt werden, nimmt direkten Einfluss auf die Kundenzufriedenheit. Diese Zufriedenheit kann, zusammen mit der Unterteilung der Anforderungen in drei Kategorien, vereinfacht dargestellt werden. Ein Nichterfüllen von Anforderungen führt zu einer Unzufriedenheit. Umgekehrt lässt sich die Zufriedenheit steigern, indem alle Anforderungen erfüllt oder sogar übererfüllt werden. Wir unterscheiden die folgenden drei Kategorien:

- **Basisanforderungen:** unterbewusst als selbstverständlich vorausgesetzte Merkmale eines technischen Systems
- **Leistungsanforderungen:** bewusst formulierte und explizit geforderte Merkmale eines technischen Systems (vgl. Formulierung im Lastenheft)
- **Begeisterungsanforderungen:** unbewusst vorhandene Anforderungen, die ein technisches System erfüllt, deren Wert der Kundinnen und Kunden aber erst erkennen, wenn sie sie selbst ausprobieren können oder diese vorgeschlagen bekommen (ggf. Aufnahme ins Pflichtenheft nach Abstimmung mit den Kundinnen und Kunden)

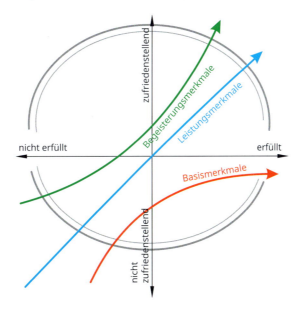

Abhängigkeit der Kundenzufriedenheit von (nicht) erfüllten Anforderungen (Kano-Modell)

Das Kano-Modell beschreibt den Zusammenhang zwischen dem Erreichen bestimmter Eigenschaften eines Produktes/einer Dienstleistung und der erwarteten Zufriedenheit von Kunden. Das Modell ist benannt

1 Beruf und betriebliche Organisation

nach Professor Noriaki Kano, Universität Tokio, der feststellte, dass Kundenanforderungen unterschiedlicher Art sein können und bei der Produktentwicklung zu berücksichtigen sind.

Beispiel

Ein Kunde (Auftraggeber) möchte eine CNC-Drehmaschine beschaffen und stellt bei einer Herstellfirma seiner Wahl (Auftragnehmer) eine Anfrage.

In der Kommunikation des Auftragnehmers mit dem Kunden stellt dieser die Basisfaktoren fest und legt diese in seiner Anforderungsdokumentation entsprechend an. Basierend auf einem bereits vorhandenen System geht der Kunde davon aus, dass die CNC-Drehmaschine am gleichen Aufstellort bestimmten Umgebungsbedingungen unterliegt (Temperaturen, Staub …), die Abmessungen der neuen Anlage sich mit denen der bereits aufgestellten Anlage gleichen (Längenmaße, Gewicht), und die Voraussetzungen für das Bedienpersonal hinsichtlich der Bedienbarkeit und Wartbarkeit durch die Ähnlichkeit der Anlage gegeben sind. Der Kunde wird nur zufrieden sein, wenn ausnahmslos alle Basisanforderungen mit dem Auftrag erfüllt werden.

Als Leistungsanforderungen gibt der Kunde an, was die neue CNC-Drehmaschine für Leistungs-Spezifikationen erfüllen soll, definiert die Anschlüsse für den Aufstellort und ggf. zusätzliche Dienstleistungen rund um Aufstellung und Inbetriebnahme der Anlage. Diese Anforderungen formuliert der Kunde bewusst, fehlende Merkmale werden toleriert, die Zufriedenheit und der Erfüllungsgrad werden als linear abhängig interpretiert. Begeisterungsanforderungen sind mögliche zusätzliche Anforderungen, sie können durch den Auftragnehmer vorgeschlagen werden. Dies können besonders attraktive Lieferbedingungen sein, sodass der Aufstellort der neuen Anlage direkt erreicht wird. Die Entsorgung einer alten Anlage, oder ein besonderes Serviceangebot können dem Kunden als angenehm und nützlich erscheinen, sodass ihn diese Form der Anforderungserfüllung besonders begeistert.

Nach der Anforderungsdokumentation erstellt der Auftragnehmer ein Angebot, das die Auftragsleistung (Umfang, Liefertermin, Preis) spezifiziert. Nimmt der Kunde das Angebot an, erteilt er den Auftrag. Der Auftragnehmer löst die Produktion der CNC-Drehmaschine aus.

Anfrage → Kommunikation → Anforderungsdokumentation → Angebot → Auftrag

Basisanforderungen (musts)	Leistungsanforderungen (wants)	Begeisterungsanforderungen (exciters)
Abmessungen	Antriebsenergie	Versand
Umgebungsbedingungen	Leistungsangaben	Entsorgung
Bedienbarkeit	Aufstellung	Recycling
Wartbarkeit	Inbetriebnahme	Service

Tab.: Mögliche Anforderungen an ein Produkt

1.3.3 Arbeitsplanung und -organisation

Beispiel

Für den gestellten Auftrag zur Adapterplatte beschäftigen Sie sich vor der Ausführung mit der Arbeitsplanung. Die vorhandene Platte soll sechs Bohrungen für die Befestigung am Maschinentisch erhalten, sowie sechs Gewindebohrungen und zwei Bohrungen für die Verbindung der Lagerflansche der Dreh-Schwenkeinheit auf der Adapterplatte. Die Abteilung Produktentwicklung unterstützt Sie bei der Erstellung der Dokumente.

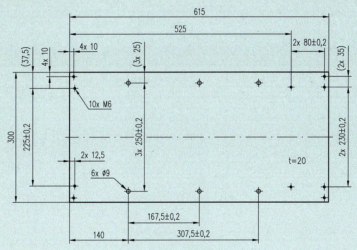

Fertigungszeichnung zur Adapterplatte mit allen Zeichnungselementen

 Die Arbeitsplanung als Teil der Arbeitsvorbereitung dient der Planung der Fertigungsprozesse. Die Arbeitssteuerung und die Arbeitskontrolle zählen auch zur Arbeitsvorbereitung.

Mit der Arbeitsplanung werden alle Maßnahmen geplant, die einmalig auftreten:

- Bereitstellung des Personals und der Betriebsmittel
- Gestaltung der Arbeitsverfahren, -methoden und -bedingungen
- fertigungs- und ablaufgerechte Gestaltung der Arbeitsgegenstände und Betriebsmittel

Ziel der Arbeitsplanung ist es, zu klären, was gefertigt werden soll und wie und womit gearbeitet werden soll (z. B. Art und Menge, Beschaffenheit, Bestimmung der Größenordnung, Teilefertigung, Zusammenbau, Abläufe, Verfahren, Material und Arbeitsmittel, Art und Anzahl der Arbeitskräfte).

1 Beruf und betriebliche Organisation

Beispiel

Schritte der Arbeitsplanung für den Auftrag „Adapterplatte" an der Maschinengruppe Säulenbohrmaschine:

- Ermittlung der Bearbeitungselemente aus Zeichnungsdaten/CAD-Daten (Bohrungen und Gewinde; siehe Kapitel 3.4)
- Rohteil: Sie wählen ein geeignetes Rohmaterial für die Fertigung aus (siehe Kapitel 5). Es soll zunächst nur ein Stück gefertigt werden (ggf. Zuschnitt aus Blechtafel, entgratet, plan oder Zulieferung Fertigmaß 615 mm × 300 mm × 20 mm).
- Prozessgrobentwurf der Bearbeitungsfolge: Bohren, Senken (siehe Kapitel 6)
- Prozessfeinentwurf mit Bestimmung der konkreten
  - Maschinen und Arbeitsplätze: Betriebsmittel Säulenbohrmaschine
  - Spannmittel und Vorrichtungen: Maschinenschraubstock
  - Werkzeuge: Körner, Bohrersatz, Kegelsenker, Handgewindebohrersatz, Windeisen
  - Prüfmittel: Messschieber, Gewindelehrdorn (siehe Kapitel 4)
  - Arbeitswerte: Anzahl der Werkzeugschnitte, Durchmesser der Bohrer, Drehzahl, Schnittgeschwindigkeit (siehe Kapitel 6.3)
  - Auftragszeitermittlung: Einrichtung der Säulenbohrmaschine (Rüstzeit) und Zeit für die Ausführung des Auftrags (Ausführungszeit)

Allgemeiner Arbeitsplan

AG-Nr.	Arbeitsgang	Werkzeuge/Hilfsmittel	Bemerkung/Arbeitswerte
1	Bohrungen anreißen, Bohrungsmittelpunkte körnen	Anreißplatte, Höhenreißer, Körner, Schlosserhammer	Zeichnungsmaße
2	Werkstück einspannen	Maschinenschraubstock	Arbeitssicherheit
3	10 × Bohren mit Spiralbohrer, Durchgangslöcher für Schrauben M6 (mittel)	HSS-Bohrer, Typ N, Säulenbohrmaschine, Kühlschmierstoff	Durchgangsbohrung, Arbeitswerte
4	6 × Bohren mit Spiralbohrer, Kernbohrung für Ø 9	HSS-Bohrer, Typ N, Säulenbohrmaschine, Kühlschmierstoff	Durchgangsbohrung, Arbeitswerte
5	Bohrungen ansenken	90-Grad-Senker, Säulenbohrmaschine	
6	Werkstück ausspannen		
7	Werkstück einspannen	Werkbank	Arbeitssicherheit
8	10 × Gewindebohren M6	Handgewindebohrersatz, Windeisen	Arbeitswerte
9	Lage und Maßhaltigkeit der Bohrungen und Gewinde prüfen	Messschieber, Grenzlehrdorn, Gewindelehrdorn	Zeichnungsmaße

Tab.: Allgemeine Struktur eines Arbeitsplans für die Adapterplatte, Arbeitswerte sind zu ergänzen (den vollständigen Arbeitsplan inklusive aller Arbeitswerte finden Sie innerhalb der Handlungssituation, siehe Kapitel 6.6)

Arbeitssteuerung

Mit der Arbeitssteuerung werden im Sinn einer Ablaufplanung Arbeitsanweisungen erstellt, die für die Auftragsabwicklung erforderlich sind. Die Kriterien hierfür sind:

- Aufträge zum richtigen Termin abwickeln
- kurze Durchlaufzeiten
- hohe Kapazitätsauslastung

1.3 Ausgewählte Arbeitsprozesse und Ziele

Ziel der Arbeitssteuerung ist es zu klären, wann die Arbeitsaufträge, das Material, die Arbeitsmittel und das Personal bereitgestellt werden müssen, wie die termingerechte Verteilung auf die Arbeitsplätze vorgenommen wird und welche Gegenstände und Mengen in den zugeordneten Zeitabschnitten gefertigt werden.

Beispiel

Schritte der Arbeitssteuerung für den Auftrag „Adapterplatte"

Ihre Teamleitung hat den Auftrag bereits als Vorgang in der Unternehmenssoftware zur Auftragsfeinplanung in der Fertigung angelegt. Da es für diesen Auftrag in den Stammdaten noch keinen Arbeitsplan gibt, legen Sie gemeinsam einen manuellen Arbeitsplan an:
- Ermittlung der technologisch erforderlichen Reihenfolge der Arbeitsgänge und Arbeitsplätze.
- Erfassen der Auftragszeit je Arbeitsplatz: Zeitsummen in Stunden für Rüsten-Fertigen-Reinigen.
- Terminierung des Auftrags: Sie legen den Fertigstellungstermin fest.
- Reservierte Bedarfe: Sie reservieren die benötigten Betriebsmittel (Säulenbohrmaschine).
- Referenz: Sie tragen die Abteilung als Kostenstelle ein.

Danach gibt Ihre Teamleitung den Fertigungsauftrag für Sie frei.

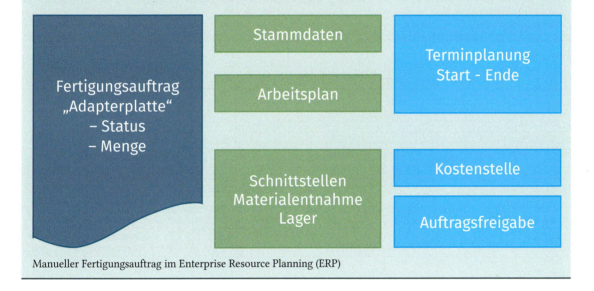

Manueller Fertigungsauftrag im Enterprise Resource Planning (ERP)

Arbeitskontrolle

Mit der Arbeitskontrolle werden alle Soll-Ist-Vergleiche im Fertigungsprozess geplant. Das Ziel hierbei ist es, Abweichungen festzustellen und Maßnahmen gegen die Ursachen zu ergreifen. Es gilt zu klären, welche Qualitätsmerkmale die Erzeugnisse aufweisen und in welchen Mengen mit welchen Kosten Gutteile bzw. Ausschussteile erzeugt worden sind.

Beispiel

Schritte der Arbeitskontrolle für den Auftrag „Adapterplatte":
- Ermittlung der Merkmale aus Zeichnungsdaten/CAD-Daten: Prüfmaße
  - Erstellen eines Prüfplans
  - Durchführen der Prüfung mit dem gewählten Prüfmittel (Messschieber, Gewindelehrdorn)
  - Prüfentscheid: gut oder Beanstandung (Grund der Beanstandung dokumentieren)

Auftragszeiten möglichst präzise zu bestimmen, ist unter der kundenorientierten und individualisierten Fertigung mit einer Vielzahl an technologischen Varianten ungleich schwieriger als in einer variantenarmen Serienfertigung. Die Auftragszeitermittlung ist aber für die Arbeitssteuerung der Aufträge wichtig. In die Berechnung gehen z. B. gemessene Zeiten als Zeitsummen, Planzeiten als Vorgabezeiten oder Hauptzeiten als Soll-Zeiten ein. Die Auftragszeiten werden für mehrere betriebliche Zwecke benötigt:

- Belegungszeiten der Betriebsmittel, Kapazitäts- und Terminplanung in der Fertigung
- Basis der Personal-Kapazitätsplanung
- Kostenrechnung für Produkte und Leistungen

Als Grundlage für die Zeitplanung werden die Arbeitspläne herangezogen. Darüber können Sie den Zeitbedarf für alle Arbeitsgänge bestimmen. Neben der Terminplanung für Ihren Fertigungsauftrag fließen auch die ermittelten Zeiten in die Kosten ein (siehe Kapitel 1.3.4). Eine Übersicht der Fertigungsablaufplanung mit einer Zuordnung der entstehenden Pläne gibt Ihnen die folgende Darstellung:

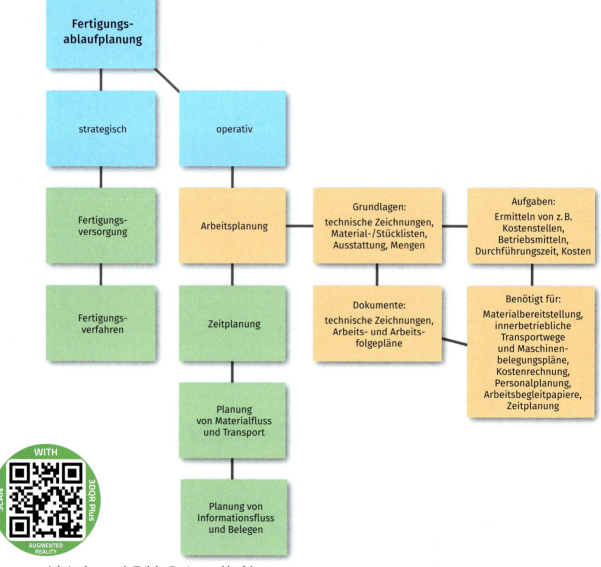

Arbeitsplanung als Teil der Fertigungsablaufplanung

1.3.4 Kostenrechnung

Teile der mittelfristigen Planungsaufgaben im Betrieb sind die Zeit- und Kostenplanung im Fertigungsprozess. Neben der Vorkalkulation werden hier vor allem auch Wirtschaftlichkeitsrechnungen und Variantenvergleiche durchgeführt. Nur was geplant wird, kann auch überwacht werden. Die Kostenrechnung ist ein entscheidendes Mittel zur Kontrolle der tatsächlichen Kosten innerhalb der Projektdurchführung. Basierend auf der Kostenrechnung werden innerhalb der Projektsteuerung Entscheidungen getroffen oder Maßnahmen ergriffen, um die Kostenauswirkungen zu beherrschen und ökonomisch optimal zu wirtschaften.

- **Die Vorkalkulation** dient dazu, die Auftragskosten vor der Herstellung zu ermitteln, z. B. um Herstellungsvarianten zu vergleichen oder Angebotspreise festzulegen.
- **Die Nachkalkulation** hält die tatsächlich angefallenen Kosten fest. Hierfür werden genaue Mengen und Zeiten für die Berechnung erfasst und dem Auftrag zugeordnet.

Das magische Dreieck

Das ökonomische Prinzip liefert eine Orientierung für effizientes Wirtschaften in drei Varianten:
(1) **Minimalprinzip:** Ein festgelegtes Ziel wird mit minimalem Aufwand erreicht.
(2) **Optimum:** Das Verhältnis zwischen Aufwand und Ertrag wird optimal ausgenutzt.
(3) **Maximalprinzip:** Mit festgelegtem Aufwand wird ein maximaler Ertrag angestrebt.

Die Bestandteile der Kostenrechnung definieren, welche Kosten anfallen (Kostenarten), wo Kosten zu verorten sind (Kostenstellen) und wofür sie anfallen (Kostenträger). Nach der Zuordnung zu einer Kostenstelle innerhalb des Betriebs (z. B. Abteilung: Produktnutzung) und des Kostenträgers (z. B. Produkt: Adapterplatte) unterscheidet man die Kostenarten allgemein in Einzelkosten und Gemeinkosten.

- **Einzelkosten** sind Kosten einer Kostenart, die einem Werkstück/Produkt direkt zurechenbar sind.
- **Gemeinkosten** sind Kosten einer Kostenart, die nur indirekt zurechenbar sind.

Beispiel

Berechnung der Selbstkosten für den Auftrag „Adapterplatte"

Kostenstelle	Einzelkosten[a]	Gemeinkosten[b]	Summe
Rohteillager	1 · 249,92 € = 249,92 €	0,08 · 249,92 € = 19,99 €	269,91 €
Auftragsbearbeitung	1,5 · 37,30 € = 55,95 €	1,7 · 55,95 € = 95,12 €	151,07 €
Fertigung	1,0 · 39,50 € = 39,50 €	2,0 · 39,50 € = 79,00 €	118,50 €
Herstellungskosten[c]			*539,48 €*
Verwaltung		10 %	53,95 €
Selbstkosten[d]			*593,43 €*

Bei der Eigenfertigung zur Eigennutzung entsprechen die Auftragskosten dem Selbstkostenpreis. Dieser wird aus Einzelkosten und Gemeinkosten berechnet. Der Zuschlagssatz für die Gemeinkosten, der als Faktor in die Rechnung eingeht, wird aus den gesamten Gemeinkosten aus dem letzten Abrechnungszeitraum des Unternehmens (Periode) immer wieder neu bestimmt. So werden jeweils für Material-, Fertigung- und Verwaltungsgemeinkosten eigene Zuschlagssätze in Prozent verwendet. Bei der Eigenfertigung entfallen die Kosten der Beschaffung für Transport, Versicherung, Verpackung und Rabatte. Bei der Eigennutzung entfallen die Kosten für Vertrieb und Gewinn.

(a) Die Einzelkosten im Lager werden aus der Stückzahl 1 · Lagerkosten für den Lagerplatz (Material + Lagerhaltung) berechnet. Die Einzelkosten in der Auftragsbearbeitung werden aus der Zeit für den Auftrag (Planungsarbeiten und Auftragspapiere) zu 1,5 Stunden · Lohnkosten in der Auftragsbearbeitung in €/Stunde berechnet. Die Einzelkosten in der Produktion werden aus der Zeit für den Auftrag (Rüstzeit, Probeteile, Fertigung) 1,0 Stunden · Lohnkosten in der Produktion in €/Stunde berechnet.

(b) Die Gemeinkosten werden in der einfachen Zuschlagskalkulation den Einzelkosten mit einem Faktor für den Kostensatz einfach zugeschlagen. Im Lager beträgt der Gemeinkostensatz in diesem Beispiel 8 %, die Gemeinkosten berechnen sich damit zu 0,08 · Einzelkosten. In der Auftragsbearbeitung beträgt der Gemeinkostensatz 170 %, die Gemeinkosten berechnen sich damit zu 1,7 · Einzelkosten. In der Produktion beträgt der Gemeinkostensatz hier 200 %, die Gemeinkosten berechnen sich damit zu 2,0 · Einzelkosten.

(c) Die Herstellungskosten berechnen sich aus der Summe aller Einzel- und Gemeinkosten.

(d) Für die Verwaltung werden Gemeinkosten in Höhe von 10 % auf den Auftrag aufgeschlagen, die bei den Selbstkosten noch hinzuaddiert werden müssen. Da der Auftrag nur innerbetrieblich verwendet wird, wird kein Gewinn mehr aufgeschlagen und der berechnete Selbstkostenpreis für die Auftragskosten angesetzt.

1.4 Handlungssituation: Anstehende Aufgaben effizient planen

Eine Methode für Ihr Zeitmanagement

Sie sind neu in Ihrem Team. Ihre Teamleitung fordert Sie zu einer strukturierten Planung Ihrer Aufgaben auf und schlägt Ihnen hierfür die ALPEN-Methode vor. Für die Abstimmung im Team findet zu Beginn jeder Arbeitswoche am Montagmorgen eine Besprechung statt. Hier werden feste Termine bekanntgegeben und Aufgaben zugewiesen.

Ihre Teamleitung klärt Sie darüber auf, dass Sie für die Arbeitswoche für jeden Tag eine strukturierte Tagesplanung erstellen sollen. Diese hilft Ihnen, den Arbeitstag bestmöglich zu nutzen und die Dauer von Arbeitsaufgaben realistisch einzuschätzen. Im Team arbeiten damit alle produktiver.

ANALYSIEREN

Bevor Sie mit der strukturierten Planung beginnen, benötigen Sie alle Anforderungen und Ziele für diese Aufgabe. Sie machen sich zunächst mit der Methode vertraut.

INFORMIEREN

Sie finden schnell heraus, dass sich hinter den Buchstaben der Methode die folgenden fünf Planungsschritte verbergen:

- A – Aufgaben notieren
- L – Länge jeder Aufgabe schätzen
- P – Pufferzeiten einplanen
- E – Entscheidungen treffen
- N – Nachkontrolle

Sie informieren sich zur Arbeitsweise nach der vorgestellten Methode und finden heraus, dass jedes Teammitglied am ersten Wochentag ca. 15 Minuten für die Wochenplanung verwendet. Die regelmäßige Teambesprechung findet montags immer in der Zeit von 8:30 Uhr bis 9 Uhr statt. Vorgeplante feste Termine können Sie bereits vor dem Meeting im Teamkalender einsehen. Vorgeplante offene Aufgaben können Sie dem Taskboard entnehmen.

Beispiel

Montag 8:30 Uhr bis 9 Uhr: Teambesprechung (fester Termin)
Täglich 16:30 Uhr bis 17 Uhr: Werkstattroutine (fester Termin)
Mittwoch 11 Uhr: Gespräch mit Teamleitung (neuer Termin)
Freitag 10 Uhr: Frist Inbetriebnahme neue Schleifmaschine (Aufgabe)

Beruf und betriebliche Organisation

Die übrigen Aufgaben für die Woche wurden Ihnen entweder bereits in der vergangenen Woche zugewiesen oder kommen noch in der Teambesprechung auf Sie zu. Da Ihr Arbeitstag um 7:30 Uhr beginnt, nutzen Sie die Zeit vor dem Meeting, um Ihren Posteingang zu bearbeiten. Per E-Mail haben Sie weitere Aufgaben erhalten.

> **Beispiel**
>
> - Hilfsmittel für die Reinigung, Wartung und Pflege einer Säulenbohrmaschine bereitstellen.
> - Fertigungsauftrag von Werkstücken „Ersatzteile für Werkzeugschlitten" unterstützen, Bauteile prüfen, dokumentieren und einlagern.
> - Arbeitsanweisung zur Einrichtung und Bedienung einer Bandsäge für die Produktion lesen.

PLANEN

Die vorgeplanten Termine müssen Sie in Ihre Tagesplanung aufnehmen und berücksichtigen. Wenn keine Länge der Aufgabe oder dem Termin zugeordnet ist, schätzen Sie diese ab. Für das Mitarbeitergespräch mit Ihrem Teamleiter werden Sie sich z. B. eine Stunde Zeit nehmen, da dies die übliche Besprechungsdauer in Ihrem Team ist. Sie planen die Herangehensweise und die Durchführung Ihres strukturierten Arbeitstages.

DURCHFÜHREN

Sie notieren alle Ihnen bereits bekannten Aufgaben und Zeiten in einer einfachen To-do-Liste. Sie berücksichtigen feste Termine und auch große Pausenzeiten. Sie planen Alternativen, um mögliche Konflikte in der Teambesprechung schnell auflösen zu können. Sie entscheiden, an welchen Stellen in Ihrer Aufgabenliste die Zusammenarbeit mit anderen Teammitgliedern oder weiteren Abteilungen Ihres Unternehmens notwendig wird. Sie unterscheiden die Aufgaben nach Priorität.

Sie erstellen eine vollständige Liste Ihrer Aufgaben, die an diesem Arbeitstag erledigt werden müssen. Sie blocken darin Zeiten für Ihre Pausen, sodass Sie diese im Blick haben. Neben der Dauer planen Sie auch eine Pufferzeit für jede Aufgabe ein. Die Priorität hilft Ihnen, wichtige Aufgaben vorrangig zu bearbeiten. Erledigte Aufgaben werden z. B. mit einer Checkbox markiert.

1.4 Handlungssituation: Anstehende Aufgaben effizient planen

Beispiel

- Hilfsmittel für die Reinigung, Wartung und Pflege einer Säulenbohrmaschine bereitstellen.
- Fertigungsauftrag von Werkstücken „Ersatzteile für Werkzeugschlitten" unterstützen, Bauteile prüfen, dokumentieren und einlagern.
- Arbeitsanweisung zur Einrichtung und Bedienung einer Bandsäge für die Produktion lesen.

Tagesplan

Zeit	Aufgabe	Dauer	Pufferzeit	Priorität			erledigt
07:30	E-Mails abarbeiten	20 min	10	!	!!	!!!	☐
08:00	Hilfsmittel für die Reinigung, Wartung und Pflege einer Säulenbohrmaschine bereitstellen	30 min	0	!	!!	!!!	☐
08:30	Teambesprechung	30 min	10	!	!!	!!!	☐
09:10	Fertigungsauftrag von Werkstücken „Ersatzteile für Werkzeugschlitten" unterstützen, Bauteile prüfen, dokumentieren und einlagern	3 Stunden	30	!	!!	!!!	☐
12:40	Mittagspause	40 min	0				☐
13:20	Inbetriebnahme der neuen Schleifmaschine vorbereiten	2 Stunden	10	!	!!	!!!	☐
15:30	Arbeitsanweisung zur Einrichtung und Bedienung einer Bandsäge für die Produktion lesen	20 min	5	!	!!	!!!	☐
16:00	E-Mails abarbeiten	20 min	10	!	!!	!!!	☐
16:30	Werkstattroutine	30 min	0	!	!!	!!!	☐

AUSWERTEN

Sie haben Ihren Tag detailliert geplant, erledigte Aufgaben haken Sie ab. Die Pufferzeiten fangen Unvorhergesehenes ab, z. B. dass die Teambesprechung etwas länger dauert, weil ein Teammitglied ausfällt und die Aufgaben umverteilt werden müssen. Die Dauer für den Fertigungsauftrag von Werkstücken haben Sie unterschätzt, sodass Sie die Aufgabe am Nachmittag fortsetzen, um alle Teile termingerecht prüfen und auch einlagern zu können. Die Vorbereitung der Inbetriebnahme der neuen Schleifmaschine übertragen Sie unbearbeitet in Ihre Aufgabenliste für den nächsten Tag. Ihre Prioritäten haben Sie richtig gesetzt und zusammen mit den Aufgaben im Blick. Die Nachkontrolle Ihres Plans liefert Ihnen wichtige Erkenntnisse für die nächste Tagesplanung.

Ihre Teamleitung empfiehlt Ihnen, zukünftig mehr Pufferzeiten einzuplanen. Als Faustregel sollen Sie zukünftig zunächst nur 60 Prozent Ihrer Arbeitszeit verplanen, um flexibel mit unerwarteten Veränderungen umzugehen. Schließlich können durch die Teambesprechung oder den Ausfall einer Person aus Ihrem Team weitere Aufgaben hinzukommen.

Mit der Zeit werden Sie die Dauer der Aufgaben für bestimmte Tätigkeiten und Termine besser abschätzen können. Pufferzeiten werden wieder verkleinert. Auch die Zeit für die Tagesplanung nimmt nur noch wenige Minuten zu Beginn eines Tages in Anspruch. Die gut strukturierte Planung hilft Ihnen, produktiv durch den Tag zu gehen.

ARBEITSSCHUTZ UND UMWELTSCHUTZ IM BETRIEB

2

2 Arbeitsschutz und Umweltschutz im Betrieb

Berufliche Handlungssituation

Die Durchführung von Arbeiten an Maschinen verlangt z. B. die richtigen persönlichen Schutzausrüstungen zu kennen und zu tragen. Als Fachkraft sind Sie u. a. auch für die Wartung und Reinigung von Maschinen verantwortlich, z. B. bei einer CNC-Fräsmaschine. Eine der Aufgaben, die Sie z. B. regelmäßig durchführen müssen, ist die Entsorgung von Kühlschmierstoffen an solchen Maschinen.

Einsatz von Kühlschmierstoffen bei der CNC-Fertigung

Arbeits- und Umweltschutz sind elementare Bestandteile jeder beruflichen Tätigkeit. Bei alltäglichen Prozessen in der Industrie, wie z. B. dem Fertigen, Warten oder Reparieren von Bauteilen und Anlagen, gibt es Situationen, in denen Materialien oder Gefahrstoffe eingesetzt und entsorgt werden müssen. Kühlschmierstoffe (KSS) müssen z. B. regelmäßig gewechselt werden.

Beim Umgang mit solchen Gefahrstoffen muss dabei einerseits auf den Umweltschutz, andererseits aber auch auf den Arbeitsschutz geachtet werden. So ist es nicht nur von Bedeutung, die Gefahrstoffe umweltgerecht zu entsorgen, sondern auch nötig, Schutzausrüstung wie etwa Schutzkleidung zu tragen. Ohne Sicherheitsmaßnahmen können selbst alltägliche Tätigkeiten unter Umständen lebensgefährlich werden.

KSS können gesundheitsschädlich für Umwelt, Mensch und Tier sein, wenn sie eingeatmet oder über die Haut aufgenommen werden. Deshalb ist es wichtig, bei der Entsorgung von KSS Schutzausrüstung zu tragen und auf eine ordnungsgemäße Entsorgung zu achten.

Der Deutschen Gesetzlichen Unfallversicherung (DGUV) zufolge entstehen rund 21 Prozent aller tödlicher Arbeitsunfälle bei der Instandhaltung. Wichtige Ziele des Arbeitsschutzes und des Umweltschutzes sind somit der Schutz von Mensch, Tier und Natur.

Die folgende Tabelle verdeutlicht, dass Arbeitsschutz und Umweltschutz in allen Berufen einen hohen Stellenwert haben.

Berufliche Tätigkeiten	Industriemechaniker/-in	Werkzeugmechaniker/-in	Zerspanungsmechaniker/-in
Unfallverhütungsmaßnahmen, Betriebsanweisungen und Unterweisungen beachten und einhalten	●	●	●
Arbeitsmaterialien, Betriebs- und Hilfsstoffe ordnungsgemäß recyclen und entsorgen (z. B. Kühlschmierstoffe)	●	●	●
Persönliche Schutzausrüstung tätigkeitsbezogen auswählen und tragen (z. B. Sicherheitsschuhe, Gehörschutz)	●	●	●
Gefahrenquellen und Sicherheitsrisiken identifizieren und beseitigen	●	●	●
Sicherheits- und Umweltkonzepte sowie -maßnahmen entwickeln, umsetzen und beachten	◔	◔	◔
Notfall melden und Ersthilfe leisten	●	●	●

Tab.: Typische Berührungspunkte mit Arbeits- und Umweltschutz

2.1 Arbeitsschutz

2.1.1 Grundlagen des Arbeitsschutzes

Der Begriff Arbeitsschutz umfasst Maßnahmen, Methoden und Mittel, um den Schutz von Beschäftigten zu gewährleisten. Neben „Arbeitsschutz" werden auch „Arbeitssicherheit und Gesundheitsschutz" oder auch „Sicherheit und Gesundheit bei der Arbeit" als Begrifflichkeiten genutzt.

Arbeitsschutz beschreibt im Allgemeinen das Ziel, das Leben und die Gesundheit der Arbeitnehmerinnen und Arbeitnehmer zu schützen und die Arbeit menschengerecht zu gestalten. Der Arbeitsschutz lässt sich in mehrere Teilbereiche unterteilen.

Der **medizinische Arbeitsschutz** hat das Ziel, die Arbeitnehmerinnen und Arbeitnehmer vor Berufskrankheiten, arbeitsbedingten Erkrankungen und berufsbedingten Gesundheitsgefährdungen zu schützen. Hierzu gehört unter anderem die Durchführung von arbeitsmedizinischen Vorsorgeuntersuchungen und die Betreuung von erkrankten Arbeitnehmerinnen und Arbeitnehmern.

Der **technische Arbeitsschutz** umfasst alle Bereiche, die die Sicherheit der Beschäftigten bei der Arbeit sicherstellen sollen. Hierzu gehören unter anderem die Sicherheitstechnik, die technische Gestaltung von Arbeitsmitteln und die Sicherheitsüberprüfung von Anlagen und Maschinen.

Der **psychosoziale Arbeitsschutz** bezieht sich auf die psychologischen und sozialen Aspekte der Arbeit und hat das Ziel, arbeitsbedingten Stress, Mobbing und Diskriminierung am Arbeitsplatz zu vermeiden und ein positives Arbeitsklima zu schaffen.

Der **soziale Arbeitsschutz** beinhaltet alle Bereiche, die die Sicherheit von besonders schutzbedürftigen Beschäftigten, wie z. B. Jugendlichen, Schwangeren oder Arbeitnehmerinnen und Arbeitnehmern mit Einschränkungen, sicherstellen sollen. Hierzu gehören unter anderem die Gestaltung von Arbeitsplätzen und Arbeitsabläufen, die Vermeidung von Überforderung und die Einhaltung von Arbeitszeitregelungen.

Arbeitssicherheit und Arbeitsplatzsicherheit

Arbeitssicherheit bezieht sich auf Maßnahmen und Strategien, die dazu dienen, Unfälle und Gesundheitsrisiken am Arbeitsplatz zu minimieren oder zu vermeiden.

Arbeitsplatzsicherheit bezieht sich auf die Stabilität und Sicherheit des Arbeitsplatzes in Bezug auf die Beschäftigungsdauer und die Möglichkeit, den Arbeitsplatz zu behalten.

2 Arbeitsschutz und Umweltschutz im Betrieb

2.1.2 Gefahrenquellen

In der Metallverarbeitung sind Maschinen und Anlagen unverzichtbare Arbeitsmittel. Jedoch gehen sie auch mit verschiedenen Gefährdungen einher, die zu Verletzungen führen können. Deshalb ist es wichtig, über die Gefahrenquellen Bescheid zu wissen.

Gefährdung durch ...	Beschreibung
Maschinen und Anlagen	Viele Maschinen in der Metallverarbeitung arbeiten mit rotierenden Teilen, wie z. B. Bohrköpfen oder Sägen. Diese können z. B. zu Schnitt- oder Quetschverletzungen führen, wenn die Hände oder andere Körperteile in die Maschine geraten. Um das Risiko von Verletzungen zu minimieren, müssen Maschinen und Anlagen mit entsprechenden Schutzeinrichtungen ausgestattet sein, wie z. B. Schutzgitter, Schutzhauben oder Not-Aus-Schalter.
elektrische Anlagen	Elektrische Anlagen und Geräte können Stromschläge und Kurzschlüsse verursachen. Um das Risiko von elektrischen Gefährdungen zu minimieren, müssen elektrische Anlagen und Geräte regelmäßig geprüft und gewartet werden. Auch die Verwendung von Schutzleitern, FI-Schaltern und Absicherungen ist unerlässlich.
Gefahrstoffe	In der Metallverarbeitung kommen viele verschiedene Gefahrstoffe zum Einsatz, so z. B. Schmiermittel, Schweißgase, Reinigungsmittel und Farben. Diese können Gesundheitsschäden verursachen (z. B. Haut- und Augengefährdungen), wenn mit ihnen unsachgemäß umgegangen wird.
schlechte Ergonomie und Arbeitsplatzorganisation	Durch lange Arbeitszeiten und wiederholte Bewegungen kann es zu Muskel- und Skelettproblemen kommen, die zu einer Reduktion der Arbeitsleistung führen können. Ergonomie bezieht sich auf die Gestaltung von Arbeitsplätzen, Werkzeugen und Ausrüstungen, um eine effiziente, sichere und gesunde Arbeitsumgebung zu gewährleisten. In der Metallverarbeitung ist es wichtig, dass Werkzeuge und Maschinen so angeordnet sind, dass sie für die Benutzerinnen und Benutzer leicht zugänglich sind und nicht zu Überbelastung oder Verletzungen führen. Eine schlechte Arbeitsplatzorganisation kann zu ineffizienten Arbeitsabläufen und zusätzlichen Belastungen für den Körper führen.

Tab.: Gefahrenquellen

2.1.3 Schutzausrüstung

Persönliche Schutzausrüstung (PSA) ist ein wesentliches Element, um die Gesundheit und Sicherheit der Mitarbeiter und Mitarbeiterinnen zu gewährleisten. Bei der Auswahl der PSA sollten verschiedene Faktoren berücksichtigt werden:

- Art der Arbeit
- Art der Gefahren
- Dauer der Arbeit
- individuelle Bedürfnisse der Mitarbeitenden

Es ist wichtig, dass die PSA den richtigen Schutz bietet sowie bequem und passgenau sitzt, um eine höchstmögliche Arbeitsleistung zu gewährleisten. Ebenso trägt die Verwendung der persönlichen Schutzausrüstung erheblich dazu bei, die Gesundheit und Sicherheit der Mitarbeitenden zu unterstützen. Alle sollten

Persönliche Schutzausrüstung (PSA)

geschult werden, wie man die PSA richtig anlegt, trägt und pflegt. Zudem sollte die PSA regelmäßig auf Schäden und Verschleiß überprüft und gegebenenfalls ersetzt werden. Die Verwendung von PSA ist in der Regel gesetzlich vorgeschrieben und es können Strafen drohen, wenn Mitarbeiterinnen und Mitarbeiter ohne angemessene PSA arbeiten.

2.1.4 Arbeitsschutz in der Praxis

Schutzbrillen schützen die Augen vor funktionsbedingten Verletzungen, z. B. durch Funkenflug oder Staub.

Wenn Metallteile bearbeitet oder geschliffen werden, müssen die Mitarbeiterinnen und Mitarbeiter eine Schutzbrille tragen, da hierbei Funken, Schmutz oder Staubteilchen in die Augen gelangen und Schäden verursachen können. Auch beim Umgang mit chemischen Substanzen oder beim Schneiden von Materialien wie Glas oder Kunststoff ist das Tragen einer Schutzbrille unerlässlich, um die Augen zu schützen.

Je nach Gefährdung müssen verschiedene Schutzbrillen getragen werden.

Ein **Gehörschutz** schützt das Gehör vor Lärmbelastungen, die zu Gehörschäden führen können.

Schutzbrillen

Gehörschutz

In metallverarbeitenden Betrieben muss man oft in Umgebungen arbeiten, die sehr laut sind. Das kann z. B. in einer Werkhalle der Fall sein, in der Maschinen betrieben werden. In solchen Situationen ist es wichtig, dass ein Gehörschutz getragen wird, um das Gehör zu schützen und Hörschäden zu vermeiden.

Eine weitere Situation, in der ein Gehörschutz getragen werden sollte, ist beim Einsatz von Druckluft- oder Elektrowerkzeugen wie Schleifmaschinen oder Bohrern. Auch hier können hohe Lautstärken entstehen, die das Gehör schädigen können, wenn keine Schutzmaßnahmen ergriffen werden.

Schutzhelme schützen den Kopf vor Schlägen und dem Eindringen von Materialien.

Beim Umgang mit schweren Werkzeugen oder Materialien, die herunterfallen und Verletzungen verursachen könnten, muss ein Schutzhelm getragen werden. So können in einer Werkhalle Gegenstände wie schwere Metallstücke, Rohre oder Werkzeugmaschinen herunterfallen und den Kopf verletzen, wenn kein Schutzhelm getragen wird.

Schutzhelme

Auch in Baustellenbereichen kann das Tragen eines Schutzhelms erforderlich sein, um Verletzungen durch herunterfallende Gegenstände zu vermeiden.

Sicherheitsschuhe schützen die Füße vor herabfallenden oder umfallenden Gegenständen, scharfen Gegenständen, elektrischem Strom, chemischen Substanzen und vor rutschigen Oberflächen.

Bei der Werkstattarbeit sollten generell Sicherheitsschuhe getragen werden, auch wenn diese u. U. nicht vorgeschrieben sind. Es besteht immer die Gefahr, dass bei der Arbeit Gegenstände auf die Füße fallen oder versehentlich auf scharfe Werkzeuge oder Werkstücke getreten wird.

Doch auch beim Umgang mit chemischen Substanzen ist das Tragen von Sicherheitsschuhen wichtig, um die Füße zu schützen, da viele Chemikalien die Haut der Füße schädigen können.

Schutzhandschuhe schützen die Hände vor Verletzungen durch scharfe Kanten, heiße Teile oder chemische Stoffe.

Beim Umgang mit scharfen oder rauen Materialien wie Metallteilen, Schleifmitteln oder Werkzeugen müssen Mitarbeiterinnen und Mitarbeiter Schutzhandschuhe tragen. Wenn die Hände nicht geschützt sind, können Schnitte, Kratzer oder Schürfwunden auftreten.

Eine weitere Situation, in der Schutzhandschuhe notwendig sind, besteht bei der Verwendung von Chemikalien. Viele Chemikalien können die Haut reizen oder schwere Verbrennungen verursachen, wenn sie mit der Haut in Kontakt kommen. In solchen Fällen sind geeignete Handschuhe erforderlich, um Hände und Finger der Bedienerinnen und Bediener zu schützen.

Schutzhandschuhe

Es gibt jedoch auch Situationen, in denen keine Schutzhandschuhe getragen werden dürfen, da dies die Arbeit unsicher machen kann. Beispielsweise kann das Tragen von Handschuhen den Griff oder die Beweglichkeit beeinträchtigen, was zu einem Verlust der Kontrolle über das Werkzeug führen kann. In solchen Fällen sollte die erforderliche Arbeit ohne Handschuhe ausgeführt werden. Dieses gilt z. B. auch beim Bohren.

Hautschutz schützt vor Auswirkungen von berufsbedingten Hautbelastungen. Mitarbeiterinnen und Mitarbeiter sollten ihre Haut regelmäßig reinigen und pflegen, um sie vor den schädlichen Auswirkungen von z. B. Schmierstoffen zu schützen. Hierfür sollten geeignete Hautreiniger und Hautpflegeprodukte verwendet werden.

Weitere Beispiele und vertiefende Erklärungen finden Sie indem Sie den QR-Code scannen.

2.1.5 Hinweisschilder zur Arbeitssicherheit

Hinweisschilder zur Arbeitssicherheit sind essenzielle Bestandteile eines jeden Arbeitsplatzes, da sie dazu beitragen Unfälle zu vermeiden und die Gesundheit der Mitarbeitenden zu schützen.

Schildart und Bedeutung	Symbol	Schildart und Bedeutung	Symbol
Rettungszeichen z. B. Notausgang/Exit		**Verbotszeichen** z. B. Zutritt für Unbefugte verboten	
Brandschutzzeichen z. B. Feuerlöscher		**Gefahrenpiktogramme** z. B. entzündbar	
Warnzeichen z. B. elektrische Spannung		**Prüfplaketten und Qualitätszeichen** z. B. Prüfsiegel	
Gebotszeichen z. B. Gehörschutz		Weitere Hinweisschilder finden Sie im Tabellenbuch.	

Tab.: Betriebsschilder und Kennzeichnungen

2.1.6 Gesetzliche Verankerung

Zusammenhang zwischen EU-Recht und nationalen Gesetzen

Die EU-Kommission und das Europäische Parlament haben zahlreiche Richtlinien und Verordnungen zum Arbeitsschutz erlassen, die in den Mitgliedstaaten umgesetzt werden müssen.

In Deutschland werden EU-Rechte zum Arbeitsschutz durch nationale Gesetze und Verordnungen umgesetzt. Das Arbeitsschutzgesetz (ArbSchG) bildet die oberste Hierarchieebene im deutschen Arbeitsschutzrecht. Es legt die allgemeinen Grundsätze für den Arbeitsschutz fest und gibt den Rahmen vor, innerhalb dessen die detaillierten Regelungen für bestimmte Bereiche erlassen werden. Das ArbSchG hat das Ziel, die Gesundheit und Sicherheit der Arbeitnehmerinnen und Arbeitnehmer bei der Arbeit zu schützen. Es regelt die allgemeinen Grundsätze des Arbeitsschutzes, die Rechte und Pflichten der Arbeitgeber/-innen, der Arbeitnehmer/-innen sowie die Zusammenarbeit von Arbeitgeber/-innen, Arbeitnehmer/-innen und den Arbeitsschutzbehörden. Unterhalb des ArbSchG gibt es weitere Gesetze und Verordnungen, die spezifische Aspekte des Arbeitsschutzes regeln.

Ergänzend hierzu spielt die gesetzliche Unfallversicherung eine zentrale Rolle im deutschen Arbeitsschutzsystem, indem sie Präventionsmaßnahmen fördert und im Falle eines Arbeitsunfalls oder einer Berufskrankheit finanzielle Absicherung bietet. Die gesetzliche Unfallversicherung ist in Deutschland verpflichtend und wird von den Arbeitgebern finanziert.

> **Beispiele**
>
> Unter anderem finden folgende weitere Regelungen Anwendung.
> - Betriebssicherheitsverordnung (BetrSichV): Umgang mit Arbeitsmitteln und Maschinen
> - Arbeitsstättenverordnung (ArbStättV): legt die Anforderungen an die Gestaltung von Arbeitsplätzen und -räumen fest, die in den technischen Regeln für Arbeitsstätten (ASR) konkretisiert werden
> - Gefahrstoffverordnung (GefStoffV): regelt den Umgang mit für Mensch und Umwelt gefährlichen Stoffen
> - Lastenhandhabungsverordnung (LasthandhabV): Umgang mit manuell zu hebenden Lasten am Arbeitsplatz
> - Arbeitszeitgesetz (ArbZG): regelt die Arbeitszeit der Arbeitnehmerinnen und Arbeitnehmer
> - Bildschirmarbeitsverordnung (BildscharbV): legt die Anforderungen an die Gestaltung von Bildschirmarbeitsplätzen fest

SGB VII

Nach dem Siebten Buch Sozialgesetzbuch (SGB VII) ist das Unternehmen zur Arbeitssicherheit und zum Gesundheitsschutz verpflichtet.

Darüber hinaus ist das SGB VII die Rechtsgrundlage für die gesetzliche Unfallversicherung in Deutschland. Hier werden Regeln zur Vermeidung von Arbeitsunfällen und die finanzielle Entschädigung von Arbeitsunfällen festgelegt.

2.1.7 Organe des Arbeitsschutzes

Der Arbeitsschutz wird durch Arbeitgeberinnen, Arbeitgeber und den verantwortlichen Führungskräften organisiert und realisiert. Dabei werden diese vom betriebsärztlichen Dienst und Fachkräften für Arbeitssicherheit beraten. Zur Kontrolle der Sicherheitsmaßnahmen trifft sich, mindestens alle drei Monate, der Arbeitsschutzausschuss (dieser ist ab einer Betriebsgröße von mehr als 20 Beschäftigten vorgeschrieben). Dieser setzt sich aus der Arbeitgeberin/dem Arbeitgeber, der Betriebsärztin/dem Betriebsarzt, der Fachkraft für Arbeitssicherheit, Mitgliedern des Betriebsrates und der/dem Sicherheitsbeauftragten zusammen. In diesen Treffen werden Unfälle im Betrieb und gesetzte Meilensteine analysiert und über Maßnahmen und Einrichtungen zur Unfallverhütung diskutiert. Es werden bisher umgesetzte Maßnahmen bewertet und neue Ziele zum Arbeitsschutz festgelegt. Des Weiteren werden Arbeitssicherheitsaufgaben verteilt und der Umgang bei der Einführung von neuen Arbeitsverfahren und Arbeitsstoffen besprochen.

Arbeitgeberinnen und Arbeitgeber sind verpflichtet, sich um den Arbeitsschutz zu kümmern. Inhaberinnen und Inhaber von Kleinunternehmen können sich selbst um die Aufgaben kümmern, wenn sie z. B. durch die Berufsgenossenschaft oder die Bundesanstalt für Arbeitsschutz und Arbeitsmedizin (BAuA) geschult wurden.

Größere Unternehmen besitzen oftmals eigene Abteilungen mit in Vollzeit tätigen Fachkräften für Arbeitssicherheit und dem betriebsärztlichen Dienst. Aber auch externe Honorarkräfte können für den Arbeitsschutz herangezogen werden.

Das Arbeitsschutzgesetz (ArbSchG) ist ein Gesetz, das den Arbeitsschutz in Deutschland regelt.

2.1 Arbeitsschutz

Die wichtigsten Gremien und deren Bedeutung im Rahmen des Arbeitsschutzes verdeutlicht nachfolgende Tabelle.

Begriff	Bedeutung
Arbeitgeber/-innen	Arbeitgeberinnen und Arbeitgeber sind Unternehmen oder Personen, die andere Personen gegen regelmäßige Bezahlung beschäftigen. Sie sind zur Arbeitssicherheit und zum Gesundheitsschutz verpflichtet.
Arbeitsschutzausschuss (ASA)	Dies ist ein Ausschuss aus Vertreterinnen und Vertretern des arbeitgebenden Unternehmen, Fachkraft für Arbeitssicherheit (FASI), Betriebsärztin/-arzt (BA), Betriebsrat und Sicherheitsbeauftragte (SiBe). Der ASA bespricht die Angelegenheiten des Arbeitsschutzes Aufgaben des Arbeitsschutzausschusses: • Analyse von Unfällen im Betrieb • Beratung über Maßnahmen und Einrichtungen zur Unfallverhütung • Bewertung umgesetzter Maßnahmen • Verteilung von Arbeitssicherheitsaufgaben • Erarbeitung eines Arbeitsschutz- oder Aktionsprogramms • Beratung bei der Einführung neuer Arbeitsverfahren oder neuer Arbeitsstoffe Der ASA ermittelt die Anzahl der SiBe.
Betriebsärztin/-arzt (BA)	Die/der BA besitzt die erforderliche arbeitsmedizinische Fachkunde und führt Maßnahmen zur Vorbeugung arbeitsbedingter Beschwerden und Erkrankungen aus. Des Weiteren ist die/der BA eine betriebliche Beratungsinstanz ohne Weisungsbefugnis und berät Arbeitgeberinnen und Arbeitgeber bei Fragen zum Arbeitsschutz. Nach dem Medizinstudium benötigt die/der BA eine fünfjährige Weiterbildung zur Fachärztin/zum Facharzt für Arbeitsmedizin, um als BA tätig werden zu können.
Betriebsrat	Der Betriebsrat ist ein von den Mitarbeiterinnen und Mitarbeitern gewählter Ausschuss zur Vertretung ihrer Interessen gegenüber den Arbeitgeberinnen und Arbeitgebern. Der Betriebsrat prüft, ob Gesetze, Tarifverträge oder Betriebsvereinbarungen eingehalten werden. Dazu zählen u. a. das Kündigungsschutzgesetz.
Fachkraft für Arbeitssicherheit (FASI) bzw. Sicherheitsfachkraft (SiFa)	Fachkräfte für Arbeitssicherheit sind betriebliche Beraterinnen und Berater ohne Weisungsbefugnis. Sie beraten die Arbeitgeber/-innen bei Fragen zum Arbeitsschutz.
Sicherheitsbeauftragte/-r (SiBe)	Der/die SiBe stammt aus dem Kreis der Mitarbeitenden. Er/sie unterstützt die Arbeitgeberin/den Arbeitgeber, die SiFa und den BA bei der Durchführung des Arbeitsschutzes und der Unfallverhütung. Der/die SiBe hat die Aufgabe, in allen Fragen zur Sicherheit und Gesundheit am Arbeitsplatz zu beraten, zu vermitteln und zu unterstützen. Jeder Betrieb in Deutschland mit mehr als 20 Personen benötigt eine/-n SiBe. Ein SiBe kann den SiFa oder den BA nicht ersetzen. Der/die SiBe dient als zusätzliche beratende Person ohne Weisungsbefugnis und unterstützt bei der Umsetzung von Arbeits- und Gesundheitsschutzmaßnahmen. Die Anzahl der SiBe ist abhängig von mehreren Faktoren: • Betriebsstruktur • Beschäftigtenzahlen • Schichtsystem • Verallgemeinert lässt sich jedoch sagen, dass bei 21–150 Personen ein/-e SiBe beschäftigt werden muss. Je weitere angefangene 250 Mitarbeiter/-innen wird eine weitere/ein weiterer SiBe beschäftigt (für 151–400 Personen zwei SiBe, 401–650 Personen drei SiBe).

Tab.: Organe des Arbeitsschutzes

2.1.8 Gefährdungsbeurteilung

Bei der Gefährdungsbeurteilung werden die potenziellen Gefahren und Risiken am Arbeitsplatz ermittelt und bewertet, um sicherzustellen, dass die erforderlichen Maßnahmen ergriffen werden, um die Sicherheit und Gesundheit der Beschäftigten zu gewährleisten und zu verbessern. Die Analyse der Gefährdungsfaktoren ist ein wichtiger Teil des Prozesses, da sie es ermöglicht, die spezifischen Risiken und Gefahren zu identifizieren, die mit bestimmten Arbeitsprozessen, Aufgaben oder Umgebungen verbunden sind. Nachfolgend sind einige Beispiele für Gefährdungsfaktoren aufgelistet, die bei der Arbeit auftreten können.

Gefährdungsfaktoren

Nach § 4 Arbeitsschutzgesetz sollen Gefahren direkt an der Quelle beseitigt werden. Kann die Gefahr jedoch nicht vermieden werden, müssen ergänzende Maßnahmen ergriffen werden. Dabei werden die Gefahren, die mittels der Gefährdungsanalyse ermittelt wurden, nach dem TOP-Prinzip reduziert. Das TOP-Prinzip gibt dabei die Reihenfolge der Ansätze von Arbeitsschutzmaßnahmen an.

Technische Arbeitsschutzmaßnahmen befassen sich mit der vorbeugenden Vermeidung und der räumlichen Trennung zwischen Gefahrenquelle und Mensch. Dazu zählt beispielsweise eine Schutzeinrichtung, um den Zugang zu gefährlichen Maschinenteilen zu beschränken. Dazu gehören auch Schutzabdeckungen oder Schutzgitter, die bei rotierenden Teilen oder scharfen Werkzeugen angebracht werden, um zu verhindern, dass Mitarbeiterinnen und Mitarbeiter versehentlich in Kontakt mit diesen Teilen kommen.

Organisatorische Arbeitsschutzmaßnahmen ergänzen zusätzlich zur räumlichen Trennung eine zeitliche Trennung von der Gefahrenquelle zum Menschen. Hierzu gehören insbesondere spezielle Regelungen, Festlegungen oder Praktiken wie Arbeitsorganisation, Arbeitsablauf, Arbeitsaufgaben, Kooperation, Information, Arbeitszeit-, Pausen- und Schichtgestaltung sowie Beschäftigungsbeschränkungen und Beschäftigungsverbote. Unternehmen können sicherstellen, dass die Arbeitsplätze so organisiert sind, dass die Arbeit effektiv und sicher durchgeführt werden kann. Dazu kann gehören, dass Maschinen so positioniert sind, dass sie einen sicheren Abstand zu anderen Maschinen und Mitarbeiterinnen und Mitarbeitern haben, dass Beleuchtung und Belüftung ausreichend sind und dass der Arbeitsplatz sauber und ordentlich ist.

Personenbezogene Arbeitsschutzmaßnahmen sind solche, die darauf abzielen, die Gesundheit und Sicherheit der Arbeitnehmerinnen und Arbeitnehmer etwa durch PSA, Schulungen oder Unterweisungen zu gewährleisten. Unternehmen können Anforderungen an das sicherheitsgerechte Verhalten ihrer Beschäftigten stellen.

Ablauf einer Gefährdungsbeurteilung

Der Begriff der Gefährdung bezeichnet die Möglichkeit eines Schadens oder einer gesundheitlichen Beeinträchtigung. Dabei ist das Ausmaß oder die Eintrittswahrscheinlichkeit nicht definiert.
Bei einer Gefährdungsbeurteilung werden keine Gefahren, sondern Gefährdungen beurteilt.

Unter einer Gefahr ist eine Situation zu verstehen, die ohne Eingreifen zu einem Schaden führt. Dem Schadenseintritt muss eine hinreichende Wahrscheinlichkeit zugrunde liegen.

2.1.9 Unterweisungen

Eine Unterweisung ist eine Art von Schulung oder Unterricht, die dazu dient, Personen über bestimmte Arbeitsabläufe, Arbeitsmittel oder Gefährdungen am Arbeitsplatz zu informieren. Ziel einer Unterweisung ist es, die Mitarbeiterinnen und Mitarbeiter darauf hinzuweisen, wie sie sich im Arbeitsalltag sicher verhalten und Unfälle vermeiden können. Die Unterweisungen können verschiedene Formate haben, z. B. Schulungen, Workshops, Präsentationen, Diskussionen oder praktische Übungen. Sie sollten auf die spezifischen Risiken und Gefahren im jeweiligen Arbeitsumfeld abgestimmt sein. Die Unterweisungen sollten auch regelmäßig wiederholt werden, um sicherzustellen, dass die Mitarbeiterinnen und Mitarbeiter über aktuelle Informationen und Kenntnisse verfügen.

Für den Arbeitsschutz in Metallberufen können Unterweisungen zu verschiedenen Themen notwendig sein:

- Maschinen- und Anlagensicherheit
- Gefährdung beim Umgang mit Gefahrstoffen
- Schutzmaßnahmen bei Schweiß- und Lötarbeiten
- Ergonomie und Arbeitsorganisation
- persönliche Schutzausrüstung
- Verhalten bei Unfällen oder in Gefahrensituationen

Beispiel

Unterweisungen zum Arbeitsschutz und Arbeitssicherheit müssen über unterschiedliche Aspekte aufklären:
- Gefahrenquellen im Betrieb (wie z. B. Maschinen, Werkzeuge, Materialien, elektrischer Strom, Lärm, Staub und Schadstoffe)
- persönliche Schutzausrüstung und deren Verwendung (wie z. B. Gehörschutz, Atemschutz, Augenschutz und Handschuhe)
- Regeln und Verhaltensweisen zum Schutz der eigenen Gesundheit und der Gesundheit von Kolleginnen und Kollegen (wie z. B. Tragen von Schutzkleidung und Einhaltung von Sicherheitsabständen)
- Verhaltensregeln im Falle von Unfällen, Verletzungen oder Notfällen (wie z. B. Alarmieren von Rettungskräften und Anwenden von Erste-Hilfe-Maßnahmen)
- Verantwortlichkeiten und Zuständigkeiten im Betrieb (wie z. B. Benennung von Ersthelferinnen und -helfern, Sicherheitsbeauftragten sowie Brandschutzhelferinnen und -helfern)

Neben den allgemeinen Aspekten einer Unterweisung gibt es auch arbeitsplatzbezogene Unterweisungen, die gekennzeichnet sind durch:
- Anpassung auf den Arbeitsbereich und die potenziellen Gefahren
- Anweisungen zur korrekten Bedienung von Maschinen
- Anweisungen zur Benutzung von Schutzkleidung
- Anweisungen im Umgang mit Lärm und Gefahrstoffen

2.1.10 Betriebsanweisungen

Eine Betriebsanweisung ist ein Dokument, das die erforderlichen Informationen und Anweisungen enthält, um Mitarbeiterinnen und Mitarbeiter in einem Betrieb oder einem Unternehmen über die korrekte Handhabung von bestimmten Arbeitsmitteln, Gefahrstoffen oder Arbeitsschritten zu informieren. Die Betriebsanweisung soll dazu beitragen, Arbeitsunfälle und Gesundheitsrisiken zu minimieren und einen sicheren Arbeitsplatz zu gewährleisten.

Eine Betriebsanweisung umfasst in der Regel Informationen über die Gefahren und Risiken, die vom Umgang mit einer bestimmten Maschine, Anlage oder einem bestimmten Arbeitsmittel ausgehen können. Auch Hinweise zur Verwendung und Lagerung von Gefahrstoffen, zu Schutzmaßnahmen und zur persönlichen Schutzausrüstung können in einer Betriebsanweisung enthalten sein.

Betriebsanweisungen werden auf der Grundlage der durchgeführten Gefährdungsbeurteilung erstellt. Bei Berufsgenossenschaften werden z. B. Entwürfe für Betriebsanweisungen angeboten, die betriebsspezifisch angepasst werden müssen. Betriebsanweisungen müssen deutlich sichtbar sein und sind so zu gestalten, dass sie von den Mitarbeiterinnen und Mitarbeitern leicht verstanden werden können. Wie die Gefährdungsbeurteilungen sind Betriebsanweisungen regelmäßig auf Aktualität zu überprüfen.

Beispiel

Betriebsanweisung für das Arbeiten an einer Drehmaschine: Diese Betriebsanweisung könnte Informationen zur Bedienung der Maschine, zu den Risiken beim Einsatz von Werkzeugen und zum richtigen Umgang mit Spänen und Kühlschmierstoffen enthalten.

Betriebsanweisung für das Bedienen eines Gabelstaplers: Eine Betriebsanweisung für einen Gabelstapler kann Informationen zur Bedienung, Wartung und Pflege der Maschine sowie zu den Risiken im Umgang mit Lasten und Hindernissen enthalten.

Betriebsanweisung für die Verwendung von Gefahrstoffen: Eine Betriebsanweisung für die Verwendung von Gefahrstoffen könnte Informationen zur Lagerung, Handhabung und Entsorgung der Stoffe sowie zur persönlichen Schutzausrüstung enthalten.

Betriebsanweisung für den Einsatz von Schweißgeräten: Eine Betriebsanweisung für den Einsatz von Schweißgeräten könnte Informationen zur Verwendung der Geräte, zum Schutz vor Funkenflug und zum Umgang mit Schweißrauch enthalten.

Beispiele für eine Betriebsanweisung finden Sie indem Sie den QR-Code scannen.

2.1 Arbeitsschutz

 Gefährdungsbeurteilungen, Unterweisungen und Betriebsanweisungen sind wichtige Bestandteile des Arbeitsschutzes in einem Betrieb. Sie sind eng miteinander verbunden und ergänzen sich gegenseitig.
Die Gefährdungsbeurteilung ist die Grundlage für die Erstellung von Unterweisungen und Betriebsanweisungen.

Das Vorgehen von der Gefährdungsbeurteilung zur Unterweisung und Betriebsanweisung ist ein kontinuierlicher Prozess, der dazu beiträgt, die Gesundheit und Sicherheit der Beschäftigten zu gewährleisten und Gefahren am Arbeitsplatz zu minimieren.

Ablauf der Gefährdungsbeurteilung

1. Gefährdungsbeurteilung: Zunächst muss eine Gefährdungsbeurteilung durchgeführt werden, um potenzielle Gefahren und Risiken am Arbeitsplatz zu identifizieren.

2. Festlegung von Schutzmaßnahmen: Auf Basis der Ergebnisse der Gefährdungsbeurteilung müssen geeignete Schutzmaßnahmen festgelegt werden, um die Gesundheit und Sicherheit der Beschäftigten zu gewährleisten.

3. Erstellung von Betriebsanweisungen: Wenn die Gefährdungsbeurteilung ergibt, dass bestimmte Tätigkeiten mit besonderen Gefahren verbunden sind, müssen Betriebsanweisungen erstellt werden. Darin wird festgelegt, wie die Tätigkeit durchzuführen ist, welche Schutzmaßnahmen zu beachten sind und welche persönliche Schutzausrüstung (PSA) erforderlich ist.

4. Durchführung von Unterweisungen: Die Beschäftigten müssen über die Gefahren und Schutzmaßnahmen informiert werden. Dazu sind regelmäßige Unterweisungen erforderlich

5. Überprüfung und Aktualisierung: Die Schutzmaßnahmen und Betriebsanweisungen müssen regelmäßig überprüft und bei Bedarf aktualisiert werden.

2.1.11 Verhalten im Notfall

Der Umgang mit Notfällen im Betrieb erfordert eine sorgfältige Planung und Vorbereitung sowie eine schnelle und effektive Reaktion im Ernstfall.

Im Notfall ist es entscheidend, schnell zu handeln und Hilfe herbeizuholen. Hierbei sollten alle betroffenen Personen informiert und die genaue Lage des Notfalls beschrieben werden. Für den Fall, dass eine Evakuierung des Betriebs notwendig ist, sollten alle Fluchtwege und Notausgänge bekannt sein und regelmäßig überprüft werden. Notfallpläne, wie unten abgebildet, helfen den Mitarbeitern und Mitarbeiterinnen dabei im Notfall richtig zu handeln. Sie enthalten klare Handlungsanweisungen, um schnell und koordiniert zu reagieren, Schäden zu minimieren und den Betriebsablauf so sicher wie möglich aufrechtzuerhalten.

Notausgang

VERHALTEN IM BRANDFALL
Ruhe bewahren!

1. Brand melden

Brandmelder betätigen

Notruf absetzen: 112
Wer meldet?
Was ist passiert?
Wie viele sind betroffen/verletzt?
Wo ist etwas passiert?
Warten auf Rückfragen!

2. In Sicherheit bringen

Gefährdete Personen mitnehmen, hilfsbedürftigen Personen helfen, Türen schließen, gekennzeichneten Fluchtwegen folgen, keine Aufzüge benutzen, Anweisungen beachten.

3. Löschversuch unternehmen

Mit Feuerlöscher, Löschschlauch, Mitteln zur Brandbekämpfung.

Notfallplan

2.1.12 Arbeitsschutzmanagementsystem

Um alle Anforderung an Sicherheit und Gesundheit am Arbeitsplatz angemessen zu berücksichtigen, richten viele Unternehmen ein Arbeitsschutzmanagementsystem ein. Wichtige Bestandteile von Arbeitsschutzmanagementsystemen (AMS) sind unter anderem die Organisation, die Planung und Umsetzung, Messung und Bewertung und Verbesserungsmaßnahmen. Dazu gehört u.a. die Gefährdungsbeurteilung, Unterweisungen aber auch getroffene Schutzmaßnahmen.

Zum Bereich der Organisation zählt u.a. die Bereitstellung von Ressourcen, Zuständigkeitszuordnung, Qualifikation und Schulungen sowie die Dokumentation. Während der Planung und Umsetzung findet die erstmalige Prüfung statt. Des Weiteren werden Verpflichtungen, Abläufe und Prozesse ermittelt und Gefährdungspotenziale analysiert. Während der Messung und Bewertung werden entstandene Systeme überwacht, analysiert und bewertet. Anschließend werden Verbesserungsmaßnahmen entwickelt. Diese können als Vorbeugungs- und Korrekturmaßnahmen oder auch als kontinuierliche Verbesserung angelegt sein.

> In der DIN ISO 45001 werden Managementsysteme für Sicherheit und Gesundheit bei der Arbeit definiert. Ziel ist es dabei, die Arbeitssicherheit und den Gesundheitsschutz wirksam in die Unternehmenspraxis zu integrieren.

Weitere Informationen zum AMS wie dem Leitfaden zur Organisationspflicht im Arbeitsschutz, den Zertifizierungen und Beispielen finden Sie indem Sie den QR-Code scannen.

2.2 Umweltschutz

2.2.1 Grundlagen Umweltschutz

Umweltschutz ist ein wichtiger Bestandteil des gesellschaftlichen und wirtschaftlichen Handelns. Er bezieht sich auf den Schutz der Umwelt und ihrer Ressourcen sowie auf die Erhaltung der natürlichen Lebensgrundlagen (Nachhaltigkeit). Nachhaltigkeit bedeutet, dass die Bedürfnisse der heutigen Generation erfüllt werden, ohne die Möglichkeiten zukünftiger Generationen zu beeinträchtigen. Nachhaltigkeit umfasst somit den Schutz der Umwelt, die soziale Gerechtigkeit und die wirtschaftliche Entwicklung.

Der Begriff Umweltschutz umfasst Maßnahmen, Methoden und Mittel, die dem Schutz der Umwelt dienen.

Prinzipien des Umweltschutzes	Beispiel
Vorsorgeprinzip: Vorbeugen von Beeinträchtigungen der Umwelt (Prävention)	Der Betrieb hat in der Vergangenheit festgestellt, dass bei der Herstellung von Metallprodukten schädliche Chemikalien und Gase freigesetzt werden, die die Umwelt belasten und potenzielle Gesundheitsrisiken für die Mitarbeiterinnen und Mitarbeiter darstellen. Um diesem Problem entgegenzuwirken, investiert der Betrieb in modernere und umweltfreundlichere Maschinen und Anlagen. Diese reduzieren die Schadstoffemissionen. Des Weiteren werden Auffangsysteme für Abwässer und Abgase installiert. So kommt es erst gar nicht zu einer Umweltbelastung durch den Betrieb.
Kooperationsprinzip: Naturressourcen wiederherstellen (Reparation)	Der Betrieb hat in der Vergangenheit Abwässer in einen nahegelegenen Fluss geleitet, was zu einer Verschlechterung der Wasserqualität und Beeinträchtigung des Ökosystems geführt hat. Nachdem dies erkannt wurde, hat das Unternehmen Maßnahmen ergriffen, um die Emissionen und die Verschmutzung des Flusses zu reduzieren. Darüber hinaus hat das Unternehmen beschlossen, in Zusammenarbeit mit der Gemeinde und Umweltschutzorganisationen ein Projekt zur Wiederherstellung des Fluss-Ökosystems zu initiieren. Hierzu wurden verschiedene Maßnahmen umgesetzt, wie zum Beispiel die Beseitigung von Schadstoffen aus dem Fluss, die Wiederherstellung der Uferzonen und die Wiedereinführung von heimischen Fischarten.

Prinzipien des Umweltschutzes	Beispiel
Kooperationsprinzip: Naturressourcen wiederherstellen (Reparation)	Das Unternehmen hat auch finanzielle Mittel bereitgestellt, um die Umsetzung dieser Maßnahmen zu unterstützen und sicherzustellen, dass das Projekt langfristig erfolgreich ist. Durch die Umsetzung dieser Reparationsmaßnahmen hat der Metallverarbeitungsbetrieb dazu beigetragen, den Schaden, den er verursacht hat, zu reduzieren und das Ökosystem des Flusses wiederherzustellen.
Prinzip der Integration	Der Betrieb hat bei der Planung von Produktionsprozessen oder bei der Einführung neuer Technologien Umweltverträglichkeitsprüfungen durchgeführt und Umweltaspekte in die Bewertung von Investitionsentscheidungen einbezogen.
Prinzip der Nachhaltigkeit	Der Betrieb hat Maßnahmen zur Reduzierung des Energieverbrauchs und des CO_2-Ausstoßes getroffen. Dazu ist der Betrieb auf erneuerbare Energien umgestiegen und hat energieeffiziente Technologien eingeführt.
Prinzip der ökologischen Gerechtigkeit	Der Betrieb hat Maßnahmen ergriffen, die dazu beitragen, Umweltauswirkungen auf benachteiligte Gemeinden und soziale Gruppen zu minimieren. Der Betrieb fördert Bildungs- und Schulungsprogramme, um die Sensibilisierung und das Umweltbewusstsein in der lokalen Gemeinde zu stärken. Hierdurch werden z. B. sozial benachteiligte Gruppen gezielt unterstützt, indem sie Zugang zu Bildung und Information erhalten, um ihre Rechte auf eine gesunde Umwelt besser durchsetzen zu können.

Tab.: Prinzipien des Umweltschutzes

> Die wachsende Weltbevölkerung, gestiegene Ansprüche an den Lebensstandard und eine zunehmende globale Vernetzung führen zu einer gestiegenen Wirtschaftsleistung. Diese wiederum bringt einen hohen Einfluss des Menschen auf die Umwelt mit sich. Das hat zur Folge, dass der Umweltschutz auch aus überlebensstrategischen Gründen immer bedeutsamer wird.

Umgang mit der Natur

2.2.2 Gesetzliche Verankerung

In Deutschland gibt es kein spezielles „Umweltschutzgesetz", das alle Bereiche des Umweltschutzes abdeckt. Stattdessen gibt es eine Vielzahl von Gesetzen und Verordnungen, die sich mit unterschiedlichen Aspekten des Umweltschutzes befassen, wie beispielsweise dem Schutz der Luft, des Wassers, des Bodens oder der Artenvielfalt.

Zu den wichtigsten Gesetzen im Bereich Umweltschutz gehören das Bundes-Immissionsschutzgesetz (BImSchG), das Bundesnaturschutzgesetz (BNatSchG), das Kreislaufwirtschaftsgesetz (KrWG) und das Chemikaliengesetz (ChemG). Diese Gesetze legen zum Beispiel Emissionsgrenzwerte für Industrie und Verkehr fest, regeln den Umgang mit gefährlichen Stoffen und Abfällen, schützen bestimmte Tier- und Pflanzenarten und legen Maßnahmen zur Abfallvermeidung und -verwertung fest.

Darüber hinaus gibt es zahlreiche weitere Gesetze und Verordnungen auf Bundes- und Landesebene, die den Umweltschutz regeln und konkretisieren. Insgesamt bildet das Zusammenspiel dieser verschiedenen Gesetze und Verordnungen einen rechtlichen Rahmen für den Umweltschutz in Deutschland.

2.2 Umweltschutz

> **§ GG Artikel 20a**
>
> „Der Staat schützt auch in Verantwortung für die künftigen Generationen die natürlichen Lebensgrundlagen und die Tiere im Rahmen der verfassungsmäßigen Ordnung durch die Gesetzgebung und nach Maßgabe von Gesetz und Recht durch die vollziehende Gewalt und die Rechtsprechung."

Der Begriff des Umweltrechts umfasst den Schutz und die Erhaltung der natürlichen Umwelt und funktionsfähiger Ökosysteme mit allen Rechtsnormen. Das EU-Umweltrecht hat ebenfalls einen großen Einfluss auf die Gesetzgebung. Der Artikel 37 der Charta der Grundrechte (GRCh) der Europäischen Union (EU) legt Folgendes fest:

> **§ GRCh Artikel 37**
>
> „Ein hohes Umweltschutzniveau und die Verbesserung der Umweltqualität müssen in die Politik der Union einbezogen und nach dem Grundsatz der nachhaltigen Entwicklung sichergestellt werden."

> ❗ Umweltschutz und Umweltrecht sind zwei Begriffe, die oft miteinander verwechselt werden, da sie eng miteinander verbunden sind, aber dennoch unterschiedliche Bedeutungen haben.
>
> Das Ziel des Umweltschutzes besteht darin, die natürlichen Ressourcen, die Biodiversität und die Gesundheit der Menschen zu bewahren.
>
> Das Umweltrecht hingegen ist der rechtliche Rahmen, der die Umwelt schützt und regelt. Es umfasst alle Gesetze, Verordnungen und Richtlinien, die darauf abzielen, die Umwelt vor Schäden und Beeinträchtigungen zu schützen.

> ❗ Das Umweltamt ist für die Überwachung und Kontrolle von Luft-, Wasser- und Bodenverschmutzung zuständig.
>
> Das Gewerbeaufsichtsamt ist für die Überwachung der Arbeitsbedingungen in Betrieben zuständig, insbesondere in Bezug auf Gesundheit und Sicherheit am Arbeitsplatz. Es ist jedoch auch in der Lage, im Rahmen seiner Aufgaben und Befugnisse Umweltverstöße zu überwachen und gegebenenfalls Maßnahmen zu ergreifen.
>
> Die untere Abfallbehörde ist für die Überwachung und Kontrolle der Entsorgung von Abfällen zuständig.

2.2.3 Umweltbelastungen in der Metallindustrie

Die Metallindustrie gehört zu den Branchen mit den höchsten Umweltauswirkungen. Die Herstellung von Metallen erfordert große Mengen an Energie und Wasser und führt zu Emissionen von Treibhausgasen und Luftschadstoffen.

Luftemissionen

In der Metallindustrie können verschiedene Arten von Luftemissionen entstehen, die negative Auswirkungen auf die Umwelt haben können. Emissionen können beispielsweise aus Hochöfen und Schmelzöfen stammen, die zur Erzeugung von Metallen wie Stahl oder Aluminium verwendet werden. Dabei können giftige Gase, etwa Kohlenstoffmonoxid und Stickoxide, freigesetzt werden. Auch beim Schweißen können schädliche Dämpfe und Gase entstehen, wie Ozon, Stickoxide und Kohlenstoffmonoxid.

Smogbildung in einem Industriegebiet

Abwasser

In der Metallindustrie können Abwässer anfallen, die aufgrund ihrer Inhaltsstoffe schädlich für die Umwelt sind. Bei der Herstellung von Metallen können beispielsweise saure oder alkalische Lösungen anfallen, die Schwermetalle enthalten können. Diese Abwässer können die Wasserqualität beeinträchtigen, wenn sie in Flüsse oder Seen gelangen, und somit Tier- und Pflanzenleben schädigen.

Abfall

Die Metallindustrie produziert auch große Mengen an Abfällen, die ebenfalls negative Auswirkungen auf die Umwelt haben können. Beispiele für Abfälle in der Metallindustrie sind Schrott, Späne, Schlacke und Stäube. Diese Abfälle können giftige Substanzen enthalten und müssen daher ordnungsgemäß aufbereitet und weiterverarbeitet oder entsorgt werden, um Umweltschäden zu vermeiden.

Metallschrott für Recycling

Kunststoffabfall

Maßnahmen zur Reduzierung von Umweltbelastungen

Um die Umweltbelastungen in der Metallindustrie zu reduzieren, gibt es verschiedene Maßnahmen, die ergriffen werden können. Eine Möglichkeit besteht darin, Abfall und Abwässer zu recyceln oder wiederzuverwenden, um die Menge an Abfall zu reduzieren und die Umweltauswirkungen zu minimieren. Es kann auch versucht werden, die Emissionen durch den Einsatz von Technologien wie Filter und Katalysatoren zu reduzieren. Eine weitere Möglichkeit besteht darin, die Produktion so zu gestalten, dass weniger Abfall und Abwässer entstehen. Hier können auch kleine Veränderungen, etwa die Optimierung von Produktionsprozessen und die Verbesserung der Materialnutzung, einen großen Einfluss auf die Umweltbelastung haben.

Im Zusammenhang mit der Umweltbelastung bei der Stahlherstellung wird oftmals von Green Steel gesprochen. Green Steel bezieht sich auf die Herstellung von Stahl unter Verwendung von Technologien und Verfahren, die darauf abzielen, die Umweltauswirkungen zu minimieren und nachhaltigere Produktionsmethoden zu fördern. Auf dem Weg in eine klimaneutrale Industrie hat die Stahlindustrie eine zentrale Bedeutung.

Dem Umweltbundesamt zufolge werden mehrere Millionen Tonnen CO_2 pro Jahr durch die Stahlherstellung freigesetzt. Dieses spiegelt einen erheblichen Teil der Industrieemissionen Deutschlands wider. Ein Großteil des Kohlenstoffdioxidausstoßes entsteht prozessbedingt durch die Verbrennung von Koks. Der Verzicht auf Koks bei der Stahlherstellung ist daher eine aussichtsreiche Möglichkeit, die CO_2-Emissionen zu verringern. Als Reduktionsmittel wird Wasserstoff anstelle von Koks genutzt. Mittels dieser Direktreduktion soll zukünftig der Green Steel hergestellt werden, der somit ein entscheidender Aspekt im Kampf gegen den Klimawandel sein kann.

Aber auch das Recycling von Metallschrott unter Einsatz von Elektrolichtbogenöfen in Kombination mit „grünem", durch erneuerbare Energien erzeugtem Strom leisten einen wertvollen Beitrag zur Produktion von Green Steel.

> **Beispiel**
>
> **Einflussbereiche von Betrieben: Ressourcenschonung**
> Der Betrieb kann bei der Ressourcenschonung von Wasser eine geschlossene Kühlschmierstoffkreislauflösung verwenden.
> Solche Systeme (siehe Abbildung rechts) sind speziell für die Metallbearbeitung konzipiert und ermöglichen die Wiederverwendung von Kühlschmierstoffen (KSS) durch eine geschlossene Kreislaufanlage. Die Systeme bestehen aus einem Filtermodul, das kontinuierlich die Verunreinigungen aus dem KSS entfernt und den Schmierstoff aufbereitet, um ihn wiederzuverwenden. Das System verfügt auch über eine automatische Nachspeisung von Wasser und KSS, um den Kreislauf aufrechtzuerhalten. Durch einen geschlossenen Kühlschmierstoffkreislauf wird der Einsatz und die Entsorgung von KSS minimiert.
>
>
> CNC-Fräsmaschine beim Tieflochbohren in ein Werkstück

Umweltschutz ist eine Verantwortung, die nicht nur am Arbeitsplatz, sondern auch im privaten Umfeld wahrgenommen werden kann und sollte. Zu Hause kann jeder Einzelne durch bewussten Energieverbrauch, Mülltrennung, den Einsatz umweltfreundlicher Produkte und die Vermeidung von Plastikabfällen einen bedeutenden Beitrag zum Umweltschutz leisten. Der bewusste Umgang mit Wasser, die Nutzung öffentlicher Verkehrsmittel oder Fahrräder anstelle des Autos und die Wahl nachhaltiger Lebensmittel sind weitere Beispiele, wie nachhaltiges Handeln in den Alltag integriert werden kann. Durch das Zusammenspiel von umweltbewusstem Verhalten im Betrieb und zu Hause kann ein erheblicher Beitrag zur Reduzierung der Umweltbelastungen und zur Erhaltung der natürlichen Ressourcen geleistet werden.

2.2.4 Umweltmanagement

Umweltmanagement

Das Umweltmanagement beschäftigt sich mit den betrieblichen Berührungspunkten mit der natürlichen Umwelt und deren Schutz. Es soll eine nachhaltige und umweltverträgliche Gestaltung von Prozessen und Produkten eines Betriebs gewährleisten. Dazu zählen:

- Umweltpolitik des Betriebs
- Umweltschutz
- Umweltleistung (z. B. Emissionen, Abwässer und Bodenverunreinigungen)
- Einhaltung von behördlichen Auflagen

Umweltschutz wird u. a. durch die gesetzliche Verankerung, aber auch durch die Veränderung des ökologischen Bewusstseins für Betriebe immer bedeutsamer. Die Anforderungen an den Umweltschutz werden von verschiedenen Aspekten beeinflusst:

- Politik (z. B. Restriktionen und Förderungen)
- Öffentlichkeit sowie Kundinnen und Kunden (Druck kann ein Umdenken bewirken)
- Umweltrisiken
- Versicherungen (Prämien und Vergünstigungen)
- Ökologiestrategie (Substitution von Öl und Gas zur Verringerung des CO_2-Fußabdrucks)

Die wachsenden Anforderungen und Ansprüche an den Umweltschutz haben zur Folge, dass Umweltschutz für Betriebe zu einer relevanten Managementaufgabe geworden ist. Dabei können sich Betriebe an der Normenreihe ISO 14000 ff. orientieren.

ISO 14000 ff. ist eine Reihe von internationalen Normen und Leitlinien für Umweltmanagement, die von der International Organization for Standardization (ISO) entwickelt wurde.

Die Normenreihe der ISO 14000 ff. umfasst eine breite Palette von Themen; darunter Umweltleistung, Umweltmanagementsysteme, Ökobilanzen, Umweltkennzahlen und -indikatoren, umweltrechtliche Anforderungen und vieles mehr. Sie wurde entwickelt, um Organisationen dabei zu helfen, ihre Umweltleistung zu verbessern und gleichzeitig die Umweltauswirkungen ihrer Aktivitäten, Produkte und Dienstleistungen zu minimieren.

Die Normenreihe ISO 14000 ff. besteht aus fünf einzelnen Normenfamilien.

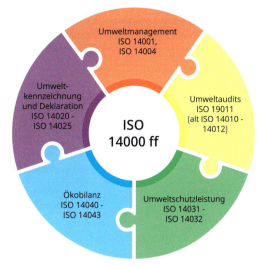

Normenreihe ISO 14000 ff.

Die einzelnen Normenfamilien decken unterschiedliche Bereiche des Umweltmanagements ab:

- Normenfamilie für das Umweltmanagementsystem inklusive Umweltpolitik und Umweltmanagementreview (ISO 14001, ISO 14004)
- Normenfamilie für Umweltaudits (ehemalig ISO 14010-14012, heute ISO 19011)
- Normenfamilie zur Bewertung der Umweltschutzleistung (ISO 14031-14032)
- Normenfamilie zu den Ökobilanz (ISO 14040-14043)
- Normenfamilie zur Umweltkennzeichnungen und Deklarationen (ISO 14020-14025)

> ❗ Die Normenreihe ISO 14000 ff. ist eine freiwillige Normenreihe, die von Organisationen jeder Größe und Branche angewendet werden kann. Die zugehörigen Normen sind international anerkannt und werden in vielen Ländern weltweit angewendet.

2.2.5 Hinweisschilder im Zusammenhang mit dem Arbeits- und Umweltschutz

Hinweisschilder im Betrieb spielen eine wichtige Rolle, um sowohl die Arbeitssicherheit als auch den Umweltschutz zu gewährleisten, indem sie auf Gefahren hinweisen und umweltfreundliches Verhalten fördern.

Schildart und Bedeutung	Symbol	Schildart und Bedeutung	Symbol
Hinweisschild Wasserschutzgebiet		**Hinweisschild** Naturschutzgebiet	
Verkehrsschild Umweltzone		**Warnzeichen** Gefahr durch Batterieladung	
Verbotsschild kein Trinkwasser		**Warnschild** Radioaktivität	
Weitere Hinweisschilder finden Sie im Tabellenbuch.			

Tab.: Hinweisschilder

2.3 Handlungssituation: Reinigung und Wartung einer Fräsmaschine

Als Zerspanungsmechanikerin oder Zerspanungsmechaniker sind Sie auch für die Wartung und Reinigung der CNC-Drehmaschine mit Schrägbett verantwortlich. Eine der Aufgaben, die Sie regelmäßig durchführen müssen, ist die Entsorgung von Kühlschmierstoffen an dieser Drehmaschine.

Arbeitsphasen	Tätigkeiten und Maßnahmen
Analysieren (Orientieren)	Analyse der Auftragsinhalts, Durchführungs- und Dokumentationsanforderungen: • Kühlschmierstoff an der CNC-Fräsmaschine ablassen und erneuern • Maschine reinigen • Kühlschmierstoff ordnungsgemäß entsorgen • Modellbezeichnung der CNC-Fräsmaschine ermitteln
Informieren	Informationen einholen/zusammenstellen: • Schutzmaßnahmen zur Entsorgung von Gefahrstoffen ermitteln • Transportvorschriften sichten (z. B. GGVSEB) • VDI 3397 zur Entsorgung von Kühlschmierstoffen • Betriebsanleitung der CNC-Fräsmaschine • Datenblatt sowie die Sicherheitsvorschriften des verwendeten Kühlschmierstoffs
Planen (Entscheiden)	• Prüfung des zu entsorgenden Gefahrstoffs • Menge des Gefahrstoffs kalkulieren • Entsorgungsort festlegen (auf dem Betriebsgelände und danach) • Aufbewahrungssystem festlegen • Schutzausrüstung bestimmen
Durchführen (Kontrollieren)	• Schutzausrüstung tragen und Hautschutz beachten • CNC-Fräsmaschine vom Stromnetz trennen • Kühlschmierstoff ablassen und in dem geeigneten Behälter auffangen • Transport des Gefahrstoffs zum Ablageort • ggf. Weitertransport zur Entsorgung • CNC-Fräsmaschine reinigen und neuen Kühlschmierstoff nach Bedienungsanleitung auffüllen
Auswerten	Arbeiten dokumentieren

Tab.: Arbeitsphasen

2.3 Handlungssituation: Reinigung und Wartung einer Fräsmaschine

ANALYSIEREN

Ihre Aufgabe besteht darin, den Kühlschmierstoff aus der Fräsmaschine abzulassen, die Maschine gründlich zu reinigen und den Kühlschmierstoff anschließend ordnungsgemäß zu entsorgen.

INFORMIEREN

In der Bedienungsanleitung der CNC-Fräsmaschine oder auch in der Betriebsanweisung bzw. dem Sicherheitsdatenblatt des Kühlschmierstoffes selbst finden Sie wichtige Informationen für den Wechsel des Kühlschmierstoffs:

- Art des Kühlschmierstoffs
  - wassermischbares Kühlschmiermittel
  - z. B. UNIMET AS 194
- Menge des Kühlschmierstoffs
  - 27 Liter

Die VDI 3397 unterstützt die Entsorgung durch Anweisungen zur Entsorgung von Kühlschmierstoffen. Die VDI 3397 Blatt 3 beschäftigt sich speziell mit der Entsorgung von Kühlschmierstoffen:

- Abfallrecht
  - Sammlung und Lagerung von KSS
  - Verwertung und Beseitigung
- Wasserrecht
  - Einleitung von KSS in Gewässer ist verboten
- Transportrecht
  - Entsorgung über zugelassene Entsorgungsunternehmen

Bevor der Kühlschmierstoff entsorgt wird, sollten Sie sich über die geeignete persönliche Schutzausrüstung wie Handschuhe, Schutzbrille und Schutzkleidung informieren, um sich selbst zu schützen.

PLANEN

Um eine sichere Entsorgung des Gefahrstoffs zu gewährleisten, sollten die gesammelten Informationen zu Schutzmaßnahmen und zur Entsorgung genutzt werden. Ebenfalls müssen Mengen des Gefahrstoffs berücksichtigt und auch der Transport (innerhalb des Betriebsgeländes), die Lagerung (auf dem Betriebsgelände) und ggf. ein Weitertransport geplant werden.

Sie müssen nun unterschiedliche Entscheidungen treffen.

Schutzausrüstung:

- Augenschutz
- Hautschutz
- ggf. Schürze

Kühlschmierstoff:

- maximal 27 Liter
- wassermischbares Kühlschmiermittel UNIMET AS 194

Transportbehälter:

- Fass aus Kunststoff oder Metall
- Etiketten
  - Gefahrenpiktogramm: Ausrufezeichen, Totenkopf oder Flamme
  - Signalwort: Gefahr
  - Gefahrenhinweise: gesundheitsschädlich bei Einatmen
  - Sicherheitshinweise: nicht rauchen, Schutzhandschuhe tragen
  - Name und Zusammensetzung: Aral Soral
  - Entsorgungshinweise: Hinweis zur sachgerechten Entsorgung

Warnzeichen

Lagerung:

- Behälter dicht geschlossen an einem gut gelüfteten Ort lagern
- Lagergüter nicht zusammen lagern, wenn:
  - unterschiedliche Lagerklassen (LGK) vorliegen,
  - unterschiedliche Löschmittel benötigt werden,
  - unterschiedliche Temperaturbedingungen erforderlich sind,
  - die Lagergüter miteinander unter Entstehung eines Brandes reagieren würden.

Transport und Entsorgung:

- Entsorgung über einen zugelassenen Abfallentsorger oder Abfalltransportunternehmen mit entsprechenden Sachkundenachweisen und Genehmigungen

DURCHFÜHREN

1. **Sicherheitsvorkehrungen treffen:**

    - Vor Beginn der Arbeit unbedingt Schutzkleidung anziehen (Handschuhe, Schutzbrille und Schürze)
    - Fräsmaschine abschalten und den Hauptstrom (Schutzkontaktstecker) ausschalten
    - Kühlschmierstoffbehälter abkühlen lassen

2. **Kühlschmierstoff ablassen:**

    - Auffangbehälter unter den Kühlschmierstoffbehälter stellen, um den Kühlschmierstoff aufzufangen
    - Ablassventil des Kühlschmierstoffbehälters öffnen und den Kühlschmierstoff in den Auffangbehälter ablassen
    - Dabei darauf achten, dass der Kühlschmierstoffbehälter vollständig entleert wird
    - Ablaufventil schließen und prüfen, ob noch Kühlschmierstoff in der Maschine vorhanden ist

2.3 Handlungssituation: Reinigung und Wartung einer Fräsmaschine

3. **Entsorgung des Kühlschmierstoffs:**

   - Kühlschmierstoff in einen geeigneten Behälter (Kunststofffass) umfüllen
   - Behälter mit den notwendigen Etiketten versehen
   - Behälter mit dem Kühlschmierstoff vom zugelassenen Abfallentsorger abholen lassen

4. **Wiederinbetriebnahme:**

   - Fräsmaschine gründlich reinigen, um Kühlschmierstoffreste zu entfernen
   - Dabei auf die Verwendung von geeigneten Reinigungsmitteln achten
   - Ablassstelle des Kühlschmierstoffbehälters und Auffangbehälter ebenfalls reinigen
   - Nach Abschluss der Arbeit alle Werkzeuge und Reinigungsmittel zurücklegen
   - Füllmenge der Bedienungsanleitung entnehmen (27 Liter)
   - Fräsmaschine einschalten und Kühlschmierstoffbehälter mit neuem Kühlschmierstoff befüllen
     - Zum Befüllen Einlegeblech herausnehmen und einen geeigneten Kühlschmierstoff unter Beachtung aller Sicherheitsvorschriften bis zum maximalen Füllstand auffüllen
     - Nach dem Befüllen Einlegeblech wieder einlegen
   - Entsorgung des Kühlschmierstoffs gemäß den geltenden Vorschriften und Standards dokumentieren

AUSWERTEN

Zum Abschluss wird die Lagerung der Gefahrstoffe bewertet und die Funktionalität der CNC-Fräsmaschine geprüft. Ebenfalls gilt es, Transportwege zu überprüfen und ggf. Schutzausrüstungen zu entsorgen oder zu reinigen.

> ❗ Die Entsorgung von Kühlschmierstoffen ist eine wichtige Maßnahme zum Schutz der Umwelt. Achten Sie darauf, dass der Kühlschmierstoff ordnungsgemäß entsorgt wird und nicht in die Umwelt gelangt.

Lagerung von Gefahrstoffen

TECHNISCHE KOMMUNIKATION

3

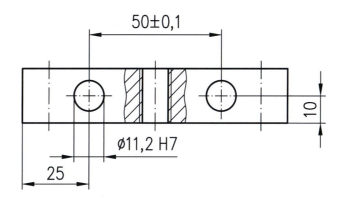

3 Technische Kommunikation

Berufliche Handlungssituation

Als Fachkraft sind Sie dafür verantwortlich, präzise Informationen zu Bauteilen und Fertigungsprozessen zu verstehen und anzuwenden. Eine der Aufgaben, die Sie durchführen müssen, besteht darin, technische Zeichnungen und Spezifikationen einer Konsole zu interpretieren und zu nutzen. Die Konsole besteht aus den Einzelteilen „Metallplatte" und „Druckstück". Als Fachkraft ist es ihre Aufgabe, die Bauteile nach den geforderten Spezifikationen herzustellen.

Technische Kommunikation in der Maschinen- und Anlagenkonstruktion

Für die Fertigung und Wartung von Maschinen und Werkzeugen ist die Auswertung verschiedener technischer Unterlagen unerlässlich. Technische Zeichnungen sind genormt, um sicherzustellen, dass Fachkräfte in den industriellen Metallberufen effizient und koordiniert zusammenarbeiten können. In der technischen Kommunikation wird zusammengefasst, wie diese Unterlagen korrekt gelesen und interpretiert werden. Weltweit werden für unterschiedlichste Zwecke maschinelle Baugruppen und Bauteile produziert. So fertigen beispielsweise Unternehmen in Deutschland Produktionsmaschinen für die Automobilindustrie, die zur Herstellung von Motorenteilen und Getrieben eingesetzt werden. Um solche Maschinen herzustellen, kommen für die Fertigung von Bauteilen computergesteuerte Dreh- und Fräsmaschinen zum Einsatz. Werkzeugmechanikerinnen und -mechaniker stellen die benötigten Vorrichtungen und z. B. Umformwerkzeuge her, während Zerspanungsmechanikerinnen und -mechaniker die CNC-Werkzeugmaschinen programmieren und einrichten. Industriemechanikerinnen und -mechaniker sind dafür verantwortlich, die Maschinen in Betrieb zu nehmen, zu warten und instand zu halten. In einem Umfeld, in dem zahlreiche Fachkräfte eng zusammenarbeiten, ist eine präzise technische Kommunikation von entscheidender Bedeutung, um Fehler zu vermeiden, die zu Unfällen, hohen Kosten oder Umweltschäden führen können. Daher ist die Auseinandersetzung mit technischen Zeichnungen und Normen eine grundlegende Qualifikation, die Auszubildende in Metallberufen in den ersten Ausbildungsjahren erwerben müssen.

Berufliche Tätigkeiten	Industriemechaniker/-in	Werkzeugmechaniker/-in	Zerspanungsmechaniker/-in
Information aus technischen Zeichnungen entnehmen	●	●	●
Einfache technische Zeichnungen und Skizzen erstellen	●	◑	◑
Einstellwerte für Maschinen aus Tabellen entnehmen	◔	◔	●
Wartungs- und Instandhaltungspläne auswerten	●	◑	●
Stück- und Materiallisten zur Herstellung von Bauteilen nutzen	●	◕	◑
Montagepläne und Arbeitsanweisungen analysieren und anwenden	●	◔	◑

Tab.: Nutzung verschiedener Unterlagen in der technischen Kommunikation

3.1 Grundlagen der technischen Kommunikation

3.1.1 Definition

Die technische Kommunikation spielt eine entscheidende Rolle in dem heutigen industriellen Umfeld, in der Präzision und Klarheit von größter Bedeutung sind. Sie umfasst eine Vielzahl von Methoden und Werkzeugen, die es Fachleuten ermöglichen, komplexe Informationen verständlich zu vermitteln. Durch die Anwendung einheitlicher Normen und Standards wird sichergestellt, dass alle Beteiligten, unabhängig von ihrem Standort, dieselben Informationen in identischer Weise interpretieren können.

Oftmals enthalten diese Unterlagen auch Normen, die umwelt- und sicherheitstechnische Aspekte der Fertigung berücksichtigen. Dadurch werden wirtschaftliche Prozesse gefördert, die sowohl umweltfreundlich als auch sicher für die Beschäftigten sind. Zusätzlich sind technische Dokumentationen innerhalb der Unternehmen unerlässlich für die Planung und Beschaffung von Ressourcen.

Technische Kommunikation bezeichnet somit den Prozess der Übermittlung von Informationen, die sich auf technische oder spezialisierte Themen beziehen. Sie umfasst die Erstellung, Gestaltung und Verbreitung von Dokumenten, Zeichnungen, Anleitungen und anderen Kommunikationsmitteln, die notwendig sind, um komplexe technische Inhalte verständlich und zugänglich zu machen. Ziel der technischen Kommunikation ist es, Missverständnisse zu vermeiden, die Effizienz zu steigern und sicherzustellen, dass alle Beteiligten über die erforderlichen Informationen verfügen, um Produkte oder Dienstleistungen erfolgreich zu nutzen oder zu entwickeln.

3.1.2 Normen

Normen sind allgemein akzeptierte Regeln oder Richtlinien, die bestimmte Anforderungen oder Kriterien für Produkte, Dienstleistungen oder Prozesse festlegen. Sie dienen dazu, einheitliche Standards zu schaffen, die Qualität, Sicherheit und Effizienz gewährleisten. Normen können technische Spezifikationen, Prüfmethoden oder Sicherheitsanforderungen umfassen und sind in vielen Branchen, einschließlich der Industrie, Medizin und Bauwirtschaft, von großer Bedeutung.

Normen werden in sogenannten Normblättern veröffentlicht. Je nach Gültigkeit haben die Organisationen, die Normen entwickeln und veröffentlichen, unterschiedliche Bezeichnungen und unterschiedliche Standorte.

3.1.2.1 DIN

Das Deutsche Institut für Normung e.V. (DIN) ist zuständig für die Bundesrepublik Deutschland.

Normen, welche von dem DIN entwickelt und veröffentlicht werden sind ein wichtiger Standardisierungsprozess, um einheitliche Qualitäts- und Sicherheitsanforderungen für Produkte, Dienstleistungen und Verfahren zu gewährleisten. DIN-Normen decken ein breites Spektrum ab, von technischen Spezifikationen über Prüfmethoden bis hin zu Begriffserklärungen und Sicherheitsanforderungen. Sie sind entscheidend für die Wettbewerbsfähigkeit der deutschen Industrie, da sie sicherstellen, dass Produkte sowohl national als auch international den gleichen hohen Standards entsprechen.

3.1.2.2 DIN EN

Auf der europäischen Ebene ist die Europäische Kommission für Normung CEN (Comité européen de normalisation) und die Europäische Kommission für elektrotechnische Normung CENELEC (Comité européen de normalisation électrotechnique) zuständig.

DIN EN-Normen sind europäische Normen, die von dem DIN in Zusammenarbeit mit der CEN entwickelt werden. Diese Normen stellen sicher, dass Produkte und Dienstleistungen in den Mitgliedsländern der Europäischen Union einheitlichen Qualitäts- und Sicherheitsstandards entsprechen. DIN EN-Normen fördern den freien Warenverkehr innerhalb Europas, indem sie harmonisierte Anforderungen festlegen, die von Herstellern und Anbietern eingehalten werden müssen.

3.1.2.3 DIN EN ISO

Die wichtigsten Herausgeber von Normen für den Maschinenbau auf internationaler Ebene sind die Internationale Organisation für Standardisierung ISO (International Organization for Standardization) und die Internationale Kommission für Elektrotechnik IEC (International Electrotechnical Commission), beide mit Sitz in Genf.

DIN EN ISO-Normen sind internationale Normen, die von ISO entwickelt und in Europa durch das DIN sowie dem CEN übernommen werden. Diese Normen kombinieren die Anforderungen der DIN EN-Normen mit den internationalen Standards der ISO, um eine globale Einheitlichkeit und Kompatibilität zu gewährleisten. DIN EN ISO-Normen sind in vielen Bereichen von großer Bedeutung, darunter Qualitätsmanagement, Umweltmanagement und Sicherheitstechnik.

3.1.2.4 DIN ISO

Der Unterschied zwischen DIN ISO und DIN EN ISO Normen liegt in ihrer Herkunft und ihrem Anwendungsbereich. DIN ISO-Normen sind internationale Standards, die von der ISO erstellt und vom DIN übernommen werden. Sie bieten allgemeine Richtlinien für verschiedene Branchen ohne spezifische europäische Harmonisierung. Im Gegensatz dazu sind DIN EN ISO-Normen europäische Normen, die von der ISO entwickelt und von der CEN in Zusammenarbeit mit dem DIN übernommen werden.

Die Einhaltung von Normen fördert die Qualität und Sicherheit von Produkten und Dienstleistungen, unterstützt nachhaltige Praktiken und schützt sowohl Verbraucher als auch die Umwelt, während sie gleichzeitig das Vertrauen der Verbraucher stärkt und die Wettbewerbsfähigkeit von Unternehmen erhöht, indem sie Transparenz und Verlässlichkeit bieten und den Austausch sowie die Zusammenarbeit zwischen Unternehmen erleichtern.

Beispiel

In der folgenden Tabelle finden Sie einige Beispiele für genormte Teile in Ihren Betrieben.

Genormte Teile und Normen finden Sie …	
in der gesamten Werkstatt	Werkzeuge, Halbzeuge, Verbindungselemente, Schweißzubehör, Rohteile, Bleche, Reinigungsmittel, Wartungszubehör, Maschinen …
in oder an der Werkzeugmaschine, z. B. Fräsmaschine	Schneidmittel, Werkzeughalterungen, Werkzeugfutter, Führungsbleche, Führungsplatten …
in oder um die elektrische Anlage	Schaltpläne, Sensoren, Kabel, Platinen, Thermoelemente, Kabelverbinder, Stromversorgungselemente, Abschaltvorrichtungen …

Tab.: Beispiele für genormte Teile

> **Beispiel**
>
> Die Bezeichnung DIN EN ISO 128-100:2022-02 hat folgende Bedeutung:
>
> - **DIN:** Dies steht für das Deutsche Institut für Normung, das die Norm in Deutschland herausgibt.
>
> - **EN:** Dies bedeutet, dass es sich um eine europäische Norm handelt, die von der Europäischen Normungsorganisation (CEN) entwickelt wurde. Diese Norm ist somit in den Mitgliedstaaten der Europäischen Union gültig.
>
> - **ISO:** Dies steht für die Internationale Organisation für Normung, die die ursprüngliche Norm erstellt hat. In diesem Fall ist die Norm international anerkannt.
>
> - **128:** Dies ist die Normnummer, die sich auf die spezifische Norm bezieht, die sich mit technischen Zeichnungen und deren Darstellung beschäftigt.
>
> - **-100:** Die Zahl nach dem Bindestrich bezeichnet den ersten Teil der Normenreihe ISO 128, der sich mit allgemeinen Prinzipien der Darstellung von technischen Zeichnungen befasst.
>
> - **2022-02:** Dieses Datum gibt an, dass die Norm im Februar 2022 veröffentlicht oder überarbeitet wurde.

3.1.2.5 VDI-Richtlinien

Die VDI-Richtlinien sind eine Sammlung von technischen Standards und Empfehlungen, die vom Verein Deutscher Ingenieure (VDI) herausgegeben werden. Diese Richtlinien dienen als Leitfaden für Ingenieure und andere Fachleute in verschiedenen technischen Disziplinen und decken eine Vielzahl von Themen ab, darunter Maschinenbau, Verfahrenstechnik, Energietechnik und Informatik. Die VDI-Richtlinien bieten praxisorientierte Lösungen und bewährte Verfahren, die dazu beitragen, die Qualität und Effizienz von technischen Prozessen zu verbessern. Sie sind besonders wichtig für die Entwicklung von Technologien und Produkten, da sie sicherstellen, dass die neuesten wissenschaftlichen Erkenntnisse und technischen Standards berücksichtigt werden.

> **Beispiel**
>
> Die Bezeichnung VDI 2610-02 hat folgende Bedeutung:
>
> - **VDI:** Dies steht für den Verein Deutscher Ingenieure, eine der wichtigsten Ingenieurvereinigungen in Deutschland, die Normen, Richtlinien und Empfehlungen für verschiedene technische Bereiche entwickelt.
>
> - **2610:** Dies ist die Nummer der Richtlinie, die sich mit der "Darstellung von technischen Zeichnungen" befasst. Die Nummer identifiziert die spezifische Richtlinie innerhalb der VDI-Richtlinien.
>
> - **-02:** Diese Zahl nach dem Bindestrich bezeichnet die spezifische Ausgabe oder den Teil der Richtlinie. In diesem Fall handelt es sich um die zweite Ausgabe oder den zweiten Teil der VDI 2610, der spezifische Aspekte der technischen Zeichnung behandelt.

> **Normen und VDI-Richtlinien**
> Wichtig bei der Arbeit mit Normen ist die Überprüfung der Aktualität der entsprechenden Richtlinie. Gerade bei sicherheitsrelevanten Normen kann eine veraltete Norm zu Sach- und Personenschäden führen. Neben den Normen sind für Sie noch VDI-Richtlinien wichtig. Diese werden vom Verein Deutscher Ingenieure (VDI) aufgestellt. In den momentan etwa 2000 gültigen VDI-Richtlinien stehen regelmäßig an den aktuellen Stand der Technik angepasste Empfehlungen.

3.1.3 Relevanz in den Metallberufen

Die technische Kommunikation spielt eine entscheidende Rolle in Metallberufen, da sie die Grundlage für eine präzise und effiziente Zusammenarbeit u. a. in der Fertigung und Montage bildet.

Präzise Anweisungen

In diesen Berufen ist es wichtig, technische Zeichnungen, Montageanleitungen und Arbeitspläne genau zu verstehen und umzusetzen. Eine klare technische Kommunikation gewährleistet, dass alle Mitarbeitenden die gleichen Informationen erhalten und Missverständnisse vermieden werden.

Sicherheitsaspekte

Technische Kommunikation ist auch entscheidend für die Sicherheit am Arbeitsplatz. Sicherheitsanweisungen und -richtlinien müssen verständlich und zugänglich sein, um Unfälle und Verletzungen zu verhindern.

Qualitätssicherung

Die Einhaltung von Normen und Standards, die in der technischen Kommunikation festgelegt sind, ist für die Qualität der gefertigten Produkte unerlässlich. Die Fähigkeit, technische Dokumentationen zu lesen und zu interpretieren, trägt dazu bei, die Qualitätssicherung zu gewährleisten.

Zusammenarbeit im Team

In der Metallverarbeitung arbeiten oft mehrere Fachleute an einem Projekt. Eine effektive technische Kommunikation fördert die Zusammenarbeit und den Austausch von Informationen zwischen den Fachkräften aus Konstruktion, Arbeitsvorbereitung sowie Fertigung und Montage, was zu einer reibungsloseren Produktionskette führt.

Fehlervermeidung

Durch eine klare und präzise technische Kommunikation können Fehler in der Produktion frühzeitig erkannt und behoben werden, was Zeit und Kosten spart.

3.2 Zeichnungsableitungen

Um in der maschinellen und computerunterstützten Konstruktion und Fertigung arbeiten zu können, müssen Industriemechanikerinnen und Industriemechaniker, Werkzeugmechanikerinnen und Werkzeugmechaniker, Zerspanungsmechanikerinnen und Zerspanungsmechaniker bestimmte Grundqualifikationen haben. Dazu gehört unter anderem, dass die Fachkräfte wissen, wie technische Zeichnungen zu lesen und interpretieren sind.

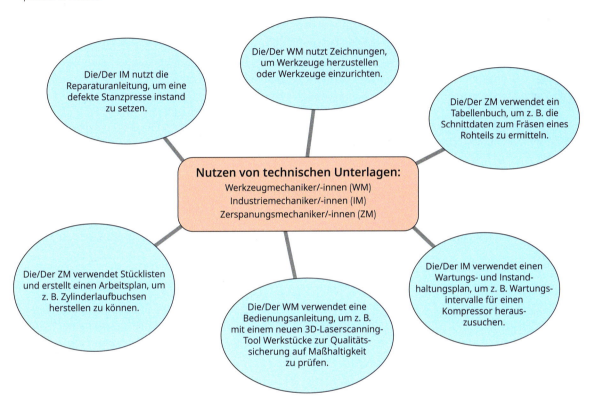

3.2.1 Arten von Zeichnungen

In der technischen Kommunikation spielen verschiedene Zeichnungsarten eine zentrale Rolle, um komplexe Informationen klar und verständlich zu vermitteln.

Eine der grundlegenden Formen ist die **Skizze**, die oft in der frühen Planungsphase verwendet wird. Skizzen sind handgezeichnete Darstellungen, die dazu dienen, Ideen schnell festzuhalten und erste Konzepte zu visualisieren. Sie sind weniger formal und ermöglichen es Gedanken und Entwürfe unkompliziert zu kommunizieren. Skizzen sind besonders nützlich für Brainstorming-Sitzungen oder informelle Diskussionen, da sie Flexibilität und Kreativität fördern.

Eine weitere wichtige Zeichnungsart sind die **Zeichnungsableitungen von Einzelteilen**. Diese technischen Zeichnungen sind präzise und detailliert und enthalten alle notwendigen Informationen für die Herstellung eines spezifischen Bauteils. Dazu gehören Maßangaben, Toleranzen, Materialhinweise und Oberflächenbeschaffenheit (siehe Kapitel 3.4). Diese Zeichnungen sind entscheidend für die Fertigung, da sie sicherstellen, dass das Teil genau nach den Spezifikationen produziert wird.

Zusätzlich zu Einzelteilzeichnungen sind **Zeichnungsableitungen von Baugruppen** von großer Bedeutung. Diese Zeichnungen zeigen, wie verschiedene Einzelteile zusammengefügt werden, um ein vollständiges Produkt oder System zu bilden. Sie enthalten oft Montageanweisungen, die die Reihenfolge und die Methode des Zusammenbaus erläutern. Baugruppenzeichnungen sind besonders wichtig, um die Interaktion zwischen den einzelnen Komponenten zu verdeutlichen und sicherzustellen, dass alle Teile korrekt zusammenpassen.

Eine **Explosionszeichnung** ist eine spezielle Art der Baugruppenzeichnung. Diese Darstellungen zeigen die Einzelteile einer Baugruppe in einer auseinandergezogenen, räumlich angeordneten Form, um die Position und Reihenfolge der Komponenten zu veranschaulichen. Explosionsdarstellungen erleichtern das Verständnis des Aufbaus eines Produkts oder Systems und dienen als visuelle Montagehilfe, da sie zeigen, wie die Teile zusammengefügt werden. Sie sind besonders nützlich, um die Interaktion zwischen den einzelnen Komponenten zu verdeutlichen.

3.2.2 Stücklisten

Ein wesentlicher Bestandteil der Baugruppenzeichnung ist die **Stückliste**, die eine detaillierte Aufstellung aller benötigten Einzelteile sowie deren Mengen und spezifischen Bezeichnungen liefert. Die Stückliste ermöglicht es den Fachleuten, schnell zu erkennen, welche Komponenten erforderlich sind, und erleichtert die Beschaffung und Planung der Fertigung.

Scannen Sie den nebenstehenden QR-Code für Beispiele der einzelnen Stücklisten.

Die **Mengenstückliste** ist darauf ausgelegt, die Anzahl der benötigten Teile für ein Projekt oder eine Baugruppe präzise anzugeben. Sie listet jedes Bauteil mit der entsprechenden Menge auf und ermöglicht es den Fachleuten, schnell zu erkennen, welche Teile in welcher Anzahl benötigt werden. Diese Art von Stückliste ist besonders nützlich in der Fertigung und Montage, da sie die Materialbeschaffung vereinfacht und sicherstellt, dass genügend Komponenten vorhanden sind, um den Produktionsprozess ohne Verzögerungen durch Materialmangel durchzuführen.

Die **Strukturstückliste** hingegen zeigt die hierarchische Beziehung zwischen den Einzelteilen und Baugruppen. Sie stellt die Teile in einer Baumstruktur dar, wobei die Baugruppe an der Spitze steht und die einzelnen Komponenten darunter angeordnet sind. Diese Art von Stückliste ist besonders hilfreich, um die Zusammenhänge zwischen den verschiedenen Teilen zu verstehen und die Montageabläufe zu planen. Sie ermöglicht es die Struktur eines Produkts zu visualisieren und sicherzustellen, dass alle notwendigen Teile berücksichtigt werden.

Die **Baukastenstückliste** ist ein flexibles Format, das häufig in modularen Systemen verwendet wird. Sie ermöglicht eine einfache Anpassung und Kombination von Bauteilen, um verschiedene Varianten eines Produkts zu erstellen. Diese Art von Stückliste ist besonders vorteilhaft in der Serienfertigung, da sie es Unternehmen ermöglicht, schnell auf unterschiedliche Kundenanforderungen zu reagieren, indem sie verschiedene Module oder Komponenten einfach zusammenstellen.

Die **Konstruktionsstückliste** ist eine detaillierte Aufstellung aller Teile und Komponenten, die für die Konstruktion eines Produkts erforderlich sind. Sie enthält nicht nur die Bezeichnungen und Mengen der Einzelteile, sondern auch wichtige Informationen wie Materialangaben, Maße, Toleranzen und spezifische Identifikationsnummern. Diese Art von Stückliste ist besonders wichtig in der Entwicklungsphase eines Produkts, da sie hilft, alle benötigten Komponenten zu identifizieren und sicherzustellen, dass das Design alle erforderlichen Teile berücksichtigt. Die Konstruktionsstückliste dient somit als Grundlage für die technische Dokumentation und die spätere Fertigung, indem sie eine klare Verbindung zwischen dem Konstruktionsprozess und der Materialbeschaffung herstellt.

Die **Fertigungsstückliste** hingegen konzentriert sich auf die Teile, die tatsächlich in der Produktion verwendet werden. Sie enthält Informationen, die für die Fertigung relevant sind, wie z.B. spezifische Bearbeitungsverfahren, Fertigungstoleranzen und die Reihenfolge der Montage. Diese Stückliste ist entscheidend für die Produktionsplanung, da sie sicherstellt, dass alle notwendigen Teile in der richtigen Menge und zur richtigen Zeit verfügbar sind. Sie hilft den Fertigungsteams, die Produktionsabläufe zu optimieren und die Effizienz zu steigern, indem sie einen klaren Überblick über die benötigten Materialien und deren Verarbeitung bietet.

Mit dem nebenstehenden QR-Code können Sie eine Interpretation der Skizze des Druckstücks einsehen.

3.2.3 Linienarten

In technischen Zeichnungen werden unterschiedliche Linienarten und Linienbreiten genutzt, um verschiedene Elemente und Informationen klar und verständlich darzustellen. Jede Linienart hat eine spezifische Bedeutung und Funktion, die es den Betrachtern ermöglicht, die Zeichnung korrekt zu interpretieren und die entsprechenden Informationen abzuleiten.

Die korrekte Verwendung dieser Linienarten ist entscheidend für die Verständlichkeit und Genauigkeit von technischen Zeichnungen. Hier sind einige der häufigsten Linienarten, die in Zeichnungsableitungen verwendet werden:

Linienart		Linienbreite in mm	Verwendung
Volllinie	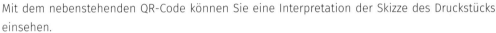	0,5	sichtbare Körperkanten
Volllinie		0,25	Maß- und Maßhilfslinien Schraffuren
Strichlinie	– – – – – – – – – –	0,35	verdeckte Körperkanten
Strichpunktlinie	—·—·—·—·—·—	0,25	Mittellinien
Freihandlinie	~~~~~~~~~	0,25	Bruchkanten Holzschraffuren

Tab.: Linien nach DIN 15

3.2.4 Ansichten Erstellung

Das korrekte Erstellen von Ansichten ist wichtig für die Kommunikation von Konstruktionsideen und die präzise Fertigung von Bauteilen. Ansichten helfen nicht nur dabei, die geometrischen Eigenschaften eines Objekts zu erfassen, sondern auch, die Beziehungen zwischen verschiedenen Komponenten zu verdeutlichen. In diesem Zusammenhang ist es wichtig, die grundlegenden Prinzipien und Techniken der Ansichtserstellung zu verstehen, um technische Zeichnungen zu erstellen, die den Anforderungen der Industrie entsprechen und die Qualität der Produkte sicherstellen.

Bei der Projektionsmethode 1 wird die Seite des Bauteils für die Vorderansicht (Seite A) ausgewählt, die die meisten Details in Form von sichtbaren Kanten oder Erhebungen aufweist. Die anderen Ansichten entstehen durch eine Drehung des Körpers um eine 90-Grad-Achse. Dies wird deutlich an der Seitenansicht C, bei der das Bauteil um 90 Grad nach links gedreht wird. Für die Draufsicht B ist es erforderlich, dass das Bauteil um 90 Grad nach vorne gekippt wird. Die zusätzlichen Ansichten D, E und F sind lediglich zur Vollständigkeit dargestellt. Sie sind für die Herstellung des Bauteils nicht relevant, da sie keine neuen Informationen zu Kanten, Bohrungen oder Abständen zwischen den Bohrungen liefern.

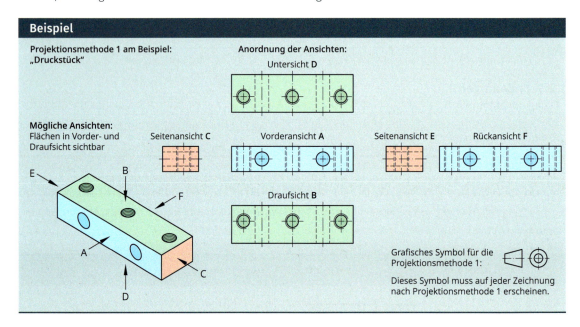

Im Gegensatz zu der Projektionsmethode 1 wird bei der Projektionsmethode 3 die Draufsicht und die Seitenansicht so angeordnet, dass sie die Position des Betrachters berücksichtigen. In dieser Methode wird z. B. die Draufsicht über der Vorderansicht platziert, während die Seitenansichten von links, seitlich links angeordnet ist.

3.2 Zeichnungsableitungen

Beispiel

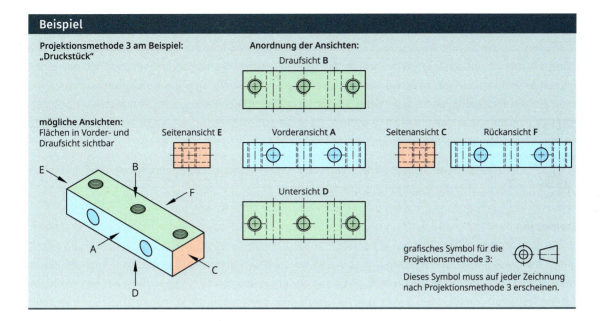

AZ

Die DIN EN ISO 128-30 schreibt vor, dass auf der Zeichnung das grafische Symbol für die Projektionsmethode erscheinen muss.

Projektionsmethode 1:

Projektionsmethode 3:

Beispiel

In der Darstellung der Draufsicht des Bauteils „Druckstück" aus der Baugruppe Konsole, werden unterschiedliche Liniendicken und Linienarten mit den unterschiedlichsten Bedeutungen verwendet. Zu erkennen sind Bemaßungen, die Angabe M12 für eine Gewindebohrung eines metrischen Gewindes mit einem Durchmesser von 12 mm und eine Mittellinie zur Verdeutlichung, dass es sich hier um ein symmetrisches Bauteil handelt.

Tab.: Beispiel für die Bedeutung der Linienarten am Beispiel „Druckstück"

3.2.5 3D-Perspektiven

In der technischen Kommunikation und im Design spielen verschiedene Perspektiven eine entscheidende Rolle, um dreidimensionale Objekte auf einer zweidimensionalen Fläche klar und verständlich darzustellen. Unter den zahlreichen Methoden des perspektivischen Zeichnens sind die isometrische Perspektive, die Kavaliersperspektive und die Dimetrie besonders hervorzuheben. Diese drei Perspektiven finden im technischen Raum breite Anwendung, da sie es ermöglichen, komplexe Strukturen und Bauteile anschaulich zu visualisieren.

Beispielhaft wird die Isometrie erklärt. Die anderen Darstellungsmethoden können durch das Scannen des QR-Codes eingesehen werden.

Isometrie

In der isometrischen Darstellung werden die drei Dimensionen eines Objekts (Länge, Breite und Höhe) gleichmäßig behandelt. Dies bedeutet, dass die Winkel zwischen den Achsen in der isometrischen Zeichnung jeweils 120 Grad betragen. Die Achsen sind in der Regel so angeordnet, dass sie in einem Winkel von 30 Grad zur Horizontalen geneigt sind, was eine klare und verständliche Sicht auf die Struktur ermöglicht.

Ein Merkmal der isometrischen Perspektive ist, dass die Längen der Seiten in allen drei Dimensionen in einem konstanten Maßstab dargestellt werden. Das bedeutet, dass keine der Seiten verkürzt wird.

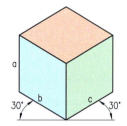

Isometrische Projektion
Seitenverhältnis: a : b : c = 1 : 1 : 1
Achsenwinkel: 30°

3.2.6 Schnittansichten

In der DIN EN ISO 128-50 werden die verschiedenen Schraffuren für die Schnittflächen der unterschiedlichen Stoffe festgelegt. Hier wird grundsätzlich zwischen festen und flüssigen Stoffen unterschieden. Die festen Stoffe werden weiter unterteilt in Naturstoffe, Metalle und Kunststoffe.

Schraffuren werden in der Regel durch parallele Linien oder Muster dargestellt, die in verschiedenen Winkeln oder Abständen angeordnet sind, um eine klare Differenzierung zu ermöglichen. In vielen Fällen sind spezifische Schraffurmuster standardisiert, um eine einheitliche Interpretation zu ge-

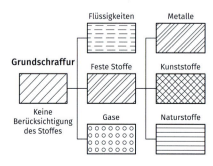

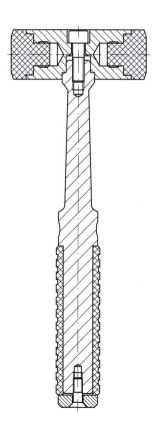

währleisten. Die Ausrichtung der Schraffuren erfolgt in einem Winkel von 45°. Dieser kann nach links oder rechts ausgerichtet sein. Bei der Erstellung von Schraffuren sind die Abstände zwischen den parallelen Linien variabel und können je nach den spezifischen Anforderungen der Zeichnung angepasst werden. Häufig werden für unterschiedliche Bauteile in einer Baugruppe die entgegengesetzten Schraffuren genutzt. Dies sorgt für eine bessere Lesbarkeit der Zeichnung. Um die Bauteile jedoch noch besser voneinander unterscheiden zu können, werden unterschiedliche Abstände in den Schraffuren gewählt. Kunststoffe werden beispielhaft mit einer gekreuzten Schraffur dargestellt.

Durch verschiedene Arten von Schraffuren haben Fachkräfte zusätzlich eine Möglichkeit, bereits aus den Zeichnungen abzulesen, um welche Baustoffe und Materialien es sich handelt. In Tabellenbüchern stehen entsprechende Darstellungen mit Erläuterungen der verschiedenen Baustoffe.

Man unterscheidet drei Arten von Schnitten:

Zeichnung Schnittart	Verwendung der Schnittart
Schnitt oder Vollschnitt:	Der Schnitt oder auch Vollschnitt wird verwendet, um bei Hohlkörpern die inneren Formen zu erkennen. Am Beispiel „Seitenansicht Druckstück" lässt sich so erkennen, dass hier eine Gewindebohrung vorliegt. Bei einer Gewindebohrung erkennt man auf jeder Seite eine zweite schmale Linie zwischen den sichtbaren Kanten.
Halbschnitt:	Beim Halbschnitt handelt es sich meistens um symmetrische Werkstücke, bei denen ein Vollschnitt unnötig wäre. Die Gewindebohrung wird hier nur halb gezeigt, angedeutet durch die Mittellinie.
Teilschnitt oder Ausbruch:	Der Teilschnitt oder Ausbruch wird ab einer gedachten Bruchlinie als Freihandlinie abgebildet. Dies wird häufig verwendet, um in einer Gesamtzeichnung Einzelheiten wie etwa die hier abgebildete Gewindebohrung anzudeuten.

Tab.: Arten von Schnittdarstellungen und ihre Bedeutung

3.2.7 Detailansichten

In technischen Zeichnungen werden oft komplexe Geometrien und feine Details dargestellt, die in einer Standardansicht möglicherweise nicht ausreichend erkennbar sind. Detailansichten bieten eine Lösung für dieses Problem, indem sie bestimmte Bereiche des Objekts isoliert und vergrößert darstellen. Dies ist besonders wichtig, wenn es um kritische Elemente wie Bohrungen, Fasen, Gewinde oder andere spezifische Merkmale geht, die für die Fertigung und Montage von Bedeutung sind.

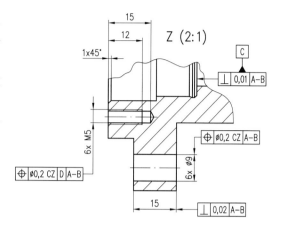

3.3 Darstellung von Formelementen in Zeichnungsableitungen

3.3.1 Bohrungen

In technischen Zeichnungen werden Bohrungen durch spezifische Symbole und Bemaßungen dargestellt, um deren Größe, Position und Art eindeutig zu definieren. Der Durchmesser einer Bohrung wird durch einen Kreis symbolisiert, wobei der Durchmesserwert in der Regel in unmittelbarer Nähe zum Kreis angegeben ist. Zur Kennzeichnung des Durchmessers wird das Symbol „Ø" vorangestellt, was klarstellt, dass es sich um eine kreisförmige Bohrung handelt.

Die exakte Positionierung von Bohrungen erfolgt mithilfe von Maßlinien und Bezugspunkten. Diese ermöglichen es, die Bohrungen präzise in Relation zu anderen Bauteilmerkmalen zu platzieren. Darüber hinaus können in der Zeichnung zusätzliche Informationen angegeben werden, wie z. B. Toleranzen, Oberflächenbeschaffenheit oder spezielle Anforderungen. Beispiele hierfür sind Gewinde, Senkungen oder andere Bearbeitungsdetails, die sowohl die Fertigung als auch die Montage erleichtern.

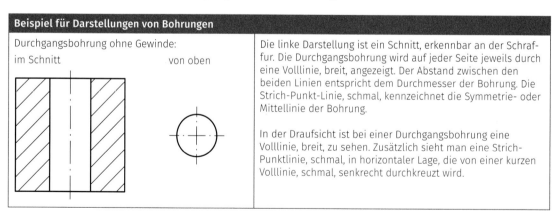

Tab.: Darstellung von Bohrungen

3.3.2 Sacklochbohrungen

Sacklochbohrungen werden in technischen Zeichnungen durch spezifische Symbole und Bemaßungen dargestellt, um deren Größe, Tiefe und Position eindeutig zu definieren. Der Durchmesser der Sacklochbohrung wird durch einen Kreis symbolisiert und mit dem Symbol „⌀" vorangestellt. Die genaue Positionierung erfolgt über Maßlinien und Bezugspunkte, wodurch die Sacklochbohrung präzise im Verhältnis zu anderen Bauteilmerkmalen lokalisiert werden kann.

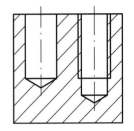

Zusätzlich wird die Tiefe der Sacklochbohrung durch eine separate Maßangabe gekennzeichnet, um sicherzustellen, dass die Bohrung eine definierte Tiefe erreicht und nicht durch das Material hindurchgeht. Diese Maßangabe wird häufig in der Schnittansicht oder in einem Ausbruch dargestellt, um die räumliche Tiefe der Bohrung klar ersichtlich zu machen.

Die Bohrspitze wird dabei vereinfacht mit einem 120° Winkel gezeichnet, obwohl vielfach Bohrer einen Spitzenwinkel von 118° besitzen.

3.3.3 Senkung

In technischen Zeichnungen werden Senkungen mithilfe spezifischer Symbole und Maßangaben dargestellt, um ihre Form, Größe und Lage klar zu beschreiben. Der Durchmesser einer Senkung wird durch einen Kreis symbolisiert.

Senkungen können verschiedene Formen aufweisen, beispielsweise zylindrische oder kegelförmige Ausführungen. Bei Zylindersenkungen werden der Durchmesser und die Tiefe der Senkung üblicherweise in der Schnittansicht angegeben. Kegelsenkungen, die durch ihre konische Geometrie auffallen, werden in der Zeichnung durch entsprechende Darstellungen ergänzt. Dabei wird oft der Kegelwinkel bemaßt, um die spezifischen Anforderungen zu verdeutlichen.

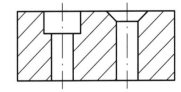

Die genaue Positionierung der Senkungen erfolgt durch Bezugspunkte und Maßlinien, wodurch sie im Verhältnis zu anderen Elementen des Bauteils präzise festgelegt werden. Ergänzende Informationen wie Toleranzwerte oder Anforderungen an die Oberflächenqualität werden häufig in der Zeichnung vermerkt, um den Fertigungs- und Montageprozess zu erleichtern.

3.3.4 Gewindebohrungen

Eine Gewindebohrung ist eine Bohrung, die mit einem Innengewinde versehen ist, um Schrauben oder andere Verbindungselemente aufzunehmen. In technischen Zeichnungen werden Gewinde in der Regel vereinfacht dargestellt, ohne das Gewindeprofil oder die Gewindesteigung (P) detailliert abzubilden. Der Gewindegrund wird durch den Kerndurchmesser des Gewindes definiert und mithilfe einer breiten Volllinie gezeichnet. Die Gewindespitzen, die beim Schneiden des Gewindes entstehen, werden hingegen mit einer schmalen Volllinie dargestellt.

In der Draufsicht werden die Gewindespitzen durch einen Dreiviertelkreis, der oben links offen ist, gekennzeichnet. Bei Schnittdarstellungen eines Gewindes reichen die Schraffuren stets bis zu den Gewindespitzen. Diese vereinfachte Darstellung dient der Übersichtlichkeit und erleichtert das Lesen technischer Zeichnungen.

Beispiel für Darstellungen von Bohrungen	
Durchgangsbohrung mit Innengewinde im Schnitt von oben	Bei der Darstellung im Schnitt sieht man hier im direkten Vergleich zur darüber liegenden Abbildung, dass Innengewinde durch eine Volllinie, schmal, links, bzw. rechts von den breiten Volllinien dargestellt werden, um das Gewinde anzudeuten. Schaut man von oben, so wird das Innengewinde mit einer schmalen Volllinie als etwas mehr als Dreiviertelkreis dargestellt. Der Grund hierfür ist, dass Sie in das Werkstück „außerhalb" der Bohrung hineinschneiden. Für die verschiedenen Innengewinge gibt es verschiedene Durchmesser des Kernlochs, die beim Bohren eingehalten werden müssen, z. B.: ø 6,8 für ein Innengewinde M8. Info: Nutzen Sie ein Tabellenbuch für weitere Werte.

Tab.: Darstellung von Gewindebohrungen

Gewinde können in technischen Anwendungen sowohl als durchgehende Gewinde als auch als Sackgewinde (Gewinde mit begrenzter Tiefe) ausgeführt werden. Ein durchgehendes Gewinde erstreckt sich vollständig durch das Bauteil und ermöglicht die vollständige Durchdringung des Materials, sodass eine Schraube oder ein anderer Befestigungsmechanismus auf beiden Seiten des Bauteils eingreifen kann. Im Gegensatz dazu wird bei einem Sackgewinde das Gewinde nur bis zu einer definierten Tiefe in das Bauteil geschnitten, sodass die Bohrung an der anderen Seite des Materials nicht durchgehend ist. Sackgewinde kommen oft in Anwendungen zum Einsatz, bei denen das Gewinde nur in einem bestimmten Abschnitt des Bauteils benötigt wird, z. B. bei der Aufnahme von Schrauben, die nicht durch das gesamte Material hindurchgehen sollen.

Kernlochbohrung

Die Einbringung einer Kernlochbohrung ist einer der ersten Arbeitsschritte beim Herstellen von Innengewinden. Der Durchmesser einer Kernlochbohrung für die jeweilige Gewindegröße steht in den Gewindetabellen von Tabellenbüchern.

3.3.5 Außengewinde

Bei Außengewinden, wie sie an Schrauben zu finden sind, erfolgt die Darstellung gegensätzlich zu denen von Innengewinden. Hier wird der Kerndurchmesser durch eine schmale Volllinie markiert, während die Gewindespitzen, die den Außendurchmesser des Gewindes darstellen, mit einer breiten Volllinie gezeichnet werden. Auch in der Draufsicht zeigt ein Dreiviertelkreis mit einer Öffnung oben links die Gewindespitzen an. Die Schraffuren in Schnittdarstellungen enden ebenfalls an den Gewindespitzen, um die Geometrie des Außengewindes klar zu verdeutlichen.

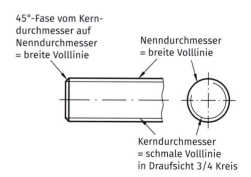

Gewinde unterscheiden sich nicht nur in ihrer Form, sondern auch in ihrem Drehsinn.

3.4 Angaben in Zeichnungsableitungen

3.4.1 Bemaßungen

Das Bemaßen einer technischen Zeichnung ist von großer Bedeutung, weil es die präzisen Maße und Toleranzen eines Bauteils festlegt, die für die Fertigung und Montage entscheidend sind. Eine korrekte Bemaßung stellt sicher, dass alle Teile passgenau hergestellt und zusammengefügt werden können, ohne dass es zu Problemen bei der Funktion oder der Qualität des Endprodukts kommt. Sie verhindert Missverständnisse und Fehler während der Produktion und ermöglicht eine effiziente Kommunikation. Zudem gewährleistet sie die Einhaltung von Normen und Spezifikationen, was für die Sicherheit und die Funktionsfähigkeit des Bauteils von großer Bedeutung ist.

Auch wenn es mittlerweile Technologien gibt, die direkt mit den CAD-Datensätzen arbeiten (z. B. 3D-Druck oder Laserschneidanlagen), werden technische Zeichnungen nach wie vor in der Mehrheit der Betriebe genutzt. Diese Praxis erfordert daher, dass metalltechnische Fachkräfte die Fähigkeit besitzen, Zeichnungen zu lesen und gelegentlich auch zu erstellen. Die Kompetenz im Umgang mit technischen Zeichnungen bleibt eine wesentliche Grundlage für die präzise und fehlerfreie Fertigung von Bauteilen, da sie auch in modernen Produktionsprozessen als unverzichtbares Kommunikationsmittel dient.

Die DIN 406 ist die Norm, die die Vorgaben für Dimensionierungen und Maßeintragungen festlegt. In Tabellenbüchern sind zahlreiche Details dieser Norm enthalten, wie beispielsweise Strichstärken, Winkelvorgaben, Abstände und andere wichtige Kennzeichnungen. Dazu gehören auch Symbole für verschiedene Fügeverfahren und ähnliche technische Markierungen.

Auszug einiger Elemente in technischen Zeichnungen und ihre Bedeutung	
Element	**Bedeutung**
Maßlinien	Mit den Maßlinien werden die Längen von Kanten an Werkstücken oder Winkeln angegeben. Sie dürfen sich nicht bzw. nur in wenigen Ausnahmen schneiden.
Maßhilfslinien	Die Maßhilfslinien werden benötigt, um im vorgeschriebenen Abstand zu den Kanten der Werkstücke die Maßlinien zeichnen zu können. Darüber hinaus sind sie dafür da, den Anfang und das Ende der jeweils zu bemaßenden Strecke zu kennzeichnen.
Maßlinienbegrenzungen (Maßpfeile)	Die Maßlinienbegrenzungen oder Maßpfeile unterstützen das Ablesen der Abgrenzung der bemaßten Fläche, da sie z. B. an den Hilfslinien enden. Sie sind die Enden der Maßlinien.
Maßzahlen	Die Maßzahlen sind so einzutragen, dass man die technische Zeichnung entweder von unten oder von rechts lesen kann, also immer über den Maßlinien.
Maßeinheit	Die Maßeinheit muss nur dann angegeben werden, wenn von der Standardmaßeinheit Millimeter (mm) abgewichen wird. Bei Verwendung der Standardeinheit wird keine Einheit mitgeschrieben.
Hinweislinien	Hinweislinien werden unter anderem dazu eingesetzt, um die Werkstückdicke neben der Zeichnung zu platzieren, wenn der Platz innerhalb der Zeichnung nicht ausreicht.

Tab.: Auszug einiger Elemente in Zeichnungen nach DIN 406

Die Bemaßung besteht aus mehreren grundlegenden Elementen, die eine präzise und verständliche Darstellung der Maße eines Bauteils ermöglichen. Zu den wichtigsten Bemaßungselementen gehören **Maßlinien**, die die Abstände zwischen den gemessenen Punkten markieren und **Bemaßungslinien**, die die Maße entlang der Maßlinien angeben. **Maßzahlen** geben den exakten Wert eines Abstands, Durchmessers oder Winkels an. **Hilfslinien** dienen zur Positionierung von Maßlinien und sorgen für eine klare Anordnung der Maße. Ergänzend werden **Toleranzen** angegeben, um die zulässigen Abweichungen vom Sollmaß festzulegen.

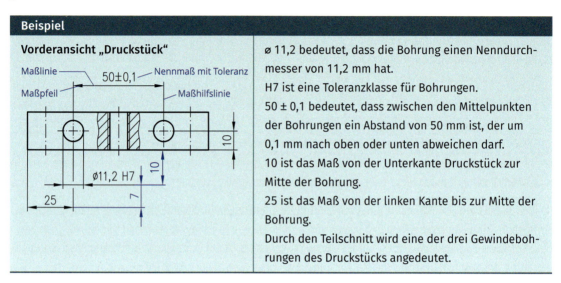

Vorderansicht „Druckstück"	ø 11,2 bedeutet, dass die Bohrung einen Nenndurchmesser von 11,2 mm hat.
	H7 ist eine Toleranzklasse für Bohrungen.
	50 ± 0,1 bedeutet, dass zwischen den Mittelpunkten der Bohrungen ein Abstand von 50 mm ist, der um 0,1 mm nach oben oder unten abweichen darf.
	10 ist das Maß von der Unterkante Druckstück zur Mitte der Bohrung.
	25 ist das Maß von der linken Kante bis zur Mitte der Bohrung.
	Durch den Teilschnitt wird eine der drei Gewindebohrungen des Druckstücks angedeutet.

Im oberen Beispiel ist zusätzlich zu sehen, dass die Abstände zwischen den sichtbaren Werkzeugkanten und den Bemaßungen genormt sind. Zur äußersten Werkzeugkante unten ist beispielsweise ein Abstand von 10 mm zum Mittelpunkt der Bohrungen einzuhalten. Müssen mehrere parallel oder untereinanderliegende Maßlinien gezeichnet werden, dann ist nach der ersten Maßlinie ein Abstand von mindestens 7 mm einzuhalten. Werkstückkanten dürfen nicht als Maßlinie verwendet werden.

> Geschlossene Maßketten über die gesamte Länge eines Werkstücks sollten vermieden werden, da sie häufig zu Fehlern führen können. Dies geschieht beispielsweise, wenn die Summe der einzelnen Toleranzen größer ist als die zulässige Toleranz für die gesamte Länge des Werkstücks. In der beruflichen Praxis gestaltet sich zudem die Übertragung solcher Maße auf das Werkstück als schwierig.

3.4.1.1 Funktionsgerechte Bemaßung

Die funktionsgerechte Bemaßung legt den Fokus auf die Anforderungen, die das Bauteil in seiner späteren Anwendung erfüllen muss. Dabei werden die Maße so gewählt, dass die Funktionalität des Bauteils nicht beeinträchtigt wird. Es geht darum, sicherzustellen, dass alle relevanten Maßtoleranzen und geometrischen Anforderungen für die beabsichtigte Verwendung des Bauteils eingehalten werden. Bei der funktionsgerechten Bemaßung wird besonders auf die Präzision der maßgeblichen Elemente geachtet, die für die mechanische Funktion oder den Zusammenbau von Bedeutung sind, wie beispielsweise Passungen, Bohrungen oder Radien.

3.4.1.2 Fertigungsgerechte Bemaßung

Die fertigungsgerechte Bemaßung berücksichtigt die praktischen Aspekte der Bauteilfertigung. Hierbei werden Maße so gewählt und angeordnet, dass die Fertigung des Bauteils mit den verfügbaren Maschinen und Fertigungstechnologien effizient und kostengünstig durchgeführt werden kann. Die Bemaßung sollte den Herstellprozess erleichtern und den Einsatz von Standardwerkzeugen und -verfahren fördern, um Produktionsfehler zu vermeiden. Dazu gehört auch, dass keine unnötigen Maße angegeben werden, die den Fertigungsaufwand erhöhen könnten.

3.4.1.3 Prüfgerechte Bemaßung

Die prüfgerechte Bemaßung stellt sicher, dass die gefertigten Bauteile nach der Produktion einfach und zuverlässig geprüft werden können. Sie berücksichtigt die Messmöglichkeiten und Prüfverfahren, die für die Qualitätskontrolle erforderlich sind. Dabei wird darauf geachtet, dass die Maße so gewählt sind, dass sie mit den verfügbaren Messgeräten und -methoden präzise überprüft werden können. Auch die Toleranzen werden so festgelegt, dass die Bauteile innerhalb der zulässigen Grenzen liegen und keine zusätzlichen Prüfaufwände entstehen. Ziel ist es, eine einfache, schnelle und fehlerfreie Prüfung der Bauteile sicherzustellen.

> **Beispiel**
>
> **Vorderansicht „Druckstück"**
> **Funktionsbezogene Bemaßung**
>
>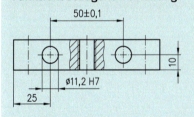
>
> Die Maß- und Toleranzangaben bei der funktionsbezogenen Bemaßung sind wichtig für den Zusammenbau bzw. das Zusammenspiel mit anderen Bauteilen. Bei dieser Art geht es nur um die Funktion, die Art der Fertigung und das Prüfen nach der Herstellung wird nicht berücksichtigt. H7 ist eine Toleranzklasse für Bohrungen.
>
> **Fertigungsbezogene Bemaßung**
>
>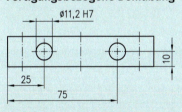
>
> Die Maß- und Toleranzangaben bei der fertigungsbezogenen Bemaßung werden aus den funktionsbezogenen Bemaßungen berechnet. Dabei wird das Fertigungsverfahren berücksichtigt, das bedeutet, es werden jeweils Bezugskanten für die spanende Bearbeitung durch die Maschinen festgelegt. So können die Dreh- oder Fräsmaschinen eingerichtet und die CNC-Programme erstellt werden.
>
> **Prüfbezogene Bemaßung**
>
>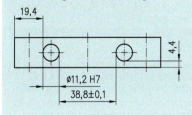
>
> Die Maß- und Toleranzangaben bei der prüfbezogenen Bemaßung sind dazu da, das Bauteil prüfen zu können, ohne Maße und Toleranzen umrechnen zu müssen. Die Maße werden jeweils nach Art des Prüfverfahrens eingetragen.

3.4.2 Toleranzen

Bei der Bemaßung von anzufertigenden Bauteilen werden nicht nur die sogenannten Nennmaße angegeben, sondern auch Maßabweichungen. Sie sind entscheidend für die Funktionalität und Passgenauigkeit von Bauteilen, da sie sicherstellen, dass Teile trotz kleiner Fertigungsunterschiede korrekt zusammenpassen. Nur eine geringe Anzahl von Bauteilen erfordert eine Herstellung mit höchster Präzision. In solchen Fällen werden die Toleranzen direkt am Nennmaß angegeben.

Bei keiner genaueren Angabe zur Spezifikation gelten die Allgemeintoleranten nach der Norm DIN EN ISO 22081. Dem Beispiel ist eine mögliche Angabe über dem Schriftfeld zu entnehmen.

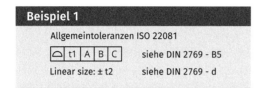

Angabe		Bedeutung
Allgemeine Festlegung der erlaubten Abweichungsform	⌒	Hier als Flächenform angegeben. Dies bedeutet, dass die gemessene Formabweichung des realen Bauteils innerhalb der Toleranzangabe von seiner geometrischen Idealfläche abweichen darf.
Toleranzangabe	t1 0,5	Eine Abweichung von der Idealfläche ist zulässig. Konkrete Werte können wie in dem Beispiel 2 direkt oder als Verweis auf eine zusätzliche Tabelle (t1) angegeben werden. Im Beispiel 2 ist eine Abweichung um 0,5 mm zur geometrischen Idealfläche zulässig.
Bezugselemente	A B C	A, B und C definieren die Hauptbezugselemente. Dieses können Flächen aber auch Achsen sein.
Maßtoleranzen Linear size: ± t2 siehe DIN 2769 - d Linear size: ± 0,25 Ⓔ		Die gemessenen Maße dürfen gegenüber den Idealmaßen um die angegebene Toleranz abweichen. Die Angabe t2 in dem Beispiel bezieht sich auf die Tabelle 2 der DIN 2769. Hier ist der Zelle d die zulässige Maßabweichung je nach Nennmaß zu entnehmen.

Tab.: Erläuterung der Beispiele

In der folgenden Tabelle werden die Grundbegriffe zum Thema Toleranzen erläutert.

Grundbegriffe Toleranzen	
Passung	Der Begriff **Passung** bezeichnet den Spiel- oder Presssitz zwischen zwei miteinander verbundenen Bauteilen, wie z. B. einer Welle und einer Bohrung, und beschreibt, wie gut die Teile zusammenpassen. Es gibt drei Hauptkategorien: Spielpassung, Übergangspassung und Übermaßpassung, die jeweils unterschiedliche Anwendungsbereiche und Funktionalitäten bieten.
Nennmaß	Das **Nennmaß** ist ein theoretischer Wert, der zur Definition der Größe eines Bauteils oder einer Verbindung verwendet wird. Es stellt den idealen oder gewünschten Maßstab dar, auf den sich alle anderen Maße beziehen, und dient als Grundlage für die Herstellung und Prüfung von Bauteilen. In der technischen Zeichnung wird das Nennmaß oft in Millimetern oder Zoll angegeben und ist wichtig für die Festlegung von Toleranzen, Passungen und der allgemeinen Qualität der gefertigten Teile.
Toleranzfeld	Das **Toleranzfeld** ist der Bereich, innerhalb dessen die tatsächlichen Maße eines Bauteils von dem Nennmaß abweichen dürfen, ohne dass die Funktionalität oder Passgenauigkeit beeinträchtigt wird. Es wird durch die Angabe von Ober- und Untergrenzen definiert, die die maximalen und minimalen Abweichungen vom Nennmaß darstellen. Toleranzfelder sind entscheidend für die Fertigungstechnik, da sie sicherstellen, dass Bauteile trotz kleiner Maßabweichungen miteinander kompatibel sind und die gewünschten Eigenschaften erfüllen.

3.4 Angaben in Zeichnungsableitungen

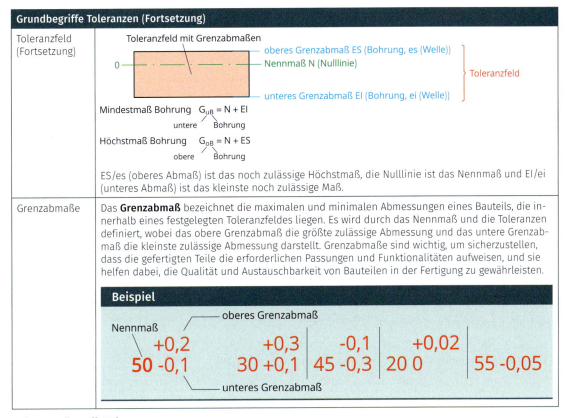

Tab.: Grundbegriffe Toleranzen

Passungskombinationen können berechnet werden, um sicherzustellen, dass die maßlichen Verhältnisse zwischen zwei Bauteilen in einer Verbindung den gewünschten Funktionsanforderungen entsprechen. Dabei werden der **Werkstückdurchmesser** und die **Toleranzen** der beiden Bauteile berücksichtigt, um zu bestimmen, ob die Passung eine Spiel- oder Presspassung ergibt. Diese Berechnungen berücksichtigen den **Eingriff** zwischen den Teilen sowie mögliche Abweichungen von den Sollmaßen, die durch die Toleranzen vorgegeben sind. Passungskombinationen wie z. B. **Spielpassung**, **Übergangspassung** oder **Übermaßpassung** ermöglichen es, eine präzise Verbindung zwischen Bauteilen zu erzielen, die je nach Anwendung entweder ein Spiel (Luftspalt) oder eine feste Verbindung gewährleisten.

Scannen Sie den nebenstehenden QR-Code, um Beispiele für die Berechnung der unterschiedlichen Passungskombinationen zu sehen.

3.4.3 Schweißangaben

Wichtige Informationen, die Sie technischen Zeichnungen entnehmen können, sind die Anordnung der Bauteile zueinander. Dabei können die Bauteile auch durch Schweißverfahren miteinander gefügt werden.

Schweißsymbole sind standardisierte Kennzeichnungen, die in technischen Zeichnungen verwendet werden, um Art, Position und Ausführung von Schweißnähten zu definieren. Sie enthalten Informationen über die Schweißnahtform (z. B. Kehlnähte, Stumpfnähte), die Schweißrichtung, die Schweißverfahren und die zu verwendenden Schweißmaterialien. Diese Symbole werden mit zusätzlichen Angaben wie Schweißnahtgröße und -länge ergänzt, um eine präzise Ausführung der Schweißarbeiten zu ermöglichen. Die standardisierte Darstellung der Schweißnähte gewährleistet, dass die Bauteile nach den gleichen Vorgaben gefertigt werden, was zu einer hohen Qualität und Passgenauigkeit der Schweißverbindungen führt.

> **Beispiel**
>
> **Angaben in technischen Zeichnungen für Schweißvorgänge**
>
> Diese Angaben umfassen in der Regel die Art der Schweißnaht, wie z. B. Stumpf-, Kehlen- oder Überlappungsnaht, sowie deren Abmessungen, wie Nahtbreite, Nahthöhe und Schweißnahtlänge. Zusätzlich können Informationen zu den verwendeten Schweißverfahren, Materialien und den erforderlichen Schweißpositionen angegeben werden. Um Missverständnisse zu vermeiden, sollten Schweißnähte klar und präzise mit entsprechenden Symbolen und Notationen gemäß den geltenden Normen, wie der ISO 2553, dargestellt werden.
>
> Rechts ist die symbolische Darstellung zu erkennen.
>
>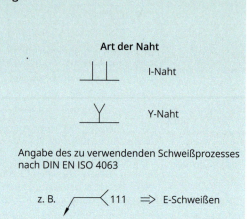

Weitere Schweißangaben können dem Tabellenbuch entnommen werden.

3.4.4 Geometrische Produktspezifikation nach ISO GPS

Bei der Fertigung und Konstruktion von Bauteilen, Maschinen und Maschinenanlagen stiegen in den vergangenen Jahrzehnten konstant die Qualitätsanforderungen. Zusätzlich stieg und steigt die Arbeitsteilung in der Produktion und die Unternehmen wollen Produktionskosten möglichst geringhalten, also optimieren. Um diesen Anforderungen gerecht zu werden, werden vollständige und eindeutige Produktspezifikationen benötigt. Deshalb wurde 2011 die ISO GPS veröffentlicht, bei der es sich um ein Normensystem zur Geometrischen Produktspezifikation (GPS) handelt.

ISO GPS hat die zuvor bestehenden nationalen und internationalen Normen zur geometrischen Produktspezifikation abgelöst, die oft uneinheitlich und nicht miteinander kompatibel waren. Vor der Einführung von ISO GPS gab es verschiedene Standards, wie beispielsweise die DIN 7167 in Deutschland oder ANSI Y14.5 in den USA, die jeweils unterschiedliche Ansätze zur Tolerierung und Bemaßung von Bauteilen verfolgten. Die Einführung der ISO GPS Norm zielt darauf ab, diese Vielfalt zu harmonisieren und ein einheitliches, global anerkanntes System zu schaffen, das die geometrische Produktspezifikation standardisiert und somit die internationale Zusammenarbeit und den Austausch in der Fertigungsindustrie erleichtert.

Die ISO GPS Norm bezieht im Vergleich zu den zuvor abgelösten Normen mehrere zusätzliche Aspekte und Konzepte mit ein, die eine umfassendere und präzisere Spezifikation geometrischer Eigenschaften von Bauteilen ermöglichen.

Ein wichtiger Punkt ist die detaillierte Definition geometrischer Toleranzen, einschließlich Form-, Lage- und Maßtoleranzen, die eine genauere Kontrolle der Bauteilgeometrie ermöglichen. Zudem legt die Norm großen Wert auf die Definition und Verwendung von Bezugssystemen, die eine konsistente und nachvollziehbare Basis für die Tolerierung und Messung von Bauteilen bieten.

ISO GPS basiert auf dem Hüllprinzip und dem Unabhängigkeitsprinzip, die beide entscheidend für die präzise Spezifikation geometrischer Eigenschaften von Bauteilen sind.

3.4.4.1 Hüllprinzip

Bei diesem Grundsatz wird das Bauteil so toleriert, dass es innerhalb einer definierten Hüllkurve liegt. Das bedeutet, dass das Bauteil mit allen Maßen innerhalb einer äußeren Hülle aus der maximalen und minimalen Toleranzgrenze passen muss. Der Vorteil dieses Prinzips ist, dass die Teile immer zusammenpassen, auch wenn sie innerhalb der Toleranzen variieren.

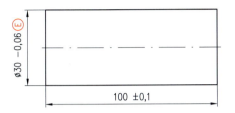 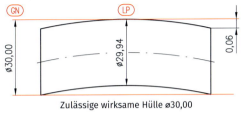

3.4.4.2 Unabhängigkeitsprinzip

Hierbei wird jede Maßabweichung unabhängig voneinander betrachtet. Das bedeutet, dass die Toleranzen für jede Einzelmaßnahme separat festgelegt werden, ohne die Abweichungen anderer Maße zu berücksichtigen. Dies kann zu einer höheren Flexibilität führen, da die Bauteile auch dann zusammengebaut werden können, wenn sie in einzelnen Bereichen nicht exakt übereinstimmen.

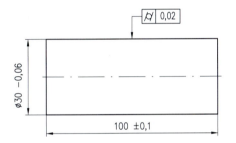 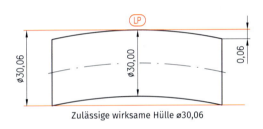

Beide Prinzipien sind wichtig, um sicherzustellen, dass Bauteile innerhalb akzeptabler Toleranzen gefertigt werden und in der Endmontage zuverlässig funktionieren.

3.4.4.3 Symbole von ISO GPS

Beschreibung	Symbol	Beispiel
Hüllbedingung	Ⓔ	14 ±0,2 Ⓔ
Beliebiger Querschnitt	ACS	Ø8 ±0,2 ⒼⓍ ACS
Bestimmter Querschnitt	SCS	9 ±0,05 ⒼⓃ SCS
Beliebiger Längsschnitt	ALS	8 ±0,1 ⒼⒼ ALS
Mehr als ein Geometrieelement	„Anzahl" x	3x 12 ±0,2 Ⓔ
Bedingung des freien Zustands	Ⓕ	Ø12 ±0,2 ⓁⓅ ⓈⒶ Ⓕ
Zwischen	↔	Ø9 ±0,1 B ↔ C
Schnittebene	⟨//│A	4 ±0,04 ALS ⟨⊥│C
Richtungsgeometrieelement	←//│A	7 ±0,02 ALS ←⊥│C
Hinweiszeichen	⟨1	8 ±0,3 ⟨1
Zweipunktgrößenmaß	ⓁⓅ	Ø12 ±0,2 ⓁⓅ
Zuordnungskriterium kleinstes umschreibendes Geometrieelement (Hüllelement)	ⒼⓃ	9 ±0,05 ⒼⓃ

Tab.: Beispiele für Spezifikationsmodifikatoren

3.4.5 Oberflächenangaben

Oberflächenangaben beschreiben die Qualität und Beschaffenheit einer Fläche und sind entscheidend für die Funktionalität und das Erscheinungsbild eines Bauteils. Sie geben an, wie glatt oder rau eine Oberfläche ist, und werden durch Parameter wie Rz und Ra charakterisiert.

3.4.5.1 Ra-Werte

Ra (arithmetischer Mittenrauwert) beschreibt den durchschnittlichen Abstand der Rauheitswerte von einer definierten Mittellinie und liefert ein allgemeines Maß für die Glattheit der Oberfläche.

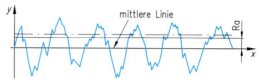

Je kleiner der Ra-Wert, desto glatter ist die Oberfläche. Ein hoher Ra-Wert bedeutet, dass die Oberfläche rauer ist.

3.4.5.2 Rz-Werte

Rz (mittlere Rauheitstiefe) hingegen misst die Differenz zwischen den höchsten Spitzen und tiefsten Tälern der Oberfläche über mehrere Messstrecken und gibt so Spitzenwerte der Rauheit an. Während Ra eher eine mittlere Rauheit beschreibt, zeigt Rz deutlicher die charakteristischen Spitzen und Täler einer Fläche.

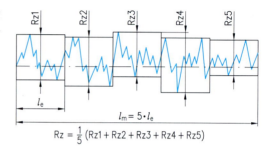

Der Rz-Wert wird berechnet, indem die Oberflächenrauheit in einem definierten Messabschnitt in mehrere gleich große Einzelmessstrecken unterteilt wird. Für jede dieser Strecken wird die Differenz zwischen der höchsten Spitze und dem tiefsten Tal ermittelt. Anschließend wird der Mittelwert dieser Differenzen berechnet.

Je kleiner der Rz-Wert, desto geringer sind die Höhenunterschiede zwischen den Spitzen und Tälern einer Oberfläche, was auf eine gleichmäßigere und glattere Struktur hinweist. Ein hoher Rz-Wert bedeutet, dass die Oberfläche größere Unterschiede zwischen den Spitzen und Tälern aufweist, also deutlich rauer ist.

Die Wahl des geeigneten Parameters hängt von den Anforderungen an die Oberfläche, wie z. B. Dichtung oder Reibung, ab.

3.4.5.3 Oberflächensymbole

Oberflächensymbole kennzeichnen Anforderungen an die Oberflächenbeschaffenheit, wie Rauheit, Bearbeitungsverfahren und Bearbeitungsrichtungen. Präzise Oberflächenangaben gewährleisten, dass ein Bauteil die erforderlichen Spezifikationen erfüllt und seine Funktion zuverlässig ausführt. Mit der Einführung der Norm ISO 21920 im Jahr 2021 wurde die Festlegung der Oberflächenrauheit grundlegend überarbeitet.

Früher erfolgten Oberflächenangaben hauptsächlich fertigungsbezogen, wie etwa durch die Angabe in Dreiecken, die seit 1921 gebräuchlich war. Heute liegt der Fokus auf der funktionsbezogenen Definition von Rauheit und Welligkeit einer Oberfläche.

Die neuen Normen zur 2D-Profilrauheit und 3D-Oberflächenrauheit ermöglichen eine präzise und umfangreiche quantitative Charakterisierung der Oberflächenbeschaffenheit. Dadurch lassen sich Oberflächen gezielt an die funktionalen Anforderungen eines Bauteils anpassen.

Oberflächenangaben definieren mithilfe des Oberflächensymbols die geforderte Beschaffenheit einer Oberfläche, wie beispielsweise Rauheit und Welligkeit, durch geeignete Kennwerte.

Die neue Norm ISO 21920-1 definiert die Oberflächenkenngrößen für Rauheit und Welligkeit und ersetzt die zurückgezogene Norm ISO 1302. Im Vergleich zu früher ermöglicht die Vielzahl der Kenngrößen eine funktionsgerechte Charakterisierung der Oberflächenbeschaffenheit.

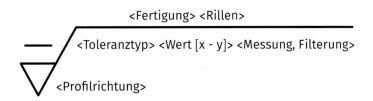

Das Symbol wird durch folgende Abmaße in seiner Form festgelegt:

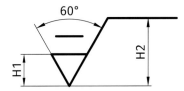

H1 und H2 sind abhängig von der gewählten Liniengruppe. Bei der häufig verwendeten Liniengruppe 0,5 besitzt H1 ein Maß von 3,5 mm und H2 ein Maß von 7 mm.

Der folgenden Tabelle können die verschiedenen Rauheitswerte nach ihrer Bearbeitung entnommen werden.

Weitere Angaben zu den Oberflächensymbolen können dem Tabellenbuch entnommen werden.

Oberflächenvergleichstabelle			
	Rauhigkeitsgrad	Mittenrauhwert Ra in µm	Gemittelte Rauhtiefe Rz in µm
Schruppbearbeitung	N12	50	180...220
	N11	25	90...110
	N10	12,5	46...57
Schlichtbearbeitung	N9	6,3	23...32
	N8	3,2	12...16
	N7	1,6	5,9...8
Fleinschlichtbearb	N6	0,8	3,0...4,8
	N5	0,4	1,6...2,8
	N4	0,2	1,0...1,8
Feinstschlichtbearb	N3	0,1	0,8...1,1
	N2	0,05	0,45...0,6
	N1	0,025	0,22...0,3

Tab.: Oberflächenvergleichstabelle

3.5 Handlungssituation: Zeichnungsableitung erstellen

Als Fachkraft sind Sie dafür verantwortlich, präzise Informationen über Bauteile und Fertigungsprozesse zu verstehen und anzuwenden. Eine der Aufgaben, die Sie durchführen müssen, besteht darin, technische Zeichnungen und Spezifikationen einer Konsole zu interpretieren und zu nutzen. Die Konsole besteht aus den Einzelteilen „Metallplatte" und „Druckstück". Als Fachkraft ist es ihre Aufgabe, die Bauteile nach den geforderten Spezifikationen herzustellen.

Die Werkstattmeisterin Frau Hansen erteilt den Auftrag, aus der schlecht lesbaren Handskizze eine normgerechte Zeichnung nach der Projektionsmethode 1 zu erstellen. Diese Zeichnung wird für die Herstellung der benötigten 22 Druckstücke benötigt. Da die Druckstücke an der CNC-Fräsmaschine hergestellt werden sollen, wird auf eine fertigungsgerechte Bemaßung bestanden.

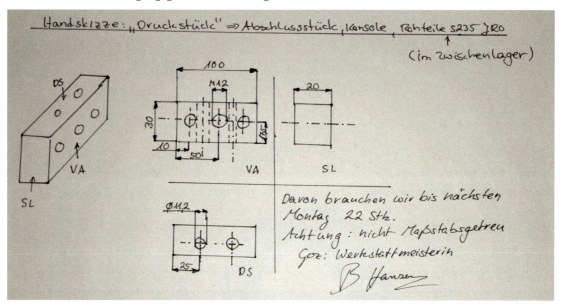

Handskizze für Druckstück

ANALYSIEREN

Ihre Aufgabe besteht darin, die Zeichnungsableitung für das Druckstück herzustellen.

INFORMIEREN

In der technischen Zeichnungsableitung für die Herstellung von den Druckstücken sind wichtige Informationen zur Fertigung enthalten:

- Technische Zeichnung
  - Detaillierte Maße und Toleranzen der Druckstücke
  - Oberflächenangaben und -behandlungen
- Normen und Standards
  - Einhaltung der gültigen Normen für technische Zeichnungen
  - Verwendung von standardisierten Symbolen und Notationen

3.5 Handlungssituation: Zeichnungsableitung erstellen

- Qualitätssicherung
  - Überprüfung der Maßhaltigkeit und Oberflächenqualität der gefertigten Teile
  - Dokumentation der Fertigungsergebnisse

Zur Erstellung der Zeichnung müssen Sie alle Information ermitteln, die nicht in der Handskizze enthalten sind. Zusätzlich fragen Sie die Werkstattleitung nach weiteren Unterlagen und holen diese an dem genannten Ort ab. Sind die Unterlagen digital vorhanden, speichern Sie die Unterlagen auf einem Speichermedium ab.

PLANEN

Zunächst müssen Sie die erforderlichen Informationen und Spezifikationen für die Zeichnungsableitung festlegen, einschließlich Maßen, Toleranzen und Oberflächenangaben. Die Anforderungen haben Sie dazu vorher der Skizze oder dem vorhandenen 3D-Datensatz entnommen. Darüber hinaus müssen die benötigten Materialien festgelegt werden.

- Länge, Breite und Höhe des Druckstücks im Vergleich zu den weiteren Bauteilen der Konsole
- Abstände und Durchmesser der Bohrungen, auch in Bezug auf die Rohteilkanten
- Durchmesser der beiden unterschiedlichen Bohrungsarten
- Gewindegröße und Durchgangsbohrungsdurchmesser

DURCHFÜHREN

Sie erstellen eine normgerechte technische Zeichnung nach der Projektionsmethode 1 mit fertigungsbezogenen normgerechten Bemaßungen. Sie achten auf eine sorgfältige Datensicherung der normgerechten Zeichnungsableitung. Dazu gehört, dass alle erstellten Zeichnungen in einem geeigneten digitalen Format abgespeichert werden, um Datenverluste zu vermeiden.

AUSWERTEN

Dabei wird überprüft, ob alle erforderlichen Informationen, Maße und Toleranzen korrekt in der Zeichnung dokumentiert sind. Ebenso wird die Einhaltung der geltenden Normen und Standards für technische Zeichnungen bewertet, um die Qualität und Lesbarkeit der Zeichnungsableitung sicherzustellen.

Des Weiteren gilt es, die Datensicherung der Zeichnungen zu überprüfen und sicherzustellen, dass alle Dateien ordnungsgemäß gespeichert und gesichert sind. Auch die Rückmeldungen der beteiligten Mitarbeiter sollten in die Auswertung einfließen, um eventuelle Verbesserungspotenziale zu identifizieren.

4

MESS- UND PRÜFTECHNIK

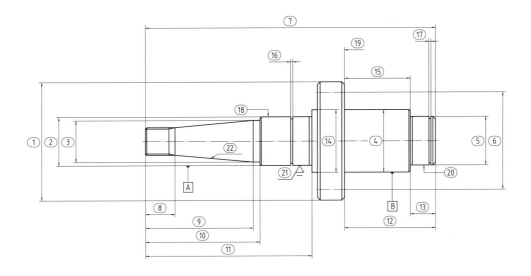

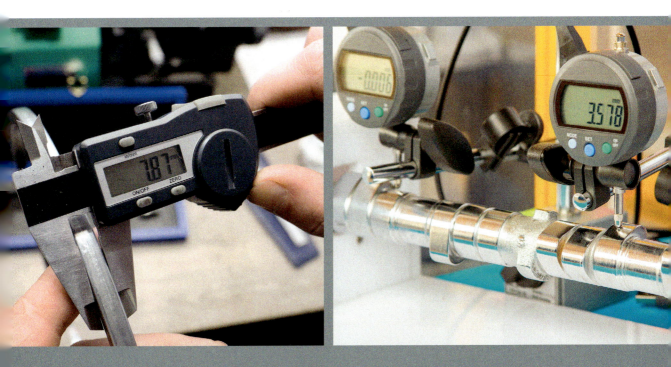

4 Mess- und Prüftechnik

Berufliche Handlungssituation

Für die Herstellung von Qualitätsprodukten mit definierten Merkmalen werden beherrschte und stabile Fertigungsprozesse vorausgesetzt. Die Qualitätsprüfung, -steuerung und -sicherung sind wichtige Bausteine im Qualitätsmanagement zur Erreichung von „null Fehlern" als Qualitätsleistung eines Unternehmens. In der Fertigungsmesstechnik geht es darum, die geforderte Qualität sicherzustellen. Wie genau ist das Produkt gefertigt worden, wie rau ist die Oberfläche, ist die Auswertung der Messdaten für die Qualitätskontrolle so korrekt? Mit der Mess- und Prüftechnik werden die Hauptaufgaben einer reibungslosen Produktion von Qualitätsprodukten, einer frühzeitigen Fehlererkennung und der Fehlerdiagnose im Fertigungsprozess verfolgt.

Als hochqualifizierte Mitarbeiterinnen und Mitarbeiter in diesem Bereich kennen Sie sich grundlegend mit dem Einheitensystem, aber auch mit der angewendeten Messstrategie und den Messmitteln aus. Das fundamentale Prinzip der Austauschbarkeit von Bauteilen in der modernen Fertigung ist für Sie selbstverständlich. Um diese Austauschbarkeit sicherzustellen, muss festgestellt werden, ob die Qualitätsmerkmale eines Produkts sich innerhalb vorgegebener Toleranzen bewegen. Die Merkmale sind zu prüfen, die Ergebnisse zu vergleichen und zu dokumentieren. Die Fehlererkennung und Fehlerdiagnose werden beherrscht.

Berufliche Tätigkeiten	Industriemechaniker/-in	Werkzeugmechaniker/-in	Zerspanungsmechaniker/-in
Prüfmittel auswählen	●	●	●
Längen, Winkel und Formen prüfen	●	●	●
Passungen und Gewinde prüfen	●	●	●
Oberflächen prüfen	●	●	●
Festgelegte Prüfungen nach Prüfplan durchführen	●	●	●
Prüfabweichungen feststellen und dokumentieren	●	●	●

Tab.: Berufliche Tätigkeiten

4.1 Qualitätsmerkmale

> **AZ** Gemäß Duden ist die Metrologie die „Lehre und Wissenschaft vom Messen, von den Maßsystemen und deren Einheiten".

Metrologie ist entscheidend für die Qualitätsinfrastruktur und wird dementsprechend von der EURAMET e.V., der europäischen Vereinigung der nationalen Metrologie Institute, neben der Normung, der Akkreditierung und der Konformitätsbewertung als tragende Säule beschrieben. Die Bereitstellung von Messgeräten auf dem Markt der Europäischen Union (EU) ist gesetzlich geregelt. Der Staat (die Bundesrepublik Deutschland) trägt die originäre Verantwortung für die Einheitlichkeit des Messwesens (siehe Kapitel 4.3).

> **!** Es ist Aufgabe der Qualitätsplanung, die Qualitätsmerkmale eines Produkts auszuwählen und festzulegen und gleichzeitig Toleranzbereiche für die Fertigung dieser Merkmale festzusetzen. Die Qualität selbst ist nicht direkt messbar. Sie lässt sich durch ausgewählte Indikatoren nur feststellen und beschreiben.

Das Ziel der industriellen Produktion ist die Herstellung von Qualitätsprodukten. Dieses Ziel kann nur mit beherrschten und stabilen Fertigungsprozessen erreicht werden. Um Qualität mit den Mitteln der Metrologie sicherzustellen, ist der Blick auf einige Definitionen und Festlegungen von elementarer Bedeutung. Qualität als Begriff für sich allein betrachtet, ohne den Zusammenhang von Qualitätsmanagement, -zielen, -planung, -prüfung, -steuerung, -sicherung oder -verbesserung, lässt sich zunächst in einfachen Merkmalstypen unterscheiden.

Unterscheidung von vier Merkmalstypen

Quantitative Merkmale (siehe Bild S. 95: Merkmalstypen a und b) sind alle Merkmale, deren Werte zu einer metrischen Skala zugeordnet werden, auf der Abstände oder Intervalle definiert sind. Sie gelten als variable Merkmale. Quantitative Merkmale sind durch Zahlen oder Größenwerte zu beschreiben, sie sind somit mess- oder zählbar. Metrisch kontinuierliche Merkmale (Typ a) können in dimensionalen Abstufungen gemessen werden (z. B. die Länge eines Bauteils in mm, der Durchmesser einer Welle in mm). Diskrete Merkmale (Typ b) können hingegen nur durch ganzzahlige Werte beschrieben werden (z. B. die Schneiden-Anzahl an einem Fräser, die Anzahl der Schweißpunkte an einem Gestell).

Beispiel

Kontinuierliche und diskrete Merkmale (links: Wellendurchmesser, Mitte: Anzahl Schneiden an einem Fräswerkzeug, rechts: Anzahl Schweißpunkte an einem Gestell)

Die qualitativen Merkmale (siehe Bild S. 95: Merkmalstypen c und d) sind alle Merkmale, deren Werte zu einer nicht metrischen Skala (Ordinalskala oder Nominalskala) zugeordnet sind. Sie lassen sich zwar beschreiben, aber nicht unbedingt messen und gelten daher als attributive Merkmale. Ordinalmerkmale (Typ c) unterliegen dabei einer definierten Ordnung, ohne natürliche Reihenfolge (z. B. Lohngruppen innerhalb eines Unternehmens, Farbtafel zur Abschätzung der Glühtemperatur, Oberflächenvergleich zur Bestimmung von Mustern). Die Nominalmerkmale (Typ d) lassen sich nicht mehr systematisch ordnen, aber unterscheiden. Jedes Merkmal besteht exklusiv für sich und ohne Rang zu einem anderen Nominalmerkmal (z. B. Prüfunterscheidung in „gut" und „Ausschuss", Oberflächenvergleich: Rillenrichtung einer geschliffenen Fläche „quer", „gekreuzt" oder „längs").

Beispiel

Ordinal- und Nominalmerkmale (links: Glühfarben beim Schmieden, Mitte: Ausschussseite eines Grenzlehrdorns, rechts: Oberflächenvergleichsplatten)

4.1 Qualitätsmerkmale

 Es ist Aufgabe der Qualitätsplanung, die Qualitätsmerkmale eines Produkts auszuwählen. Ein Merkmal ist laut Duden „ein charakteristisches, unterscheidendes Zeichen, an dem eine bestimmte […] Sache, auch ein Zustand, erkennbar wird".

Die Mess- und Prüftechnik befasst sich, strenggenommen, zunächst mit allen Qualitätsmerkmalen, unabhängig davon, wie sie erfasst werden (z. B. durch Messen oder Lehren). In der DIN 1319-2 werden die dafür notwendigen Messmittel umfassend definiert.

 Ein Messmittel ist ein zur Ausführung einer Aufgabe in der Messtechnik notwendiges Messgerät, eine Messeinrichtung, ein Normal, ein Hilfsmittel oder ein Referenzmaterial. Messmittel für Prüfungen werden auch als Prüfmittel bezeichnet.

Beispiel

Einfacher Handzähler (Mengenzähler)

Digitalmessschieber (Längenmessung)

Messeinrichtung (Rundheitsmessung)

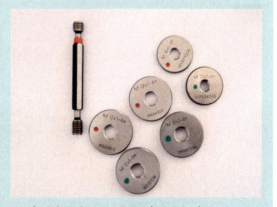

Gewindelehrdorn und Gewindelehrringe
(Normal zur Prüfung auf Maßhaltigkeit)

4.2 Physikalische Größen und Einheiten

> Die Einheitenverordnung schreibt vor, welche Einheiten in Deutschland zu den gesetzlichen Einheiten zählen. Die rechtliche Grundlage ist das sogenannte „Einheiten- und Zeitgesetz". Unsere gesetzlichen Einheiten sind eng verknüpft mit dem internationalen Einheitensystem (SI-Einheiten).

Die folgende Abbildung zeigt hinter den Einheiten der physikalischen Größen deren definierende Konstanten, die als Grundlage für die Definition von Basiseinheiten dienen. Aus diesen Basiseinheiten werden alle weiteren Einheiten abgeleitet (siehe Tabellenbuch).

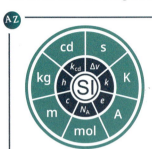

Seit 2019 bilden sieben definierende Konstanten das Fundament des internationalen Einheitensystems (SI) und darüber hinaus des international vergleichbaren Messens. Mit diesen Konstanten werden die Basiseinheiten des SI definiert.

4.2.1 Dimensionelle Einheiten

Die physikalischen Größen in diesem Bereich dienen der Beschreibung von Raum und Zeit. Die Einheit der Größen sind m (Meter) für die Länge, m² (Quadratmeter) für die Fläche, m³ (Kubikmeter) für das Volumen, rad (Radiant) oder ° (Grad) für den Winkel, s (Sekunde) min (Minute) oder h (Stunde) für die Zeit. Das Meter wird zurückgeführt auf die Lichtgeschwindigkeit c im Vakuum und die Sekunde auf die Cäsiumfrequenz Δv_{Cs}. Die Formelzeichen für typische physikalische Größen der Längenmesstechnik (Länge, Höhe etc.) sind in der folgenden Abbildung dargestellt, wobei die Einheit jeweils in derselben Basiseinheit der Länge Meter mit dem Formelzeichen m, ggf. ergänzt um passende Vorsatzzeichen, geschrieben wird.

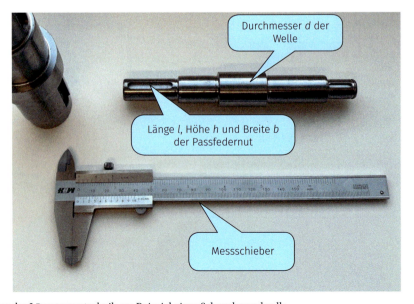

Typische Größen der Längenmesstechnik am Beispiel einer Schneckenradwelle

4.2 Physikalische Größen und Einheiten

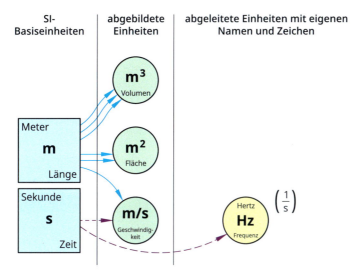

Die physikalischen Größen und Einheiten zur Beschreibung von Raum und Zeit in Bezug zu den SI-Einheiten

Die Längenmesstechnik ist ein Hauptgebiet der Fertigungsmesstechnik, wobei es innerhalb der Mess- und Prüftechnik längst nicht nur um das Merkmal der Länge im Sinn der Hauptabmessungen eines Werkstücks geht, sondern auch um die weitere Tolerierung von Form, Richtung, Ort und Lauf. Auch die Oberflächen, die Werkstoffeigenschaften und das Aussehen eines Bauteils können darüber hinaus mit Toleranzen genau spezifiziert werden (siehe Tabellenbuch). Zur Längenmesstechnik zählt auch die Wegmessung, mit der an Werkzeugmaschinen über Wegmesssysteme der Verfahrweg einer Achse bestimmt wird.

> ❗ Der Ort, an dem alle tolerierten Merkmale eines Bauteils definiert werden, ist die technische Zeichnung. Sie ist Grundlage jeder Messung oder Prüfung.

Begründen lässt sich der Einsatz der Mess- und Prüftechnik damit, dass Werkstücke nie exakt in der geforderten idealen Gestalt gefertigt werden können. Es kommt zu Abweichungen, die wiederum in Gestaltabweichungen bzw. Formabweichungen verschiedener Ordnung unterschieden werden. Mit der geometrischen Tolerierung werden die für das Bauteil zulässigen Abweichungen von der geometrischen idealen Form über die Toleranzen begrenzt (siehe Kapitel 3.4.2). Es ist leicht vorstellbar, dass ohne diese Exaktheit die passgenaue Montage z. B. von Schneckenwelle und Schneckenrad unmöglich wäre.

> ❗ Der Bereich, in dem alle Punkte des tolerierten Merkmals eines Bauteils liegen müssen, ist die Toleranzzone. Sie wird durch die Grenzabmaße bestimmt.

Je nach Prüfaufgabe und -merkmal (variabel oder attributiv, siehe Kapitel 4.1) muss ein geeignetes Mess- oder Prüfmittel ausgewählt und eingesetzt werden. Ein Prüfplan enthält zusätzlich für jeden Prüfschritt eines Bauteils die Maßangaben oder Zeichnungsangaben sowie die darin festgelegten Grenzabmaße. Außerdem werden in der Regel der Prüfumfang n (Stichprobenumfang = Anzahl der Einzelwerte), der Zeitpunkt der Prüfung und die Angabe der Prüfdokumentation (z. B. Prüfprotokoll, Messprotokoll, Regelkarte) festgelegt. Zusätzlich kann als Prüfmethode festgeschrieben werden, wer die Prüfung durchführen muss (z. B. Prüfung durch Frau Merkur, Abteilung Prüfwesen), oder Angaben zum Prüfort gemacht werden (z. B. Prüfung im Messraum oder Messlabor, Prüfung in der Produktion).

Beispiel

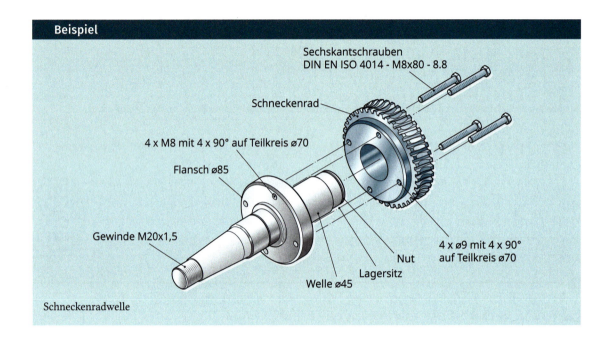

Schneckenradwelle

4.2 Physikalische Größen und Einheiten

		Prüfplan		Blatt–Nr. 1	Anzahl 1
Benennung	Schneckenradwelle	Zeichnungs–Nr. Sach.–Nr.	Auftrags–Nr.		Prüfer
Einzelteil ☐	Serienteil ☒		Stückzahl		Datum

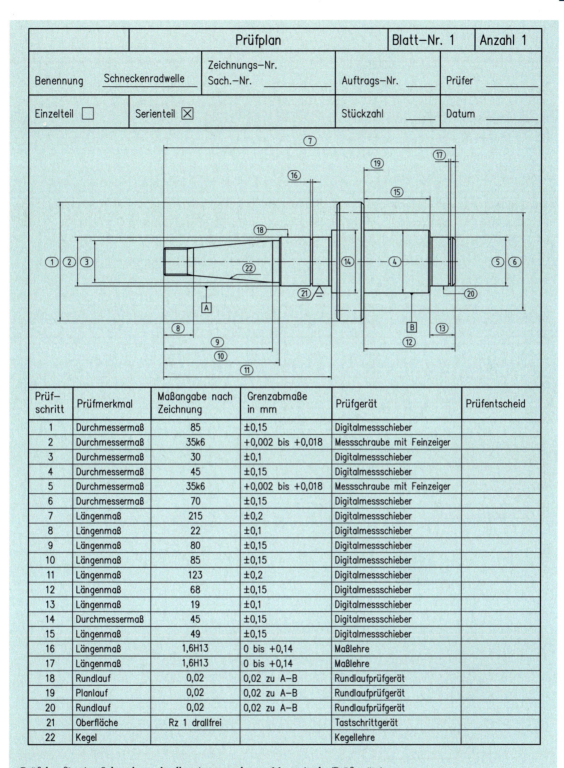

Prüf-schritt	Prüfmerkmal	Maßangabe nach Zeichnung	Grenzabmaße in mm	Prüfgerät	Prüfentscheid
1	Durchmessermaß	85	±0,15	Digitalmessschieber	
2	Durchmessermaß	35k6	+0,002 bis +0,018	Messschraube mit Feinzeiger	
3	Durchmessermaß	30	±0,1	Digitalmessschieber	
4	Durchmessermaß	45	±0,15	Digitalmessschieber	
5	Durchmessermaß	35k6	+0,002 bis +0,018	Messschraube mit Feinzeiger	
6	Durchmessermaß	70	±0,15	Digitalmessschieber	
7	Längenmaß	215	±0,2	Digitalmessschieber	
8	Längenmaß	22	±0,1	Digitalmessschieber	
9	Längenmaß	80	±0,15	Digitalmessschieber	
10	Längenmaß	85	±0,15	Digitalmessschieber	
11	Längenmaß	123	±0,2	Digitalmessschieber	
12	Längenmaß	68	±0,15	Digitalmessschieber	
13	Längenmaß	19	±0,1	Digitalmessschieber	
14	Durchmessermaß	45	±0,15	Digitalmessschieber	
15	Längenmaß	49	±0,15	Digitalmessschieber	
16	Längenmaß	1,6H13	0 bis +0,14	Maßlehre	
17	Längenmaß	1,6H13	0 bis +0,14	Maßlehre	
18	Rundlauf	0,02	0,02 zu A–B	Rundlaufprüfgerät	
19	Planlauf	0,02	0,02 zu A–B	Rundlaufprüfgerät	
20	Rundlauf	0,02	0,02 zu A–B	Rundlaufprüfgerät	
21	Oberfläche	Rz 1 drallfrei		Tastschrittgerät	
22	Kegel			Kegellehre	

Prüfplan für eine Schneckenradwelle mit zugeordneten Messmitteln (Prüfgeräte)

Digitalmesschieber

- Prüfmerkmal Durchmesser

Gemäß Prüfplan wird dieses Messmittel für die Prüfschritte 1, 3, 4, 6 und 14 zur Prüfung des Durchmessermaßes an der Schneckenradwelle eingesetzt.

Die zu überprüfenden Maßangaben sind als Nennmaße und Grenzabmaße in mm zu verstehen. Entscheidend ist, dass das Messmittel den notwendigen Ziffernschrittwert (Änderung der Anzeige um einen Ziffernwert, auch Skalenteilungswert) besitzt, also hinreichend genau ist, um die geforderten Grenzabmaße auch zu prüfen. Beim Digitalmessschieber wird der Messwert im Anzeigefeld abgelesen.

Prüfschritt	Nennmaß	Grenzabmaße	Höchstmaß	Mindestmaß	Toleranz
1	85	± 0,15	85,15	84,85	0,3
3	30	± 0,1	30,1	29,9	0,2
4	45	± 0,15	45,15	44,85	0,3
6	70	± 0,15	70,15	69,85	0,3
14	45	± 0,15	45,15	44,85	0,3

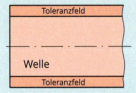

- Prüfmerkmal Länge

Gemäß Prüfplan wird der Digitalmessschieber ebenfalls für die Prüfschritte 7 bis 15 (ohne 14) zur Prüfung des Längenmaßes an der Schneckenradwelle eingesetzt.

Die zu überprüfenden Maßangaben sind als Nennmaße und Grenzabmaße in mm zu verstehen. Entscheidend ist hier, dass das Messmittel auch den notwendigen Messbereich besitzt, um die geforderten Nennmaße zu prüfen.

Prüfschritt	Nennmaß	Grenzabmaße	Höchstmaß	Mindestmaß	Toleranz
7	215	± 0,15	215,15	214,85	0,3

Messschraube mit Feinzeiger

- Prüfmerkmal Durchmesser

Gemäß Prüfplan wird dieses Messmittel für die Prüfschritte 2 und 5 zur Prüfung des Durchmessermaßes an der Schneckenradwelle eingesetzt.

Die zu überprüfenden Maßangaben sind wiederum als Nennmaße und Grenzabmaße in mm zu verstehen. Entscheidend ist auch hier, dass das Messmittel den notwendigen Skalenteilungswert besitzt, also hinreichend genau ist, um die geforderten Grenzabmaße zu prüfen. Einfache (analoge) Bügelmessschrauben erfüllen dies mit einer Ablesegenauigkeit von 0,01 mm nicht. Weiterhin muss die Bügelmessschraube einen ausreichend großen Messbereich (25–50 mm) aufweisen. Bei der für die Prüfaufgabe gewählten Bügelmessschraube mit Feinzeiger wird der Messwert in mehreren Schritten abgelesen und berechnet.

Prüfschritt	Nennmaß	Grenzabmaße	Höchstmaß	Mindestmaß	Toleranz
2	35k6	+0,002 bis +0,018	35,018	35,002	0,016

Reihenfolge der Ablesung:
- Ablesen der ganzen und halben Millimeter oberhalb und unterhalb der Bezugslinie auf der Millimeterteilung der Skalenhülse (z. B. 35,0 mm)
- Ablesen der hundertstel Millimeter auf der Skalentrommel der Messschraube (z. B. 0,01 mm)
- Ablesen der tausendstel Millimeter am Feinzeiger (z. B. 0,005)

Nach dem Ablesen aller Werte werden diese zum Messwert addiert:

$M_{W\varnothing} = 35{,}0 \text{ mm} + 0{,}01 \text{ mm} + 0{,}005 \text{ mm} = 35{,}015 \text{ mm}$

Mit dem geforderten Nennmaß 35k6 wird hier für die Schneckenradwelle die Grundtoleranz gemäß der Norm für Grenzmaße und Passungen angegeben (vgl. DIN EN ISO 286-1, siehe Tabellenbuch). Der Buchstabe k legt darin die Grundabmaße fest (Lage des Toleranzfelds). Laut Tabelle für das Nennmaß von 35 mm und den Toleranzgrad 6 liegt damit das untere Grenzabmaß bei + 2 µm. Mit dem Toleranzgrad wird außerdem die Grundtoleranz festgelegt (Größe des Toleranzfelds). Laut Tabelle für das Nennmaß von 35 mm liegt die Toleranz bei 16 µm (0,016 mm). Die geforderte enge Toleranz der Welle an diesen Stellen folgt der Passungsempfehlung für Lagersitze auf der Welle.

Maßlehre

- Prüfmerkmal Länge

Gemäß Prüfplan wird dieses Prüfmittel für die Prüfschritte 16 und 17 zur Prüfung des Längenmaßes (Nut) an der Schneckenradwelle eingesetzt.

Die zu überprüfenden Maßangaben sind wiederum als Nennmaße und Grenzabmaße in mm zu verstehen. Die Maßlehre verkörpert ein definiertes Maß (z. B. 1,6 + 0,14) und dient so der Überprüfung des Längenmaßes der Nut durch Lehren. Es muss die für das Nennmaß passende Maßlehre gewählt werden. Im Ergebnis gibt es keinen Messwert, sondern einen Prüfentscheid, ob die für das Werkstück vorgegebenen Grenzabmaße eingehalten werden (z. B. i. O. für *in Ordnung* oder n. i. O. für *nicht in Ordnung*). Die Nut dient dem Einbau eines Sicherungsrings innerhalb der Baugruppe.

Prüfschritt	Nennmaß	Grenzabmaße	Höchstmaß	Mindestmaß	Toleranz
16	1,6H13	0 bis +0,14	1,74	1,6	0,14

Das Rundlaufprüfgerät

- Prüfmerkmal Rundlauf/Planlauf

Gemäß Prüfplan wird dieses Messmittel für die Prüfschritte 18 bis 20 zur Prüfung des Rundlaufs und Planlaufs an der Schneckenradwelle eingesetzt.

Prüfschritt	Nennmaß	Grenzabmaße	Erklärung (vgl. DIN EN ISO 1101)
18	0,02	0,02 zu A–B	Rundlauf (radial): Die Umfangslinie muss in jedem Querschnitt rechtwinklig zur gemeinsamen Bezugsachse (A–B) zwischen zwei in der gleichen Ebene liegenden konzentrischen Kreisen liegen. Diese besitzen einen radialen Abstand von t = 0,02 mm.
19	0,02	0,02 zu A–B	Planlauf (axial): Die Umfangslinie muss an jedem Durchmesser der Planfläche zwischen zwei Kreisen liegen, die einen axialen Abstand von t = 0,02 mm haben (Toleranzzylinder). Die jeweilige Durchmesserachse muss dabei mit der Bezugsachse (A–B) übereinstimmen.

Abweichungen von der Rundlauf- und Planlauftoleranz einzelner Werkstücke können zu schweren Beschädigungen einer fertigen Baugruppe führen (z. B. bei Nockenwellen, Antriebswellen, Getrieben oder Zahnrädern).

Tastschnittgerät
- Prüfmerkmal Oberfläche (Rauheit)

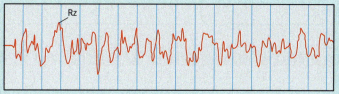

Gemäß Prüfplan wird das Tastschnittgerät für den Prüfschritt 21 zur Prüfung der Rauheit an der Schneckenradwelle eingesetzt. Die Abbildung zeigt ein typisches Rauheitsprofil (R-Profil) zur Auswertung einer Rauheitsmessung.

Die zu überprüfende Maßangabe enthält in diesem Fall die zu prüfende Oberflächenkenngröße (a) mit einem Zahlenwert in µm und eine Angabe zum Fertigungsverfahren (c). Der Zahlenwert ist als obere Grenze zu verstehen, weitere Angaben zu Grenzabmaßen gibt es nicht.

Prüfschritt	Nennmaß	Erklärung
21	Rz 1 drallfrei	Oberflächenbeschaffenheit: Es ist das Rauheitsprofil (R) mit dem Kennbuchstaben z zu prüfen. Rz ist die größte Höhe des Profils innerhalb der Einzelmessstrecke (Amplitudenkenngröße). Ohne Angabe der Anzahl ist die Regelmessstrecke aus fünf Einzelmessstrecken anzuwenden. Als obere Grenze darf der Wert von Rz = 1 µm nicht überschritten werden. Der tolerierte Bereich der Wellenoberfläche soll drallfrei sein.

Bei der Bearbeitung der Welle kann es je nach eingesetztem Fertigungsverfahren zu einer Drallorientierung auf der Oberfläche kommen. Soll an dieser Stelle ein Radialwellendichtring eingebaut werden, kann dies bei einer Rotation der Welle eine Leckage zur Folge haben. Für die Laufflächenbereiche von Radialwellendichtringen wird daher oft eine Drallfreiheit verlangt. Als mögliches Bearbeitungsverfahren zur Erzeugung der geforderten Oberflächenbeschaffenheit wird das Einstechschleifen (ohne axialen Vorschub) beschrieben.

Kegellehre
- Prüfmerkmal Kegel (Form)

Gemäß Prüfplan wird eine Kegellehre für den Prüfschritt 22 zur Prüfung des Außenkegels der Schneckenradwelle eingesetzt. Die Kegellehre verkörpert ein definiertes Maß (hier ohne Angabe) und dient so der Überprüfung der Form des Außenkegels durch Lehren. Formabweichungen des Kegels lassen sich z. B. mit blauem Farbstoff sichtbar machen. Im Ergebnis gibt es keinen Messwert, sondern einen Prüfentscheid.

Der Kegelsitz an der Schneckenradwelle wird als kraftschlüssige (reibschlüssige) Welle-Nabe-Verbindung eingesetzt. Die axiale Kraft wird durch eine Verschraubung am Wellenende (M20 × 1,5) aufgebracht und ermöglicht durch die Kegelsitzverbindung die Übertragung großer Drehmomente. Die Fügeflächen zwischen Welle und Nabe sind der Außenkegel der Schneckenradwelle und der Innenkegel der Nabe. Eine Formabweichung kann dazu führen, dass die Nabe durchrutscht. Kegelverhältnisse sind innerhalb der geometrischen Produktspezifikation (GPS) genormt.

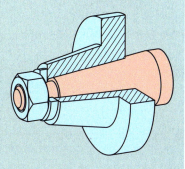

4 Mess- und Prüftechnik

> ❗ Messungen müssen bei der genormten Bezugstemperatur von 20 °C stattfinden (vgl. DIN EN ISO 102 „Bezugstemperatur der Messzeuge und Werkstücke").

4.2.2 Das Dreiecksverhältnis elektrischer Einheiten und die Naturkonstanten

Unter den physikalischen Größen der Elektrizität werden meistens die elektrische Stromstärke (I), die elektrische Spannung (U) und der elektrische Widerstand (R) in Zusammenhang mit dem ohmschen Gesetz verstanden (siehe Kapitel 9). Die Einheit der Größen sind A (Ampere) für die elektrische Stromstärke, V (Volt) für die elektrische Spannung und Ω (Ohm) für den elektrischen Widerstand.

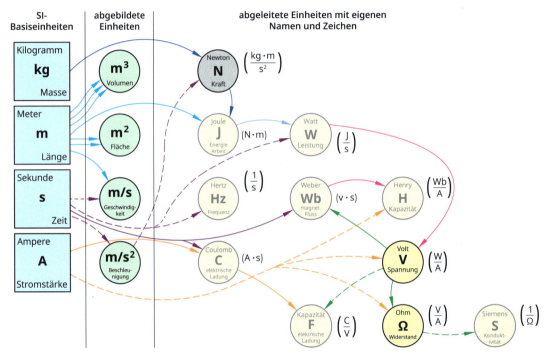

Die physikalischen Größen und Einheiten der Elektrizität in Bezug zu den SI-Einheiten

Ein universales Messmittel für die elektrischen Einheiten bzw. der dazugehörigen physikalischen Größen sind Digitalmultimeter (DMM). Sie bestehen aus Sicht der Bedienerinnen und Bediener (modellabhängig) aus den folgenden Komponenten:

- Display zur Anzeige der Messwerte
- Drehschalter oder Switch zur Auswahl der Hauptmessgröße (und ggf. des Messbereichs)
- Eingangsbuchsen zum Anschluss der Messleitungen

Digitalmultimeter

> ❗ Warnung vor elektrischem Strom: Die Durchführung elektrischer Messungen ist mit möglichen Gefahren verbunden. Die Sicherheitsregeln und -vorschriften sind zu beachten (siehe Kapitel 9.3 und 9.4).

Beispiel

Eine grüne Leuchtdiode (LED) soll in eine Schaltung mit fester Betriebsspannung eingebaut werden. Die Spannung wird mit einem Digitalmultimeter gemessen (siehe Abbildung), sie beträgt $U = 12$ V. Die LED arbeitet laut Datenblatt bei einer Spannung von 2 V und einem elektrischen Strom von $I = 0{,}02$ A. Mit dem ohmschen Gesetz lässt sich damit der benötigte Vorwiderstand für den sicheren Betrieb der LED in der gegebenen Schaltung berechnen zu:

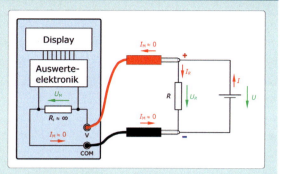

$$R = \frac{(12\ \text{V} - 2\ \text{V})}{0{,}02\ \text{A}} = 500\ \Omega$$

> Für die Messung der Spannung muss das Messgerät (Multimeter) immer parallel zur Spannungsquelle angeschlossen werden. Wird der elektrische Strom gemessen, muss das Messgerät (Multimeter) immer in Reihe geschaltet werden.

4.2.3 Akustische Einheiten

Lärmmessung am Arbeitsplatz

Gebotszeichen Gehörschutz tragen

Die physikalischen Größen der Akustik sind der Schalldruck und die Schallleistung. Gemessen werden in diesem Zusammenhang meistens der Schalldruckpegel oder der Schallleistungspegel in der Einheit dB (Dezibel). Am Arbeitsplatz fallen diese Größen vor allem durch die Wahrnehmung von Lärm auf (siehe Kapitel 2.1).

> Anzeichen für Lärm im Unternehmen:
> - Nachdem sie lauten Geräuschen ausgesetzt waren, haben die Mitarbeiterinnen und Mitarbeiter ein Klingeln oder Summen im Ohr.
> - Die Arbeitsumgebung ist so laut, dass sie laut rufen oder schreien müssen, um von anderen in zwei Metern Entfernung gehört zu werden.
> - Sie stellen nach dem Beenden der Arbeit einen vorübergehenden Verlust ihres Hörvermögens fest.

Die Lärm- und Vibrations-Arbeitsschutzverordnung (LärmVibrationsArbSchV) regelt u. a. die Maßnahmen in Abhängigkeit von Lärmexpositionen in Unternehmen. Es gilt, Lärmbelastungen zu vermeiden oder so weit wie möglich zu verringern. In der Rangfolge der Maßnahmen sind dabei technische Lösungen, wie lärmarme Maschinen oder raumakustische Maßnahmen, sowie organisatorische Maßnahmen, wie die zeitliche Beschränkung von lärmintensiven Arbeiten, den persönlichen Schutzmaßnahmen vorzuziehen. Als Grenze für die Entstehung von Gehörschäden wird der Tages-Lärmexpositionspegel von $L_{EX,8h} \geq 85$ dB (A) für einen repräsentativen Arbeitstag angegeben. Bereiche mit dieser Lärmexposition sind als Gefahrenbereiche (Lärmbereiche) gekennzeichnet. Entsprechend der Sicherheitskennzeichnung (Gebotszeichen M003) müssen alle Personen in diesem Bereich einen Gehörschutz benutzen.

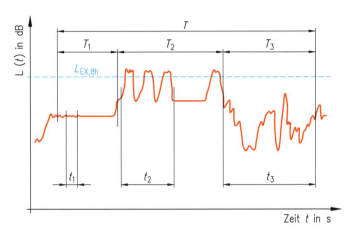

Messstrategie der tätigkeitsbezogenen Messung mit Zerlegung einer Arbeitsschicht in drei Tätigkeiten und Darstellung der Lärmbelastung und Dauer

4.3 Anforderungen an Prüfsysteme

Die Qualitätsüberwachung hat zum Ziel, bei erkannten Abweichungen von Qualitätsmerkmalen durch Maßnahmen am Prozess weitere Fehler zu vermeiden. Eine Auslieferung von fehlerhaften Teilen an Kundinnen und Kunden ist zwingend zu vermeiden. Ein Unternehmensziel besteht üblicherweise in der Qualitätsleistung, mit einem Anteil von möglichst 100 Prozent fehlerfreier Produkte. Für die Qualitätssicherung entscheidend ist, dass die eingesetzten Prüfsysteme eine Rückführung der Messgrößen gewährleisten. Die Eingriffe in den Fertigungsprozess, die Nachregelung, die Prüfung der gefertigten Teile und der Prüfentscheid werden entlang der Fertigungsprozesskette in sogenannten Qualitätsregelkreisen dargestellt.

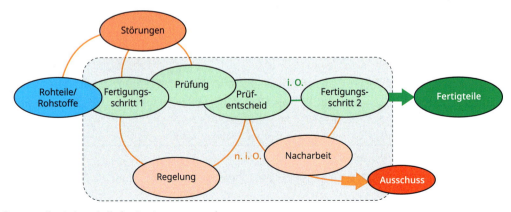

Qualitätsregelkreis innerhalb der Fertigungsprozesskette

Wenn die Prüfung der Werkstücke im Unternehmen z. B. durch Lehren erfolgt, müssen diese Prüfmittel (Lehrdorne und Lehrringe) vorher mit geeigneten Messverfahren kalibriert worden sein.

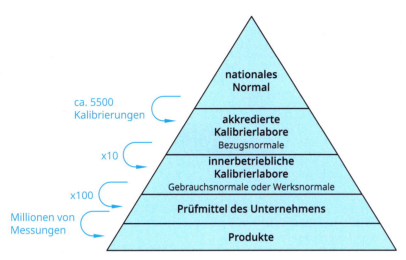

Die Kalibrierpyramide

In Deutschland ist diese Form der Rückführung auf die Einheit (z. B. das Meter in der Längenmesstechnik) durch ein abgestuftes Zusammenwirken von der Deutschen Akkreditierungsstelle (DAkkS), die durch diese Stelle akkreditierten Kalibrierlabore und die nationalen Metrologieinstitute (NMI) bzw. die Physikalisch-Technische Bundesanstalt (PTB) geregelt.

Die Physikalisch-Technische Bundesanstalt (PTB) steht an oberster Stelle der Kalibrierpyramide in Deutschland. Ihre Aufgabe ist, die gesetzlichen Einheiten in Übereinstimmung mit den SI-Einheiten darzustellen, zu bewahren und weiterzugeben.

In einem Betrieb wird jedes Mess- und Prüfmittel, das für eine Prüfaufgabe eingesetzt wird, mittels Messung der genormten Messgrößen (z. B. Gewindemessgrößen eines Gewindelehrdorns) auf ein Gebrauchsnormal oder Werksnormal zurückgeführt. Dieses Gebrauchsnormal wurde zuvor durch Messung der Gewindemessgrößen auf ein Bezugsnormal eines akkreditierten Kalibrierlabors zurückgeführt. Das Kalibrierlabor hat seine Messungen wiederum über ein Bezugsnormal auf ein nationales Normal zurückgeführt, das über primäre Messverfahren direkt auf das Meter im Sinn der Definition nach dem SI-Einheitensystem zurückführt.

Für das Messmittel wird ein Kalibrierschein ausgestellt. Dadurch werden vergleichbare Mess- und Prüfergebnisse sichergestellt. Gleichzeitig wäre die Messung der Gewindemessgrößen bei jeder Prüfaufgabe eines Produkts innerhalb des einzelnen Unternehmens zu aufwendig und damit unwirtschaftlich, sodass die Maßhaltigkeit von Innen- und Außengewinden regelmäßig mit kalibrierten Gewindelehren überprüft werden.

Beispiel

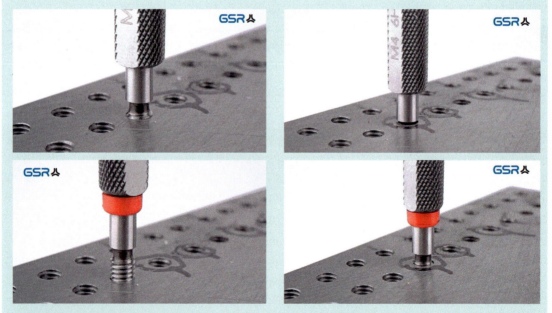

Dreidrahtmethode zur Messung eines Gewindelehrdorns (links), Gewindelehrdorn (rechts)

Prüfen eines Innengewindes mit dem Gewindelehrdorn:
- Das Paarungsmaß ist in Ordnung, wenn die Gutseite (lange Seite ohne Kennzeichnung = Mindestmaß des Außendurchmessers und des Flankendurchmessers) sich in das Innengewinde ohne Kraftaufwand einschrauben lässt.
- Der Flankendurchmesser wird nicht überschritten, wenn sich die Ausschussseite (kurze Seite mit rotem Ring = Höchstmaß des Flankendurchmessers) nicht in das Innengewinde einschrauben lässt.

Gutes (links) und schlechtes (rechts) Prüfergebnis bei der Prüfung eines Innengewindes. Ein zu großes Gewinde kann z. B. durch eine fehlerhafte Spannung des Werkstücks oder Rundlauffehler der Spindel oder Werkzeugaufnahme beim maschinellen Gewindeschneiden entstehen.

Für Außengewinde werden Gewindelehrringe als Prüfmittel eingesetzt. Auch hier gibt es für jedes Normgewinde einen Gut-Lehrring (Höchstmaß des Innengewindes) und einen Ausschuss-Lehrring (Mindestmaß des Innengewindes), um das Paarungsmaß mit dem Außengewinde zu prüfen. Der Ausschuss-Lehrring ist rot gekennzeichnet.

Gewinde können nachgearbeitet werden, wenn die Gutseite der Gewindelehren nicht passt. In diesem Fall ist das Außengewinde am Werkstück zu groß oder das Innengewinde zu klein.
Gewinde sind Ausschuss, wenn die Ausschussseite der Gewindelehren passt. Dann ist am Werkstück das Außengewinde zu klein oder das Innengewinde zu groß geschnitten.

4.3.1 Grundbegriffe der Messunsicherheit

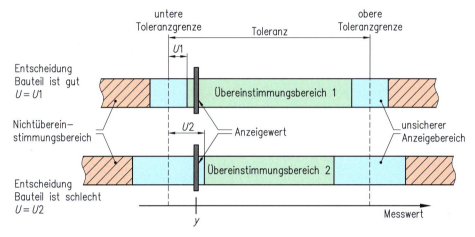

Messunsicherheit und Übereinstimmungsbereiche

Innerhalb der Geometrischen Produktspezifikation (vgl. DIN EN ISO 14253-1 sind Regeln definiert, wie bei einer Abnahmeprüfung durch die Herstellfirma über die Übereinstimmung (oder Nichtübereinstimmung) eines Werkstücks mit einer vorgegebenen Toleranz (oberer und unterer Grenzwert) zu entscheiden ist. Voraussetzung für eine fundierte Entscheidung ist dabei die Kenntnis der Messunsicherheit U.

Betriebswirtschaftlich sinnvoll ist es, die Größen der Toleranz, die Fertigungsstreubreite und die Messunsicherheit prozessbezogen zu skalieren. Hochgradig genaue Messprozesse verringern zwar ggf. die Messunsicherheit, verursachen aber gleichzeitig sehr hohe Prüfkosten. Ein Messprozess mit hoher Messunsicherheit hat aber unter Umständen hohe Fehlerkosten zur Folge. Bei der Festlegung der Qualitätsmerkmale und Toleranzen muss mit Blick auf die Messunsicherheit der Prüfprozesse immer auch funktionsgerecht hinsichtlich der Produkte geplant werden.

 Jedes messbare Qualitätsmerkmal eines Werkstücks wird durch eine Maßangabe und eine Toleranz spezifiziert. Bei der Prüfung muss die Messunsicherheit, mit der geprüft wird, bekannt sein. Diese reduziert die Toleranz, um zu garantieren, dass das Qualitätsmerkmal der Spezifikation entspricht.
Übereinstimmungsnachweis:

$$UGW + U < y < OGW - U$$

Darin enthalten sind
UGW: unterer Grenzwert (untere Toleranzgrenze)
OGW: oberer Grenzwert (obere Toleranzgrenze)
U: Messunsicherheit
y: Messergebnis

Daraus resultiert ein von der Messunsicherheit abhängiger Übereinstimmungsbereich, der umso stärker eingeschränkt werden muss, je größer die Messunsicherheit ist. In der Abbildung auf der vorherigen Seite wird deutlich, dass im Vergleich, also in Abhängigkeit des Werts der Messunsicherheit, der Übereinstimmungsnachweis erfüllt wird oder nicht.

Beispiel

Prüfschritt	Nennmaß	Grenzabmaße	Höchstmaß	Mindestmaß	Toleranz
2	35k6	+0,002 bis +0,018	35,018	35,002	0,016

Für die Abnahmeprüfung der Schneckenradwelle (siehe Kapitel 4.2, Beispiel) wird im Prüfschritt 2 der Durchmesser der Welle geprüft. Das Nennmaß beträgt 35k6, daraus ergibt sich eine Toleranz von $T = 0{,}016$.

Die Messunsicherheit bei der Prüfung wird mit $U^1 = 0{,}002$ angegeben.

Der Toleranzbereich für die Abnahmeprüfung beträgt damit:
$$T_{ab} = T - 2 \cdot U$$
$T_{ab} = 0{,}016 \text{ mm} - 2 \cdot 0{,}002 \text{ mm} = 0{,}012 \text{ mm}$.

Die Toleranz reduziert sich für den Übereinstimmungsnachweis damit von 0,016 mm auf 0,012 mm.

Ein Messergebnis der Prüfung muss vollständig angegeben werden als
$$Y = y \pm U$$

Darin enthalten sind:
Y vollständiges Messergebnis
y Messwert

z. B.:
$Y = 35{,}018 \pm 0{,}002$ (Ergebnis liegt nicht im Übereinstimmungsbereich = Welle ist Ausschuss)
$Y = 35{,}014 \pm 0{,}002$ (Ergebnis liegt im Übereinstimmungsbereich = gut)

Hinweis (1): Auf die Messunsicherheit wirken eine Vielzahl von Einflussgrößen. Standardmessunsicherheiten einzelner Größen werden zur Abschätzung der erweiterten Messunsicherheit herangezogen. Letztere beinhaltet neben der kombinierten Standardmessunsicherheit auch einen Erweiterungsfaktor für ein Vertrauensniveau.

z. B.:
$$U = k \cdot u_c$$

Darin enthalten sind:
u_c kombinierte Standardmessunsicherheit (z. B. aus bekannten Temperatureinflüssen, Ungenauigkeit des Normals nach Kalibrierschein)
k Erweiterungsfaktor

z. B.:
$Y = 35{,}014 \pm 0{,}002$, $k = 2$

Die erweiterte Messunsicherheit U wurde mit dem Faktor $k = 2$ aus der kombinierten Standardmessunsicherheit $Y = 0{,}001$ mm berechnet. Das entspricht einem Vertrauensniveau von mind. 95 %, dass der wahre Messwert innerhalb der folgenden Grenzen liegt:

$(35{,}014 - 0{,}002)$ mm $= 35{,}012$ mm (untere Grenze)
$(35{,}014 + 0{,}002)$ mm $= 35{,}016$ mm (obere Grenze)

Das **Dilemma der Messunsicherheit** ist, dass diese nur nachträglich und unter hohem Aufwand ermittelt werden kann. Die Messunsicherheit eines aktuell gemessenen Werts ist erst einmal unbekannt.

In der Fertigungsmesstechnik herrscht in Unternehmen die gängige Praxis, dass die Messunsicherheit eines Messsystems (z. B. eines Koordinatenmessgerätes) zu einem bestimmten Zeitpunkt einmalig und unter bekannten und stabilen Bedingungen ermittelt und dokumentiert wird. Ihre Aufgaben als Facharbeiterinnen und Facharbeiter an der Anlage bei der Durchführung einer Messung mit einem derart qualifizierten System sind mehrschichtig:

- stabile Bedingungen (z. B. Temperatur, Sauberkeit) gewährleisten
- Ablauf der Messung sachkundig durchführen und beobachten
- Messwert auf Plausibilität prüfen
- Messablauf bewerten (z. B. störungsfrei, geänderte Messtemperatur)
- Messergebnis mit (bekannter) Messunsicherheit angeben

 Genaue Messverfahren, Mehrfachmessungen und die Korrektur von (bekannten) systematischen Messabweichungen reduzieren die Messunsicherheit.

4.3.2 Grundbegriffe des Qualitätsmanagements

Aufbauend auf den Anforderungen an Prüfsysteme und die grundlegende Behandlung der Messunsicherheit ist für das Verständnis des Qualitätsmanagements (QM) und all seiner Prozesse ein Blick auf die einschlägigen Normen und Begriffe hilfreich.

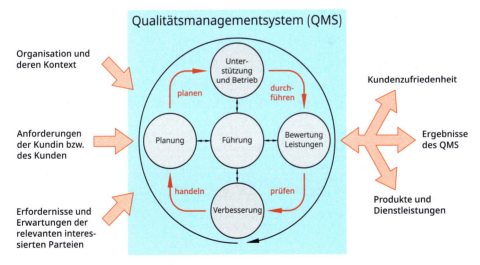

Prozessmodell der DIN EN ISO 9001 des Qualitätsmanagementsystems

Im Prozessmodell verfolgt das Qualitätsmanagementsystem (QMS) eines Unternehmens einen Verbesserungsprozess zwischen den Anforderungen der Kundinnen und Kunden und den gelieferten Produkten und Dienstleistungen. Dabei befasst sich die Norm mit der Prozessumgebung, den dokumentierten Informationen, den Ressourcen zur Überwachung und Messung, aber auch extern bereitgestellten Produkten und Dienstleistungen sowie externen Anbieterinnen und Anbietern. Das QM eines Unternehmens betrifft alle Mitarbeiterinnen und Mitarbeiter.

Damit das QM effektiv und effizient funktioniert, müssen dokumentierte Informationen für alle Mitarbeiterinnen und Mitarbeiter transparent beschrieben und zugänglich sein:

- Arbeitsanweisungen (arbeitsplatzspezifisch, produktspezifisch) für einzelne Mitarbeiterinnen und Mitarbeiter
- Prozessbeschreibungen, Verfahrensanweisungen (prozess-, bereichs- und funktionsspezifisch) für Führungskräfte und betroffene Mitarbeiterinnen und Mitarbeiter
- grundsätzliche Informationen, Handbuch (unternehmensübergreifend) für alle Mitarbeiterinnen und Mitarbeiter, ggf. Externe (Kundinnen und Kunden, Behörden)

Qualität wird nicht ausschließlich durch die Prüfung sichergestellt, betriebswirtschaftlich gesehen ist die Planung (im Sinn der Qualitätsplanung) ein entscheidender Faktor zur Reduzierung von Fehlerkosten. Durch die Planung können bereits, gemäß den Anforderungen der Kundinnen und Kunden (siehe Kapitel 1.3.1), das Produkt, die Prozessplanung und die Fertigung optimiert werden. Untersuchungen zeigen in diesem Zusammenhang die Bedeutung der Qualitätsplanung mit Blick auf die Fehlerentstehung und die resultierenden Fehlerkosten auf.

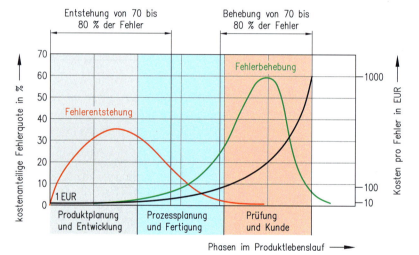

Fehlerentstehung, Fehlerbehebung und Fehlerkosten (Zehnerregel) entlang der Phasen im Produktlebenslauf

Die Qualitätsleistung wird als Anteil fehlerfreier Produkte an der Gesamtmenge produzierter Produkte berechnet:

$$QL = \left\{ \frac{m - m_a}{m} \cdot 100\,\% \right.$$

Darin enthalten sind:
m Anzahl produzierte Teile (Gutteile + Schlechtteile)
m_a Anzahl Schlechtteile (maschinenbedingt und nicht maschinenbedingt)
Die Qualitätsleistung wird direkt durch die Fähigkeit der Fertigungs- und Prüfprozesse sowie durch die Messunsicherheit (vgl. Übereinstimmungsnachweis) beeinflusst.

4.3.3 Automatisierte Prüfsysteme

Die Herausforderung der hohen Qualitätsleistung, mit einer angestrebten niedrigen Fehlerquote geht mit einer stetigen Automatisierung von Montage- und Prüfprozessen einher. Dies spiegelt sich auch in der Statistik der anhaltend hohen Umsätze in der deutschen Automatisierungsindustrie wider, zu der die Teilbranchen elektrische Antriebe, Schaltgeräte, Schaltanlagen und Industriesteuerungen sowie die Prozessautomatisierung und Messtechnik zählen.

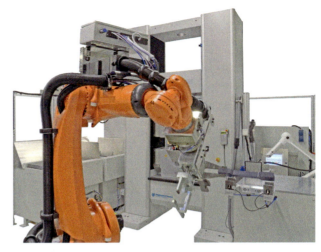

Automatisiertes Prüfsystem für den Metallzugversuch mit Universalprüfmaschine und Industrieroboter

Es lohnt sich, in diesem Zusammenhang einen Blick auf die Einflussgrößen auf Messergebnisse zu werfen. Die Einflüsse werden üblicherweise aufgabenbezogen in einem Ishikawa-Diagramm erfasst. Das Dilemma der Messunsicherheit wurde bereits mit Blick auf die Labormesstechnik eingeführt (siehe Kapitel 4.3.1). Bestehen Zweifel an einem Messergebnis, so werden Sie als Facharbeiterinnen und Facharbeiter reagieren und Maßnahmen zur Überprüfung der Messtechnik einleiten (z. B. Kalibrierung des Messsystems, Wiederholmessung, Vergleichsmessung mit anderem System, Ringversuche). Die Sicherheit des Messergebnisses ist damit gewährleistet.

Fachkraft an einer Universalprüfmaschine

In der automatisierten Prüftechnik hingegen, in der das Überwachen von Merkmalen vollautomatisch durch Messsysteme durchgeführt wird, sind die für die Labormesstechnik aufgezählten Maßnahmen nicht nach jeder Prüfung zu leisten. Die Messunsicherheit wird periodisch überwacht. Damit dominieren je nach Grad der Automatisierung unterschiedliche Einflussgrößen. Zukünftig könnten intelligente Prüfsysteme auch ihre eigene Funktionsfähigkeit vollautomatisch überwachen, sodass die Strategie zur Überwachung der Messunsicherheit weg von einer periodischen oder intervallabhängigen hin zu einer zustandsorientier-

4 Mess- und Prüftechnik

ten Überwachung führen könnte. Die Messunsicherheit wird dabei aufgabenspezifisch durch numerische Simulation bestimmt. Der Fokus liegt dabei immer auf dem unternehmerischen Ziel einer verbesserten Verfügbarkeit und einem hohen Leistungsniveau der Systeme bei gleichzeitig hoher Qualitätsleistung.

In der Labormesstechnik dominieren die Messstrategie und die Fachkräfte den Einfluss auf das Messergebnis, in der vollautomatisierten Prüftechnik hingegen haben das Werkstück selbst und die Fertigungsumgebung den größten Einfluss. Die objektbedingten Schwankungen, wie Geometrien, Grate oder Verunreinigungen, werden nicht mehr durch Mitarbeiterinnen und Mitarbeiter aufgefangen und fordern daher eine im Vergleich zur Labormesstechnik robustere Mess- und Prüftechnik. Die folgende Abbildung zeigt die Einflüsse geordnet nach Messstrategie für die bedienergeführte Koordinatenmesstechnik als Labormesstechnik entgegen der automatisierten Prüfung innerhalb der Fertigungsmesstechnik.

... in der Fertigungsmesstechnik (Labormesstechnik):

Messstrategie	Fachkraft	Werkstück	Umgebung	Messgerät	Kalibrierteil	Unfall, Havarie
Messablauf	Qualifikation			Grundbauart		Verstellung
Antastmodus	Motivation			Führungen		Tasterbruch
Anzahl/Verteilung der Messpunkte	Sauberkeit und Sorgfalt			Koordinatensystem		Kabelbruch
Auswertemethode/-kriterium	Aufspanung			Längenmesssystem		
Filter	Ausrichtung			Tastensystem, Taster		
	Tasterkonfiguration und -kalibrierung			Antastkraft und -richtung		
	Überwachung			Messsoftware		
				Auswertesoftware		

Messergebnis

Formabweichung						
Mikrogestalt						
Werkstoff						
Abmessungen						
Gewicht	Temperatur				Formabweichung	
Temperatur	Feuchte				Sauberkeit	
Sauberkeit	Schwingungen				Temperatur	
Nachgiebigkeit	Schmutz, Staub				Toleranz	
					Maßverkörperung	
Werkstück	**Umgebung**	**Messgerät**	**Fachkraft**	**Messstrategie**	**Kalibrierteil**	**Unfall, Havarie**

... in der Fertigungsmesstechnik (automatisierte Prüftechnik):

Einflussgrößen auf das Messergebnis in der Fertigungsmesstechnik im Vergleich: Labormesstechnik (oben) und automatisierte Prüftechnik (unten)

4.4 Handlungssituation: Prüfauftrag

Prüfmerkmal Durchmesser

Sie finden an Ihrem Taskboard den Prüfplan zur Schneckenradwelle. Aus der Produktion sind zehn Wellen markiert, die nicht montiert werden konnten. Nach Rücksprache mit Ihrer Teamleitung erhalten Sie den Auftrag, den Lagersitz der Wellen zu prüfen.

ANALYSIEREN

Sie machen sich mit dem Auftrag vertraut und identifizieren die beteiligten Abteilungen.

INFORMIEREN

Aus dem Prüfplan informieren Sie sich zum Prüfumfang und identifizieren als variables Prüfmerkmal den Durchmesser. Zu diesem Prüfschritt finden Sie alle notwendigen Informationen, wie etwa Nennmaß und Grenzabmaße, im Plan. Der Prüfumfang umfasst die zehn markierten Wellen vollständig. Der Stichprobenumfang beträgt 5, d.h., Sie werden je Welle fünf Messwerte aufnehmen. Die Prüfung soll im Messraum stattfinden. Für die Prüfdokumentation soll ein Protokoll erstellt werden.

Prüfschritt	Prüfmerkmal	Nennmaß	Grenzabmaße	Höchstmaß	Mindestmaß	Toleranz
2	Durchmesser	35k6	+0,002 bis +0,018	35,018	35,002	0,016

PLANEN

Sie planen die Durchführung und legen einen Termin für den Auftrag fest. Sie planen für die Durchführung auch die Verwendung eines geeigneten Messmittels mit dem notwendigen Skalenteilungswert und wählen eine passende Messschraube mit Feinzeiger aus.

DURCHFÜHREN

Sie führen den Prüfauftrag aus. Sie messen dafür an jeder Welle den Durchmesser des Lagersitzes an fünf Messpunkten. Den Messwert lesen Sie an der Messschraube ab und tragen ihn geordnet in das Prüfprotokoll ein. Jede Welle erhält ein eigenes Prüfprotokoll.

Beispiel

Prüfbericht Fertigungsteile

Artikelnummer	0038128 W
Produkt	Schneckenradwelle
Losnummer	0038128-141
Prüfmenge	10
Prüfumfang	100 %

Name Prüferin/Prüfer:
Datum:
Prüfort: Messraum
Unterschrift:

Mess- und Prüftechnik

Allgemeine Prüfkriterien:

- Oberflächen und Laufflächen auf Beschädigungen geprüft (Sichtkontrolle)
- Prüfprotokoll beilegen
- Teile ordentlich verpackt und beschriftet

Position	Prüfmerkmal	Nennmaß	Grenzabmaße	Ist-Wert	Bemerkung
1	Durchmesser	35k6	+0,002 bis +0,018	35,018	Riefe
2	Durchmesser	35k6	+0,002 bis +0,018	35,012	
3	Durchmesser	35k6	+0,002 bis +0,018	35,012	
4	Durchmesser	35k6	+0,002 bis +0,018	35,013	Riefe
5	Durchmesser	35k6	+0,002 bis +0,018	35,014	

AUSWERTEN

Nach der Durchführung des Prüfauftrags haben Sie alle Wellen geprüft. Zwei Bauteile entsprechen dem erforderlichen Maß. Die Ist-Werte liegen zwar nahe dem Höchstmaß, überschreiten dieses jedoch nicht. Sie stellen bei der Sichtprüfung jedoch eine Beschädigung (Riefen) der Oberfläche im Bereich des Lagersitzes fest, sodass die Bauteile als Ausschuss markiert werden. Acht Bauteile weisen keine Beschädigungen auf, entsprechen jedoch nicht dem erforderlichen Maß. Gemäß Ihrer Prüfung überschreiten sie jeweils das Höchstmaß, sodass Sie die Bauteile als Nacharbeit markieren und zusammen mit dem Prüfbericht zurück in die Fertigung geben. Sie berichten Ihrer Teamleitung vom Ergebnis der Prüfung.

WERKSTOFFTECHNIK

5

5 Werkstofftechnik

Berufliche Handlungssituation

Die Welle einer Kreiselpumpe zum Fördern von Kühlschmierstoffen muss ersetzt werden. Die Pumpe wurde wegen deutlicher Geräusche demontiert und dabei wurde festgestellt, dass die Welle stark korrodiert ist. Da der Pumpenhersteller nicht mehr existiert, entscheidet die Fachabteilung die Welle nachzufertigen. Aufgrund fehlender Unterlagen, ist der Werkstoff nicht bekannt. Daher muss dieser nach den Anforderungen im Betrieb gewählt werden. Nachdem der Werkstoff der Welle gewählt wurde, müssen geeignete Schneidstoffe für die Werkzeuge zur Fertigung gewählt werden.

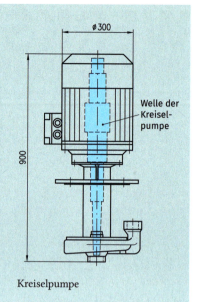

Kreiselpumpe

Die Kreiselpumpe (Beispiel einer technischen Baugruppe) muss unterschiedliche Aufgaben erfüllen. Die Eigenschaften des Werkstoffs bestimmen die Werkstoffwahl, z. B. die Festigkeit. Neben technischen müssen auch wirtschaftliche und umweltrelevante Aspekte (z. B. die Recycelbarkeit) beachtet werden. So ist die Werkstoffauswahl ein Kompromiss aus dem Abwägen der verschiedenen Aspekte.

Berufliche Tätigkeiten	Industriemechaniker/-in	Werkzeugmechaniker/-in	Zerspanungsmechaniker/-in
Werkstoffe für eine kurzfristige Ersatzteilfertigung auswählen	●	◐	◔
Schnittdaten für eine Werkstoff-Schneidstoffpaarung zur Fertigungsplanung bestimmen	◐	◕	●
Standzeit von Zerspanungswerkzeugen zur Maschineninstandhaltungsplanung abschätzen	◐	◐	◕
Normalienwerkstoff anhand des Spritzgußmaterials zur Inbetriebnahme und Instandsetzung von Spritzgußwerkzeugen auswählen	◔	●	◔
Werkstoffe, die sich zur Wärmebehandlung eignen, auswählen	◐	◕	◐

Tab.: Werkstofftechnische Schwerpunkte der Berufe

5.1 Bedeutung der Werkstoffkunde für die Berufe

Zerspanungsmechaniker/-in – Fertigung

Zerspanungsmechanikerinnen und -mechaniker müssen die konstruierten Bauteile nach Angaben der Konstrukteurinnen und Konstrukteure fertigen. Zur Auswahl geeigneter Werkzeuge und der Bestimmung geeigneter Schnittparameter müssen sie genaue Kenntnisse über den vorgegebenen Werkstoff besitzen. Der Schneidstoff des Werkzeugs muss härter sein als der zu bearbeitende Werkstoff des Werkstücks. Richtwerte für die Schnittparameter können mit Kenntnis über Schneidstoff und Werkstoff mithilfe des Tabellenbuchs oder Herstellerdatenblättern bestimmt werden. Auch die Auswahl eines geeigneten Kühlschmierstoffs ist von großer Bedeutung, da einige Werkstoffe und insbesondere Kunststoffe durch manche Kühlschmierstoffe beschädigt werden können.

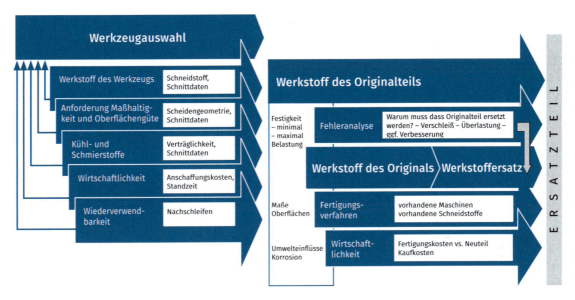

Werkzeug- und Werkstoffauswahl

Industriemechaniker/-in – Instandhaltung und Fertigung

Industriemechanikerinnen und -mechaniker sorgen für den störungsfreien Betrieb von Anlagen und Maschinen. Hierzu müssen ggf. Bauteile ersetzt und nachgefertigt werden. Die Ersatzteile müssen Anforderungen erfüllen, wie etwa Geometrie und Festigkeit. Kommt es z. B. bei einem Kunststoffextruder zu einer Überlastung, z. B. durch eine verstopfte Düse, so bricht ein Abscherbolzen zur Entlastung und Verhinderung von größeren Schäden. Bei der Fertigung eines neuen Abscherbolzens ist insbesondere auf die Festigkeit zu achten. Die Festigkeit darf in diesem Fall nicht zu hoch sein, da er sonst zu spät brechen und der Extruder dauerhaft überlastet werden würde. Industriemechaniker/-innen müssen vor allem die technologischen Eigenschaften bei der Ersatzteilfertigung beachten, um einen geeigneten Werkstoff als Ersatz auswählen zu können. Bei der Instandhaltung sind Kenntnisse über Werkstoffe von Bedeutung, um geeignete Pflegemittel auswählen zu können.

Werkzeugmechaniker/-in – Fertigung und Montage

Werkzeugmechanikerinnen und -mechaniker stehen vor der Herausforderung, dass sie Werkzeuge fertigen, die meistens selbst hohe Festigkeitswerte und Härten besitzen. Hier kommen besonders hochwertige Schneidstoffe zum Einsatz. An Spritzgusswerkzeugen werden hohe Forderungen an die Oberflächengüte und Toleranzen gestellt. Arbeitsschritte zur Feinbearbeitung, wie Schleifen und Polieren, müssen in den Fertigungsprozess mit eingebunden werden. Bei der Montage und Inbetriebnahme von Spritzgusswerkzeugen sind wiederum Kenntnisse über die Kunststoffeigenschaften relevant, da bei zu hohen Verarbeitungstemperaturen der Kunststoff und Komponenten der Spritzgießanlage beschädigt oder sogar zerstört werden können.

5.2 Herstellung und Weiterverarbeitung von Werkstoffen

Die Werkstoffe müssen mit Ausnahme der natürlichen Werkstoffe in mehreren Schritten hergestellt werden. Meistens wird ein vorkommender Rohstoff, wie Erz oder Rohöl, gefördert. Diese Rohstoffe werden durch chemische und physikalische Prozesse zum Werkstoff umgewandelt. Für die Umwandlung werden Energie und Hilfsstoffe benötigt. Die Hilfsstoffe sind kein wesentlicher Bestandteil des Werkstoffs, sind jedoch zur Produktion notwendig. Der entstandene Werkstoff liegt nun als Halbzeug oder Fertigerzeugnis vor. Halbzeuge werden in einem zweiten Prozess zu Werkstücken weiterverarbeitet.

Um ein Werkstück zu fertigen, benötigt man verschiedene Stoffe.

- Rohstoffe: Der Werkstoff des Werkstücks ist Hauptbestandteil des Produkts.
- Hilfsstoffe: Kühlschmierstoffe, Schneidöle, Poliermittel werden zur Herstellung benötigt.
- Betriebsstoffe: Energie, Getriebeöl und Weiteres werden zum Betrieb der Maschine benötigt.

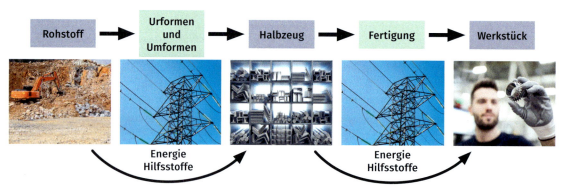

Typischer Herstellungsprozess eines Werkstücks

Paletten zum Transport von Produkten sind aus Holz, einem natürlichen Werkstoff. Dieser wird durch Sägen zu Brettern weiterverarbeitet. Aus dem Halbzeug Holzbrett wird in weiteren Fertigungsschritten die Palette gefertigt.

Die Pumpenwelle ist aus Stahl gefertigt. Die Herstellung eines Stahlteils ist wesentlich aufwendiger. Der Rohstoff für Stahl ist Eisenerz. Die Stahlherstellung kann in fünf Schritte unterteilt werden:

5.1 Herstellung und Weiterverarbeitung von Werkstoffen

Schritt 1: Herstellung von Roheisen

Eisenerz wird mit Koks in einem Hochofen aufgeschmolzen, wozu viel Energie benötigt wird. Aus dem Hochofen fließt das entstandene Roheisen in flüssiger Form. Das Roheisen besitzt einen Kohlenstoffanteil von 4 bis 5 Prozent und wird deswegen der Werkstoffgruppe Gusseisen zugeordnet.

Schritt 2: Umwandlung des Roheisens in Stahl

Das Roheisen wird mit Stahlschrott vermischt und mit Zufuhr von Sauerstoff wieder aufgeschmolzen. Der Sauerstoff verbindet sich mit dem überschüssigen Kohlenstoff – so kann der Kohlenstoffanteil auf den gewünschten Anteil reduziert werden.

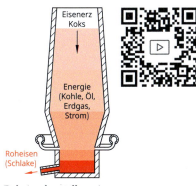

Roheisenherstellung im Hochofen

Schritt 3: Legierungsbildung

Durch die Zugabe von weiteren Metallen können die Eigenschaften des Stahls verbessert werden. Zum Beispiel kann die Korrosionsbeständigkeit oder Zerspanbarkeit erhöht werden.

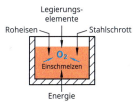

Umwandlung von Roheisen in Stahl

Schritt 4: Stranggießen

Der flüssige Stahl wird in eine gekühlte Form gegossen und zu einem langen Strang geformt.

Schritt 5: Walzen

Durch Walzen wird der Stahl zu einem Halbzeug geformt.

Stahlteile werden meistens aus einer Kombination aus Umformen und Zerspanen aus dem Stahlhalbzeug gefertigt.

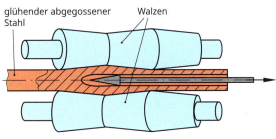

Gießen und Walzen

Das Förderband der Arbeitsstation ist aus einem Kunststoff. Kunststoffe sind ebenfalls aufwendig in ihrer Herstellung. Der Rohstoff zur Kunststoffherstellung ist Erdöl, Erdgas oder Kohle. In mehreren chemischen Reaktionsschritten werden sogenannte Monomere hergestellt. Die Monomere bestehen aus aneinandergereihten Kohlenwasserstoffen. Die Monomere werden durch weitere chemische Reaktionen zu langen Molekülketten, den Polymeren, zusammengesetzt. Durch Zugabe von Zusatzstoffen können die Eigenschaften des Kunststoffs verbessert werden. Die Polymere können urgeformt und schlussendlich zum Werkstück fertig bearbeitet werden.

5.3 Werkstoffeigenschaften

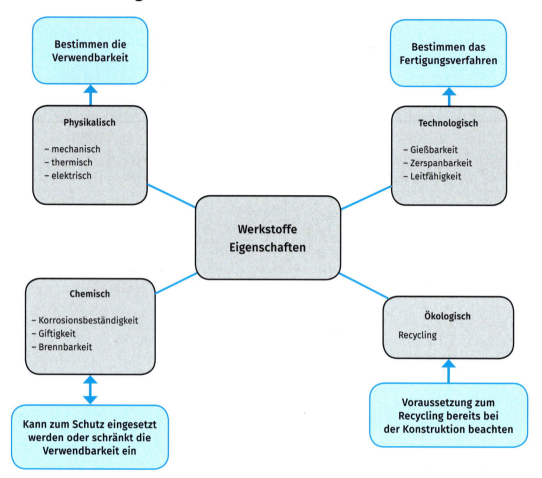

Werkstoffeigenschaften

Verschiedene Werkstoffe haben unterschiedliche Eigenschaften. Produkte müssen bestimmte Eigenschaften erfüllen. Werkstoffe, die im Freien zum Einsatz kommen, müssen z. B. besonders wetterbeständig sein. Bei der Auswahl eines geeigneten Werkstoffs für ein Produkt werden zum einen die notwendigen Eigenschaften des fertigen Produkts, zum anderen die Eigenschaften des Werkstoffs bei der Fertigung berücksichtigt. Die Werkstoffeigenschaften kann man ebenso wie die Werkstoffe selbst in Eigenschaftsgruppen einteilen (siehe folgende Tabelle).

Physikalische Eigenschaften	Technologische Eigenschaften
Die physikalischen Eigenschaften sind von der Form des Werkstoffs unabhängig. Sie beschreiben das Verhalten unter der Einwirkung von Kräften, Wärme oder elektrischen Strom.	Die technologischen (oder fertigungstechnischen) Eigenschaften beschreiben das Werkstoffverhalten bei verschiedenen Fertigungsverfahren.
Chemische Eigenschaften	**Ökologische Eigenschaften**
Die chemischen Eigenschaften beschreiben das Werkstoffverhalten unter Umwelteinflüssen, etwa durch Luft, Wasser oder veränderte Temperaturen.	Die ökologischen Eigenschaften beschreiben sowohl die Belastung der Umwelt wie auch die Recyclingfähigkeit des Werkstoffs. Diese Eigenschaften werden immer bedeutender.

Tab.: Werkstoffeigenschaften

5.3 Werkstoffeigenschaften

Die Eigenschaften insbesondere von Stahl lassen sich durch Legierungselemente beeinflussen. Es können Stähle geschaffen werden, die besonders gut für bestimmte Funktionen oder für die Fertigung geeignet sind (siehe Tabellenbuch – Einfluss der Legierungselemente). Durch Wärmebehandlungsverfahren können die Werkstoffeigenschaften, insbesondere die physikalischen Eigenschaften, auch nach der formgebenden Fertigung verändert werden.

Werkstoffeigenschaften

Die Werkstoffeigenschaften sind maßgebend für die Werkstoffauswahl eines Produkts. Der Werkstoff muss sowohl die Produktanforderungen als auch die fertigungstechnischen Anforderungen erfüllen.

5.3.1 Physikalische Werkstoffeigenschaften

Die physikalischen Eigenschaften sind besonders wichtig bei der Werkstoffauswahl für die spätere Funktion des Produkts. Hierzu zählen die mechanischen, thermischen und elektrischen Eigenschaften.

Dichte

Die volumenspezifische Masse (meistens nur als Dichte bezeichnet) gibt die Masse eines Werkstoffs für ein definiertes Volumen an. Die Dichte unterteilt die Nichteisenmetalle in die Leichtmetalle (Dichte < 5 kg/dm³) und die Schwermetalle (Dichte > 5 kg/dm³). Die Masse eines Spielwürfels der Kantenlänge von 10 mm aus Aluminium beträgt 2,7 g gegenüber einem Würfel aus Stahl mit 7,9 g.

Die Dichte (ϱ) ist der Quotient aus Masse (m) und Volumen (V).

$$\varrho = \frac{m}{V}$$

	Größe	Einheit
Dichte	ϱ	kg/dm³
Masse	m	kg
Volumen	V	dm³

Beispiel Dichte	
Aluminium	2,7 kg/dm³
Stahl	7,9 kg/dm³
Kupfer	8,9 kg/dm³

Tab.: Dichte von Werkstoffen

Bei bekanntem Werkstoff und bekanntem Volumen lässt sich die Masse des Werkstücks oder Produkts mithilfe der Dichte berechnen. Die Masse eines Werkstücks ist konstant, das Volumen kann sich jedoch durch Wärmeeinfluss ändern, etwa bei der Wärmeausdehnung (siehe Tabellenbuch – Massenberechnung mit Volumen und Dichte).

Leichtmetalle wie Aluminium haben eine vergleichbar geringe Dichte. Die Masse eines Bauteils ist besonders von Bedeutung, wenn es sich schnell bewegt. Zum Beispiel muss bei Laufrädern von Pumpen weniger Masse beim Anlaufen beschleunigt und beim Anhalten abgebremst werden und somit ist ein geringerer Energieaufwand nötig.

Dichte und Masse

Mit bekannter Dichte und Volumen kann die Masse eines Werkstücks berechnet werden.

Festigkeit

Die Festigkeit eines Werkstoffs gibt den maximalen Widerstand gegen äußere mechanische Beanspruchung bis zum Versagen an. Innerhalb des Werkstoffs werden die Atome und Moleküle durch die Kohäsionskräfte zusammengehalten. Übersteigt die äußere Beanspruchung die Kohäsionskräfte, werden Werkstoffteilchen auseinandergerissen und der Werkstoff wird getrennt.

Festigkeitsprüfung

Die Festigkeit auf Zug wird ermittelt, indem ein Werkstoffprobekörper bis zum Zerreißen auseinandergezogen und gleichzeitig die dazu benötigte Kraft gemessen wird (schwarze Kurven, Abbildung unten). Der höchste Punkt der Kraftkurve gibt die Zugfestigkeit (R_m) eines Werkstoffs an. Zu Beginn steigt die Messkurve schnell und nahezu linear an. In diesem Bereich dehnt sich der Werkstoff elastisch – würde man die Probe zu diesem Zeitpunkt loslassen, so würde sie wieder in ihre Ursprungslänge zurückkehren. Nach dem linearen Anstieg kennzeichnet der Punkt die Streckgrenze (R_e) – abgebildet ist eine ausgeprägte Streckgrenze in der oberen Kurve (gezackter Bereich der oberen Kurve), was typisch für Baustähle ist. Die Streckgrenze gibt den Übergang von elastischer zu plastischer Verformung an. Überschreitet man die Streckgrenze, so ist die weitere Verformung bleibend. Die untere Kurve zeigt einen Werkstoff mit Ersatzstreckgrenze, hier ist der Übergang zwischen elastischer und plastischer Verformung fließend. Die Streckgrenze bzw. die Ersatzdehngrenze $R_{p0,2}$, wird in vielen Stahlbezeichnungen als Kennwert angegeben (siehe Tabellenbuch – Fachwissen Zugversuch).

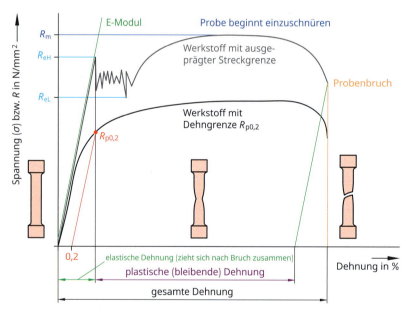

Zugversuch

Die Festigkeit beeinflusst die Richtwerte bei der Fertigung. Für die zerspanende Fertigung gilt, dass die Festigkeit des Werkzeugs immer höher sein muss als der zu bearbeitende Werkstoff. Je höher die Festigkeit des Werkstoffs, desto geringer die Schnittgeschwindigkeit. Spritzgusswerkzeuge werden besonders auf Druck beansprucht, die Druckfestigkeit kann auf gleiche Weise bestimmt werden. Der Werkstoffprobekörper wird bis zur Rissbildung oder zum Bruch zusammengedrückt und gleichzeitig wird die benötigte Kraft gemessen.

Die Streckgrenze (R_e) wird als Quotient der Kraft (F_m) zur Querschnittsfläche (S_0) am Ende des linearen Bereichs ermittelt. Oft kann die Streckgrenze nicht eindeutig ermittelt werden. In diesen Fällen wird die Dehngrenze bei 0,2 % Dehnung ($R_{P0,2}$) mithilfe einer Parallelen zum ersten Abschnitt der Messkurve und dem folgenden Schnittpunkt mit der Messkurve bestimmt berechnet.

Die Zugfestigkeit (R_m) wird als Quotient der Kraft (F_m) zur Querschnittsfläche (S_0) am Hochpunkt ermittelt. Durch die Bildung des Verhältnisses ist der Wert der Zugfestigkeit unabhängig von der Probengröße oder der Werkstückgröße.

$$R_m = \frac{F_m}{S_0}$$

	Größe	Einheit
Zugfestigkeit	R_m	N/mm²
Kraft maximal	F_m	N
Querschnittsfläche	S_0	mm²

Beispiele Zugfestigkeit	
Aluminiumlegierung (AlMn1)	95–165 N/mm²
Baustahl (S235)	360–510 N/mm²
Kupfer (CuSn 10-C)	250 N/mm²

Tab.: Werkstoffkennwerte verschiedener Metalllegierungen

Festigkeit bei Zugbelastung

Die Streckgrenze gibt den maximalen Spannungspunkt an, bis zu dem sich ein Werkstoff unter Zugbelastung elastisch verformt.

Die Zugfestigkeit gibt den maximalen Spannungspunkt an, bis zu dem sich ein Werkstoff unter Zugbelastung plastisch verformt, ohne einzureißen.

Härte

Die Eigenschaft Härte ist definiert als der Widerstand gegen das Eindringen eines anderen Gegenstandes.

Härte

Die Härte ist der Widerstand eines Werkstoffs gegen das Eindringen eines anderen Körpers. Die Härte von Stählen kann durch Wärmebehandlung verändert werden.

Die Härteprüfung wird oft als Qualitätskontrolle durchgeführt. Die Härte kann direkt am Werkstück in kurzer Zeit ermittelt werden. Für viele Werkstoffe gibt es Umwertungstabellen zwischen der Härte und der Zugfestigkeit.

Härteprüfung

Bei der Härteprüfung wird ein harter Prüfkörper aus Hartmetall oder Diamant mit einer definierten Kraft auf das zu prüfende Werkstück gedrückt. Die Größe des Eindrucks wird vermessen und in einen Härtewert umgewandelt. Je härter ein Werkstoff ist, desto höher ist sein Widerstand gegenüber dem Eindringen des Prüfkörpers. Bei harten Werkstoffen ist deshalb der Eindruck kleiner als bei einem weichen Werkstoff.

Härteprüfung nach Vickers

Bei zerspanender Fertigung muss das Werkzeug härter sein als das Werkstück. Harte Werkstoffe haben zugleich eine hohe Festigkeit. Die Schnittgeschwindigkeit ist beim Zerspanen entsprechend kleiner zu wählen. Die Härte von Stählen kann durch Wärmebehandlungen verändert werden. Während der Behandlungen ändern sich darüber hinaus Festigkeit und Zähigkeit. Es ist also die Reihenfolge der Fertigungsschritte zu beachten, um den Fertigungsprozess zu optimieren. In diesem Fall wird zuerst die Zerspanung erfolgen und anschließend ein geeignetes Wärmebehandlungsverfahren. Zu beachten ist dabei das mögliche Verziehen des Werkstücks während des Abkühlens.

Vergüten

Beim Vergüten wird der Stahl zunächst in einem Ofen erhitzt, dann wird die Temperatur für eine bestimmte Zeit gehalten. Durch die Wärme strukturiert sich der Stahl im Inneren um. Um diese innere Struktur einzufrieren, wird der Stahl in Wasser oder Öl schnell abgekühlt. Er ist jetzt sehr hart und spröde. Erwärmt man den Stahl erneut auf eine kleinere Temperatur und hält diese für eine bestimmte Zeit konstant, erhöht sich die Zähigkeit wieder. Diesen Schritt nennt man Anlassen. Aus Tabellen kann man für die gebräuchlichsten Stähle die Temperatur, die Zeit und die daraus folgende Härte ablesen. Außer Stahl können auch weitere Metalle gehärtet werden, diese beruhen jedoch auf anderen Umwandlungsprozessen. Ein reiner Härtevorgang ohne anschließendes Anlassen ist in der Praxis nicht zu finden, da der Stahl nach dem Abschrecken so spröde ist, dass er nicht weiterverarbeitet werden kann.

Glühen

Es gibt eine Vielzahl von Glühverfahren. Bei bestimmten Temperaturen wandelt sich Stahl auf verschiedenste Arten im Inneren um. So kann durch Grobkornglühen die Zerspanbarkeit verbessert werden. Innere Spannungen, die durch Umformen entstehen, können durch Spannungsarmglühen gelöst werden. Durch Weichglühen kann die Härtung aufgehoben werden.

Zähigkeit und Sprödigkeit

Zähigkeit und Sprödigkeit schließen sich gegenseitig aus. Harte Werkstoffe sind spröde, sie brechen bei Überbelastung, ohne sich vorher wesentlich zu verformen. Gusseisen, Glas und Diamanten sind z. B. spröde Werkstoffe.

Zähe Werkstoffe verformen sich deutlich bevor sie zerstört werden. Vergütungsstähle und Kupfer sind zähe Werkstoffe. Diese Werkstoffeigenschaft kann mit der Kerbschlagfestigkeit bestimmt werden. In einigen Stahlbezeichnungen wird dieser Wert mit angegeben, z. B. S235JR. Das Kürzel JR steht für einen Zähigkeitswert bei einer Prüftemperatur.

Kerbschlagbiegeversuch

Beim Kerbschlagbiegeversuch fällt ein Hammer auf eine gekerbte Probe. Die Probe wird durch den Hammerschlag verformt oder zerbrochen. Die Energie, die die Probe bei der Verformung aufnimmt, wird gemessen. Ist ein Werkstoff zäh, so verformt er sich stark, bzw. ist eine große Energie nötig um die Probe durch das Widerlager (Probenhalterung) zu „ziehen". Ein Werkstoff wird als spröde bezeichnet, wenn eine kleine Energie ausreicht, um die Probe zu zerstören. Die Verformung ist gering und es ist eine "glatte" Bruchfläche zu erkennen. Die Zähigkeit ändert sich bei vielen Werkstoffen mit der Temperatur, daher werden die Probekörper vor der Prüfung auf verschiedene Temperaturen abgekühlt oder erwärmt. Die Kerbschlagfestigkeit wird immer für eine bestimmte Temperatur angegeben.

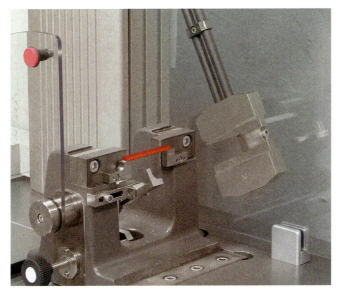

Kerbschlagbiegeversuch

Zähigkeit und Sprödigkeit
Zähe Werkstoffe verformen sich deutlich bei Belastung, spröde Werkstoffe zeigen im Versuch eine glatte Bruchfläche und kaum Spuren einer Verformung. Die benötigte Energie zur Zerstörung ist deutlich geringer, als bei zähen Werkstoffen.

Bedeutung der Zähigkeit und Sprödigkeit in der Anwendung und Verarbeitung

Sicherheitsscheiben müssen aus einem zähen Werkstoff sein, denn sie sollen sich bei Kollision verformen und möglichst nicht zersplittern. Polycarbonat ist ein zäher Kunststoff. Er eignet sich als Schutzscheibe an Werkzeugmaschinen oder Robotereinhausungen. Glas hingegen ist spröde und als Schutzeinrichtung ungeeignet. Als Verbundwerkstoff kommt Glas als Frontscheibe in Fahrzeugen zum Einsatz. Im Verbundglas werden die besten Eigenschaften von Glas (Kratzfestigkeit und Wärmefestigkeit), mit der Zähigkeit einer Kunststofffolie vereint. Die Kunststofffolie hält beim Bruch des Glases die Bruchstücke zusammen und verhindert so Verletzungen.

Beispiele zur Veranschaulichung: Bei der Zerspanung von zähen Werkstoffen bildet sich häufig eine Aufbauschneide, eine Ansammlung von Werkstoffteilchen an der Schneidenspitze, wodurch sich der Werkzeugverschleiß erhöht.

Die Schneide eines Stanzwerkzeugs muss hart sein, um in das Werkstück eindringen zu können, gleichzeitig muss die Schlagzähigkeit ausreichend sein, um bei hohen Taktzeiten und schlagartigem Auftreffen auf das Werkstück nicht abzubrechen.

Thermische Eigenschaften

Die Schmelztemperatur gibt den Temperaturbereich an, in dem ein Werkstoff vom festen in den flüssigen Zustand übergeht. Diese Temperatur muss bekannt sein, um Werkstoffe u. a. gießen oder schweißen zu können. Die Schmelztemperatur gehört somit zu den physikalischen wie auch den technologischen Eigenschaften. Die thermische Ausdehnung steht im Zusammenhang mit der Schmelztemperatur. Alle Werkstoffe (mit wenigen Ausnahmen) dehnen sich mit zunehmender Temperatur aus, werden „größer".

Die Wärmeleitfähigkeit gibt an, wie gut ein Werkstoff die Wärme aufnehmen und weiterleiten kann.

Die Wärmeausdehnung eines Körpers lässt sich mit dem Längenausdehnungskoeffizienten berechnen und unterscheidet sich von Werkstoff zu Werkstoff. Drei Beispiele sehen Sie unten abgebildet.

Bei der zerspanenden Fertigung entsteht Wärme. Durch die Wärmeausdehnung an der Maschine, am Werkzeug und beim Werkstück können bei der Produktion von Präzisionsteilen die Toleranzen nur mit besonderem Aufwand eingehalten werden. Daher werden Präzisionsteile in klimatisierten Hallen unter Zufuhr von ausreichend Kühlschmierstoff gefertigt. Auch Präzisionsmessmittel stehen in klimatisierten Messräumen.

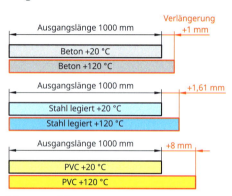

Längenausdehnung

Werkstoff	Längenausdehnungskoeffizient	
Beton	0,000 01	1/°C
Stahl legiert	0,000 0161	1/°C
PVC	0,000 08	1/°C

Tab.: Längenausdehnungskoeffizienten

Elektrische Eigenschaften

Die Leiter eines Anschlusskabels von elektrischen Geräten (z. B. Antriebsmotor) sind aus Kupfer gefertigt. Kupfer leitet elektrischen Strom besonders gut. Kupfer ist ein teures und schweres Metall. Noch besser leitet Silber, ist jedoch im Verhältnis zu Kupfer sehr viel teurer. Günstige elektrische Leiter sind aus Kupfer-Aluminium-Legierungen und somit gleichzeitig auch leichter als reine Kupferleiter. Um bei Berührung von elektrischen Leitern keinen Stromschlag zu erleiden, werden elektrische Leiter durch Ummantelungen isoliert. Isolierende Werkstoffe sind z. B. Kunststoffe, Glas und Keramiken. Die elektrische Leitfähigkeit eines Werkstoffes wird durch seinen inneren elektrischen Widerstand bestimmt. Dieser wird unabhängig von Querschnitt und Länge des Leiters als spezifischer Widerstand angegeben. SI-Einheit ist Ohm · Meter (Ω·m). In Tabellen wird allerdings häufig die Einheit Ω·mm²/m genutzt.

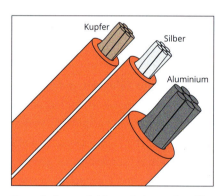

Querschnittsvergleich von Leiterwerkstoffen

$$R = \frac{\varrho \cdot l}{S}$$

	Größe	Einheit
elektrischer Widerstand	R	Ω
spezifischer elektrischer Widerstand	ϱ	Ω·m oder Ω·mm²/m
Leiterlänge	l	m
Leiterquerschnitt	S	mm²

Werkstoff des Leiters	spezifischer elektrischer Widerstand ($\Omega \cdot mm^2/m$)	Leiterquerschnitt bei einem Widerstand $R = 8\ \Omega$ und einer Leiterlänge von einem Kilometer
Silberkabel	0,016	2 mm²
Kupferkabel	0,018	2,25 mm²
Aluminiumkabel	0,028	3,5 mm²

Tab.: Beispiele spezifischer elektrischer Widerstände

> **Elektrische Leitfähigkeit**
> Die elektrische Leitfähigkeit beschreibt die Eigenschaft eines Werkstoffs, elektrischen Strom leiten zu können bzw. als Umkehrung den Widerstand des Werkstoffes gegen einen elektrischen Strom.

5.3.2 Chemische Werkstoffeigenschaften

Durch Einwirkung von unterschiedlichen Umwelteinflüssen, etwa Luft, Wasser, UV-Strahlung und Wärme, verändern sich die Werkstoffeigenschaften. Allgemeiner Baustahl beginnt z. B. bei Kontakt mit Feuchtigkeit zu korrodieren und Kunststoffe können durch UV-Strahlung altern.

Korrosionsbeständigkeit

Die Korrosionsbeständigkeit ist die Fähigkeit, einer chemischen Reaktion mit umgebenen Stoffen möglichst lang zu widerstehen. Die bekannteste Form von Korrosion ist Rost an Stahl. Werkstoffe können vor Korrosion geschützt werden, indem man z. B. die Oberfläche beschichtet und so kein direkter Kontakt zwischen Metalloberfläche und der Umwelt besteht.

Korrosion an verschiedenen Werkstoffen: Stahlzahnräder (links oben), Messingring (rechts oben), Aluminiumtrommel (links unten), Kupferleitung (rechts unten)

Solche Beschichtungen sind z. B. Öl, Lack oder Überzüge aus korrosionsbeständigen Metallen. Einrichtungen in Schwimmbädern werden aus besonders korrosionsbeständigen Stählen gefertigt. Die Beschichtung von Gleitbahnen würde sehr schnell abgetragen werden, weshalb Gleitbahnen blank sind und durch regelmäßiges Ölen vor Korrosion geschützt werden müssen. Maschinengehäuse werden nicht stark durch Abrieb belastet und können daher durch eine Farbbeschichtung geschützt werden.

> **Korrosionsbeständigkeit**
>
> Die Korrosionsbeständigkeit ist die Fähigkeit, einer chemischen Reaktion mit umgebenen Stoffen zu widerstehen.

Brennbarkeit

Die Brennbarkeit ist eine chemische Reaktion des Stoffes mit Sauerstoff. Nach Definition des Begriffs, brennt der Stoff nach entfernen der Zündquelle weiter. Die Temperatur, die dazu erreicht werden muss, wird als Brennpunkt bezeichnet. Beim Brennschneiden wird eine Acetylen-Sauerstoffflamme genutzt, um ein Blech zu trennen. Allerdings reicht der Sauerstoff der Umgebung nicht aus. Daher ist die Sauerstoffzufuhr über den Schneidbrenner nötig.

Stoff	Brennpunkt
Baustahl	1150 °C (und höher, abhängig vom Kohlenstoffgehalt)
Holz	280–340 °C
Kohle	240–280 °C
Kunststoffe	200–300 °C
Schmieröle	ca. 500 °C

Tab.: Unterschiedliche Stoffe und ihre Zündtemperaturen

> **Brennbarkeit**
>
> Die Brennbarkeit ist die Eigenschaft, chemisch mit Sauerstoff unter Freisetzung von Wärme zu reagieren.

5.3.3 Technologische Werkstoffeigenschaften

Die technologischen Eigenschaften beschreiben das Verhalten der Werkstoffe bei der Fertigung.

Gießbarkeit

Werkstücke mit komplizierten Geometrien lassen sich durch Gießen wirtschaftlich herstellen. Damit ein Guss gut gelingt, muss der Werkstoff in flüssigem Zustand die Gussform vollständig ausfüllen und in alle kleinen Geometrien fließen. Beim Abkühlen soll der Werkstoff möglichst wenig schrumpfen (geringer Wärmeausdehnungskoeffizient). Das Gießen gehört zum Fertigungsverfahren des Urformens. Gehäuse, Motorenteile, Pumpenlaufräder und Turbinenteile sind typischerweise gegossen. Die Gießbarkeit ist durch mehrere Faktoren beinflussbar, z. B. durch die Temperatur des Werkstoffs und den Druck, mit dem der Werkstoff in die Form gegossen wird. Die Abbildung zeigt qualitativ das Formfüllungsverhalten (F) in Abhängigkeit von der Druckhöhe und der Gießtemperatur einer Aluminiumlegierung.

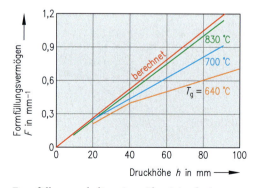

Formfüllungsverhalten einer Aluminiumlegierung

Das Formfüllungsvermögen ist von der Dichte des Werkstoffes, der Druckhöhe *h*, der Erdbeschleunigung *g* und der Oberflächenspannung der Schmelze abhängig.

Vereinfacht ausgedrückt ist es das Verhältnis der Lageenergie der Schmelze zu deren Oberflächenenergie. Letztere sagt aus wie groß die Energie sein muss, um die Oberfläche einer Flüssigkeit zu stören. Durch das „Wegkürzen" der verschiedenen Einheiten in der Gleichung, bleibt als Einheit 1/mm über. Die Druckhöhe *h* wird durch sogenannte „Speiser" erhöht. Diese sind im Prinzip hohle Säulen, in welchen die Schmelze hochsteigen und somit einen Druck auf den flüssigen Werkstoff in der Form ausüben kann.

Gussteile

Gießbarkeit
Die Gießbarkeit ist die Eigenschaft eines Werkstoffs, eine Gussform eines Werkstücks, während des Gießvorgangs ausfüllen zu können.

Umformbarkeit

Werkstücke lassen sich z. B. durch Biegen oder Schmieden in eine andere Form bringen. Die Umformbarkeit ist stark von der Werkstoffplastizität abhängig. Einige Werkstoffe lassen sich kalt umformen, andere hingegen nur warm. Gut umformbar sind kohlenstoffarme Stähle, Aluminium und Kupferlegierungen. Nicht umformbar sind Gusseisen und die Kunststoffgruppe der Duromere. In der Herstellung von Blechbauteilen werden u. a. Folgeverbundwerkzeuge eingesetzt. Es handelt sich um ein Umformwerkzeug, das mehrere Umform- und Stanzschritte hintereinander ausführt. Vereinfacht: ein Rohteil wird auf der einen Seite eingeführt, z. B. ein „unendlich" langer Blechstreifen. Der Blechstreifen wird im Werkzeug schrittweise weiter bewegt und durchläuft so einzelne Fertigungsschritte bis es die endgültige Form bekommen hat. Nach dem letzten Schritt wird das Werkstück vom Blechstreifen getrennt und als Fertigteil ausgeworfen.

Umformen: Biegen und Schmieden

Umformbarkeit

Die Umformbarkeit beschreibt die Eignung des Werkstoffs, sich durch Krafteinwirkung bleibend in eine andere Form bringen zu lassen.

Zerspanbarkeit

Viele Werkstücke werden durch Zerspanen fertig bearbeitet, dazu gehören z. B. Sägen, Bohren, Fräsen und Drehen. Sogenannte Automatenstähle erhalten durch die Legierungselemente Schwefel und Phosphor ihre besonders gute Zerspanbarkeit. Schwer zu zerspanen sind sehr zähe Stähle, etwa nicht rostende Stähle und Kupfer, sowie sehr harte Werkstoffe, z. B. gehärteter Stahl. Je nach Werkstoff kommt es zu unterschiedlichen Spanformen. Auch die Fertigungsparameter und die Werkzeuggeometrie beeinflussen die Spanbildung.

Spanformen			
günstige Spanformen	ungünstige Spanformen	ungünstige Spanformen	
kurze, spiralförmige Späne: • geringe Schnittkräfte • geringe Belastung der Schneide • einfacher Spanabtransport	sehr kurze, enge Späne: • hohe Schnittkräfte • hohe Belastung der Schneide • mögliche Vibrationen am Werkzeug	lange, spiralförmige Späne oder lange, bandförmige Späne: • sehr schwieriger Spanabtransport • können das Werkstück beschädigen • gefährlich für die Fachkraft an der Maschine	
eher kurz spanende Werkstoffe: • Gusseisen mit Lamellengrafit • gehärteter Stahl • Kunststoffe		eher lang spanende Werkstoffe: • Baustahl • hochlegierter Stahl • Stahlguss	
Durch die Zugabe von Legierungselementen bei den Metallen und Additiven bei den Kunststoffen kann die Spanbildung beeinflusst werden. Auch Scheidengeometrie und Schnittdaten nehmen Einfluss auf die Spanbildung. Die Einteilung nach kurz und lang spanenden Werkstoffen ist nicht absolut anzusehen.			

Tab.: Spanformen

Zerspanbarkeit

Zerspanbarkeit beschreibt die Eigenschaft eines Stoffs, sich durch zerspanende Fertigungsverfahren bearbeiten zu lassen.

5.3.4 Toxische Werkstoffeigenschaften

Toxikologie

Einige Schwermetalle sind für Mensch und Tier giftig (Gefahr einer Schwermetallvergiftung). Viele Kunststoffe setzen Giftstoffe beim Verbrennen frei. Schmier- und Reinigungsmittel können ebenfalls gesundheitsgefährdende Stoffe enthalten. Daher sind im Umgang mit Stoffen stets die Unfallverhütungsvorschriften zu beachten. Sicherheitsdatenblätter und Betriebsanweisungen informieren über die Gefahren von Stoffen und zeigen auf, welche Sicherheitsmaßnahmen ergriffen werden müssen. Bei der Fertigung unter

Einsatz von Kühlschmierstoffen oder bei Instandhaltungsmaßnahmen ist auf die persönliche Schutzausrüstung (PSA) zu achten. Um die Umwelt zu schützen, müssen die Stoffe umweltgerecht entsorgt werden. Zum Beispiel darf kein Kühlschmierstoff (KSS) in die Kanalisation gelangen. KSS und verschmutzte Putzlappen müssen getrennt von anderen Stoffen gesammelt und entsorgt werden.

Giftigkeit
Die Giftigkeit gibt die schädliche oder tödliche Wirkung eines Stoffs auf einen lebenden Organismus an.

5.4 Einteilung der Werkstoffe

Die Werkstoffe sind für die Menschheit so bedeutsam, dass Zeitepochen nach ihnen benannt wurden. Die älteste Zeitepoche ist die Steinzeit, in der erste Werkzeuge aus natürlichen Werkstoffen wie Stein, Holz und tierischen Produkten gefertigt wurden. Die Steinzeit endete mit dem Aufkommen der ersten metallischen Werkstoffe. In Mitteleuropa beginnt die Bronzezeit ca. 2200 v. Chr. Die Eisenzeit ist die dritte große Zeitepoche der Urgeschichte. Erste Schneidwerkzeuge und Waffen werden in Mitteleuropa ca. 750 v. Chr. aus Eisen hergestellt. Auch heute sind Eisenwerkstoffe noch unter den am häufigsten eingesetzten Werkstoffen.

Um einen Überblick über die Vielzahl von Werkstoffen zu erhalten, teilt man sie in Werkstoffgruppen ein. Die Werkstoffe werden innerhalb einer Gruppe nach ihren Eigenschaften eingeteilt.

Die Werkstoffangaben in technischen Dokumenten, z. B. Zeichnungen und Stücklisten, erfolgen entsprechend der Norm. Ein Stahl kann nur nach einem Vergleich der Eigenschaften, ggf. durch einen geeigneten anderen Stahl ersetzt werden. So variiert z. B. die Zugfestigkeit von einem einfachen Baustahl mit $R_m = 290$ N/mm² zu einem Vergütungsstahl mit $R_m = 1200$ N/mm² um den Faktor 4.

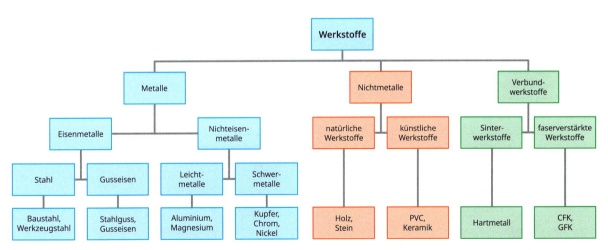

Einteilung der Werkstoffe

Werkstoffe werden in drei große Werkstoffgruppen eingeteilt: **Metalle**, **Verbundwerkstoffe** und **Nichtmetalle**. Diese Werkstoffgruppen lassen sich in weitere Gruppen unterteilen, siehe folgende Tabelle.

Werkstofftechnik

Eisenmetalle

Stähle

Stähle sind eine Legierung aus Eisen und Kohlenstoff (max. 2,06 %). Weitere Legierungselemente können die Eigenschaften von Stahl beeinflussen. Stahl kommt zur Herstellung von Maschinenteilen zum Einsatz.

z. B. Wellen, Zahnräder, Schrauben

Stahlteile

Gusseisen

Gusseisen ist eine Legierung aus Eisen und Kohlenstoff mit einem hohen Kohlenstoffanteil (> 2,06 %). Da Gusseisen besonders gut gießbar ist, können damit schwierige Geometrien hergestellt werden.

z. B. Gehäuse, Nockenwellen

Gussteile

Leichtmetalle

Nichteisenmetalle, deren Dichte kleiner als 5 kg/dm³ ist, werden als Leichtmetalle bezeichnet.

z. B. Aluminium, Magnesium, Titan

Aluminiumprofil

Schwermetalle

Nichteisenmetalle, deren Dichte größer als 5 kg/dm³ ist, werden als Schwermetalle bezeichnet.

z. B. Kupfer, Chrom und Zink

Rohrstücke aus Kupfer und Schraubverbindungen aus Messing (Kupfer-Zink-Legierung)

Verbundwerkstoffe

Sinterwerkstoffe

Feinkörnige metallische oder keramische Stoffe werden durch Erwärmung miteinander zu Sinterwerkstoffen verbunden („zusammengebacken").

z. B. Hartmetallwerkzeuge, Lager und Magneten

Hartmetallwendescheidplatte im Klemmhalter

Faserverstärkte Werkstoffe

Kunststoffe und andere Werkstoffe können mit Glas- oder Carbonfasern verstärkt werden. So wird die Stabilität des Grundwerkstoffs verstärkt.

z. B. GFK und CFK

Carbonfaser, verstärkter Kunststoff

5.4 Einteilung der Werkstoffe

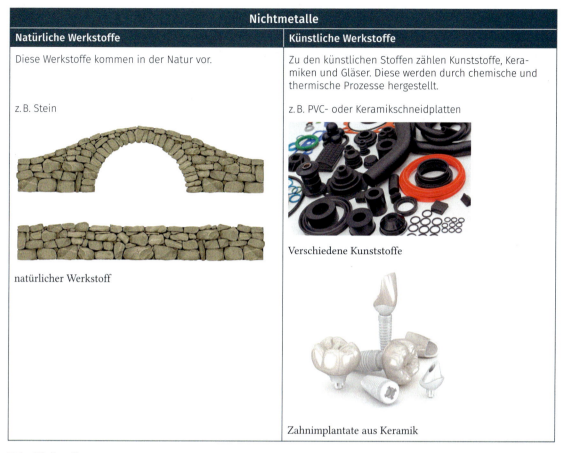

Nichtmetalle	
Natürliche Werkstoffe	**Künstliche Werkstoffe**
Diese Werkstoffe kommen in der Natur vor. z. B. Stein natürlicher Werkstoff	Zu den künstlichen Stoffen zählen Kunststoffe, Keramiken und Gläser. Diese werden durch chemische und thermische Prozesse hergestellt. z. B. PVC- oder Keramikschneidplatten Verschiedene Kunststoffe Zahnimplantate aus Keramik

Tab.: Werkstoffgruppen

5.4.1 Metalle

Die Metalle bilden im Periodensystem die größte Gruppe an Elementen. Zu Beginn der menschlichen Epochen wurden die Metalle noch häufig in reiner Form gefunden. Durch den steigenden Bedarf an den Metallen, mussten diese zunehmend aus bergmännisch abgebauten Erzen (in der Erdkruste vorkommendes Metall/Mineralgemisch) gewonnen werden. Die Gewinnung der Metalle aus Erz wird Verhüttung genannt und wird bis heute stetig weiterentwickelt. Charakteristisch für Metalle sind die Leitfähigkeit von Wärme und elektrischem Strom. Metalle lassen sich grob einteilen in Eisenmetalle und Nichteisenmetalle. Letztere werden wiederum in Leicht- und Schwermetalle aufgeteilt.

Eisenmetalle

Sowohl Stahl als auch Gusseisen sind Legierungen aus Eisen und Kohlenstoff. Die zwei Eisenwerkstoffe unterscheiden sich im Kohlenstoffanteil. Stahl hat einen Kohlenstoffanteil von weniger als 2,06 %. Gusseisen hat einen Kohlenstoffanteil von mehr als 2,06 %.

Stahl

Stahl kann außer Eisen und Kohlenstoff weitere Elemente enthalten. Diese werden als Legierungselemente bezeichnet. Durch die Vielzahl von Legierungskombinationen ist es möglich, eine große Vielfalt unterschiedlicher Stähle herzustellen. Die Stähle werden nach verschiedenen Kriterien eingeteilt und bezeichnet. Zum Beispiel sind Automatenstähle durch die Legierungselemente Schwefel und Blei besonders gut zu zerspanen, es lassen sich höhere Schnittparameter fahren, die Späne sind kurz und gut abtransportierbar. Automatenstähle sind für die zerspanende Fertigung optimiert. Werkzeugstähle dagegen haben eine hohe Festigkeit und sind gleichzeitig zäh. So können Stanzwerkzeuge mit verschleißfesten Schneiden (hohe Härte) hergestellt werden, die gleichzeitig bruchunempfindlich sind (hohe Zähigkeit).

Baustähle sind universell verwendbar. Sie vereinen gute technologische Eigenschaften, wie Schweißbarkeit und Zerspanbarkeit, mit guten physikalischen Eigenschaften, wie Festigkeit und Zähigkeit.

Aufgrund der Vielzahl an Stählen gibt es mehrere Klassifizierungen, um sie in Kategorien einzuteilen. Stahl wird nach dem Anteil der Legierungselemente in drei Klassen eingeteilt. Eine weitere Klassifizierung unterscheidet die Stähle in fünf Hauptgütegruppen nach ihrem Reinheitsgehalt.

Die Bezeichnung der Stähle erfolgt nach Werkstoffnummern, dem Verwendungszweck oder der chemischen Zusammensetzung.

Stahlklassen

Stähle können nach ihren Anteilen von Legierungselementen in drei Klassen eingeteilt werden. Jedem Legierungselement wird ein individueller Grenzwert zugewiesen (siehe Tabellenbuch).

Unlegierte Stähle	Nicht rostende Stähle	Andere legierte Stähle
Stahlsorten, bei denen kein Element den festgelegten Grenzwert erreicht	Stähle mit mindestens 10,5 % Chrom und höchstens 1,2 % Kohlenstoff	Stähle, bei denen mindestens einer der festgelegten Grenzwerte überschritten wird und die nicht die Bestimmung für nicht rostende Stähle erfüllen

Tab.: Einteilung von Stahl nach Klassen

Hauptgüteklassen der Stähle

Stähle werden nach ihren Eigenschaften und dem Reinheitsgehalt in fünf Hauptgüteklassen eingeteilt.

	Qualitätsstähle	Edelstähle
Unlegierte Stähle	Stahlsorten mit festgelegten Anforderungen an die Zähigkeit, Korngröße und Umformbarkeit	Unlegierte Edelstähle haben einen höheren Reinheitsgehalt als die unlegierten Qualitätsstähle. In den meisten Fällen sind sie für das Vergüten oder für Oberflächenbehandlungen geeignet.
Legierte Stähle	Stahlsorten, die höhere Anforderungen als die unlegierten Qualitätsstähle erfüllen. Diese Stähle sind im Allgemeinen nicht zum Vergüten oder Oberflächenhärten geeignet.	Stahlsorten, denen durch Legierungselemente verbesserte Eigenschaften verliehen werden und die nicht zu den nicht rostenden Stählen zählen
Nicht rostende Stähle	Stähle mit mindestens 10,5 % Chrom und höchstens 1,2 % Kohlenstoff: Ihre Haupteigenschaften sind Korrosionsbeständigkeit, Hitzebeständigkeit und Warmfestigkeit.	

Tab.: Hauptgüteklassen des Stahls

5.4 Einteilung der Werkstoffe

Bezeichnung der Stähle durch Werkstoffnummern

Die Werkstoffnummer bezeichnet einen Werkstoff eindeutig. Nach der Europäischen Norm DIN EN 10027-2 beginnt die Werkstoffnummer eines Stahls immer mit 1: z. B. 1. XX XXXX

Die **erste Stelle gibt die Werkstoffhauptgruppe** an: 1 = Stahl, 2 = Schwermetall, 3 = Leichtmetalle ...

Die **zweite und dritte Stelle geben die Stahlgruppe** (Stahlgruppennummer) an.

Die **vierte bis siebte Stelle geben die Stahlsorte** (Zählnummer) an.

Das **Zusatzsymbol** gibt Auskunft über den Behandlungszustand.

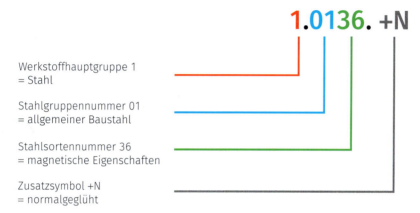

Aufschlüsselung einer Werkstoffnummer

Bezeichnung der Stähle nach dem Verwendungszweck (Kurzname)

Viele Stähle werden nach ihrem Einsatzort bezeichnet. So gibt der führende Buchstabe (Hauptsymbol) den Verwendungszweck an. Das Hauptsymbol wird von Zusatzsymbolen gefolgt, welche mechanische Eigenschaften oder den Behandlungszustand des Stahls angeben. Mithilfe des Tabellenbuchs können die Kurznamen entschlüsselt werden.

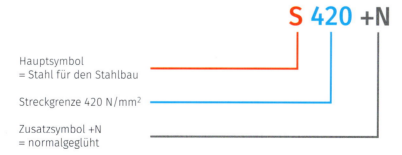

Stahl nach dem Verwendungszweck entschlüsseln

Die folgende Tabelle zeigt einige Stähle, die nach ihrem Verwendungszweck kategorisiert sind sowie deren charakterisierende Eigenschaften.

Baustähle	Feinkornbaustähle
Für die Auswahl eines Baustahls ist die Festigkeit maßgebend, daher wird im Kurznamen die Streckgrenze angegeben, z. B. S 235 JR C.	Feinkornbaustähle sind besonders für Behälter- und Druckbehälter geeignet. Sie lassen sich gut schweißen. Die Streckgrenze wird im Kurznamen angegeben, z. B. S 355 N.
Vergütungsstähle	**Einsatzstähle**
Vergütungsstähle haben einen Kohlenstoffgehalt von 0,2–0,6 % und lassen sich vergüten. Durch diese Wärmebehandlung lassen sich Festigkeit und Härte bei ausreichender Zähigkeit erreichen, z. B. C 55.	Einsatzstähle haben einen geringen Kohlenstoffgehalt von 0,1–0,2 %. Der Kohlenstoffgehalt muss zum Vergüten erst durch Einsetzen erhöht werden. So kann eine harte Oberfläche bei zähem Kern erreicht werden, z. B. C 15 R.
Nitrierstähle	**Federstähle**
In Nitrierstählen reagieren die Legierungselemente Cr, Mo und Aluminium bei einer Wärmebehandlung mit Stickstoff zu harten Nitriden, sodass verschleißfeste Oberflächen entstehen, z. B. 31 CrMo 12.	Federstähle beinhalten Silizium als Legierungselement, was die Elastizität erhöht. Damit eignet sich der Stahl besonders für die Fertigung von Stahlfedern, z. B. 54 SiCr 6.
Automatenstähle	**Nicht rostende Stähle**
Automatenstähle sind durch einen Schwefelgehalt bis 0,4 % besonders gut zerspanbar. Es entstehen kurze Späne bei der Fertigung, z. B. 11 SMn 30.	Nicht rostende Stähle sind beständig gegen chemisch aggressive Stoffe. Der Chromanteil muss über 10,5 % liegen, um eine Korrosionsbeständigkeit zu erreichen, z. B. X 2 CrNi 18–9.

Tab.: Stähle nach Verwendungszweck

Bezeichnung der Stähle nach chemischer Zusammensetzung (Kurzname)

Oft kommt es auf den Inhalt an, deshalb werden Stähle entsprechend ihrer chemischen Zusammensetzung bezeichnet. Das Hauptsymbol umfasst alle Inhaltsstoffe (Legierungselemente). Das Zusatzsymbol gibt den Behandlungszustand an. Die Menge der Legierungselemente wird ganzzahlig angegeben und muss durch Faktoren geteilt werden, um den tatsächlichen Anteil in Prozent zu erhalten.

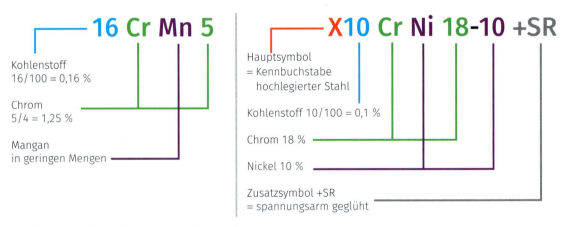

Stähle nach der chemischen Zusammensetzung entschlüsseln

Die Eigenschaften der Stähle lassen sich durch eine Vielzahl von Legierungselementen auf ihren Einsatzzweck optimieren. Der hochlegierte Stahl X 10 CrNi 18-10 +SR ist durch den hohen Legierungsanteil von Chrom und Nickel besonders korrosionsbeständig und ein häufig eingesetzter nicht rostender Federstahl.

Stahl

Stahl ist ein Eisenwerkstoff mit weniger als 2,06 % Kohlenstoff. Die Bezeichnung der Stähle ist genormt. Stähle werden nach ihrem Verwendungszweck oder der chemischen Zusammensetzung bezeichnet.

Gusswerkstoffe

Durch Gießen lassen sich Rohteile bereits endkonturnah herstellen. Die Gussteile müssen nur wenig spanend nachbearbeitet werden. Eisengusswerkstoffe werden überwiegend aus Recyclingmaterial hergestellt, zur Herstellung wird nur ca. 15 % Roheisen eingesetzt. Die Gusswerkstoffe unterteilen sich in Eisengusswerkstoffe und Nichteisengusswerkstoffe.

Die Nichteisengusswerkstoffe werden nach ihrem Hauptlegierungselement weiter unterteilt, z. B. in Aluminiumgusslegierungen.

Die Eisengusswerkstoffe werden in Stahlguss und Gusseisen unterteilt. Stahlguss ist in Form gegossener Stahl und grafitfrei. Gusseisen hat im Vergleich zu Stahl einen Kohlenstoffgehalt von über 2,06 % und bildet Grafit (Erscheinungsform des Kohlenstoffs) aus. Bei einem Kohlenstoffgehalt von 2,5–4 % bildet sich ein heterogenes (gleichmäßiges) Gusseisengefüge. Gusseisen wird nach der Erscheinungsform des Grafits in Grauguss, Gusseisen mit Lamellengrafit, Vermiculargrafit, Kugelgrafit und Temperguss unterschieden.

Gusseiserne Bauteile

Gusswerkstoffe haben eine hohe Druckfestigkeit und sind durch den Kohlenstoffgehalt schwingungsdämpfend. Sie werden häufig an Werkzeugmaschinen für Maschinenbette und Gleitflächen eingesetzt. Auch komplizierte Gehäusegeometrien, z. B. von Kühlmittelpumpen, lassen sich einfach und wirtschaftlich durch Guss herstellen.

Gusswerkstoffe

Gusswerkstoffe werden in Stahlguss und Gusseisen unterteilt, Gusseisen wiederum wird weiter nach der Grafiterscheinungsform unterteilt. Gusswerkstoffe haben gegenüber Stahl einen höheren Kohlenstoffgehalt von über 2,06 %. Gegossene Werkstücke haben den Vorteil, dass sie wenig spanend nachbearbeitet werden müssen.

5.4.2 Nichteisenmetalle

Nichteisenmetalle

Nichteisenmetalle kommen in der Erdkruste seltener vor als Eisen. Neben diesem Umstand, ist auch die Verarbeitung der jeweiligen Erze aufwendiger (z. B. Aluminium) und sind verantwortlich für höhere Beschaffungskosten. Das häufigste Nichteisenmetall ist Aluminium, das zu den Leichtmetallen gehört. Die Nichteisenmetalle unterteilen sich in Leicht- und Schwermetalle. Auch bei den Nichteisenmetallen werden Legierungen gebildet, z. B. Kupfer-Zink-Legierungen, die im allgemeinen Sprachgebrauch als Messing bezeichnet werden. Im Leichtbau werden Nichteisenmetalle, z. B. Aluminium, Magnesium, Titan, und deren Legierungen verwendet, so etwa bei Leichtmetallfelgen für Kraftfahrzeuge, Turbinenteile für Flugzeuge und Titanlager für die Raumfahrt. Die Schwermetalllegierung Messing wird vielfältig eingesetzt, etwa als Rohrleitungen für Gase und Flüssigkeiten, als Lagerwerkstoff für Gleitlager oder als Schiffsschraube.

Leichtmetalle

Leichtmetalle, wie Aluminium, Magnesium und Titan, haben eine Dichte < 5 kg/dm^3.

Aluminium	Magnesium	Titan
2,7 kg/dm^3	1,8 kg/dm^3	4,5 kg/dm^3

Tab.: Leichtmetalle

Schwermetalle

Schwermetalle, wie Blei, Kupfer oder Platin, haben eine Dichte > 5 kg/dm^3.

Blei	Kupfer	Platin
11 kg/dm^3	8,96 kg/dm^3	21,5 kg/dm^3

Tab.: Schwermetalle

5.4.3 Kunststoffe

Kunststoffe werden in mehreren chemischen Prozessschritten aus Erdöl, Erdgas oder Kohle hergestellt. Wegen diesem aufwändigen Herstellungsprozess wurden die Kunststoffe viel später als die Metalle als Werkstoff genutzt. Durch Additive (Zusatzstoffe) kann man die Eigenschaften von Kunststoffen verändern. Gegenüber Metallen besitzen Kunststoffe eine kleinere Dichte, sind leichter, korrosionsbeständig und kostengünstig zu produzieren. Gegen Lösungsmittel sind sie oft unbeständig, sie haben eine geringe Wärmebeständigkeit und sind teilweise brennbar.

Einteilung der Kunststoffe

> **Kunststoffe**
> Kunststoffe werden wie Metalle nach ihren Eigenschaften eingeteilt. Man unterscheidet zwischen Thermoplasten, Duroplasten und Elastomeren.

Thermoplaste

Thermoplaste haben eine fadenförmige Struktur, die nicht vernetzt ist. Daher können sie durch Erwärmen weich bis zähflüssig werden. Erwärmte Thermoplaste lassen sich leicht umformen. Bei höheren Temperaturen lassen sie sich schweißen. Aufgeschmolzene Thermoplaste lassen sich durch Spritzgießen oder Extrudieren urformen. Nach dem Abkühlen sind sie wieder fest. Thermoplaste lassen sich mehrmals aufschmelzen und sind so recycelbar. Überschreitet man jedoch die Zersetzungstemperatur, so wird der Kunststoff zerstört.

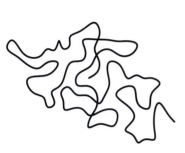

Fadenförmiger Thermoplast

Temperaturverhalten von Thermoplasten

Thermoplaste: PMMA-Scheiben (links), PE-Rohre (Mitte), PET-Flaschen (rechts)

Beispiele Thermoplaste

PMMA „Plexiglas®" (Polymethylmethacrylat), PE (Polyethylen), PET-Getränkeflaschen (Polyethylenterephthalat).

 Thermoplaste

Thermoplaste lassen sich vielfältig verarbeiten, urformen (spritzgießen, **extrudieren**), umformen (biegen, warmumformen) und fügen (schweißen). Sie sind recycelbar.

Die Extrusion gehört zur Hauptgruppe des Urformens. Kunststoffgranulat wird zu einer zähflüssigen Kunststoffmasse aufgeschmolzen. Eine Schnecke fördert diese Masse und presst sie mit hohem Druck durch eine formgebende Düse. Die Düse gibt die Form des Erzeugnisses vor. Anschließend wird das Erzeugnis kalibriert. Bei der Kalibrierung werden die Maße des Erzeugnisses fixiert. Es wird soweit abgekühlt, dass eine nachträgliche Verformung nicht mehr möglich ist. Abschließend wird das Erzeugnis vollständig abgekühlt und auf die erforderliche Länge abgesägt. So entstehen Halbzeuge und Fertigerzeugnisse in beliebiger Länge. Extrudierte Erzeugnisse aus Kunststoffen sind z. B. Stäbe, Rohre, Profile und Dichtungen.

Duromere

Duromere sind engmaschig vernetzt, somit hart und stabil bis kurz vor der Zersetzungstemperatur. Erwärmt man Duroplaste, so behalten sie ihre Festigkeit und Form nahezu unverändert bei. Sie können nur einmal urgeformt werden. Bei Erwärmung wird die Vernetzung nicht aufgebrochen, deshalb schmelzen sie nicht. Überschreitet man die Zersetzungstemperatur, wird der Kunststoff zerstört. Duromere sind nicht umformbar und nicht schweißbar. Im Gegensatz zu den meisten Thermoplasten lasse sich Duromere gut kleben.

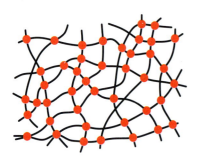
Vernetztes Duroplast

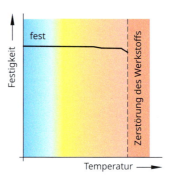
Temperaturverhalten von Duroplast

Duromere: Epoxidharz als Bodenbelag (links), Faserverstärkter Duroplast (rechts)

Beispiel Duromer
EP (Epoxidharz)

Duromere
Duromere sind hart und fest, sie lassen sich nur einmal urformen und können nur zerspanend bearbeitet werden.

Elastomere

Elastomere sind weitmaschig vernetzt und das macht sie elastisch. Wie auch bei den Duromeren, beeinflusst die Erwärmung die Festigkeit und Form kaum. Elastomere sind nicht dauerhaft umformbar und nicht schweißbar. Elastomere können durch Krafteinwirkung verformt werden. Entlastet man sie wieder, so kehren sie in die Ursprungsform zurück. Kühlt man das Elastomer unter die Glastemperatur ab, wird es hart und spröde. Die Glastemperatur ist die Temperatur, bei der ein Feststoff von einem starren (glasartigen) Zustand in einen weichen (elastischen) Zustand übergeht.

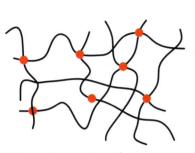

Weitmaschig vernetzter Elastomer

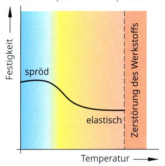

Elastomer – Temperaturverhalten

Elastomere: Naturkautschuk (links), O-Ring NBR (Mitte), Silikon als Dichtmittel (rechts)

Beispiele Elastomere

Naturkautschuk (NR), Acrylnitril-Butadien-Kautschuk (NBR), SIR-Silikone

Elastomere

Elastomere sind elastisch und lassen sich nur einmal urformen. Verformt man sie, kehren sie nach Entlastung wieder in die Ursprungsform zurück. Unterhalb der Glastemperatur sind sie hart und spröde.

Zusatzstoffe

Wie auch bei Metallen lassen sich die Kunststoffeigenschaften durch Zusatzstoffe verändern. Die Zusätze werden ihrer Wirkung nach eingeteilt, siehe folgende Tabelle.

Stabilisatoren werden in der Kunststoffverarbeitung oft zum Schutz vor der UV-Strahlung der Sonne eingesetzt. UV-Absorber absorbieren den ultravioletten Teil des Lichts und wandeln ihn in Wärme um. So werden Lebensmittel und Kosmetika durch die Kunststoffverpackung geschützt. Die UV-Absorber bieten keinen vollständigen Schutz, da die Absorption nur an der Kunststoffoberfläche abläuft. HALS-Stabilisatoren (Hindered Amine Light Stabilizers) verhindern eine zerstörerische Reaktion des Kunststoffs mit Licht und Sauerstoff, die Fotooxidation. HALS-Stabilisatoren wirken an der Oberfläche und im Inneren des Kunststoffs.

Katalysatoren sind Stoffe, die bei der Polymerisation (Herstellung der Kunststoffe) eingesetzt werden und die Polymerisation auslösen oder beschleunigen. Titanchlorid wird beispielsweise als Initiator der Polymerisation von Polyethylen (PE) und Polypropylen (PP) genutzt.

Pigmente sind Feststoffteilchen, die zugemischt werden und im Gegensatz zu Farbstoffen unlösbar sind. Durch die Streuung und Reflexion des Lichts am Pigment nimmt der Mensch unterschiedliche Farben war.

Wirkung	Zusatzstoff	Eigenschaft
chemisch	Stabilisator, Katalysator	lichtbeständig, wärmebeständig
färbend	Pigmente	Färbung
verarbeitungsfördernd	Gleitmittel, Formtrennmittel	verbessert das Fließverhalten, leichtere Entformung der Teile
streckend	Holz-, Gesteinsmehl	Verbilligung, Festigkeitssteigerung
verstärkend	Faser, Gewebe	Erhöhung der physikalischen und thermischen Eigenschaften

Tab.: Zusatzstoffe für Kunststoffe

Bezeichnung von Kunststoffen
Die Bezeichnung von Kunststoffen ist weniger streng systematisiert als bei den Metallen. Die Kurzbezeichnung lässt sich meistens auf die chemische Bezeichnung zurückführen. Oft gibt es zusätzlich auch einen Handelsnamen für den Kunststoff, derselbe Kunststoff hat daher häufig mehrere Bezeichnungen.

> **Beispiel**
>
> **Polymethylmethacrylat** (Kurzzeichen **PMMA**) ist bekannter unter dem Handelsnamen **Plexiglas®** (eingetragene Marke der Firma Röhm) oder auch als **Acrylglas**.

Kunststoffe erkennen
Kunststoffe sind durch die Vielzahl von Zusatzstoffen meistens optisch nicht voneinander unterscheidbar. Anhand der Eigenschaften kann ein Kunststoff im Ausschlussverfahren bestimmt werden. Ein erstes Unterscheidungskriterium ist die Dichte (Schwebeprobe in Wasser). Ein weiteres Kriterium ist die Brennbarkeit, wobei Flammfarbe und Rußbildung beobachtet werden. Weiter eingrenzen lassen sich Kunststoffe durch die Lösbarkeit in unterschiedlichen Lösemitteln. Eine ausführliche Beschreibung zur Erkennung von Kunststoffen ist im Tabellenbuch zu finden.

5.4.4 Naturstoffe
Der Begriff Naturstoff darf nicht mit den natürlichen Werkstoffen verwechselt werden. Naturstoffe werden aus lebenden Organismen (z. B. Pflanzen, Pilze, Bakterien) gewonnen, können aber auch vollständig synthetisch hergestellt werden. Das bekannteste Beispiel aus der Medizin ist Penicillin, eines der ältesten Antibiotika. Naturstoffe sind meistens chemisch komplex aufgebaut und nur mit großem Aufwand synthetisch nachzubauen. Aufgrund der hohen Umweltbelastung durch Kunststoffe versucht die Industrie, diese zunehmend durch Produkte aus Industriepflanzen zu ersetzen. Einige Kunststoffe lassen sich aus pflanzlicher Stärke herstellen und sind kompostierbar. Ein anderes Beispiel ist Rapsöl, das zur Herstellung von Schmierstoffen genutzt werden kann, die schnell biologisch abbaubar sind. Sie sind besonders im Forstbetrieb als Kettensägenöl bekannt. Diese Öle eignen sich genauso zur Metallverarbeitung.

Pflanzenart	Rohstoff	Produkt
Zuckerrüben	Zucker	Klebstoffe, Farbstoffe, Kunststoffe
Mais, Kartoffeln, Weizen	Stärke	Klebstoffe, Kunststofffolien, Farben
Flachs, Leinen	Fasern	Textilien, Dämmplatten, Bremsbeläge
Raps	Öl	Schmiermittel

Tab.: Naturstoffe und deren Produkte

5.5 Verbundwerkstoffe

Durch die Kombination mehrerer Werkstoffe lassen sich Verbundwerkstoffe erschaffen, die höheren Anforderungen, z.B. Zugbelastung, bei geringerer Masse standhalten können als der Einzelstoff. Aus dem Hausbau ist der Stahlbeton bekannt. Beton ist druckfest, hat aber kaum Zugfestigkeit. Die Stahlarmierungen sind zugfest und nehmen im Verbund mit Beton die Zugbeanspruchungen auf. Im Leichtbau wird umgangssprachlich der Verbund aus Kohlenstofffasern und Epoxidharz als CfK bezeichnet (kohlefaserverstärkter Kunststoff). Weitere häufig eingesetzte Verstärkungsfasern sind Glas-, Kevlar®- und Aramidfasern. Hartmetallwerkzeuge (Sinterwerkstoffe) sind ebenfalls Verbundwerkstoffe. Harte Carbide aus Wolfram oder Titan werden als Partikel in eine Metallmatrix aus Cobalt oder Cobalt-Nickel-Mischungen gebunden. So entsteht ein Werkstoff, der fast so hart ist wie der Partikelwerkstoff, aber gleichzeitig so zäh wie der Matrixwerkstoff.

Pulver- und Sinterwerkstoffe

Klassischerweise werden Metalle durch Schmelzen von Erzen urgeformt und zu Halbzeugen weiterverarbeitet. Sinterwerkstoffe werden aus Metall- oder Hartstoffpulvern hergestellt. Im Gegensatz zur Schmelze können auch Werkstoffpulver mit unterschiedlichen Schmelzpunkten gemischt werden. Die Herstellung von Pulver- oder Sinterwerkstoffen erfolgt in mehreren Prozessschritten:

1. Pulvergewinnung
2. Klassierung (Pulver nach Teilchengröße sortieren)
3. Mischen der Pulver, Zusatzstoffe und Hilfsstoffe
4. Formgebung (mit oder ohne Druck)
5. Sintern
6. Kalibrieren

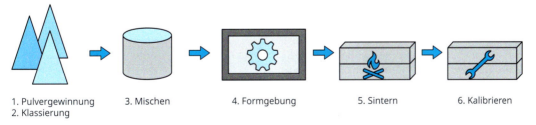

1. Pulvergewinnung
2. Klassierung
3. Mischen
4. Formgebung
5. Sintern
6. Kalibrieren

Sinterprozess

Sintern ist ein Wärmebehandlungsverfahren. Die Pulverpresslinge werden in der Nähe der Schmelztemperatur der am niedrigsten schmelzenden Komponente gesintert. Während des Sinterns werden keine bzw. nicht alle Komponenten aufgeschmolzen. Durch die Wärme beim Sintern beginnen sich die Teilchen neu anzuordnen, an den Kontaktstellen verschmelzen sie miteinander. Durch die Neuordnung schwindet das Werkstück (es wird kleiner), nach und nach werden die Lücken zwischen den Pulverteilchen kleiner. Möchte man eine besonders hohe Maßhaltigkeit, werden die Sinterteile kalibriert. Hierzu werden sie mit einem Werkzeug erneut verpresst. Durch ihre poröse Struktur werden Sinterwerkstücke oft als Filter- oder Lagerwerkstoff eingesetzt.

Sinterbauteile: Filterscheiben (oben), Sinterlager (unten)

5.6 Recycling

Unter Recycling versteht man die Wiederaufbereitung von Abfällen wie Verpackungen, Spänen oder abgenutzten Produkten zu Materialien oder Stoffen. Die wiederaufbereiteten Stoffe können zum ursprünglichen Zweck oder zu anderen Zwecken verwendet werden. In Deutschland werden PET-Trinkflaschen sortenrein gesammelt und das PET zu einem Regranulat verarbeitet. Hat das Regranulat neuwertige Eigenschaften, so bezeichnet man das als Upcycling. Aus diesem Regranulat können Produkte hergestellt werden, die gleichwertig mit Produkten aus nicht-recyceltem Granulat sind, z. B. neue Flaschen. Hat das Regranulat eine geringere Qualität als vorher, so wird dies als Downcycling bezeichnet. So werden z. B. aus PET-Flaschen Polyesterfasern für die Kleidungsindustrie hergestellt. Weitere Beispiele für Downcycling sind der Straßenunterbau aus geschreddertem Beton oder Lärmdämmung aus Gummigranulat.

Das Bundesministerium für Umweltschutz gibt regelmäßig Recyclingquoten für Werkstoffe vor. Von Jahr zu Jahr soll mehr recycelt werden.

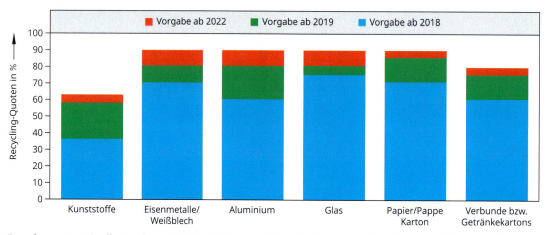

Recyclingquoten (Quelle: Bundesministerium für Umwelt, Naturschutz, nukleare Sicherheit und Verbraucherschutz)

Recycling von Metallen

Metalle lassen sich beliebig oft einschmelzen und wieder neu formen. Ein Drittel des in Deutschland hergestellten Stahls wird aus Stahlschrott produziert. Stahl, der aus einem Anteil Stahlschrott produziert wird, ist nicht ohne Qualitätseinbußen herstellbar, da der Stahlschrott aus unterschiedlichsten Legierungen und Zusammensetzungen besteht, die im Vorfeld nicht sortierbar sind. Die Zusammensetzung eines recycelten Stahls lässt sich nicht genau vorherbestimmen.

Um Metalle einzuschmelzen, wird viel Energie benötigt. Es ist abzuwägen, ob eine Reparatur oder eine Weiterverarbeitung im Sinn von Umformen oder Zerspanen zu einem anderen Produkt wirtschaftlicher und umweltschonender (energieärmer) ist. Die Abbildung auf der vorherigen Seite zeigt, dass 90 % der Metalle recycelt werden und somit gemeinsam mit Glas und Papier die höchste Recyclingquote haben.

Recycling von Kunststoffen

Bei den Kunststoffen können nur die Thermoplaste mehrfach urgeformt werden. Bei jedem Recyclingzyklus verschlechtern sich jedoch die Materialeigenschaften. Wird der Kunststoff immer wieder verarbeitet, so bezeichnet man dies als werkstoffliches Recycling. Um Kunststoffe werkstofflich recyceln zu können, müssen sie möglichst sortenrein gesammelt werden.

Kunststoffe können durch chemische Prozesse in ihre einzelnen Bestandteile zerlegt werden. Auf diese Weise können Einsatzstoffe für die chemische Industrie gewonnen werden. Aktuell ist das chemische Recycling von Kunststoffen unter ökologischen und ökonomischen Gesichtspunkten weniger sinnvoll als das werkstoffliche Recyceln. Um Kunststoffe chemisch zu recyceln, müssen zusätzliche Chemikalien eingesetzt werden, die Rückstände hinterlassen, zudem muss viel Energie und Technologie eingesetzt werden, um die Prozesse zu starten und zu kontrollieren.

Als energetisches oder thermisches Recycling bezeichnet man den Einsatz von Abfällen als Ersatzbrennstoff.

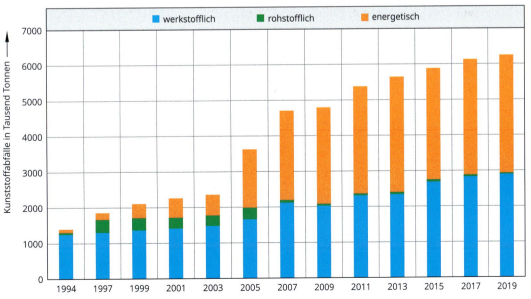

Entwicklung der Verwertung von Kunststoffabfällen (Quelle: Bundesministerium für Umwelt, Naturschutz, nukleare Sicherheit und Verbraucherschutz)

Zum Recyceln von Werkstoffen wird viel Energie benötigt. Bei den Recyclingprozessen entstehen oft giftige Dämpfe und Abfallstoffe, die gefiltert und entsorgt werden müssen. Um Werkstoffe möglichst vollständig, ökologisch und wirtschaftlich recyceln zu können, muss bereits bei der Fertigung ein einfach zu recycelnder Werkstoff ausgewählt werden.

Die Abbildung *Entwicklung der Verwertung von Kunststoffabfällen* zeigt, dass in den letzten Jahrzehnten immer mehr Kunststoffabfälle entstanden sind. Bedauerlicherweise nimmt heute die Müllverbrennung als energetisches Recycling den größten Anteil des Recyclings ein.

>
> **Recycling**
> Werkstofflich können Metalle recycelt werden, Thermoplaste nur eingeschränkt. Chemisches und thermisches Recycling belasten die Umwelt durch Abfallstoffe. Alle Recyclingverfahren haben einen hohen Energiebedarf. Bereits bei der Konstruktion ist auf die Recyclingfähigkeit zu achten.

5.7 Handlungssituation: Werkstoffauswahl am Beispiel einer Kreiselpumpenwelle

Die Kreiselpumpe eignet sich besonders zur Förderung von Kühlschmierstoffen an Werkzeugmaschinen. Der mit Spänen verschmutzte Kühlschmierstoff (KSS) wird in einen Schmutztank gefördert und gefiltert. Der gefilterte KSS kann nach der Reinigung wiederverwendet werden.

Die Baugruppe Kreiselpumpe besteht aus mehreren Einzelteilen. Jedes Einzelteil muss bestimmte Funktionen erfüllen. Es müssen daher geeignete Werkstoffe zur Fertigung gefunden werden. Hierbei ist die Auswahl der Werkstoffe immer ein Kompromiss aus Funktionalität, Verarbeitbarkeit, Wirtschaftlichkeit und Recyclingfähigkeit.

Alle Bauteile im Inneren der Pumpe, die mit KSS in Kontakt kommen, müssen entsprechend gegen KSS beständig und verschleißfest sein. Dies gilt ebenso für die Welle.

Die Welle ist beschädigt und muss ausgetauscht werden. Aufgrund des Alters der Pumpe ist die Welle nicht mehr bestell- bzw. lieferbar. Sie müssen einen geeigneten Werkstoff auswählen, um den genannten Betriebsbedingungen standhalten zu können. Es sollen ebenso fertigungstechnische Aspekte berücksichtigt werden.

5.7 Handlungssituation: Werkstoffauswahl am Beispiel einer Kreiselpumpenwelle

ANALYSIEREN

Es ist ein Rundteil und muss entsprechend gefertigt werden können. Die Welle dreht sich schnell und muss ein hohes Drehmoment übertragen können. Da sie mithilfe von Wälzlagern gelagert wird, muss die Oberfläche verschleißfest sein.

Geforderte Werkstoffeigenschaften:

- korrosionsbeständig,
- gut zerspanbar,
- hohe Oberflächenhärte,
- hohe Zähigkeit im Welleninneren.

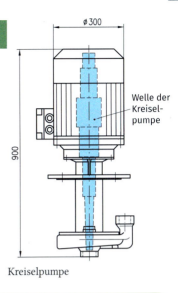

Kreiselpumpe

INFORMIEREN

In der Analysephase wurden die Anforderungen an die Pumpenwelle bereits herausgearbeitet. Jeder Anforderung kann eine Werkstoffeigenschaft zugeordnet werden.

Anforderung an die Kreiselpumpenwelle	Zugordnete Werkstoffeigenschaft
hohe mechanische Belastbarkeit	Zähigkeit und Festigkeit
Beständigkeit gegen Kühlschmierstoffe	chemische Werkstoffeigenschaft: Beständigkeit gegen korrosive Flüssigkeiten
Beständigkeit gegen mechanischen Verschleiß	physikalische Werkstoffeigenschaft: Härte
komplexe Geometrie fertigbar	technologische Werkstoffeigenschaft: Zerspanbarkeit

Tab.: Anforderungen an den Wellenwerkstoff

Informieren Sie sich in Kapitel 5.3, Werkstoffeigenschaften, und 5.4, Einteilung der Werkstoffe, welche Werkstoffe eine oder mehrere Anforderungen erfüllen. Im Abschnitt „Durchführen" muss nun ein Werkstoff gefunden werden, der alle Forderungen erfüllt.

PLANEN

Kreiselpumpenwelle

Die Auswahl eines geeigneten Werkstoffs soll über ein Ausschlussverfahren durchgeführt werden. Mithilfe von Tabellen- und Fachbuch sowie einer Recherche im Internet sollen die Eigenschaften verschiedener Werkstoffe mit den Anforderungen verglichen werden. Dabei können schnell Werkstoffgruppen und -untergruppen ausgeschlossen werden. So ist eine schnelle Eingrenzung möglich und mit einer Beratung durch einen Anbieter lassen sich dann einzelne Produkte oder Legierungen festlegen.

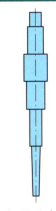

Welle der Kreiselpumpe

5 Werkstofftechnik

DURCHFÜHREN

Werkstoffauswahl Kreiselpumpenwelle

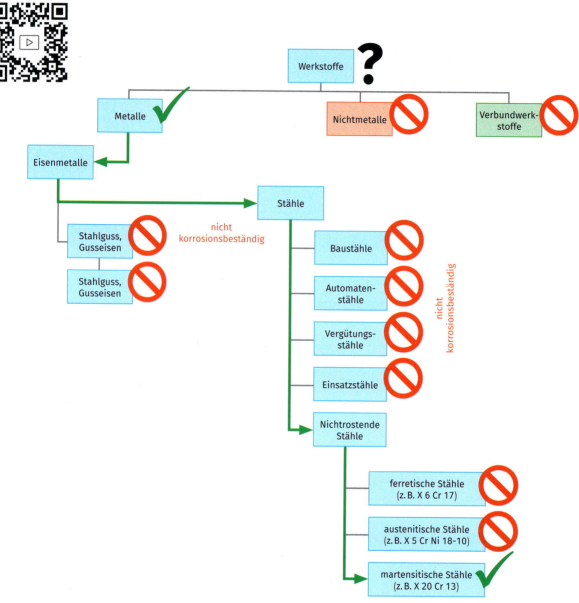

Begründungen

Aufgrund der hohen Belastung und der gleichzeitig geforderten Zerspanbarkeit eignen sich nur Metalle. Wegen der chemischen Belastung eignen sich nur korrosionsbeständige Stähle. Mittels einer Internet-Recherche ergibt sich dann, dass sich martensitische Stähle am besten eignen, da sie gut zerspanbar, fest und hart sind. Die Beständigkeit gegen Korrosion wird noch als gut eingeschätzt.

5.7 Handlungssituation: Werkstoffauswahl am Beispiel einer Kreiselpumpenwelle

AUSWERTEN

Entschlüsselung der Werkstoffkurzbezeichnung

Im Tabellenbuch findet sich der Stahl X 20 Cr 13, der sich laut Bemerkungen zur Anwendung als Pumpenwelle eignet. Die Werkstoffkurzbezeichnungen kann man mithilfe des Tabellenbuchs entschlüsseln (Bezeichnungssystem für korrosionsbeständige Stähle).

Beispiel X 20 Cr 13		
X	Kennbuchstabe X	hochlegierter Stahl
20	Kennzahl für den Kohlenstoffgehalt	0,2 % Kohlenstoff
Cr 13	Legierungselement (chemisches Kurzzeichen)	hochlegiert: 13 % Chrom

Tab.: Entschlüsselung eines korrosionsbeständigen martensitischen Stahls

Jetzt lassen sich geeignete Schneidstoffe zur Fertigung der Welle auswählen.

ZERSPANEN UND SCHNEIDEN

6

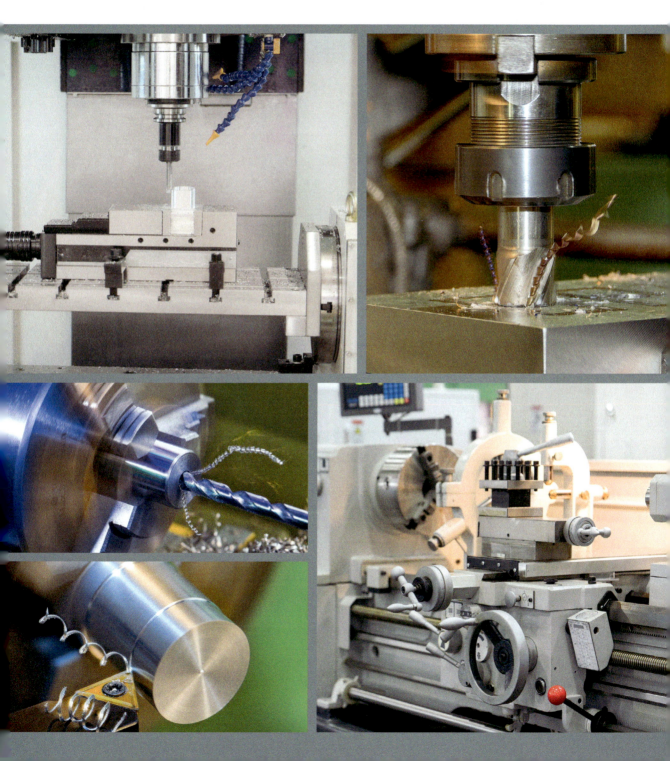

6 Zerspanen und Schneiden

Berufliche Handlungssituation

Es ist eine Adapterplatte für die Umrüstung einer CNC-Fräsmaschine herzustellen. Dazu sind in eine Aluminiumplatte (AlMg4,5Mn) unterschiedliche Durchgangs- und Gewindebohrungen einzubringen. Für diese Arbeiten ist u.a. zu entscheiden, auf welcher Werkzeugmaschine und mit welchen Werkzeugen die erforderlichen Zerspanungsarbeiten durchgeführt werden.

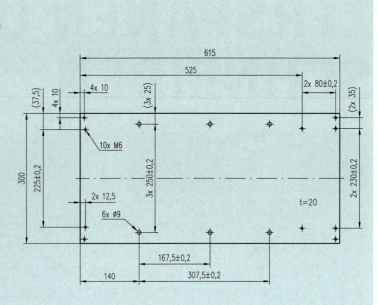

Durch Zerspanen und auch Schneiden kann die Form von Rohmaterialien (Rohre, Bleche, Stangen, Platten etc.) nach entsprechenden Vorgaben – meistens aus technischen Zeichnungen – verändert werden. So können Bauteile für unterschiedliche Zwecke hergestellt werden. Diese Vorgehensweise ist sehr typisch für die Fertigung in metalltechnischen Betrieben. Die Herstellung von Bauteilen, wie etwa durch Zerspanen und Schneiden, ist für metalltechnische Berufe eine sehr häufig vorkommende Aufgabenstellung. In der Regel werden die gefertigten Bauteile in späteren Arbeitsschritten zu größeren Einheiten (Baugruppen) und anschließend zum Endprodukt (Maschine, Werkzeug, Anlage etc.) montiert und in Betrieb genommen und zu den Kundinnen und Kunden geliefert.

Berufliche Tätigkeiten	Industriemechaniker/-in	Werkzeugmechaniker/-in	Zerspanungsmechaniker/-in
Werkstücke mit handgeführten Werkzeugen bearbeiten	◔	◕	◔
Bauteile auf konventionellen Drehmaschinen herstellen	◑	◑	◑
Bauteile auf CNC-Drehmaschinen herstellen	◔	◑	●
Bauteile auf konventionellen Fräsmaschinen herstellen	◑	◑	◕
Bauteile auf CNC-Fräsmaschinen herstellen	◔	◕	●

Tab.: Zerspanen und Schneiden in den verschiedenen Berufen

6.1 Überblick zu Trennverfahren

Zerspanen und Zerteilen sind wichtige **Trennverfahren**, die in der metalltechnischen Facharbeit vielfach zum Einsatz kommen. Durch die Verfahren können Rohmaterialien in die gewünschte Form eines Werkstücks gebracht werden. Das Trennen ist eine von sechs Hauptgruppen der Fertigungsverfahren nach DIN 8580. Mit diesem Verfahren wird die Form eines Werkstücks durch die Aufhebung des Werkstoffzusammenhalts verändert. Insgesamt gibt es nach der DIN 8580 sechs verschiedene Trennverfahren. In diesem Kapitel werden die Verfahren der Gruppe 3.1 bis 3.3. behandelt (siehe Abbildung *Fertigungsverfahren* auf der nächsten Seite).

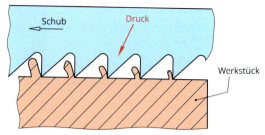

Beispiel für Spanen mit geometrisch bestimmter Schneide: Sägen

Beim **Zerspanen** (oder auch **Spanen**) wird Material in Form von Spänen entfernt (Feilen, Sägen, Drehen, Schleifen, Bohren etc.) und so die gewünschte Form des Werkstücks erreicht. Die beim Zerspanen verwendeten Werkzeuge werden entweder mit der Hand oder maschinell geführt. Man unterscheidet zwischen dem Spanen mit geometrisch bestimmter und geometrisch unbestimmter Schneide.

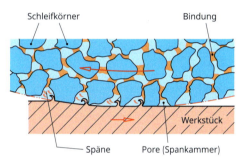

Beispiel für Spanen mit geometrisch unbestimmter Schneide: Schleifen

Beim Spanen mit **geometrisch bestimmter Schneide** sind die Anzahl und die Geometrie der Schneiden bekannt. Einige dieser Verfahren sind das Feilen, Sägen, Bohren, Drehen und Fräsen.

Beim Spanen mit geometrisch **unbestimmter Schneide** sind Anzahl und Geometrie der Schneiden hingegen nicht exakt zu beschreiben. Zu dieser Gruppe zählt unter anderem das Schleifen.

Beim **Schneiden** und bei weiteren sogenannten zerteilenden Verfahren (**Zerteilen**) wird der Werkstoff mechanisch ohne **Spanabhebung** bearbeitet und z. B. ein Blech in zwei oder mehrere Teile zertrennt. Beispiele sind das Scherschneiden und Keilschneiden. Werkzeuge für das Scherschneiden von Metallen sind z. B. die Blechschere und die Tafelschere.

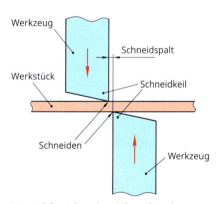

Beispiel für Schneiden: Scherschneiden

Wird mit einem Meißel z. B. ein Blech durchtrennt, handelt es sich um Keilschneiden.

6 Zerspanen und Schneiden

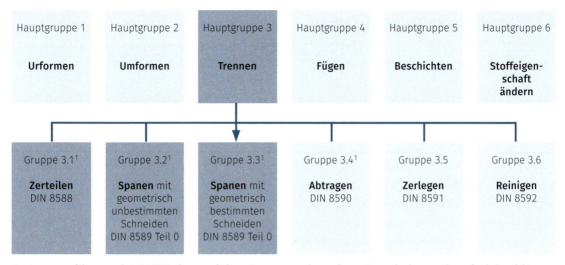

Fertigungsverfahren nach DIN 8580 *(hervorgehobene Gruppen werden in diesem Kapitel schwerpunktmäßig behandelt)*

Weitere Informationen zu den Fertigungsverfahren erhalten Sie über die QR-Codes.

Durch den Einsatz moderner Maschinen für das Zerspanen und Schneiden wird das Arbeiten mit handgeführten Werkzeugen immer mehr in den Hintergrund gedrängt. Bei der maschinellen Fertigung kommt es heute oftmals zu kombinierten Fertigungsverfahren (z. B. Drehen und Fräsen) auf computergesteuerten Maschinen (CNC = Computerized Numerical Control).

So kann z. B. auf einer Werkzeugmaschine nicht nur eine Welle auf Maß gedreht werden, vielmehr ist auch das Bohren in unterschiedlichen Winkeln zur Drehachse und das Fräsen möglich. Somit können beispielsweise Zahnradwellen auf sogenannten CNC-Dreh-Fräszentren komplett gefertigt werden.

Ebenfalls ermöglichen computergesteuerte Laser-, Plasma- und Wasserstrahlschneidanlagen sowie Stanz-, Nibbel- und Biegemaschinen die Fertigung von komplexen Blechteilen.

Das Zerspanen oder Schneiden mit handgeführten Werkzeugen (Säge, Meißel, Feile etc.) bei der Bearbeitung von Werkstücken kommt in der industriellen Fertigung heute relativ selten vor. Es beschränkt sich meistens auf Nach- und Reparaturarbeiten. In der Berufsausbildung spielt die manuelle Bearbeitung hingegen zum Erwerb von grundlegenden Fertigkeiten und Kenntnissen der Metallbearbeitung nach wie vor eine bedeutende Rolle.

6.2 Handgeführte Werkzeuge

Bevor die Arbeit mit handgeführten Werkzeugen, z. B. mit Feilen und Meißeln, aufgenommen werden kann, sind häufig vorbereitende Schritte erforderlich. Dazu zählt u. a. die Übertragung von Maßen aus einer Zeichnung auf das zu bearbeitende Werkstück. Dieser Vorgang wird als „Anreißen" bezeichnet. Ferner müssen zum Einbringen von Bohrungen die Bohrungsmittelpunkte (Schnittpunkte von Linien) oder zur genauen Arbeitskontrolle auch Linien durch „Körnungen" dauerhaft gekennzeichnet werden.

Arbeiten am Schraubstock

Für die manuelle Bearbeitung muss das Werkstück in einem Schraubstock sicher eingespannt werden und entsprechende Schutzkleidung angelegt werden.

6.2.1 Anreißen

Beim Anreißen werden Angaben aus der Zeichnung, wie Werkstückkanten, Bohrungsmitten, Bohrungsabstände und Durchbrüche, auf die Oberfläche des Werkstücks durch Einritzen übertragen bzw. „angerissen". Das Anreißen findet Anwendung bei der Einzelteilfertigung, Reparatur und bei Nacharbeiten. Beim Einsatz von CNC-Maschinen ist ein Anreißen nicht erforderlich, da die geometrischen Informationen aus der Zeichnung in das CNC-Programm aufgenommen werden.

Vorbereitung: Da die Anrisslinien auf Metallen oft nur sehr schwer zu erkennen sind, kann die Oberfläche zuvor mit Anreißlack oder wasserfesten Markierstiften vorbehandelt werden. Der folgende Anriss kommt dann als hell glänzender Strich gut sichtbar zum Vorschein.

Vorsicht ist bei dünnen Blechen geboten, da es durch den Anriss bei anschließender Biegebeanspruchung des Werkstücks zum Bruch kommen kann.

Zum Anreißen werden verschiedene Werkzeuge und Betriebsmittel verwendet:

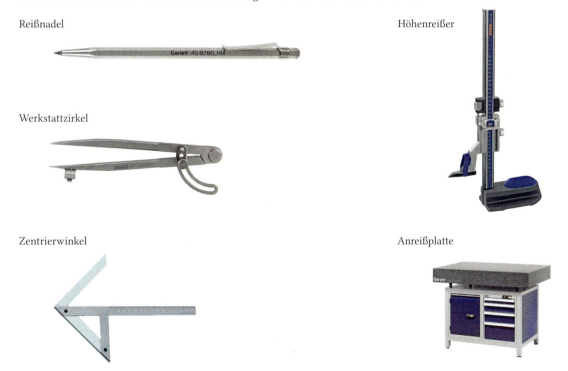

Reißnadel

Werkstattzirkel

Zentrierwinkel

Höhenreißer

Anreißplatte

Bei der Übertragung von Maßen auf das Werkstück ist es wichtig, die Bezugsseite zu berücksichtigen.

Folgende zwei Varianten werden unterschieden:

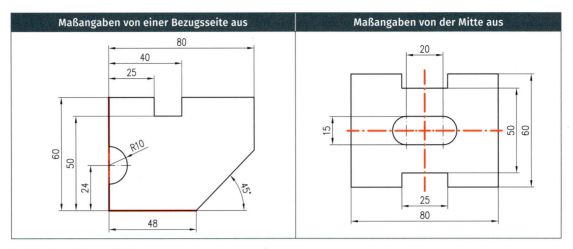

Tab.: Maßangaben auf Zeichnungen

Ein vielfach – heute oftmals in digitaler Ausführung – verwendetes Werkzeug zum Anreißen ist das **Höhenanreißgerät**. Durch die digitale Anzeige werden Ablesefehler vermieden. Als Unterlage dient eine waagerecht ausgerichtete Guss- oder Hartgesteinsplatte, die **Anreißplatte** genannt wird. Das Höhenanreißgerät kann auch zur Höhenmessung bereits bearbeiteter Werkstücke im Rahmen der Qualitätssicherung eingesetzt werden.

> Die Anreißplatte muss pfleglich behandelt werden und dient **ausschließlich** zum Anreißen. Körnungen und jegliche Art von Hammerschlägen dürfen darauf auf keinen Fall ausgeführt werden, um die Platte vor Beschädigungen zu schützen.

6.2.2 Körnen

Nach dem Anreißen werden Linien und Schnittpunkte von Linien durch Körnungen dauerhaft gekennzeichnet. Oftmals dienen die Körnungen zum Festlegen von Bohrungsmittelpunkten oder zur Arbeitskontrolle.

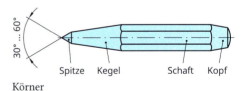

Das Körnen erfolgt mit einem als Körner bezeichneten Eindrückwerkzeug. Der Körner besteht aus vergütetem Werkzeugstahl, hat eine gehärtete Spitze und einen Schaft. Die Spitze des Körners wird durch einen Hammerschlag in das Werkstück getrieben. Dabei entsteht eine kleine Vertiefung in Form eines Kegels, die Körnung genannt wird.

Beim Körnen ist darauf zu achten, dass der Körner mittig zu den Anrisslinien und rechtwinklig zum Werkstück ausgerichtet ist.
Die Körnung von Bohrungsmittelpunkten verhindert ein „Verlaufen" des Bohrers, da durch die Vertiefung im Werkstück eine erste Führung des Bohrers erfolgt.

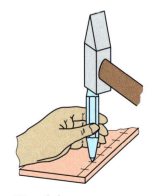

Körnerhaltung

6.2 Handgeführte Werkzeuge

! Zur Vermeidung von Unfällen ist darauf zu achten, dass der Körner am Kopf gratfrei ist.

Das Anreißen und Körnen wird Ihnen in einem Videofilm durch eine Lehrperson an einem Beispiel demonstriert.

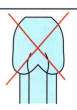

6.2.3 Die Werkzeugschneide

Die bei der trennenden Bearbeitung eingesetzten Werkzeuge (Feile, Meißel, Blechschere, Fräser, Drehmeißel etc.) weisen den Keil als Grundform einer jeden Schneide auf.

Bereits in der Steinzeit, vor mehr als einer Millionen Jahren, war unseren Vorfahren bekannt, dass mit einem Keil Material getrennt werden kann. Sie nutzten dazu einen Faustkeil.

Bezeichnungen am Keil

Dabei galt auch schon damals:

Je härter der zu bearbeitende Werkstoff, desto größer muss der Winkel am Schneidkeil sein, um der Belastung standhalten zu können. Er wird entsprechend der Härte und Festigkeit des zu bearbeitenden Werkstücks ausgewählt. Bei weichen Werkstoffen kann der Keilwinkel kleiner gewählt werden, die Schneide wird dadurch „schärfer".

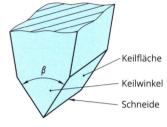

Faustkeil

Beispiel

Winkel an Rasierklinge und Axt

Eine Rasierklinge zeigt durch ihren kleinen Keilwinkel eine deutlich höhere Schärfe als eine Axt. Trotz ihrer Schärfe ist sie jedoch nicht zum Hacken von Brennholz geeignet, da die Schneide bei dieser Belastung zu schnell ausbricht. Ebenso ist eine Axt zum Rasieren ungeeignet. Sie hält zwar nahezu unbegrenzt der Belastung des Rasierens stand, doch es fehlt ihr die notwendige Schärfe für eine „gute Rasur". Zum Hacken von Brennholz ist eine Axt allerdings ein sehr gut geeignetes Werkzeug.

Um den Verschleiß an der Werkzeugschneide möglichst gering zu halten ist es notwendig, dass diese hart, fest und zäh ist. Diese Eigenschaften müssen auch bei hohen Temperaturen beibehalten werden, denn durch die Reibung zwischen Werkzeug und Werkstück entsteht bei der Bearbeitung Wärme. Hierbei wird von der sogenannten **Warmhärte einer Werkzeugschneide** gesprochen.

Winkel an der Werkzeugschneide

Dringt die Schneide in das Werkstück ein (die Richtung der Bewegung wird als „Schnittrichtung" bezeichnet), entsteht der Freiwinkel α (Alpha). Dieser muss in jedem Fall größer als 0° sein, da es sonst zwischen der Werkzeugschneide und dem Werkstück zu einer Reibfläche kommt, die zusätzlich Wärme erzeugt (siehe Abbildung).

Wird der Freiwinkel bei gleichbleibendem Spanwinkel vergrößert, verkleinert sich der Keilwinkel β (Beta). Dies begünstigt das Ausbrechen der Schneide. Aus diesem Grund wird der Freiwinkel je nach Werkstoff nur so groß gewählt, dass die Schneide „freischneidet". Bei der Zerspanung bestimmt der Keilwinkel β in Kombination mit dem Freiwinkel α das Schneidverhalten.

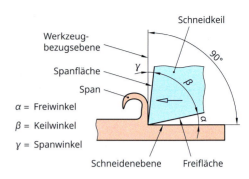

α = Freiwinkel
β = Keilwinkel
γ = Spanwinkel

Flächen und Winkel am Schneidkeil

> Freiwinkel α + Keilwinkel β + Spanwinkel γ = 90°

Harte und spröde Werkstoffe verlangen nach einem großen Keilwinkel. Dabei kann es vorkommen, dass die Summe aus Frei- und Keilwinkel bereits über 90° ergibt. In solchen Fällen spricht man dann von einem **„negativen Spanwinkel – γ"**(Gamma).

Dies verdeutlicht folgendes Beispiel:

Beispiel

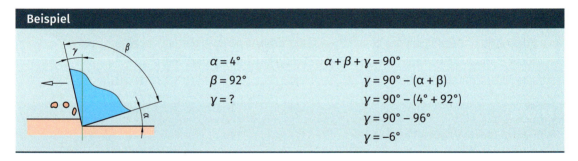

$\alpha = 4°$
$\beta = 92°$
$\gamma = ?$

$\alpha + \beta + \gamma = 90°$
$\gamma = 90° - (\alpha + \beta)$
$\gamma = 90° - (4° + 92°)$
$\gamma = 90° - 96°$
$\gamma = -6°$

Bei den beiden Varianten, positiver und negativer Spanwinkel, kommt es zu unterschiedlichem Schnittverhalten (siehe Abbildung).

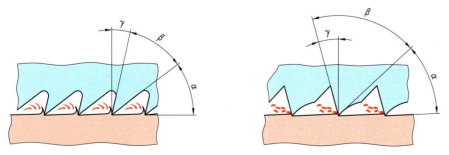

Schnittverhalten bei positivem und negativem Spanwinkel

Ein positiver Spanwinkel wirkt „schneidend", ein negativer Spanwinkel wirkt „schabend".

Negative Spanwinkel kommen bei unterbrochenen Schnitten und bei hohen Schnittgeschwindigkeiten zum Einsatz, da hierbei große, stabile Keilwinkel benötigt werden. Je nach Werkstoff werden unterschiedliche Winkel an der Werkzeugschneide gewählt. Die nachstehende Übersicht verdeutlich dies an weichen und harten Werkstoffen:

	Weicher Werkstoff	Harter Werkstoff
Keilwinkel	klein	groß
Spanwinkel	groß	klein, evtl. negativ
Freiwinkel (stets größer als 0°)	größer	kleiner

Tab.: Winkel an der Schneide bei weichen und harten Werkstoffen

6.2.4 Zerteilen (Schneiden)

Unter Zerteilen wird nach DIN 8588 das teilweise oder vollständige Trennen eines Werkstücks in zwei oder mehrere Teile verstanden. Zerteilende Verfahren haben gemeinsam, dass sie den Werkstoff mechanisch **ohne Spanbildung** bearbeiten. Nach Art der Schneiden unterscheidet man zwischen dem Scherschneiden und dem Keilschneiden.

Scherschneiden (offener Schnitt)	Scherschneiden (geschlossener Schnitt)	Keilschneiden
Beispiele für Anwendungen		
vollständiges Trennen (Abschneiden) einer in sich nicht geschlossenen Linie, z. B. durch eine Blechschere	Lochen: vollständiges Trennen einer in sich geschlossenen Linie, aus einem Einzelteil oder aus einem Streifen	teilendes Meißeln als Beispiel für das Keilschneiden

Tab.: Scherschneiden und Keilschneiden

6.2.5 Meißeln

Beim Meißel ist die Form des Faustkeils noch deutlich erkennbar. Das Meißeln spielt heute in der industriellen Produktion nur noch eine untergeordnete Rolle, da es keine wirtschaftliche Fertigung ermöglicht. Wo immer es möglich ist, kommen aus diesem Grund andere Verfahren, wie z. B. das Fräsen oder Trennschleifen, zum Einsatz. Dennoch wird in bestimmten Fällen (vielfach bei Reparaturarbeiten) durchaus auch noch ein Meißel verwendet.

6 Zerspanen und Schneiden

Je nach Einsatztätigkeit wird das Meißeln in drei Fertigungsverfahren unterteilt. Diese sind das teilende, scherende und spanende Meißeln.

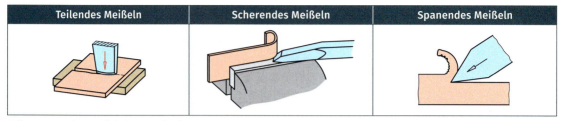

| Teilendes Meißeln | Scherendes Meißeln | Spanendes Meißeln |

Tab.: Einsatz des Meißels bei verschiedene Fertigungsverfahren

Der Meißel besteht aus Kopf, Schaft und Schneide. Dabei ist die Schneide gehärtet und der Meißelkopf weich. Für die Bearbeitung unterschiedlicher Materialien erhält die Schneide entsprechende Keilwinkel.

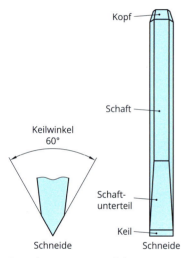

Werkstoffe	Keilwinkel
für harte Werkstoffe (Stahl)	60°–70°
für mittelharte Werkstoffe (CuZn-Legierung → Messing) (CuSn-Legierung → Bronze)	50°–60°
für weiche Werkstoffe (Cu → Kupfer; Al → Aluminium)	40°–50°

Tab.: Keilwinkel am Meißel bei verschieden Werkstoffen

 Je weicher der Werkstoff, desto kleiner der Keilwinkel.

Bezeichnungen am Meißel

Um die notwendige Kraft auf die Meißelschneide zu bekommen, ist es ratsam, einen entsprechend schweren Schlosserhammer zu verwenden.

Meißel	Bezeichnung	Anwendung
	Flachmeißel: breite, gerade Schneide	z. B. beim Verputzen von Schweißperlen und Lunkern bei Gussteilen
	Kreuzmeißel: kurze, quer zum Meißelschaft befindliche Schneide	z. B. Herstellung schmaler Nuten
	Nutenmeißel: bogenförmige Schneide (z. B. halbrund)	Ausmeißeln von Schmiernuten in Lagerschalen
	Trennstemmer: flache Schneide, seitlich etwas hinterschliffen, vermeidet Festklemmen	Durchtrennen der Stege zwischen Bohrungen

Tab.: Meißelarten und ihre mögliche Verwendung

6.2.6 Feilen

Bei einer Feile handelt es sich um ein **vielschneidiges Zerspanungswerkzeug**, welches zum Bearbeiten eines Werkstücks durch Materialabtrag dient (Zerspanung). Vergleichbar dem Meißeln, spielt auch das Fertigungsverfahren Feilen in der industriellen Produktion heute kaum noch eine Rolle. Das Feilen wird aber durchaus noch für Reparatur- und Entgratarbeiten sowie zur Nachbearbeitung von Gussstücken eingesetzt.

Feilen gibt es in unterschiedlicher Form und Größe, wobei diese wiederum in grobe und feine sowie in gehauene und gefräste unterteilt werden.

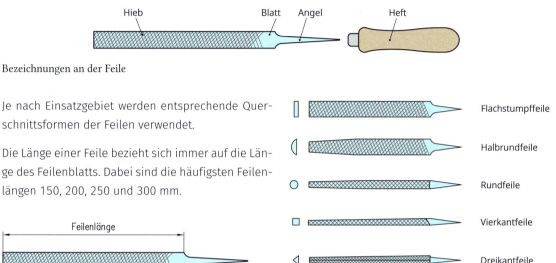

Bezeichnungen an der Feile

Je nach Einsatzgebiet werden entsprechende Querschnittsformen der Feilen verwendet.

Die Länge einer Feile bezieht sich immer auf die Länge des Feilenblatts. Dabei sind die häufigsten Feilenlängen 150, 200, 250 und 300 mm.

Länge einer Feile

Die häufigsten Querschnittsformen von Feilen

An der Hiebnummer, die auf der Angel angegeben ist, lässt sich unterscheiden, ob es sich um eine grobe (Schruppfeile) oder eine feine (Schlichtfeile) handelt.

Häufig werden Werkstattfeilen mit den Hiebnummern 1–4 versehen, die unterschiedliche Arten beschreiben:

1 → Schruppfeile   3 → Schlichtfeile
2 → Halbschlicht   4 → Feinschlichtfeile

> ❗ Die Hiebzahl einer Feile ist die Anzahl der Hiebe pro cm Feilenlänge. Feilen mit gleicher Hiebnummer, egal welcher Länge, haben immer die gleiche Anzahl an Hieben über die Blattlänge. Kurze Feilen haben bei gleicher Hiebnummer einen feineren Hieb als lange Feilen.
>
> Je gröber eine Feile, desto mehr Material wird abgetragen.

Der Feilenrohling wird aus legiertem Werkzeugstahl geschmiedet. Anschließend werden die Hiebe eingearbeitet. Dies geschieht durch zwei unterschiedliche Fertigungsverfahren, dem „Hauen" (spanlos) und dem „Fräsen" (spanend). Die dadurch entstandene Feile wird somit als „gehauene Feile" bzw. „gefräste Feile" bezeichnet. Beide Feilen unterscheiden sich in ihren Zahnformen und daraus resultierend in ihrer Wirkungsweise. Gehauene Feilenzähne haben einen negativen Spanwinkel, der je nach Hiebteilung −2° bis −15° betragen kann. Sie haben dadurch eine schabende Wirkung und einen sehr geringen Materialabtrag.

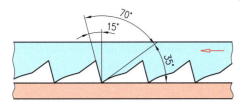
Schabende Wirkung der gehauenen Feile

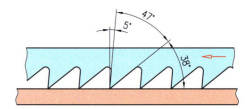
Schneidende Wirkung der gefrästen Feile

Damit die meißelartigen Schneiden der Feile in den Werkstoff eindringen und Späne vom Werkstück trennen können, müssen sie härter als der zu bearbeitende Werkstoff sein. Aus diesem Grund ist das Feilenblatt gehärtet.

Außer der Hiebnummer ist auch noch die Hiebart ein entscheidendes Kriterium bei der Auswahl der Feile. In der Praxis kommen drei verschiedenartige Hiebe zum Einsatz.

Einhieb	Kreuzhieb	Raspelhieb oder Pockenhieb
Anwendung vorwiegend bei weichen Werkstoffen, z. B. Aluminium, Zink, Zinn	zur Bearbeitung härterer Werkstoffe, z. B. Stahl, Guss, CuZn-Legierungen	Haupteinsatz bei Materialien, wie Hartgewebe, Holz und Kunststoff

Tab.: Verschiedenartige Hiebe von Feilen und ihre Anwendung

Um eine Feile einsatzfähig zu halten, ist es von Zeit zu Zeit notwendig, diese mit einer Feilenbürste zu reinigen. Dabei werden die Späne entfernt, die sich im Feilenblatt festgesetzt haben. Zur Entfernung hartnäckiger Späne kann ein dünnes Messingblech eingesetzt werden.

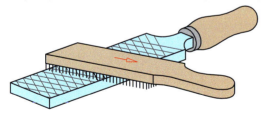
Reinigen mit einer Feilenbürste

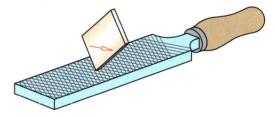
Reinigen mit einem Messingblech

6.2.7 Sägen

Das Sägen ist ein spanendes Fertigungsverfahren zum Schlitzen und Trennen von Werkstücken.
Die Handbügelsäge kommt dabei meistens an der Werkbank und bei Reparaturarbeiten zum Einsatz und besteht aus dem Sägebogen und dem Sägeblatt.

Der Sägebogen setzt sich aus folgenden Bauteilen zusammen:

- Bügel
- Griff/Heft
- Heftkloben mit Kreuzschlitz und Haltestift bzw./-bügel

- Spannkloben mit Kreuzschlitz und Haltestift bzw./-bügel
- Führungsstück für Spannkloben
- Spannmutter in Form einer Flügelmutter

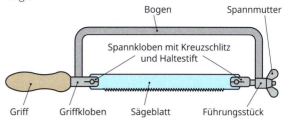

Das Sägeblatt ist vergleichbar mit einer ganz schmalen Feile, jedoch mit sehr großen Zähnen. Um die Stabilität des Sägeblatts zu gewährleisten, wird dieses in den Sägebogen eingespannt. Mithilfe der Flügelmutter am Spannkloben wird das Sägeblatt handfest und sicher gespannt.

Da beim Sägen mit der Bügelsäge die Hauptbewegung, verbunden mit leichtem Druck, auf der Vorwärtsbewegung stattfindet, müssen die Zähne des Sägeblatts nach vorn zeigen. Der Rückhub erfolgt ohne Druck.

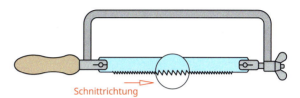

Einspannung des Sägeblatts

Das Sägeblatt

Beim Sägen ist es wichtig, dass das Sägeblatt in der Schnittfuge freischneidet.
Je mehr es in den Werkstoff eindringt, desto größer wird die Reibung an den Seiten des Sägeblatts und es beginnt in der Schnittfuge zu klemmen. Um dies zu vermeiden, müssen die Zähne eine breitere Nut als die Dicke des Sägeblatts erzeugen. Dies wird durch das sogenannte „Schränken" des Sägeblatts erreicht.

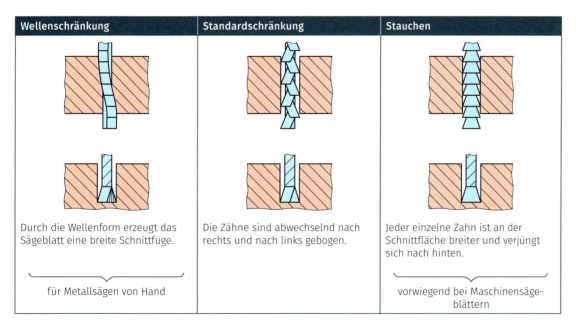

Tab.: Unterschiedliche Schränkarten von Sägeblättern

6 Zerspanen und Schneiden

Zahnteilung

Der Abstand (in mm) von einer Zahnspitze bis zur nächsten ist die Zahnteilung. Diese wird teilweise auch mit der Anzahl der Zähne pro Zoll (25,4 mm) angegeben (abgekürzt ZpZ).

Bei der Auswahl des Sägeblatts ist darauf zu achten, dass für weiche Werkstoffe eine große Zahnteilung und für harte eine kleine verwendet wird.

Weiche Werkstoffe ermöglichen einen hohen Materialabtrag und benötigen somit eine große Zahnteilung, um die Materialmenge des Spans aufnehmen und abführen zu können.

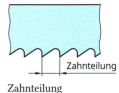

Für dünnwandige Werkstücke muss jedoch eine geringe Zahnteilung verwendet werden, damit auf der geringen Sägefläche mehrere Zähne zum Einsatz kommen und das Sägeblatt nicht einhakt.

Kleine Zahnteilung	Große Zahnteilung
harte und dünnwandige Werkstücke	weiche und breite Werkstücke

Tab.: Zahnteilung bei unterschiedlichen Werkstücken

Sägen mit der Handbügelsäge

Die Körperhaltung und der Bewegungsablauf sind beim Sägen mit der Handbügelsäge ähnlich wie beim Feilen.

Der Bewegungsablauf erfolgt aus den Armen heraus und wird durch eine entsprechende Körperhaltung unterstützt. Damit die Sägebewegungen frei und ungehindert erfolgen können, ist auf richtigen Abstand zum Werkstück zu achten. Ebenfalls sind richtiger Stand und Fußstellung wichtig.

Nach Beendigung der Sägearbeit soll bei der Handbügelsäge das Sägeblatt mithilfe des Spannklobens entspannt werden. Somit ist gewährleistet, dass sich der Bügel nicht durch die dauerhafte Anspannung verformt.

Körperhaltung beim Sägen

 Kurz vor dem Sägeende ist darauf zu achten, den Arbeitsdruck zu reduzieren, damit es beim ruckartigen Durchsägen nicht zu Verletzungen kommen kann.

Nach Abschluss des Sägevorgangs sind die entstandenen Kanten und Ecken mit einer Schlichtfeile sofort zu entgraten, um Schnittverletzungen zu verhindern.

Exkurs: Maschinensägen

Für das Sägen von Metall gibt es neben den Handsägen, wie z. B. der Bügelsäge, auch Maschinensägen. Dazu zählen die Maschinenbügelsäge, Metallbandsäge und die Metallkreissäge. Diese sind in metallverarbeitenden Betrieben sehr weit verbreitet und werden vielfach auch von Auszubildenden bereits zu Beginn der Ausbildung genutzt. Obwohl es sich dabei nicht um handgeführte Werkzeuge handelt, sollen die Maschinensägen aus diesem Grund in diesem Exkurs kurz vorgestellt werden.

Exkurs: Maschinensägen (Fortsetzung)

Bei der **Maschinenbügelsäge** wird das hin- und hergehende Sägeblatt entweder mechanisch oder hydraulisch angetrieben und beim Rückhub angehoben. Der Sägevorschub ist einstellbar und es können unterschiedliche Schnittgeschwindigkeiten gewählt werden. Bei den **Metallbandsägen** wird anstelle eines Sägeblatts ein endloses Säge band eingesetzt, das während des Sägevorgangs ständig umläuft. Aus diesem Grund ist hier kein Rückhub erforderlich. Die Stärke des Sägebands ist relativ gering und somit auch die Schnittbreite. Daher ist auch der Werkstoffverlust gering.

Eine **Metallkreissäge** ist mit einem kreisförmigen Sägeblatt ausgestattet (Kreissägeblatt). Dieses wird durch einen Elektromotor in Rotation versetzt.

Tab.: Unterschiedliche Maschinensägen

Arbeitsschutz bei Arbeiten an Sägemaschinen

Beim Arbeiten mit Bügel-, Band- und Kreissägen besteht Verletzungsgefahr:

- Gefahr des Einzugs in das laufende Sägeblatt
- Quetschgefahr
- Gefahr von Schnittverletzungen durch scharfkantige Werkstücke oder Späne
- Gefahr durch herabfallende Gegenstände
- Lärm
- Gefahr durch Kühlschmierstoffe (sofern vorhanden)

Aus diesem Grund sind entsprechende Schutzmaßnahmen erforderlich.

Schutzmaßnahmen:

- Keine Handschuhe tragen
- Gehörschutz verwenden
- Lange Werkstücke abstützen
- Beschädigte Sägeblätter sofort auswechseln
- Bei kleinen Werkstücken Hilfsmittel benutzen
- Metallsägen sollten in einem separaten Raum stehen
- Arbeitsbereich durch Absaugen regelmäßig von Spänen befreien
- Hautschutzmittel verwenden.

6.3 Bohren, Senken, Reiben

6.3.1 Grundlagen des Bohrens

Bohren ist gemeinsam mit dem Drehen, Fräsen, Sägen und Schleifen eines der wichtigsten Fertigungsverfahren der Zerspantechnik. Wie bei allen diesen Verfahren werden von einem Rohteil Späne abgetrennt, um die gewünschte Form des Werkstücks zu erzeugen. Beim Bohren werden Bohrungen in ein Werkstück eingebracht und diese ggf. etwa durch Reiben, Senken und Gewindebohren weiterbearbeitet. Nach der DIN 8580 zählt das Zerspanen zur Hauptgruppe „Trennen". Beim Bohren, aber auch beim Drehen, Fräsen, Sägen und weiteren Verfahren, sind die Anzahl und die Geometrie der Schneiden bekannt. Aus diesem Grund handelt es sich hier um das „Spanen mit geometrisch bestimmter Schneide". Die spanenden Fertigungsverfahren sind in der DIN 8589 beschrieben.

Ein wichtiges Unterscheidungsmerkmal beim Bohren als spanendes Verfahren ist die sich ändernde Schnittgeschwindigkeit entlang der Werkzeugschneide. Sie nimmt von der Mitte des Bohrers bis zum Rand hin mit größer werdenden Durchmessern kontinuierlich zu. Ferner stellt sich der Späneabtransport – besonders bei sehr tiefen Bohrungen – als anspruchsvoll dar. Die Späne müssen in jedem Fall aus dem Bohrloch herausgeführt werden, um ein Verstopfen und damit auch Beschädigen des Bohrers (Bruch) zu vermeiden. Auch kann die an den Schneiden des Bohrers entstehende Wärme im Vergleich zu anderen Verfahren (z. B. Drehen und Fräsen) nicht gut abgeführt werden. Das eingesetzte Kühlschmiermittel (KSS) kann nicht so leicht an die Schneiden des Bohrers gelangen.

Prinzip des Bohrens

Beim Bohren rotiert in der Regel der Bohrer und führt so eine kreisförmige Schnittbewegung aus. Durch eine Vorschubbewegung, die nur in Richtung der Drehachse erfolgt, dringt der Bohrer in das Werkstück ein. Die Schneiden an der Spitze des Bohrers zerspanen das Material und über die Spannuten werden die so entstehenden Bohrspäne abgeführt (siehe Abbildungen). Die Werkzeugmaschine speziell für das Fertigungsverfahren „Bohren" wird Bohrmaschine genannt. Es können aber durchaus auch Bohrungen auf anderen Werkzeugmaschinen (z. B. Dreh- und Fräsmaschinen) hergestellt werden.

Während des Bohrens wird das Werkstück normalerweise fixiert, um Vibrationen, Verkantungen und auch Verletzungen zu vermeiden. Der Bohrer selbst wird durch eine Bohrspindel in Rotation versetzt und kann je nach Werkstückmaterial und Durchmesser aus verschiedenen Werkstoffen bestehen. Das Bohren kann manuell oder maschinell durchgeführt werden. Moderne ortsfeste Bohrmaschinen verfügen oft über automatische Vorschubsysteme, um eine höhere Präzision und Effizienz zu erreichen. Bei bestimmten Bohraufgaben sind jedoch ortsveränderliche, manuell geführte Bohrmaschinen (sogenannte Handbohrmaschinen) erforderlich (siehe Tabelle S. 172).

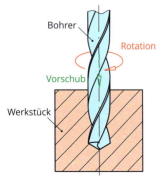

Prinzip des Bohrens

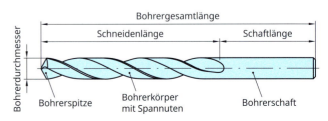

Bezeichnungen an einem Spiralbohrer

6.3.2 Historische Entwicklung

Das Bohren ist eine der ältesten Technologien, die vom Menschen genutzt wurden, um Löcher in Materialien zu erzeugen. Die Geschichte des Bohrens reicht bis in die Steinzeit zurück. Bereits unsere Vorfahren durchbohrten Knochen und sogar Steine, um daraus Waffen und Schmuck herzustellen. Das Einbringen einer Bohrung geschah sehr zeitaufwendig mihilfe von harten, spitzen Steinsplittern, die durch eine entsprechende Drehbewegung der Hand ausgeführt wurde.

Eine deutliche Steigerung der Bohrleistung konnte durch den Einsatz eines gespannten Bogens herbeigeführt werden. Bei diesem wurde eine Schnur (Sehne) einmal um die „Bohrer-Pfeilspitze" gewickelt. Durch die Vor- und Zurückbewegung wurde der Bohrer in Drehbewegung versetzt. Die erste „Bohrmaschine" (Fiedelbohrer) war erfunden.

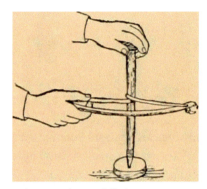

Bohren mit dem Fiedelbohrer

Noch wechselte jedoch der Bohrer seine Drehrichtung, je nachdem ob der Bogen nach vorn oder nach hinten bewegt wurde. Um eine dauerhafte Drehbewegung in einer Drehrichtung zu erhalten, war die Erfindung der exzentrischen Bohrvorrichtung notwendig. Mit der Bohrwinde konnte dies erreicht werden. Weiterentwicklungen von Handbohrmaschinen verfügen über eine Handkurbel und ein Getriebe.

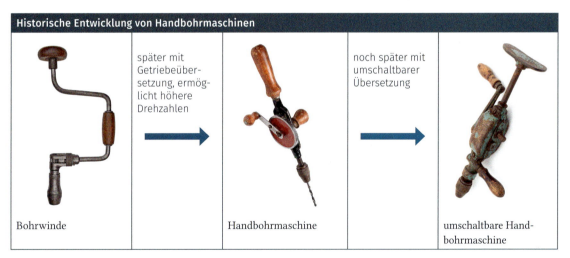

Tab.: Entwicklung von Handbohrmaschinen

Heutige Handbohrmaschinen

Auch heute kommen bei bestimmten Bohraufgaben Handbohrmaschinen zum Einsatz. Diese sogenannten ortsveränderlichen, manuell geführten Bohrmaschinen werden allerdings elektrisch betrieben. Die elektrische Energie für den Motor wird entweder durch einen auswechselbaren Akkumulator (kurz Akku) oder über eine Netzanschlussleitung (Kabel) bereitgestellt (siehe folgende Tabelle).

6 Zerspanen und Schneiden

Handbohrmaschinen heute

| Handbohrmaschine mit Kabel | Handbohrmaschine mit Akku |

Tab.: Handbohrmaschinen

Historische ortsfeste Bohrmaschinen

Im Zug der industriellen Revolution wurden auch ortsfeste Bohrmaschinen entwickelt. Der Antrieb der Bohrspindel erfolgte zunächst über Transmissionsriemen. Von einer zentralen Dampfmaschine mit Schwungrad wurde über an der Hallendecke gelagerten Transmissionswellen die Drehbewegung übertragen. An den Bohr- und auch anderen Werkzeugmaschinen konnten dann Transmissionsriemen aus Leder auf entsprechende Riemenscheiben gelegt werden und somit der Antrieb erfolgen. Diese Antriebsart wurde mit der Verbreitung von Elektromotoren als Einzelantrieb (ab ca. 1890) an Werkzeugmaschinen mehr und mehr ersetzt.

Historische Standbohrmaschine

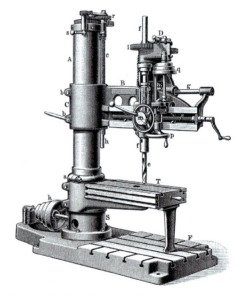

Historische Radialbohrmaschine

Heutige ortsfeste Bohrmaschinen

Kann ein Werkstück ohne größeren Aufwand transportiert werden, kommen ortsfeste Bohrmaschinen in der industriellen Produktion auch heute zum Einsatz. Hierauf können Bohrungen punktgenau und rechtwinklig (oder auch unter einem bestimmten Winkel) eingebracht werden. Diese Bohrmaschinen sind in aller Regel so konzipiert, dass sich die Bohreinheit mit Motor oben und unten eine Fußplatte befindet, die für einen sicheren Stand sorgt. Die Verbindung zwischen diesen zwei Baugruppen stellt ein Rohr dar, die sogenannte Säule. An ihr ist der Bohrtisch angebracht, der in aller Regel schwenkbar und in der Höhe verstellbar ist. In manchen Ausführungen kann dieser auch noch aus der waagrechten Lage gedreht werden, um unter definierten Winkeln Bohrungen in das Werkstück einzubringen.

Die kleineren Ausführungen werden auf der Werkbank oder einem Tisch montiert. Hierbei handelt es sich um **Tischbohrmaschinen**. Die größeren Ausfertigungen reichen bis zum Boden und werden **Säulenbohrmaschine** genannt. Für das Bohren von schweren und sperrigen Werkstücken werden **Radialbohrmaschinen** verwendet. An der Säule ist ein verfahrbarer und zugleich schwenkbarer Ausleger befestig. Durch diese Bauweise kann die jeweilige Bohrposition erreicht werden, ohne das schwere Werkstück bewegen zu müssen.

Tab.: Ortsfeste Bohrmaschinen

> Heute besteht aus wirtschaftlichen Gründen das Bestreben, die erforderlichen Bohrungen gleich im Zusammenhang mit Dreh- oder Fräsbearbeitungen in das Werkstück einzubringen. Dadurch können Zeit und damit auch Kosten für den Transport, das Aufspannen sowie weitere Einrichtearbeiten an der Bohrmaschine eingespart werden.

6.3.3 Einteilung der Bohrverfahren Bohren, Senken, Reiben

Nach der DIN 8589-2 („Fertigungsverfahren Spanen, Teil 2: Bohren, Senken, Reiben") werden die verschiedenen Bohrverfahren eingeordnet, in Einzelverfahren unterteilt und die Begriffe definiert. Es wird in Plansenken, Rundbohren, Schraubbohren (= Gewindebohren), Profilbohren und Formbohren (= Unrundbohren) unterschieden. Die DIN nimmt dann weitere Unterteilungen in Einzelverfahren vor. Im Folgenden werden lediglich ausgewählte Verfahren vorgestellt.

Das **Zentrierbohren** gehört in die Kategorie „Profilbohren ins Volle" der DIN 8589-2. Zentrierbohrungen verringern oder verhindern das sogenannte „Verlaufen" von Bohrern bei der Anfertigung von Bohrungen in Werkstücken. Um z. B. an einen angerissenen Bohrungsmittelpunkt eine Bohrung mit der erforderlichen Genauigkeit anbringen zu können, wird der Kreuzungsmittelpunkt der Anrisslinien zunächst gekörnt. Damit nun die Bohrung erfolgen kann, ist noch ein Zwischenschritt, das Zentrierbohren (häufig auch Zentrieren genannt) notwendig. Zentrierbohrungen werden auch eingebracht, wenn z. B. auf einer Fräsmaschine die Arbeitsspindel bereits auf der genauen Bohrposition steht und keine Körnung vorhanden ist. Auch hier besteht die Gefahr des Verlaufens.

Der Zentrierbohrer hat an der Spitze einen kleinen Durchmesser, damit die Bohrung exakt am vorgesehenen Punkt eingebracht wird. Die Zentrierspitze hat nur eine Länge von wenigen Millimetern. Dadurch besitzt der Zentrierbohrer die notwendige Stabilität. Der anschließend folgende größere Durchmesser des Zentrierbohrers bereitet durch seinen kegeligen Übergang die ideale Führung für die anschließende Bohrung vor, die z. B. mit einem Spiralbohrer vorgenommen werden kann.

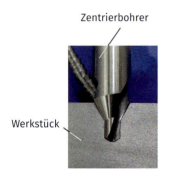

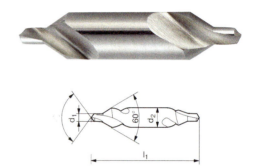

Einbringen von Zentrierbohrungen in ein Werkstück   Zentrierbohrer

Das **Aufbohren** wird als Verfahren angewendet, wenn bereits durch Vorbohren oder z. B. auch durch Gießen eine vorhandene Bohrung vergrößert werden soll. Vorgebohrt wird oftmals bei größeren Bohrungen (ab ca. ø 13 mm). Beim Vorbohren handelt es sich um ein „Bohren ins Volle". Der Grund für das Vorbohren ist in der Querschneide des Bohrers begründet. Da diese sich an der Spitze, quer zum Bohrer verlaufend, befindet, erschwert sie den Bohrvorgang maßgeblich. Sie schneidet nicht, sondern schabt (siehe negativer Spanwinkel, Seite 162). Es wird eine deutlich höhere Vorschubkraft benötigt. Um dies zu vermeiden, wird mit einem kleineren Bohrer, der mindestens die Größe der Querschneide des Fertigbohrers besitzt, zunächst vorgebohrt. Nach Fertigstellung der Vorbohrung wird die Bohrung dann auf den geforderten Durchmesser aufgebohrt.

Beim **Bohren ins Volle** werden vielfach Spiralbohrer (auch Wendelbohrer genannt) eingesetzt. Diese Bohrer haben an der Spitze zwei Schneiden sowie am Schaft eine zweigängige Spannut. Durch den Andruck dringen die Schneiden in den Werkstoff ein. Die beim Bohren anfallenden Späne werden durch die Spannuten aus dem Bohrloch gefördert (siehe folgende Tabelle).

Aufbau des Spiralbohrers

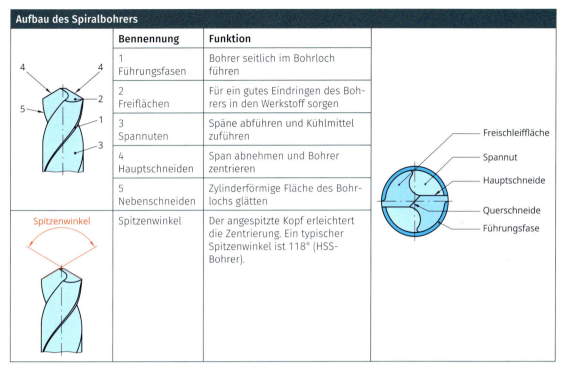

	Bennennung	Funktion
1	Führungsfasen	Bohrer seitlich im Bohrloch führen
2	Freiflächen	Für ein gutes Eindringen des Bohrers in den Werkstoff sorgen
3	Spannuten	Späne abführen und Kühlmittel zuführen
4	Hauptschneiden	Span abnehmen und Bohrer zentrieren
5	Nebenschneiden	Zylinderförmige Fläche des Bohrlochs glätten
	Spitzenwinkel	Der angespitzte Kopf erleichtert die Zentrierung. Ein typischer Spitzenwinkel ist 118° (HSS-Bohrer).

Tab.: Aufbau des Spiralbohrers

6.3.4 Schnittwerte beim Bohren

Das Bohrergebnis ist stark von zwei Prozessparametern abhängig: Der **Schnittgeschwindigkeit** V_c (m/min) und dem **Vorschub** f (mm/U) bzw. der Vorschubgeschwindigkeit V_f (mm/min). Die Schnittgeschwindigkeit ist abhängig vom Werkstoff des Werkstücks (z. B. Stahl, Edelstahl, Aluminium) und des Bohrers (z. B. HSS = High Speed Steel). Die Werte für die Schnittgeschwindigkeit können Tabellen entnommen werden (siehe Tabellenbuch).

Der Vorschub ist der Weg (in mm), den der Bohrer bei einer Umdrehung in der Richtung der Bohrachse zurücklegt. Die Werte – es handelt sich dabei stets um Richtwerte – können ebenfalls aus Tabellen entnommen werden. Aus der Schnittgeschwindigkeit kann die entsprechende Umdrehungsfrequenz n des Bohrers, vielfach auch Drehzahl genannt, rechnerisch ermittelt werden (siehe auf der folgenden Seite).

Aus der Drehzahl n in min$^{(-1)}$ oder auch U/min = Umdrehungen pro Minute und dem Vorschub f (mm/U) ergibt sich die Vorschubgeschwindigkeit in Millimeter pro Minute: $V_f = n \cdot f$

Schnittwerte ermitteln

Auf der einen Seite sollten aus wirtschaftlichen Gründen in kurzer Zeit die Bohrungen eingebracht werden, auf der anderen Seite soll aber auch der Bohrer und ggf. auch das Werkstück dabei nicht beschädigt werden.

Es gilt daher Schnittwerte einzustellen, bei denen qualitativ gute Bohrergebnisse in möglichst kurzer Zeit erzielt werden und der Bohrer und das Werkstück nicht beschädigt werden. Aber auch bei optimalen Schnittwerten wird mit der Zeit die Bohrerschneide stumpf. Es wird dann ein neuer Bohrer eingesetzt und der stumpfe Bohrer wird nachgeschliffen.

> Die Zeit, in der ein Bohrer vom Schleifen bis zum nächsten Schleifen im Einsatz ist, wird als **Standzeit** bezeichnet.

> Berechnung der Umdrehungsfrequenz:

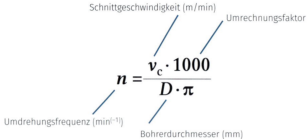

$$n = \frac{v_c \cdot 1000}{D \cdot \pi}$$

Schnittgeschwindigkeit (m/min), Umrechnungsfaktor, Umdrehungsfrequenz (min^{-1}), Bohrerdurchmesser (mm)

> Für den Fall, dass nicht auf Tabellen zurückgegriffen werden kann, sind folgende **Richtwerte** beim Bohren mit HSS-Bohrern (Standardausführung) in Baustahl empfehlenswert:
>
> Schnittgeschwindigkeit V_c = 25 m/min, Vorschub f = 0,1 mm/U

Exkurs: Schleifen und Nachschleifen von Bohrern

Das Schleifen – und damit auch das Nachschleifen von Bohrern – gehört zum **Spanen mit geometrisch unbestimmter Schneide**. Hier sind Anzahl und Geometrie der Schneiden nicht exakt zu beschreiben. Bohren hingegen gehört zum **Spanen mit geometrisch bestimmter Schneide** (siehe Kapitel 6.1). Insofern „treffen" beim Nachschleifen von Bohrern hier in gewisser Weise zwei Fertigungsverfahren (DIN 8580) aufeinander.

Das Nachschleifen von Bohrern kann auf unterschiedliche Weise erfolgen. Herstellerfirmen von Werkzeugen oder spezialisierte Firmen bieten dies als Dienstleistung an. Für den Nachschliff werden bei den Herstellfirmen die gleichen Schleifmaschinen wie für die Neuproduktion eingesetzt. Der Nachschliff schont Ressourcen sowie die Umwelt, die Kosten für einen Nachschliff stellen häufig nur einen Bruchteil des Anschaffungspreises für ein Neuwerkzeug da. Die professionell nachgeschliffenen Bohrwerkzeuge weisen in der Regel die gleiche Qualität und Leistung wie Neuwerkzeuge auf.

Das Nachschleifen von Standardspiralbohrern kann aber durchaus auch in der Werkstatt erfolgen. Dazu können entweder spezielle Bohrerschleifgeräte eingesetzt werden oder es kann mit entsprechender Übung auch an einer Doppelschleifmaschine (auch Schleifbock genannt) „freihändig" erfolgen. Im Folgenden findet sich eine kurze Anleitung zum Nachschleifen am Schleifbock.

6.3 Bohren, Senken, Reiben

● Bohrer schleifen am Schleifbock

Es sind zwei Aufgaben zu bewältigen:

1. Der Bohrer sollte nach dem Schleifen in Draufsicht exakt so aussehen, wie ein neuer Bohrer aussieht. D. h., die beiden Hauptschneiden müssen gleich lang sein. Die Querschneide sollte zur Hauptschneide im vorgeschriebenen Winkel stehen.

Halber Spitzenwinkel zur Scheifscheibe

2. Der geschliffene Bereich hinter der Hauptschneide muss bezüglich der Hauptschneidenkante leicht abfallen. Beides lässt sich durch eine kombinierte Bewegung erreichen. Mit der rechten Hand nimmt man den Bohrer hinten am Schaft und mit Daumen und Zeigefinger der linken Hand führt man den Bohrer. Man hält den HSS-Bohrer schräg zur Schleifscheibe (halber Spitzenwinkel).

Drehbewegung

Dann setzt man mit der Hauptschneide an der drehenden Schleifscheibe an und führt in einer Aufwärtsbewegung (linke Hand nach oben, rechte Hand nach unten) und gleichzeitig leichter Drehbewegung (linke Hand im Uhrzeigersinn, Drehrichtung Bohrer) den Bohrer entlang der Fläche hinter der Schneide. Der gesamte Bereich von Beginn Hauptschneide bis zur auslaufenden Spiralnut wird überschliffen.

Schleifen der zweiten Hauptschneide

Dann dreht man den Bohrer um 180° und schleift die zweite Hauptschneide. Es folgt die Kontrolle (siehe unten) und im Bedarfsfall ein abermaliges Nachschleifen.
Sicherheitsvorschriften am Schleifbock unbedingt beachten: An Schleifgeräten immer mit Schutzabdeckung und mit Schutzbrille arbeiten.
Am Schleifbock sollte zudem eine Schleifscheibe mit feiner Körnung montiert sein und die Oberfläche der Schleifscheibe muss plan sein (eventuell Fläche vorher mit dem Diamant oder Abziehstein abziehen).

Bohrer schleifen – wichtige Kontrollmaße nach dem Schliff

Die beiden Hauptschneiden müssen die gleiche Länge aufweisen und über ihre Schneidenlänge vollkommen gerade sein.
Die Querschneide sollte in einem Winkel von ca. 55° zur Hauptschneide liegen (siehe Abbildung rechts).

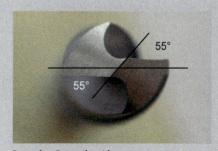

Lage der Querschneide

Bohrer in der Seitenansicht – Spitzenwinkel:

Die beiden Hauptschneiden sind symmetrisch zueinander angeordnet. Der „Spitzenwinkel", den sie einschließen, beträgt beim klassischen HSS-Spiralbohrer für Stahl und Eisenwerkstoffe 118°.

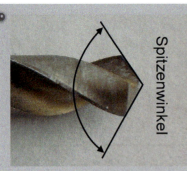

Spitzenwinkel (118°)

Spiralbohrer-Schleiflehre

Der Spitzenwinkel und die Schneidenlänge lässt sich bequem mit einer Spiralbohrer-Schleiflehre überprüfen. Der Freiwinkel, also der Bereich hinter der Hauptschneide, der überschliffen wird, sollte mit ca. 6–8° abfallen.

Dies ist vielleicht die schwierigste Aufgabe beim Bohrerschleifen von Hand. Bei der Drehbewegung des Bohrers entlang der Schleifscheibe muss hinter der Hauptschneide genausoviel oder tendenziell etwas mehr Material entnommen werden, als an der Schneide selbst.

Prüfung mit der Schleiflehre

Karl-Heinz Müller: Bohrer schleifen, 2003. Zugriff unter: www.schraubmax.de/fahrzeugbau/Bohrer_schleifen_Schleifbock.html [13.03.2024]

Zudem muss der Spiralbohrer beim Schleifen regelmäßig gekühlt werden, damit er nicht zu warm wird. Dies zeigt sich durch eine bläuliche Verfärbung im Bereich der Schleiffläche und an der Hauptschneide. Ist dies geschehen, so muss dieser Bereich durch weiteres Schleifen und Kühlen entfernt werden, da er dort seine ursprüngliche Härte verloren hat.

Bei größeren Bohrern (ab ca. ø 13 mm) ist es zur Reduzierung der Vorschubkraft empfehlenswert, den Bohrer „**auszuspitzen**"; d.h., er wird im Bereich der Querschneide „hinterschliffen". Dadurch verkürzt sich die Länge der Querschneide und die notwendige Vorschubkraft verringert sich. Die Querschneidenlänge sollte jedoch immer noch 1/10 des Bohrerdurchmessers aufweisen, da ansonsten die Bohrerspitze zu stark geschwächt wird und dadurch leichter ausbricht.

 Das Ausspitzen eines Bohrers sollte maschinell oder von einer geübten Person durchgeführt werden, da bei falscher Anwendung der Schaden größer als der Nutzen ist.

Exkurs: Schleifen und Nachschleifen von Bohrern (Fortsetzung)

Schleiffehler	Auswirkung
Freiwinkel am Bohrer **zu klein**	Bei zu kleinem Freiwinkel am Bohrer muss die Vorschubkraft erhöht werden, dies kann letztendlich zum **Bohrerbruch** führen.
Freiwinkel am Bohrer **zu groß**	Ein zu großer Freiwinkel lässt einen hohen Vorschub je Umdrehung zu, dabei kann die **Schneide ausbrechen** und der Bohrer hakt ein.
Hauptschneiden ungleich lang	Wird der Bohrer aus der Mitte geschliffen, ist eine Schneide länger und die andere kürzer. Dadurch kommt es zu einem rotierenden Verhalten des Bohrers und die **Bohrung** wird **zu groß**.
Spitzenwinkel unsymmetrisch	Bei unsymmetrischem Spitzenwinkel kommt nur eine Schneide zum Einsatz, die zweite dreht sich in der Luft. Dies hat zur Folge, dass die **eine Schneide schnell stumpf** wird.

Tab.: Schleiffehler und deren Auswirkungen

6.3.5 Einspannen der Bohrer

Bohrer mit einem Durchmesser bis ca. 13 mm besitzen in aller Regel einen zylindrischen Schaft, größere Bohrer oftmals einen kegeligen.

Bohrer mit Zylinderschaft   Bohrer mit Kegelschaft (Morsekegel)

Bohrer mit Zylinderschaft lassen sich unproblematisch in Schnellspannbohrfutter mit drei Spannbacken zentrisch spannen. Dies kann auch in Bohrfuttern mit Schlüssel erfolgen, diese sind aber heute eher seltener im industriellen Umfeld zu finden. Auch das Einspannen in Spannzangen und Klemmhülsen ist möglich.

Schnellspannbohrfutter   Bohrfutter mit Schlüssel

Spannzangenfutter   Klemmhülse

Bei Bohrern ab einem Durchmesser von 13 mm wird in aller Regel wegen der höheren Kraftübertragung auf den Kegelschaft als Spannmöglichkeit übergegangen.

Dieser Kegelschaft wird nach seinem Erfinder Stephen A. Morse als **Morsekegel** bezeichnet. Es gibt ihn in sieben unterschiedlichen Größen von MK 0 bis MK 6. Zu kleine oder zu große Morsekegel können durch das Aufstecken entsprechender Hülsen an den Kegel der Bohrmaschine bzw. des Bohrers angepasst werden.

Zum Entfernen eines Bohrers mit Kegelschaft wird ein Austreiber benötigt.

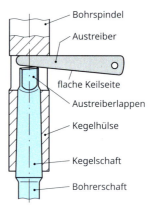

Morsekegeleinsteckschaft zur Aufnahme eines Bohrfutters

Bohrer mit Kegelschaft und Austreiber

Morsekonusreduzierhülse

Lange Morsekonushülse

6.3.6 Senken

Das **Senken** ist eine Form des Profilbohrens (siehe Kapitel 6.3.3, DIN 8589-2) und wird zum Entgraten von Bohrungen und Einbringen von kegeligen und zylindrischen Senkungen angewandt, bei welchen bereits eine Kernbohrung vorhanden ist.

Die zur Verfügung stehenden Senkwerkzeuge sind Kegelsenker und Flach- bzw. Zapfensenker. Je nach Verwendungszweck hat der **Kegelsenker** unterschiedliche und zugleich genormte Spitzenwinkel.

Winkel	Anwendung
60°	zum Entgraten
75°	für Nietköpfe (heutzutage eher selten)
90°	für Senkkopfschrauben und zum Ansenken von Gewindekernbohrungen
120°	für Blechnieten

Profilsenken mit Kegelsenker

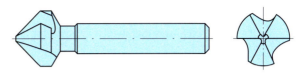
Kegelsenker

Flachsenker, auch Plansenker genannt, haben eine gerade Schneide und erzeugen eine flache Senkung (180 Grad). Sie können zwei, drei oder vier Schneiden haben. Dadurch werden in aller Regel Rattermarken vermieden, da sich die Schnitt- und Vorschubkraft auf mehrere Schneiden verteilt. Um diesen Effekt noch zusätzlich zu steigern, gibt es Spezialsenker mit einer extremen Ungleichteilung (Schneiden ungleich angeordnet).

Zapfensenker stellen eine Erweiterung der Flachsenker dar. Ein Zapfen (mit Einführfase) in der rotationssymetrischen Achse führt das Werkzeug in der Bohrung und ermöglicht ein genaues Arbeiten. Zapfensenker werden verwendet, um Senkungen für Schrauben mit zylinderförmigen Köpfen (z. B. Innensechskantschrauben) herzustellen.

Zapfensenker   Flachsenker

> Senker haben einen kleineren Freiwinkel. Als Faustformel gilt:
>
> Die Drehfrequenz hängt genau wie beim Bohren von der Werkstoff-Schneidstoffkombination ab und kann ca. 30 Prozent der Drehfrequenz beim Bohren betragen.

6.3.7 Reiben

Beim Reiben wird eine vorgefertigte Bohrung, die über eine Reibzugabe von ca. 0,1–0,2 mm verfügt, durch Abnahme von geringem Material an der Bohrungswandung fertiggestellt. Die exakte Reibzugabe hängt vom Durchmesser ab und ist Tabellen zu entnehmen. Das eingesetzte Werkzeug wird **Reibahle** genannt. Ziele sind neben einer hohen Maßgenauigkeit eine hohe Oberflächengüte und eine hohe Formgenauigkeit. Die Lagegenauigkeit kann nicht mehr verbessert werden, diese ist bereits durch die vorgefertigte Bohrung festgelegt.

Reibahlen gibt es in unterschiedlichen Ausführungen. Unterschieden werden kann in Hand- und Maschinenreibahlen sowie in zylindrische und kegelige Reibahlen. Ferner gibt es feste und verstellbare Reibahlen. Üblich sind allerdings feste Schneiden. Es gibt jedoch auch Reibahlen mit verstellbaren Schneiden, bei denen sich der Reibdurchmesser meistens auf 0,01 mm genau einstellen lässt. Im Folgenden wird zunächst am Beispiel der **Maschinereibahle** (zylindrisch) der Aufbau erläutert.

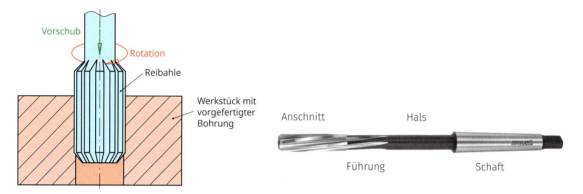

Prinzip des Reibens

Maschinenreibahle mit Morsekegelschaft

Die Reibahle verfügt an der Stirnseite über einen Anschnitt. Dieser sorgt für eine Zentrierung der Reibahle in der Bohrung und verrichtet die Hauptarbeit bei der Zerspanung. Nach dem Anschnitt folgt die Führung. Diese hat eine zylindrische Form und dient der Fertigstellung der Reibung. Die Schneiden und Spannuten sind entweder gerade und laufen dementsprechend längs der Achse der Reibahle oder wendelförmig wie bei einem Spiralbohrer.

Schneidenzahl und -teilung

Reibahlen werden vorwiegend mit gerader Schneidenzahl hergestellt, dabei haben sie jedoch eine ungleiche Schneidenteilung. Durch die ungleiche Teilung werden Schwingungen, Rattermarken und Kreisformfehler vermieden.

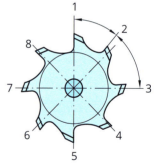

Reibahle mit gerader Schneidenzahl und ungleicher Schneidenteilung

Drallrichtung

Reibahlen gibt es mit verschiedenartigen Drallrichtungen. Je nach Einsatz werden folgende Ausführungen unterschieden:

	Durchgangsbohrung	Grundlochbohrung	Tiefe	Unterbrochene Bohrung
längs genutet	x	x	≤ 1 x ø	–
mit Rechtsdrall		x	≥ 1 x ø	–
mit Linksdrall	x		≥ 1 x ø	x
als Schälreibahle	x		≥ 1 x ø	x

Tab.: Drallrichtungen bei Reibahlen

Schnittwerte von Reibahlen

Je nachdem, ob Reibahlen aus HSS oder HM (Hartmetall) verwendet werden, variieren die Schnittwerte. Zudem sind diese von dem zu bearbeitenden Material und dem Durchmesser der Reibahle abhängig. Zur Ermittlung der Schnittwerte ist eine Schnittwertetabelle empfehlenswert (siehe Tabellenbuch).

Oftmals wird jedoch an konventionellen Maschinen mit Richtwerten und Faustformeln gearbeitet. Hier gilt dann im Vergleich zum Bohren die halbe Schnittgeschwindigkeit und ein zügiger Vorschub (etwa doppelter Bohrungsvorschub).

Handreibahlen

Für Reibungen an großen Vorrichtungen und Maschinen und in Reparaturfällen, bei welchen ein Maschineneinsatz nicht möglich ist, werden Handreibahlen oder verstellbare Handreibahlen verwendet. Diese sind an der Vierkantaufnahme am Schaftende der Reibahle erkennbar. Der Vierkant dient zur Aufnahme der Reibahle in einem Windeisen. Auch Kegelreibahlen und Profilreibahlen sind in aller Regel Handreibahlen.

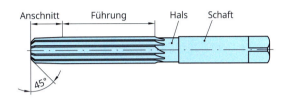

Aufbau einer Handreibahle

 Bei der Verwendung von Handreibahlen ist darauf zu achten, dass diese auch bei Entnahme aus der Bohrung in Schnittrichtung bewegt werden. Eine Umkehrung der Drehrichtung hätte zur Folge, dass Späne von der Rückseite auf die Schneide drücken und sich einklemmen können. Dabei kann nicht nur die Reibung, sondern auch die Schneide der Reibahle beschädigt werden.

Einsatz von Kühlschmierstoffen (KSS)

Kühlschmierstoffe haben die Funktion, Reibung zu vermeiden (Schmieren), Wärme abzuführen (Kühlen), Späne abzutransportieren und als Korrosionsschutz des Werkstücks zu wirken.

Es gibt verschiedene KSS für unterschiedliche Anwendungen und Materialien. Beim Reiben ist vielfach Schneidöl der ideale Hilfsstoff. Dieser sollte auch an Bohr-, Dreh- und Fräsmaschinen ohne zusätzliche Kühlmittelzufuhr verwendet werden. Bei Maschinen mit vorhandener Kühlschmiervorrichtung, auch Minimalmengenschmiervorrichtungen, sollte auf den Einsatz von Schneidöl verzichtet werden. Durch die Vermischungen könnte ein vorzeitiger Austausch des vorhandenen KSS erforderlich werden.

6.3.8 Gewindebohren

Das **Gewindebohren** ist eine Untergruppe des Schraubbohrens (DIN 8589-2). Das Schraubbohren wird definiert als das Bohren in eine vorgebohrte oder bereits vorhandene Bohrung mit einem Schraubprofilwerkzeug (Gewindebohrer). Dabei wird ein Innengewinde (auch Gewindebohrung genannt) erzeugt.

Für das Gewindebohren werden Gewindebohrer benötigt, die entweder von Hand oder maschinell in das vorab gebohrte Kernloch hinein- und wieder herausgedreht werden. Der Durchmesser des Kernlochs

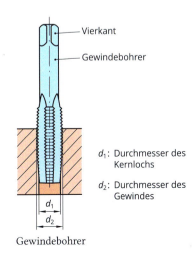

d_1: Durchmesser des Kernlochs

d_2: Durchmesser des Gewindes

Gewindebohrer

für das jeweilige Gewinde kann Tabellen entnommen werden (siehe Tabellenbuch). So ist z. B. für eine Gewindebohrung M10 ein Kernloch von D = 8,5 mm zu bohren. Die Bohrung wird mit einem Kegelsenker (90 Grad) gesenkt, damit beim Anschneiden eine bessere Einführung des Gewindebohrers erreicht wird. Der Durchmesser der Senkung sollte etwa der Größe des Gewindedurchmessers plus 10 Prozent entsprechen (bei dem obigen Beispiel für ein M10-Gewinde 10 mm + 1 mm = 11 mm).

Gewindebohren von Hand mit einem Windeisen

Ratschengewindebohrfutter

Manuelles Gewindebohren

Für das manuelle Hinein- und wieder Herausdrehen von Gewindebohrern wird vielfach das verstellbare Windeisen genutzt (siehe obere Abbildung). Es nimmt den Gewindebohrer im Vierkant auf und durch die Hebelwirkung der Griffe wird die Kraft über den Vierkant übertragen. Es können aufgrund der Verstellbarkeit unterschiedliche Größen von Gewindebohrern eingesetzt werden. Alternativ bieten sich in bestimmten Anwendungsfällen Ratschengewindebohrfutter an, die aufgrund der Ratschenfunktion einen geringen Platzbedarf beim Gewindebohren haben und daher an weniger gut zugänglichen Stellen zur Anwendung kommen.

Gewindebohrer gibt es in unterschiedlichen Ausführungen. Für das Gewindebohren von Hand wird häufig ein Gewindebohrersatz genutzt. Der Satz besteht meistens aus drei Gewindebohrern: Vorschneider, Mittelschneider und Fertigschneider. Der Vorschneider ist mit einem Ring am Schaft markiert, der Mittelschneider mit zwei Ringen. Der Fertigschneider trägt keinen Ring (selten drei Ringe).

Dreiteiliger Handgewindebohrersatz

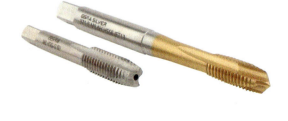

Einschnittgewindebohrer (rechts) im Vergleich zum Fertigschneider (links)

Einschnittgewindebohrer bieten eine vorteilhafte Zeitersparnis, da nur ein Durchgang zur Fertigung des Gewindes nötig ist. Da ein breiterer Span als bei dreiteiligen Sätzen abgetragen wird und somit ein größeres Drehmoment notwendig ist, werden sie meistens auf Maschinen eingesetzt.

Das manuelle Gewindebohren wird Ihnen in einem Video durch eine Lehrperson demonstriert.

Maschinelles Gewindebohren

Beim maschinellen Gewindebohren können zwei Varianten unterschieden werden: Entweder mit einer Akkubohrmaschine bzw. einem Akkuschrauber oder auf einer Werkzeugmaschine (z.B. Bohr-, Dreh- oder Fräsmaschine). Bei der Nutzung einer Akkubohrmaschine bzw. eines Akkuschraubers ist es wichtig, dass die Maschine über eine Rutschkupplung verfügt. Für den Fall, dass sich der Gewindebohrer im Kernloch verhakt, können dadurch Verletzungen vermieden werden.

Gewindebohren mit einem Akkuschrauber

Gewindebohren auf einer Werkzeugmaschine

Beim Gewindebohren auf Werkzeugmaschinen kommen spezielle Aufnahmen oder Gewindebohrfutter und je nach Werkstoff des Werkstücks auch unterschiedliche Gewindebohrer zum Einsatz. Das Werkstück muss sicher eingespannt sein und es ist die korrekte Schnittgeschwindigkeit bzw. Drehzahl des Gewindebohrers zu wählen. Der Vorschub je Umdrehung muss der Gewindesteigung entsprechen. Die Drehfrequenz hängt genau wie beim Bohren von der Werkstoff/Schneidstoffkombination ab.

6.3.9 Arbeitssicherheit bei der Arbeit an Bohrmaschinen

Das Arbeiten an Bohrmaschinen birgt große Gefahren. Daher ist die Beachtung der Unfallverhütungsvorschriften (UVV) unerlässlich. Die Betriebsanweisung muss im Bereich der Maschine sichtbar sein und die daran arbeitende Person muss darin nachweislich unterwiesen sein. Unter anderem dienen folgende Maßnahmen der Unfallverhütung:

- Tragen fest anliegender Kleidung, bei langen Haaren Tragen eines Haarnetzes oder einer Kopfschutzhaube
- kein Tragen von Armbändern, Uhren oder sonstigem Schmuck bei der Arbeit
- kein Tragen von Schutzhandschuhen
- kein Entfernen von Spänen mit der Hand oder mit Druckluft, Nutzung von Spänehaken
- Einschieben des Bohrers in das Bohrfutter bis zum Anschlag, gerades sowie festes Einspannen
- sicheres Einspannen des Werkstücks (z.B. im Schraubstock)
- Tragen einer Schutzbrille und ggf. eines Gehörschutzes ist empfehlenswert

6.4 Drehen

6.4.1 Grundlagen des Drehens

Das Drehen ist gemeinsam mit dem Bohren, Fräsen, Sägen und Schleifen eines der wichtigsten Fertigungsverfahren der Zerspantechnik. Wie bei all diesen Verfahren werden von einem Bauteil Späne abgetrennt, um die gewünschte Form des Werkstücks zu erzeugen. Nach der DIN 8580 zählt das Zerspanen zur Hauptgruppe „Trennen". Beim Drehen, aber auch beim Bohren, Fräsen, Sägen und weiteren Verfahren, sind die Anzahl und die Geometrie der Schneiden bekannt. Aus diesem Grund handelt es sich hier um das „Spanen mit geometrisch bestimmter Schneide". Beim Schleifen beispielsweise sind Anzahl und Geometrie der Schneiden hingegen nicht bekannt. Es handelt sich daher um das „Spanen mit geometrisch unbestimmter Schneide". Die spanenden Fertigungsverfahren sind in der DIN 8589 beschrieben.

6.4.1.1 Prinzip des Drehens

Beim Drehen rotiert das Werkstück, auch Drehteil genannt, um seine Längsachse, während das Werkzeug, der Drehmeißel, die am Werkstück zu erzeugende Kontur abfährt. Die Bewegung des Werkzeugs wird als Vorschub bezeichnet. Die Werkzeugbewegung kann sowohl manuell als auch computergesteuert (CNC: Computerized Numerical Control) erfolgen.

Die Rotation des Werkstücks wird über die Hauptspindel der Maschine erzeugt, die mittels einer Spannvorrichtung (vielfach ein Spannfutter) das Werkstück aufnimmt. Der Vorschub für den Schnitt wird dabei immer von einem Schlitten auf einer Führung erzeugt. Hierauf ist der Werkzeughalter montiert, in dem der Drehmeißel befestigt wird. Die Werkzeugmaschine für das Fertigungsverfahren „Drehen" wird als Drehmaschine (früher auch Drehbank) bzw. CNC-Drehmaschine bezeichnet.

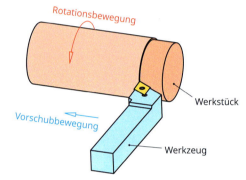

Prinzip des Drehens (hier Längsdrehen)

6.4.1.2 Historische Entwicklung

Das Prinzip des Drehens ist seit dem Altertum bekannt. Die Maschinen wurden in der Vergangenheit ständig weiterentwickelt und werden es auch heute noch. Anfang des 19. Jahrhunderts waren alle wesentlichen Bauelemente der Drehmaschine und ihre wesentliche Grundform entwickelt. Der Engländer Henry Maudslay (1771–1831) gilt als Schöpfer der Metalldrehmaschine mit Support und Leitspindel. Die erste Leitspindeldrehmaschine in Deutschland kam 1810 aus London und wurde vor mehr als 200 Jahren von der Maschinenfabrik Koenig & Bauer in Würzburg angeschafft.

Vor dem Einsatz von Elektromotoren als Einzelantrieb (ab ca. 1890) erfolgte der Antrieb der Maschinen durch einen Transmissionsriemen aus Leder. Von einer zentralen Dampfmaschine mit Schwungrad wurde über an der Hallendecke gelagerten Transmissionswellen die Drehbewegung übertragen. An der Maschine konnte dann der Lederriemen auf die im Durchmesser unterschiedlichen Riemenscheiben gelegt und damit verschiedene Drehzahlen der Spindel ermöglicht werden (siehe Abbildung). Dies erfolgt im laufenden Betrieb, was heute aus Gründen des Arbeitsschutzes undenkbar wäre.

Die Drehmaschinen wurden in den folgenden Jahrzehnten insbesondere hinsichtlich Genauigkeit und Geschwindigkeit verbessert sowie zahlreiche Varianten entwickelt. Für die Herstellung von Drehteilen in großen Stückzahlen (Losgrößen) wurde auf rein mechanischem Weg eine Automatisierung realisiert. So entstanden z. B. kurvengesteuerte Drehautomaten und Revolverdrehautomaten. Anfang der 1950er-Jahre wurden die ersten numerisch gesteuerten Drehmaschinen entwickelt.

Historische Entwicklung manuell gesteuerter Drehmaschinen

| Drehmaschine mit Antrieb über Transmissionsriemen (19. Jahrhundert) | Leit- und Zugspindeldrehmaschine (Baujahr ca. 1960) | Konventionelle Präzisionsdrehmaschine mit numerischer Positionsanzeige (Baujahr 2023) |

Tab.: Entwicklung manuell gesteuerter Drehmaschinen

Heute sind **CNC-Drehmaschinen** in der industriellen Produktion sehr weit verbreitet. Mit den computergesteuerten Drehsystemen können sämtliche Fertigungsschritte für die Herstellung von Drehteilen mit einem speicherbaren Programm gesteuert werden. Damit wird eine wirtschaftliche Fertigung bei gleichbleibender Qualität der Drehteile in der Klein- und Großserienfertigung erreicht. Für Nacharbeiten sowie für die Einzel- und Kleinstserienfertigung von Drehteilen werden durchaus aber auch noch manuell gesteuerte Leit- und Zugspindeldrehmaschinen eingesetzt. Durch einen geringen Planungsaufwand und eine hohe Flexibilität gewährleisten die konventionellen Drehmaschinen für dieses Teilespektrum nach wie vor eine wirtschaftliche Fertigung. Ferner werden diese Maschinen auch für die Ausbildung in den Grundlagen der Zerspantechnik zukünftiger metalltechnischer Fachkräfte genutzt. Ab Mitte der 1990er-Jahre hat sich mit den **zyklengesteuerten Drehmaschinen** ein Maschinentyp etabliert, der eine Kombination aus der manuell gesteuerten und der CNC-Drehmaschine darstellt. Durch die Steuerungsunterstützung können auf diesen Maschinen auch komplexe Werkstücke für Einzel-, Kleinst- und Kleinserienfertigung wirtschaftlich gefertigt werden.

Drehmaschinen mit numerischen Steuerungen

| CNC-Drehmaschine | Zyklengesteuerte Drehmaschine |

Tab.: Drehmaschinen mit numerischen Steuerungen

6.4.1.3 Drehverfahren

Die Drehverfahren können unabhängig vom Maschinentyp nach verschiedenen Gesichtspunkten eingeteilt werden. Vielfach werden die Verfahren gemäß DIN 8589 nach der jeweils herstellbaren Geometrie unterschieden (siehe folgende Tabelle).

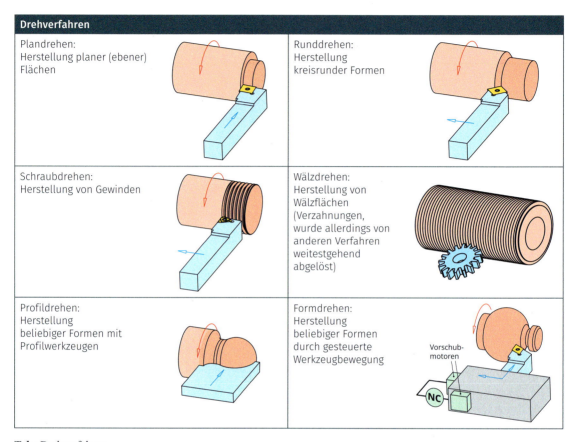

Drehverfahren	
Plandrehen: Herstellung planer (ebener) Flächen	Runddrehen: Herstellung kreisrunder Formen
Schraubdrehen: Herstellung von Gewinden	Wälzdrehen: Herstellung von Wälzflächen (Verzahnungen, wurde allerdings von anderen Verfahren weitestgehend abgelöst)
Profildrehen: Herstellung beliebiger Formen mit Profilwerkzeugen	Formdrehen: Herstellung beliebiger Formen durch gesteuerte Werkzeugbewegung

Tab.: Drehverfahren

6.4.1.4 Einteilung von Drehmaschinen

Drehmaschinen wurden im Lauf der Zeit immer weiter verbessert und es entstanden Ausführungen für spezielle Anwendungen. Je nach Maschinentyp können sowohl einfache zylindrische oder auch sehr komplexe Formen präzise gefertigt werden. Angetriebene Werkzeuge, wie z. B. Fräser und Bohrer, ermöglichen die Herstellung von ebenen Flächen und Bohrungen **quer** zur Drehachse auf CNC-Drehmaschinen. So können bei vielen Drehteilen alle erforderlichen Bearbeitungen in einer Aufspannung durchgeführt werden (Komplettbearbeitung). Drehmaschinen können nach unterschiedlichen Gesichtspunkten eingeteilt werden.

Drehmaschine mit angetriebenen Werkzeugen

Arten der Steuerung:
- manuell gesteuerte (konventionelle) Drehmaschine
- zyklengesteuerte Drehmaschine
- CNC-Drehmaschine

Größe und Leistung der Maschine:

• Antriebsleistung
Die Leistung des Hauptantriebs variiert je nach Maschinentyp und Größe der Maschine zwischen ca. 1 und über 100 kW und ist u. a. für die Zerspanleistung entscheidend.

• Arbeitsbereich
Spitzenhöhe: Abstand zwischen der Mitte der Arbeitsspindel und der Oberkante des Drehmaschinenbettes

Spitzenweite: maximale Drehlänge des Werkstücks zwischen einer Körnerspitze in der hohlen Arbeitsspindel und einer Spitze im Reitstock.

Spindeldurchlass: Der Spindeldurchlass ist etwas geringer als der Innendurchmesser der Hauptspindel (Hohlwelle), längere Drehteile können bis zu diesem Durchmesser von hinten durch die Hauptspindel geschoben werden.

Umlaufdurchmesser: Der Umlaufdurchmesser über Bett ergibt sich als das Doppelte der Spitzenhöhe. Umlaufdurchmesser über Planschlitten: maximaler Drehdurchmesser über dem Planschlitten

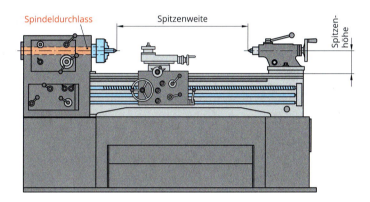

Arbeitsbereich an Leit- und Zugspindeldrehmaschine

Art und Anzahl der Werkzeugträger:
- Bei CNC-Maschinen werden häufig Werkzeugrevolver verbaut, die einen automatischen Werkzeugwechsel durch das CNC-Programm ermöglichen. So können z. B. zwölf verschiedene Werkzeuge (auch angetriebene) zum Einsatz gebracht werden (sogenannte 12-fach-Werkzeugwechsler).
- Auf manuell- und zyklengesteuerten Drehmaschinen werden meistens Schnellwechsel-Werkzeughalter (siehe Abb. S. 196) verbaut. Hier erfolgt der Werkzeugwechsel manuell.

Entsprechend der Maschinenstruktur:
- Flachbettdrehmaschine: verfügt über ein horizontal angeordnetes Bett und eine horizontale Hauptspindel, typisch bei Leit- und Zugspindeldrehmaschinen
- Schrägbettdrehmaschine: hat ein schräg angeordnetes Bett und eine horizontale Hauptspindel, typisch bei CNC-Universaldrehmaschinen
- Karusselldrehmaschine: eingesetzt zur Drehbearbeitung besonders großer Werkstücke, Werkstück wird zentrisch auf die horizontal drehende Planscheibe gespannt, daher auch die Bezeichnung Karussell
- Mehrspindeldrehautomat: verfügt über mehrere Arbeitsspindeln und wird für die Fertigung von sehr großen Stückzahlen eingesetzt

Weitere Maschinen werden nach ihrem jeweiligen Verwendungszweck bezeichnet:
- Universaldrehmaschinen
- Kurbelwellendrehmaschine
- Nockenwellendrehmaschine
- Raddrehmaschine
- Dreh-/Fräsmaschine (für Komplettbearbeitung)
- und weitere

6.4.2 Aufbau von Drehmaschinen

Im Folgenden werden am Beispiel der klassischen manuell gesteuerten **Leit- und Zugspindeldrehmaschine** der grundsätzliche Aufbau und die wesentlichen Baugruppen erläutert. Bei anderen Arten von Drehmaschinen können sich der Aufbau und die Baugruppen durchaus sehr stark unterscheiden. So verfügen CNC-Universaldrehmaschinen meistens über ein Schrägbett, die Antriebe für die Hauptspindel und den Vorschub sowie die Ausführung der Werkzeugaufnahme sind deutlich anders gestaltet. Für den Hauptantrieb werden hier frequenzgeregelte Drehstrommotoren verbaut, die eine stufenlose Drehzahlregelung ermöglichen. Das grundlegende Prinzip des Drehens (Werkstück rotiert um die eigene Achse, Werkzeug erzeugt durch Bewegung längs und/oder quer zur Achse die gewünschte Kontur) findet sich jedoch auch bei diesen wie anderen Drehmaschinenarten wieder.

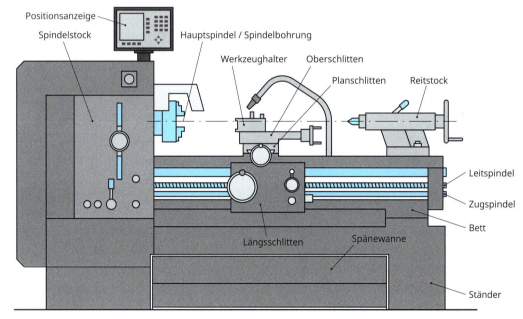

Aufbau einer Leit- und Zugspindeldrehmaschine

Der Aufbau einer Leit- und Zugspindeldrehmaschine erscheint zunächst komplex. Durch die Unterteilung in einzelne Baugruppen wird die Struktur der Maschine deutlich übersichtlicher.

Maschinengestell

Die Form des Maschinengestells wird durch die Bauart der Drehmaschine bestimmt. Das Gestell wird vorzugsweise aus Gusswerkstoff oder aus einer geschweißten Stahlkonstruktion hergestellt.

Maschinenbett

Das Maschinenbett (häufig aus Grauguss) ist auf dem Gestell befestigt und muss für die Arbeitsgenauigkeit starr und schwingungsdämpfend sein. Den oberen Abschluss bilden die Führungsbahnen für den Werkzeugschlitten und den Reitstock. Die Versteifungsrippen müssen so angeordnet sein, dass die bei der Zerspanung entstehende Späne gut in die Spänewanne fallen können.

Spindelstock

Im Spindelstock befindet sich die Arbeits- oder Hauptspindel, die von einem Elektromotor angetrieben wird. Da die Motorwelle nur mit einer konstanten Drehzahl rotiert, kann über ein mehrstufiges Schaltgetriebe die Drehzahl der Arbeitsspindel verändert werden. So können je nach Bearbeitungsaufgabe unterschiedliche Drehzahlen eingestellt werden.

Vorschubgetriebe

Der Antrieb für das Vorschubgetriebe wird von der Hauptspindel abgeleitet. Das Vorschubgetriebe ermöglicht den automatischen Vorschub mit unterschiedlichen Geschwindigkeiten des Drehmeißels zum Längs- und Plandrehen über die Zugspindel. Der Vorschub für das Gewindedrehen wird durch die Leitspindel erzeugt.

Der **Werkzeugschlitten** unterteilt sich in verschiedene Ebenen:

Oberschlitten

Der Oberschlitten dient zur Aufnahme des Werkzeugträgers und kann zum **Kegeldrehen** verstellt werden. Der Vorschub kann ausschließlich per Hand durch die Drehkurbel erfolgen.

Quer- oder Planschlitten

Der Quer- oder Planschlitten wird zum Plandrehen sowie zum Ein- und Abstechen benötigt. Der Vorschub kann durch Drehen am Handrad oder automatisch über die Zugspindel erfolgen. Bei diesen Arbeiten sollte der Längs- oder Bettschlitten geklemmt werden, damit es zu keiner Verschiebung in Längsrichtung kommt.

Längs- oder Bettschlitten

Beim Längs- oder Bettschlitten wird der Vorschub in Längsrichtung durch Drehen am Handrad oder automatisch über die Zugspindel durchgeführt. Beim **Gewindedrehen** sorgt die Leitspindel für den Vorschub. Dabei muss der Vorschub der Gewindesteigung entsprechen, sodass der Drehmeißel das gewünschte Gewinde erzeugt. Die Leitspindel ist über Zahnräder direkt mit dem Spindelantrieb verbunden, um eine geradlinige Kopplung zwischen der Drehbewegung der Spindel und dem Vorschub des Längsschlittens zu erreichen. Ein Gewinde auf der Leitspindel und eine geteilte Mutter (sogenannte Schlossmutter, siehe nächste Seite) sorgen für eine Verbindung zum Schlitten. Damit ist immer ein direkter Zusammenhang zwischen Drehbewegung der Arbeitsspindel und der Vorschubbewegung des Längsschlittens hergestellt. Die Schlossmutter bleibt während des gesamten Gewindeschneidens geschlossen. Zum Zurückfahren des Bettschlittens an den Gewindeanfang wird die Drehrichtung des Motors umgekehrt.

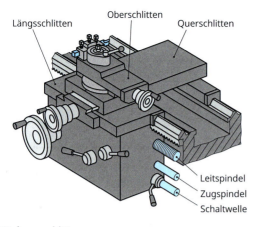

Werkzeugschlitten

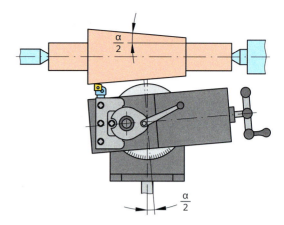

Kegeldrehen mit dem Oberschlitten

Leit-, Zugspindel und Schaltwelle
- Die Leitspindel dient ausschließlich zum Gewindedrehen.
- Die Zugspindel besteht aus einer Welle mit Längsnut oder mit Sechskant-Profil und dient zum Längs- bzw. Plandrehen.
- Über die Schaltwelle wird die Arbeitsspindel eingeschaltet, dabei kann zugleich die Drehrichtung bestimmt werden (Hebel nach unten: Drehrichtung im Uhrzeigersinn, Hebel nach oben: Drehrichtung entgegen dem Uhrzeigersinn).

Bei neueren Drehmaschinen sind aus Gründen der Arbeitssicherheit die Spindeln abgedeckt. Gleiches gilt für das Spannfutter.

Schlosskasten
Durch das Bettschlittengetriebe wird die Drehbewegung der Zugspindel in die geradlinige Bewegung zum Längs- und Plandrehen umgewandelt. Der Vorschub wird durch die Fallschnecke ein- bzw. ausgeschaltet.

Nur beim Gewindedrehen erfolgt die Bewegung des Bettschlittens durch die Leitspindel in Verbindung mit der Schlossmutter.

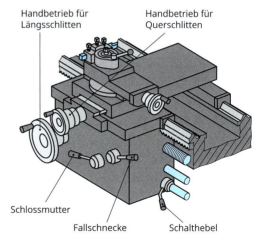

Schlosskasten

Reitstock

Der Reitstock kann auf dem Maschinenbett verschoben und durch einen Hebel festgestellt werden. Er dient mit eingesetzter mitlaufender Zentrierspitze bei langen Werkstücken als Gegenhalter. Anstelle der Zentrierspitze können Bohrwerkzeuge in die Pinole eingesetzt werden, um Bohrungen zentrisch in das Drehteil einzubringen. Mit dem Handrad kann über eine Spindel die Pinole bewegt und ein Bohrvorgang durchgeführt werden. Im Gegensatz zum Bohren an der Bohrmaschine rotiert hier das Werkstück und der Bohrer führt keine Drehbewegung aus. Zum Kegeldrehen kann der Reitstock seitlich, parallel zur Drehachse verstellt werden. Dies dient jedoch ausschließlich zum Drehen langer, schlanker Kegel.

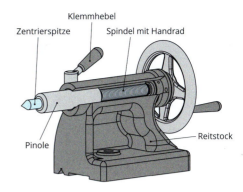

Reitstock

6.4.3 Spannen der Werkstücke

Zum Spannen von Werkstücken werden vorzugsweise Spannfutter verwendet. Diese gibt es sowohl mit drei als auch mit vier Backen (auch als Drei- bzw. Vierbackenfutter bezeichnet). Mithilfe von Wechselbacken oder durch Umkehr- oder Aufsatzbacken, wie beim Keilstangenfutter, kann das Backenfutter vom Außenspannen zum Innenspannen (z. B. bei Rohren) umgebaut werden. Beim Spannen des Werkstücks gilt, dass die Backen niemals zu weit herausragen dürfen, da diese ansonsten nicht mehr die notwendige Haltekraft aufweisen. Es besteht Unfallgefahr. Es sind daher unbedingt die Angaben der Herstellerfirmen zu berücksichtigen.

> Da das Dreibackenfutter durch seine Dreipunktauflage die ideale Verteilung aufweist, ist es bei zylindrischen Werkstücken zu bevorzugen.
>
> Ansonsten gilt für alle Spannungen: So kurz wie möglich, so lang wie notwendig.

Tab.: Dreibackenfutter und Vierbackenfutter mit ihrer jeweiligen Verwendung

Aufbau der Backenfutter

Die Kraftübertragung erfolgt beim Drehfutter mit Spiralring vom Kegelrad (1) über die Kegelverzahnung auf den Spiralring (2) und über die Spirale auf die Spannbacken (3).

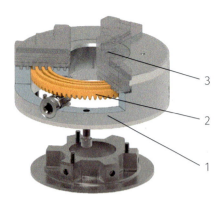

Aufbau Drehfutter mit Spiralring

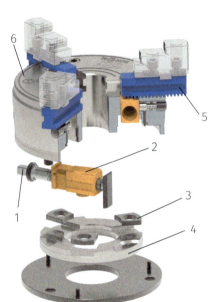

Beim Keilstangenfutter wird durch die Gewindespindel (1) die Kraft auf die Keilstange (2) übertragen. Die Keilstange bewegt über einen Gleitstein (3) den Treibring (4), welcher die Kraft auf die anderen Keilstangen leitet. Die Keilstangen verschieben mit ihrem schräg verlaufenden Profil die Grundbacken (5).

Die Vorteile des Keilstangenfutters sind:

- höhere Spannkraft
- größere Genauigkeit
- Spannbacken können gewendet werden.

 Der Anzeigestift (6) darf beim Spannen des Werkstücks nicht herausstehen.

Aufbau Keilstangenfutter

Planscheibe

Die Planscheibe hat vier einzeln verstellbare Backen und mehrere Aufspannnuten.

Sie wird zum Aufspannen von großen und unregelmäßig geformten Werkstücken genutzt.

Um einen unruhigen Lauf aufgrund ungleichmäßiger Gewichtsverteilung zu verhindern, muss mit Gegengewichten ausgewuchtet werden.

Aufbau einer Planscheibe

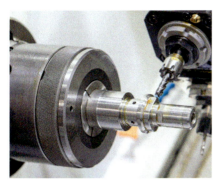

Einsatz von Spannzangenfutter

Spannzangenfutter

Spannzangenfutter gewährt eine sehr hohe Rundlaufgenauigkeit, haben jedoch nur eine geringe Durchmessertoleranz beim Spannen. Somit muss für das Bearbeiten eines anderen Durchmessers die Spannzange gewechselt werden.

Spannen zwischen Spitzen

Beim Spannen zwischen Spitzen wird auf der Antriebsseite eine feste Zentrierspitze und eine Mitnehmerscheibe verbaut, auf der Reitstockseite wird eine mitlaufende Zentrierspitze eingesetzt. Mit dem auf der Welle aufgesetzten Drehherz wird die Drehbewegung übertragen.

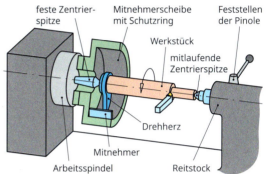

Spannen zwischen Spitzen mit Mitnehmerscheibe und Drehherz

Eine Alternative zu Mitnehmerscheibe und Drehherz stellen Stirnmitnehmer dar. Es handelt sich dabei um eine spezielle Körnerspitze mit ringförmig angeordneten Schneiden. Unter Druck werden die Schneiden in die Stirnfläche des Drehteils eingedrückt und eine Mitnahme erzielt.

Stirnmitnehmer

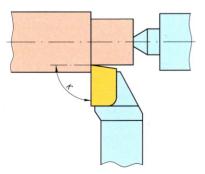

Längsdrehen langer Drehteile

Spannen mit Backenfutter und mitlaufender Zentrierspitze

Beim Einspannen im Backenfutter müssen lange Werkstücke auf der Gegenseite zentriert werden. Dies ist der Fall, wenn die Ausspannlänge größer ist als das Siebenfache des Drehteildurchmessers. Hierzu wird ebenfalls eine mitlaufende Zentrierspitze verwendet.

6.4.4 Spannen der Werkzeuge

Zum Einspannen des **Drehmeißels** gibt es mehrere Spannvorrichtungen, wobei Schnellwechsel-Werkzeughalter auf der Mehrzahl der konventionellen Drehmaschinen verbaut sind. Grundsätzlich ist zu beachten, dass der Drehmeißel auf die Mitte des Werkstücks eingestellt und kurz sowie sicher gespannt wird. Das Ausrichten des Drehmeißels auf Werkstückmitte kann mithilfe der Zentrierspitze erfolgen.

Schnellwechsel-Werkzeughalter

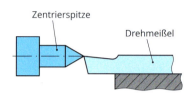

Drehmeißel „auf Mitte" einstellen

> Nur bei genauer Ausrichtung des Drehmeißels auf die Werkstückmitte ist ein optimaler Spanungsverlauf möglich, da Frei- und Spanwinkel im richtigen Verhältnis zum Werkstück stehen.

Bohrwerkzeuge können in die Pinole des Reitstocks eingesetzt werden, um Bohrungen zentrisch in das Drehteil einzubringen. Es wird dazu ein Bohrfutter in die Pinole eingesetzt und z. B. ein Zentrierbohrer, ein Spiralbohrer oder ein Senker mit zylindrischem Schaft damit eingespannt. Bohrwerkzeuge mit kegeligem Schaft (Morsekegel; MK) werden direkt in die Pinole eingesetzt, nachdem das Bohrfutter entnommen wurde.

6.4.5 Drehmeißel

Flächen und Schneiden an der Drehmeißelschneide

Die Begriffe der Zerspantechnik und die Geometrie am Schneidkeil der Werkzeuge sind in DIN 6581 festgelegt. So ist z. B. definiert, dass die Fläche, über die der Span abfließt, grundsätzlich als Spanfläche bezeichnet wird.

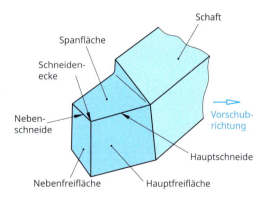

Flächen und Schneiden an der Drehmeißelschneide

Winkel an der Drehmeißelschneide

Die Grundform des Drehmeißels ist ein Keil mit Freiwinkel (α), Keilwinkel (β) und Spanwinkel (γ). In Summe ergeben die drei Winkel 90° ($\alpha + \beta + \gamma = 90°$)

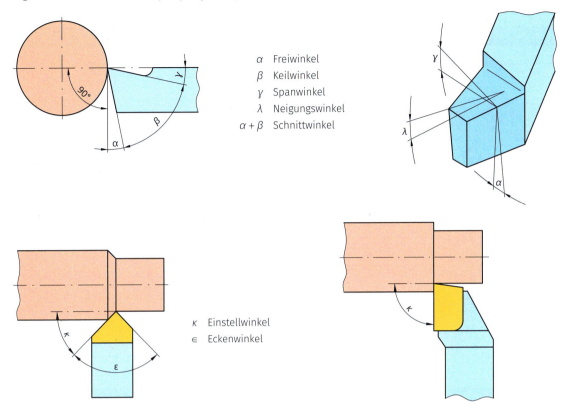

Winkel an der Drehmeißelschneide

Der **Einstellwinkel κ (Kappa)** ist der Winkel zwischen Hauptschneide und Vorschubrichtung (Werkstückachse) und wird im Allgemeinen zwischen 45° und 95° gewählt. Beim Längsdrehen von Wellen mit kleinem Durchmesser soll der Einstellwinkel ca. 90° betragen. Dadurch wirkt der Schnittdruck in Richtung Werkstückachse und ein Durchbiegen des Werkstücks wird verhindert.

Der **Eckenwinkel ε (Epsilon)** ist der Winkel zwischen Hauptschneide und Nebenschneide.

Spanungsquerschnitt

Die Größe und Form des Spanungsquerschnittes beeinflusst wesentlich die Schnittkraft. Der Spanungsquerschnitt ergibt sich aus der Schnitttiefe a_p (= Zustellung), dem Vorschub f_n (= seitliche Bewegung des Drehmeißels pro Umdrehung) und dem Einstellwinkel κ.
Für eine gute Oberfläche soll das Verhältnis $b:h$ oder $a_p:f_n$ im Bereich 4:1 bis 10:1 liegen.

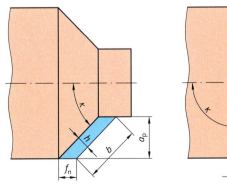

Spanungsquerschnitte

Formen der Drehmeißel

In der Regel verwendet man heutzutage Drehmeißel mit Wendeschneidplatten aus Hartmetall (HM), welche durch eine Klemmvorrichtung auf dem Halter (Klemmhalter) festgehalten werden. Dies ist wesentlich wirtschaftlicher und es entfällt das zeitaufwendige Nachschleifen.

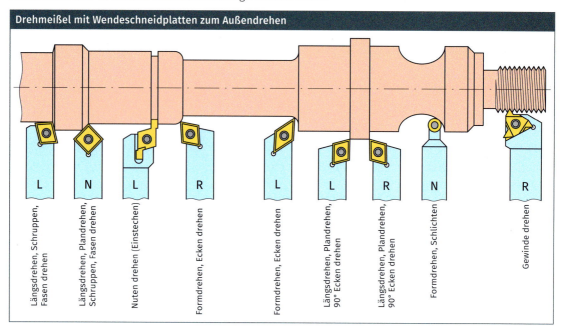

Tab.: Drehmeißel zum Außendrehen

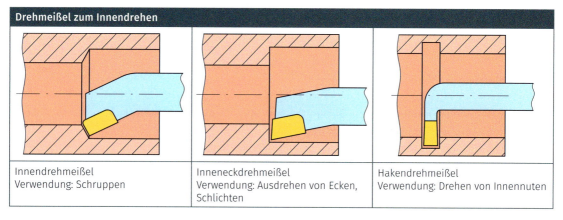

Tab.: Drehmeißel zum Innendrehen

6.4.6 Spanarten

Je nach Werkstoff, Schnittgeschwindigkeit, Schneidengeometrie, Vorschub und Zustellung entstehen unterschiedliche Späne. Dabei werden vier grundlegende Spanarten unterschieden.

Reißspäne

Reißspäne sind kurz und unregelmäßig geformt, da sie aus dem Werkstoff „herausgerissen" werden. Diese Spanart tritt besonders bei der Schruppbearbeitung auf (große Schnitttiefe, großer Vorschub).

Reißspäne

Fließspäne

Fließspäne sind lang und zusammenhängend und entstehen bevorzugt beim Bearbeiten von weichen und zähen Werkstoffen. Fließspäne behindern den Arbeitsablauf, da sie sich um das Werkzeug oder Werkstück wickeln und oft schwer zu entfernen sind. Zudem erhöhen sie die Unfallgefahr und können die Werkstückoberfläche beschädigen. Diese Spanart tritt besonders bei der Schlichtbearbeitung auf (geringe Schnitttiefe, kleiner Vorschub, hohe Schnittgeschwindigkeit).

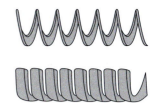
Fließspäne

Scherspäne

Scherspäne sind unregelmäßig zusammenhängend und entstehen vielfach bei zähen Werkstoffen. Es wird keine so hohe Oberflächengüte wie beim Fließspan erreicht.

Scherspäne

Lamellenspäne

Lamellenspäne sind auch Fließspäne, haben jedoch eine ausgeprägte Lamellenstruktur. Auslösend hierfür sind Schwankungen der Spanungsdicke aufgrund eines ungleichmäßigen Werkstoffgefüges.

Grundsätzlich sind kurze Späne anzustreben. Sie haben folgende Vorteile:
- geringe Unfallgefahr
- hohe Oberflächengüte
- gute Spanabfuhr

Die genannten Vorteile kurzer Späne können bei Fließspänen erreicht werden durch:
- Spanleitstufen am Drehmeißel
- Einsatz schwefelhaltiger Werkstoffe (sogenannte Automatenstähle), die für einen guten Spanbruch sorgen

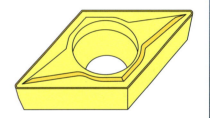
Drehmeißel mit Spanleitstufen

Informationen zur Schnittgeschwindigkeit beim Drehen erhalten Sie über den QR-Code.

6.4.7 Arbeitssicherheit bei der Arbeit an Drehmaschinen

Das Arbeiten an Drehmaschinen birgt große Gefahren. Daher ist die Beachtung der Unfallverhütungsvorschriften (UVV) unerlässlich. Die Betriebsanweisung muss im Bereich der Maschine sichtbar sein und die daran arbeitende Person muss darin nachweislich unterwiesen sein. Für das sichere Arbeiten an Drehmaschinen gibt es eine Vielzahl an Gesetzten, Vorschriften und Verordnungen. Unter anderem dienen folgende Maßnahmen der Unfallverhütung:

- Tragen fest anliegender Kleidung, bei langen Haaren Tragen eines Haarnetzes oder einer Kopfschutzhaube
- kein Tragen von Armbändern, Uhren oder sonstigem Schmuck bei der Arbeit
- kein Tragen von Schutzhandschuhen
- Tragen einer Schutzbrille ist empfehlenswert
- keine Veränderungen an Schutzeinrichtungen vornehmen
- auf exakte Werkstückeinspannung achten
- Nutzung von Sicherheits-Spannschlüsseln
- kein Entfernen von Spänen mit der Hand oder mit Druckluft, sondern Nutzung von Spänehaken

6.5 Fräsen

6.5.1 Grundlegendes zum Fräsen

Das Fräsen ist gemeinsam mit dem Bohren, Drehen und Schleifen eines der wichtigsten Fertigungsverfahren der Zerspantechnik. Wie bei all diesen Verfahren werden auch beim Fräsen von einem Werkstück Späne abgetrennt, um die gewünschte Werkstückform zu erzeugen.

Fräsen ist Spanen mit kreisförmiger, dem Fräswerkzeug zugeordneter Schnittbewegung. Im Gegensatz zum Bohren kann die Vorschubbewegung in mehrere Richtungen und auch gleichzeitig erfolgen. Die Drehachse der Schnittbewegung behält ihre Lage zum Werkzeug unabhängig von der Vorschubbewegung bei. Die entsprechende Werkzeugmaschine wird als Fräsmaschine bezeichnet. Da bei den Fräswerkzeugen (in der Fachsprache kurz „Fräser" genannt) sämtliche Winkel und Radien der Schneide bekannt sind, zählt das Fräsen zur Gruppe „Spanen mit geometrisch bestimmter Schneide" (DIN 8589).

Prinzip des Fräsens

Beim Fräsen rotiert das in der Regel mit mehreren Schneiden ausgestattete Fräswerkzeug, der Fräser, um seine Achse. Der Fräser ist durch eine spezielle Werkzeugaufnahme sicher in der Hauptspindel der Maschine eingespannt. Die Materialabnahme geschieht dadurch, dass entweder das Werkstück oder das Werkzeug eine Vorschubbewegung ausführt, die Schneiden in das Werkstück eindringen und das unerwünschte Material in Form von Spänen abtragen. Da die Vorschubbewegung je nach Fräsmaschine in mehreren Achsrichtungen (X-, Y-, Z-Achse) auch gleichzeitig möglich ist, können äußerst komplexe geometrische Körper, z. B. Turbinenschaufeln, auf Fräsmaschinen hergestellt werden. Die Vorschubbewegung kann sowohl manuell als auch computergesteuert (CNC: Computerized Numerical Control) erfolgen. Vorschubbewegungen in mehreren Achsen gleichzeitig, wie etwa beim Fräsen einer Turbinenschaufel erforderlich, sind allerdings nur auf entsprechenden CNC-Fräsmaschinen möglich.

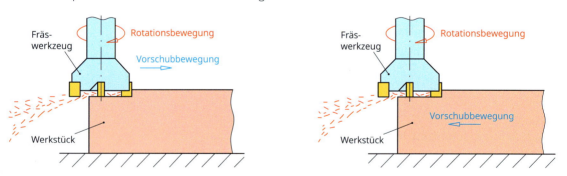

Prinzip des Fräsens. Vorschubbewegung durch Fräswerkzeug (links), Vorschubbewegung durch Werkstück (rechts)

6.5.2 Historische Entwicklung

Während das Bohren und das Drehen ihren Ursprung bereits in der Antike hatten, wurde das Fräsen erst zur Zeit der industriellen Revolution erfunden.

Das älteste Fräswerkzeug wird Jacques de Vaucanson, einem französischen Ingenieur nachgesagt und soll von 1760 stammen. Die älteste noch vorhandene Fräsmaschine dagegen stammt von 1818 und wurde von Eli Whitney gebaut, einem US-amerikanischen Ingenieur. Das Fräsen wurde zur damaligen Zeit vor allem zur Fertigung von Nuten bei der Produktion von Schusswaffen eingesetzt. Der Grundkörper der Fräsmaschine bestand größtenteils aus Holz. Gesteuert werden konnte der Frästisch von Hand oder durch ein Schneckengetriebe mit maschinellem Vorschub. Etwa Mitte des 19. Jahrhunderts entwickelte ebenfalls in den USA der

Ingenieur Francis A. Pratt eine Universalfräsmaschine. Diese wurde daraufhin auch in Europa unter dem Namen Lincoln-Fräsmaschine bekannt. Den Namen erhielt die Maschine nach dem Werkzeugbauer George S. Lincoln, der diese Art von Fräsmaschine fertigte. Die Lincoln-Fräsmaschine bildete bis ins frühe 20. Jahrhundert die Grundlage für den Bau weiterer Maschinen

Die Fräsmaschinen und die Werkzeugmaschinen insgesamt wurden ab dem frühen 20. Jahrhundert durch zwei technische Neuerungen verbessert: durch den Elektromotor und durch elektrische Steuerungen. Durch Letztere wurde vor allem die Bedienung vereinfacht, da zahlreiche Funktionen automatisierbar wurden. Außerdem wurde durch sie das **Kopierfräsen** ermöglicht, mit dem auch Werkstücke mit komplexer Form in mittleren Stückzahlen wirtschaftlich zu fertigen waren. Beim Kopierfräsen wird von einem dreidimensionalen Model (häufig aus Holz) die Geometrie durch einen Kopierfühler abgetastet und auf die Vorschubbewegung der Frässpindel übertragen. So entsteht eine „Kopie" des (Holz-)Modells aus Metall.

Universalfräsmaschine von Lincoln, 1861

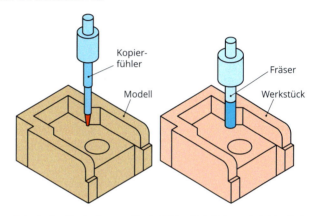

Prinzip des Kopierfräsens: Kopierfühler (links), Frässpindel (rechts)

In den 1970er- und 1980er-Jahren kamen dann u.a. auch Fräsmaschinen mit numerischen Steuerungen auf den Markt. Die Erstellung und Korrektur von Bearbeitungsprogrammen war damit auch direkt an der Steuerung der Maschine möglich. Heute sind CNC-Fräsmaschinen in der industriellen Fertigung sehr weit verbreitet. Sie haben die manuell gesteuerten Fräsmaschinen sowie die Kopierfräsmaschinen zu einem sehr großen Teil ersetzt. Mit dem Aufkommen der CNC-Technik spielten Kopierfräsmaschinen bei Herstellerfirmen nahezu keine Rolle mehr, während manuell gesteuerte Fräsmaschinen nach wie vor auch heute noch produziert werden. Sie werden insbesondere in den Bereichen Einzelteil- und Kleinstserienfertigung sowie in Ausbildungssituationen verwendet. Vielfach werden heute auch sogenannte CNC-Bearbeitungszentren eingesetzt, die eine Komplettbearbeitung auch sehr komplizierter Werkstücke ermöglichen (siehe folgende Tabelle).

Fräsmaschinen heute

| Manuell gesteuerte Universal-Fräs- und Bohrmaschine | CNC-Universalfräsmaschine | CNC-Bearbeitungszentrum |

Tab.: Fräsmaschinen

6.5.3 Bauarten von Fräsmaschinen

Fräsmaschinen sind durch drei oder mehr Bewegungsachsen gekennzeichnet, die dem Werkzeug- oder Werkstückträger zugeordnet sind. Manuell gesteuerte Universalfräsmaschinen bestehen aus einem horizontal und vertikal verfahrbaren Maschinentisch sowie einem horizontal beweglichen Spindelkopf mit Vertikal-Fräskopf. Das im Fräskopf eingespannte Werkzeug (z.B. ein Bohrer) kann außerdem manuell mit der Pinole ausgefahren werden. Die Bewegungsachsen der hier beispielhaft angeführten Maschinen sind als X-, Y- und Z-Achsen im kartesischen Koordinatensystem festgelegt (siehe Abbildung).

Bei CNC-Maschinen sind die Bewegungsachsen je nach Bauart unterschiedlich zugeordnet. CNC-Bearbeitungszentren verfügen oft auch über dreh- und schwenkbare Werkzeug- oder Werkstückaufnahmen. Hierbei handelt es sich dann um 4- oder 5-Achs-Fräsmaschinen.

Fräsmaschinen können nach unterschiedlichen Kriterien unterteilt und benannt werden. Mögliche Kriterien sind die Lage der Frässpindel (auch als Hauptspindel bezeichnet), die Ausführung des Ständers, die Art der Steuerung und bei CNC-Maschinen die Anzahl der CNC-Achsen. Eine strikte Einteilung der Fräsmaschinen ist heute nur noch schwer möglich, da mit den CNC-Bearbeitungszentren ein Maschinentyp existiert, der vielfältigere Bearbeitungen ermöglicht.

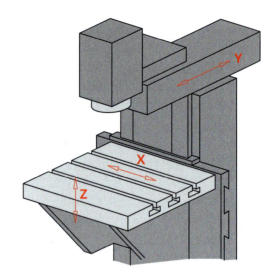

Benennung der Bewegungsachsen

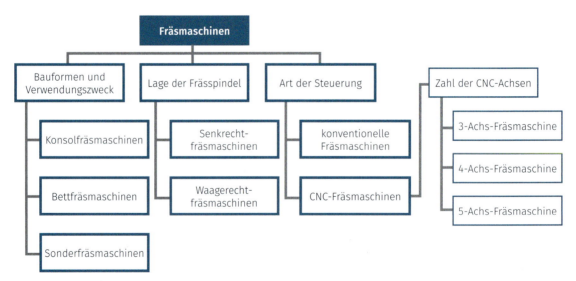

Mögliche Einteilung von Fräsmaschinen

Bei einer **Konsolfräsmaschine** ist der Maschinentisch an einem Ständer angebracht und wird an diesem in der Höhe verfahren. Der Tisch ist als sogenannter Kreuztisch ausgeführt und in zwei Achsen verfahrbar. Die Hauptspindel ist im Maschinengestell ortsfest angeordnet. Man unterscheidet zwischen folgenden Maschinen:

- Maschinen mit waagrechter Frässpindel
- Maschinen mit senkrechter Frässpindel
- in kombinierter Weise gebaute Maschinen mit schwenkbarem oder austauschbarem Fräskopf für das Waagerecht-, Senkrecht- oder Winkelfräsen

Konsolfräsmaschinen werden für die Bearbeitung kleiner und mittelgroßer Werkstücke eingesetzt. Insbesondere in der kombinierten Bauweise ist dieser Maschinentyp universell einsetzbar.

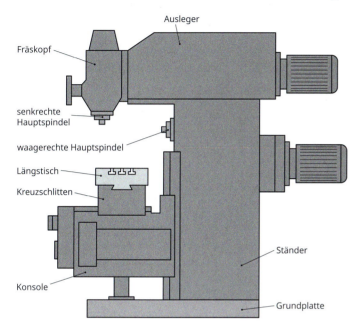

Schematische Darstellung einer Konsolfräsmaschine in kombinierter Bauweise

Bettfräsmaschinen

Bei Bettfräsmaschinen ist die unveränderliche Höhenlage des Maschinentisches und damit des Werkstücks typisch. Daher sind diese Maschinen für schwere Werkstücke sehr gut geeignet. Je nach Ausführung ist der Tisch in horizontaler Ebene gar nicht, in einer oder zwei Achsen verfahrbar. Ist der Tisch nicht verfahrbar, handelt es sich um die **Starrtischbauweise**. Bei der Bewegung in einer horizontalen Achse wird von der **Tischbauweise**, bei zwei horizontalen Achsen von der **Kreuztischbauweise** gesprochen (siehe Tabelle).

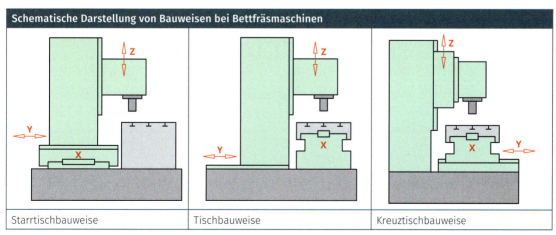

Tab.: Bauweisen bei Bettfräsmaschinen

6.5.4 Fräsverfahren

Je nach Einsatz und Verwendungszweck werden sechs verschiedenen Fräsverfahren unterschieden.

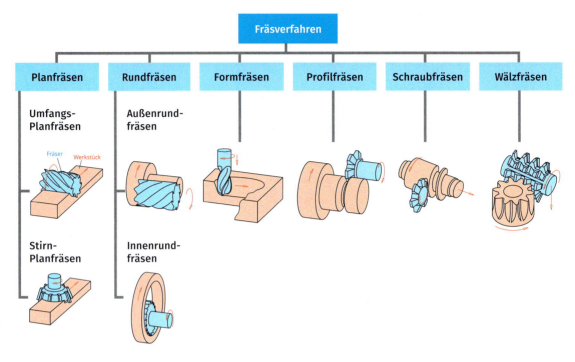

Übersicht zu Fräsverfahren

Planfräsen

Das Planfräsen wird eingesetzt, um ebene Flächen herzustellen. Das Verfahren zeichnet sich durch einen geraden Vorschub und eine senkrecht zum Werkzeug ausgeführte Drehbewegung aus. Unterteilt wird das Planfräsen in die zwei Bereiche Umfangs-Planfräsen und Stirn-Planfräsen.

Rundfräsen

Mit einer kreisförmigen Vorschubbewegung können zylindrische Flächen erzeugt werden. Es gibt das Außen- und das Innenrundfräsen (z. B. Kreiszapfen und -taschen). Die Vorschubbewegung kann vom Werkzeug oder vom Werkstück erzeugt werden.

Formfräsen

Mit CNC-gesteuerten Maschinen können beliebige ebene und räumliche Flächen (sogenannte Freiformflächen) hergestellt werden. Bei Freiformflächen kommen spezielle Fräswerkzeuge (z. B. Kugelschaftfräser) zum Einsatz. Durch die gleichzeitige Bewegung des Fräsers in mehreren Achsen wird die programmierte Geometrie des Werkstücks (z. B. Turbinenschaufel) gefräst.

Profilfräsen

Profilfräsen ist ein abbildendes Fräsverfahren. Das heißt, die Kontur des Fräswerkzeugs wird direkt auf das Werkstück übertragen. Es ist das wichtigste Verfahren zur Herstellung von Nuten beliebiger Form u. a. an prismatischen Werkstücken (z. B. T-Nuten).

Schraubfräsen

Das Schraubfräsen ist ein Fräsverfahren, bei dem unter wendelförmiger Vorschubbewegung schraubenförmige Flächen am Werkstück entstehen (z. B. Gewinde und Zylinderschnecken).

Wälzfräsen

Das profilierte Fräswerkzeug führt mit der Vorschubbewegung zusammen eine Wälzbewegung aus (z. B. Zahnräder und Keilwellen).

6.5.4.1 Gleich- und Gegenlauffräsen

Nach der Richtung der Vorschubbewegung zur Schnittbewegung unterscheidet man zwischen dem Gegenlauffräsen und dem Gleichlauffräsen.

Gleichlauffräsen:
Drehrichtung des Fräsers und Werkstückbewegung im Eingriffsbereich gleichgerichtet

Gegenlauffräsen:
Drehrichtung des Fräsers und Werkstückbewegung im Eingriffsbereich entgegengesetzt

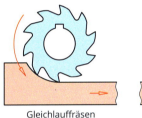

Gleichlauffräsen   Gegenlauffräsen

Umfangsfräsen im Gleich- und Gegenlauf

Beim **Stirnfräsen** kann es sowohl einen Gleichlauf- und einen Gegenlaufanteil geben. Bei symmetrischer Lage des Fräsers zum Werkstück sind die Wirkungen von Gleichlauf und Gegenlauf vernachlässigbar. Bei einer seitlichen Lage des Fräsers entstehen jedoch ähnliche Schnittbedingungen wie beim Umfangsfräsen.

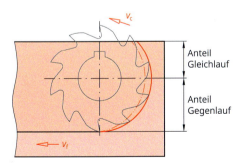
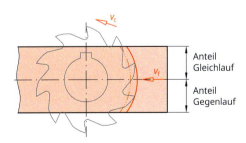

Gleich- und Gegenlauffräsen   Symmetrisches Fräsen

In aller Regel wird im **Gleichlauf** gefräst. Dieser bietet:
- bessere Oberflächengüte
- bessere Zerspanleistung
- einen ruhigeren Lauf

Ausnahmen:
- bei Werkstücken mit harter Randschicht (z. B. bei Gussteilen), damit die Fräserschneiden nicht durch den harten Rand eindringen müssen; der Fräser wird ansonsten schnell stumpf
- bei älteren, konventionellen Maschinen, da bei diesen die Verfahrspindeln nicht spielfrei sind und der Fräser beim Schruppen ins Werkstück gezogen werden kann; das Werkstück oder Werkzeug wird dann beschädigt

6.5.5 Aufbau der konventionellen Universalfräsmaschine

Konventionelle Fräsmaschinen sind in der Regel mit drei Achsen ausgestattet: einer vertikalen Achse, die das Anheben des Tisches zum Fräser hin ermöglicht (im Fall einer Fräsmaschine mit vertikaler Spindel; Z-Achse, siehe Abbildung), sowie zwei horizontalen Achsen, die die Bewegung des Tischs in Längs- und Querrichtung ermöglichen (X- und Y-Achse). Es kann auch eine vierte Achse auf der Fräsmaschine aufgebaut werden oder bereits werkseitig integriert sein. Diese vierte Achse (C-Achse) ermöglicht die Drehung des Tisches um die Z-Achse (sogenannter Rundtisch), sodass das Werkstück in verschiedenen Winkeln bearbeitet werden kann oder auch Radien, Kreiszapfen oder -taschen gefräst werden können.

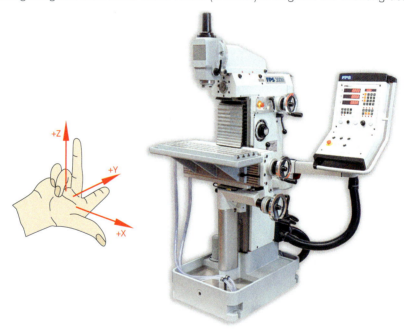

Um die Achsrichtungen richtig zuordnen zu können, muss man sich (gedanklich) vor die Maschine stellen und die rechte Hand in abgebildeter Weise zur Maschine halten. Dann ergeben sich folgende Richtungsangaben:

Rechte-Hand-Regel für die Zuordnung der Achsrichtungen

- Fräser nach rechts – Richtung x+
- Fräser nach links – Richtung x–
- Fräser nach hinten – Richtung y+

- Fräser nach vorne – Richtung y–
- Fräser nach oben – Richtung z+
- Fräser nach unten – Richtung z–

Die folgende Abbildung zeigt die wichtigsten Bauteile einer Universalfräsmaschine. Neue konventionelle Fräsmaschinen sind standardmäßig mit einer digitalen Positionsanzeige

6.5 Fräsen

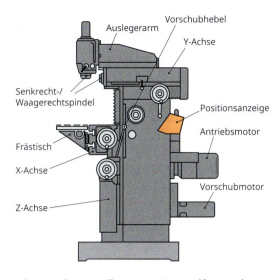

Schematische Darstellung einer Universalfräsmaschine

ausgestattet. Bei älteren Maschinen werden die Positionsanzeigen häufig nachgerüstet. Dazu werden an den jeweiligen Achsen lineare Wegmesssyteme montiert und entsprechend mit der Positionsanzeige verkabelt. Auf dem Bildschirm werden die für die Bearbeitung erforderlichen geometrischen Informationen angezeigt. Für jede Achse ist die Position des Werkzeugs im Verhältnis zum Werkstück abzulesen. Damit wird eine hohe Qualität und Wiederholbarkeit der durchgeführten Fräsbearbeitung erreicht und Ablesefehler, wie sie leicht bei der Nutzung der Skalen vorkommen, vermieden. Um Einzelheiten zum Aufbau und Funktion der Wegmesssystemen zu erfahren, nutzen Sie den QR-Code.

6.5.6 Spannen der Werkstücke

Das korrekte Festspannen von Werkstücken ist für eine funktionierende und sichere Fräsbearbeitung von enormer Wichtigkeit. Je nach Form und Material des Werkstücks stehen unterschiedliche Spannmittel zur Verfügung, die eine feste und sichere Spannung gewährleisten sollen.

Spannmittel beim Fräsen (Auswahl)	
Maschinenschraubstock	**Maschinenschraubstöcke** weisen eine sehr hohe Spannkraft auf und eignen sich hervorragend für Fräsarbeiten bei Werkstücken mit parallelen Flächen. Bei Werkstücken aus weicheren Werkstoffen ist darauf zu achten, dass sich das Werkstück nicht durch den hohen Spanndruck verformt. Es sind unterschiedliche Bauweise und Größen verfügbar. Die Schraubstöcke werden z. B. mit T-Nutensteinen direkt oder mit Spannpratzen (siehe folgende Seite) auf dem Maschinentisch verschraubt.
Teilapparat mit Dreibackenfutter	**Dreibackenfutter** werden zur Spannung von runden Werkstücken auf dem Maschinentisch verschraubt. Soll das Werkstück um einen definierten Winkel gedreht werden, ist ein Teilapparat (auch Teilkopf genannt) erforderlich, auf dem ein Backenfutter montiert ist. Mit dem Teilapparat kann eine winkelgenaue Positionierung vorgenommen werden, z. B. um einen Sechskant an eine Welle zu fräsen.
Hebelspanner	**Hebelspanner** bestehen aus einem Hebelmechanismus, mit dem eine große Spannkraft erzeugt wird. Die Spanner sind in verschiedenen Größen, Ausführungen und Materialien erhältlich. Werkstücke können damit schnell und sicher gespannt werden. Häufig finden sie bei **Spannvorrichtungen** für spezielle Werkstücke in der Serienfertigung Verwendung. Je nach Verwendung können die Spanner manuell, pneumatisch oder hydraulisch betätigt sein.

Spannmittel beim Fräsen (Auswahl, Fortsetzung)

 Vakuumtisch	**Spannplatten** ermöglichen das Fixieren flacher Werkstücke durch zwei unterschiedliche physikalische Phänomene. Bei einem **Vakuumtisch** (auch Unterdruckspanntisch oder Saugtisch genannt) wird die gelochte Aufspannplatte auf dem Maschinentisch montiert und mit Schläuchen an eine Vakkumpumpe angeschlossen. Durch den Unterdruck wird das Werkstück auf der Platte festgesaugt.
 Magnetspannplatte	Bei der **Magnetspannplatte** wird ein anderes physikalisches Phänomen genutzt: der Magnetismus. Magnete fixieren hierbei das Werkstück. Da bei beiden Verfahren keine weiteren Spanneinrichtungen notwendig sind, können alle Werkstückseiten (mit Ausnahme der Unterseite) bearbeitet werden.
 Spannpratzen	Mit **Spannpratzen** (oder auch **Spanneisen**) werden Werkstücke oder auch andere Spanneinrichtungen (wie z. B. Vorrichtungen, Schraubstöcke) auf dem Maschinentisch gespannt. Sie werden überwiegend dann verwendet, wenn das zu bearbeitende Werkstück nicht in einen Schraubstock gespannt werden kann. Die Spannpratzen befinden sich meistens an den Seiten oder Ecken des zu bearbeitenden Werkstücks. Die eine Seite liegt auf dem Werkstück, die andere Seite wird leicht erhöht von einer höhenverstellbaren Unterlage gestützt. In die T-Nuten des Maschinentisches werden T-Nutensteine eingeschoben, Stiftschrauben durch die Langlöcher der Spannpratzen geführt und in die T-Nutensteine geschraubt. Mit einer Bundmutter wird dann die entsprechende Spannung erzeugt und das Werkstück fixiert. Die Spannschraube muss so nah wie möglich am Werkstück positioniert werden, damit die Spannkraft in das Werkstück geleitet wird (Hebelgesetz).

Tab.: Spannmittel beim Fräsen

> Eine Werkstückspannung soll nicht nur fest, sondern vor allem sicher sein. Eine zu feste Einspannung birgt oftmals die Gefahr, das Werkstück zu beschädigen (Verformung).
> Grundsatz für alle Spannungen:
>
> So fest wie notwendig, nicht so fest wie möglich.
> Einspannung so kurz wie möglich, so lang wie notwendig.

6.5.7 Fräswerkzeuge

Fräswerkzeuge bzw. Fräser sind rotierende Bearbeitungswerkzeuge, an denen sich meistens mehrere Schneiden befinden. Sie bestehen aus hochlegierten Werkzeugstählen (HSS = **H**igh **S**peed **S**teel) oder Hartmetallen (VHM = **V**oll-**H**art-**M**etall). Um die Standzeit und Schnittleistung zu erhöhen, werden die Fräser teilweise mit einer speziellen Oberflächenbeschichtung ausgestattet. Im Unterschied zum Drehen befinden sich die einzelnen Schneiden nicht ständig im Eingriff. Sie tauchen bei jeder Umdrehung des Werkzeugs erneut in den Werkstoff ein und fahren wieder hinaus. Aufgrund dieser schlagartigen Belastung muss der Schneidstoff eine hohe Zähigkeit und eine Unempfindlichkeit gegen extreme Temperaturschwankungen besitzen.

Fräser können nach unterschiedlichen Kriterien eingeteilt werden. Eine Einteilung bezieht sich auf die Nutzbarkeit im Hinblick auf verschiedene Werkstoffgruppen nach DIN 1836 (siehe Tabelle). Die zu zerspanenden Werkstoffgruppe bestimmt die Schneidengeometrie der Werkzeuge.

Anwendungsgruppe	Anwendungsbereich
N (normal)	Zerspanen von Werkstoffen mit normaler Festigkeit und Härte, z. B. allgemeine Baustähle, weicher Grauguss und mittelharte Nichteisenmetalle
H (hart)	Zerspanen von harten, zähharten und/oder kurzspanenden Werkstoffen, z. B. sehr harte Stähle, Grauguss und spröde Kupferlegierungen
W (weich)	Zerspanen von weichen, zähen und/oder langspanenden Werkstoffen, z. B. weicher Stahl, Kupfer, Zinklegierungen, weiche Aluminium- und Magnesiumlegierungen sowie Kunststoffe

Tab.: Anwendungsgruppen von Werkzeugen

Am Beispiel von Walzenfräsern zeigt die folgende Tabelle die unterschiedlichen Winkel an der Werkzeugschneide in der jeweiligen Anwendungsgruppe.

Schneidenwinkel	Anwendungsgruppe		
	Typ H	Typ N	Typ W
Spanwinkel γ	6°	10°	25°
Freiwinkel α	4°	7	8°
Keilwinkel β	80°	73°	57°

Tab.: Schneidengeometrie in den verschiedenen Anwendungsgruppen

Fräser gibt es nicht nur für die unterschiedlichsten Werkstoffe, sondern auch in verschiedenen Ausführungsformen und für unterschiedliche Fräsaufgaben. Aus diesem Grund ist eine weitere Unterteilung zweckmäßig.

Ausführungsform: Vollfräser

Ist die Schneide mit dem Schaft einteilig, ist vom sogenannten Vollfräser die Rede.
Die Spiralnut zwischen den Schneiden am Vollfräser wird auch Spanraum oder Spannut genannt. Sie dient dazu, die anfallenden Späne schnell nach oben zu fördern.

Vollfräser

Ausführungsform: Fräs-/Messerkopf

Ein Messerkopf (auch Fräskopf genannt) ist ein Fräswerkzeug, in das Wendeschneidplatten eingesetzt werden. Diese sind z. B. bei Verschleiß sehr schnell auswechselbar. Die Werkzeuggeometrie und die Schnittdaten bleiben dabei erhalten.

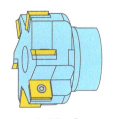

Fräskopf

Art der Mitnahme: Aufsteck- und Schaftfräser

Hat der Fräser mittig eine Bohrung, mit welcher er auf die passende Fräseraufnahme gesteckt wird, so handelt es sich um einen Aufsteckfräser.

Besitzt der Fräser einen Schaft, wie beim Spiralbohrer, so wird er in die passende Fräseraufnahme gesteckt und es handelt sich um einen Schaftfräser.

Aufsteckfräser

Schaftfräser

Art des Bearbeitungsergebnisses und der Werkzeugform:

Für die einzelnen Fräsaufgaben gibt es zahlreiche Ausführungen von Fräsern: Radiusfräser, Winkelfräser, Prismenfräser, Nuten- und T-Nutenfräser, Profilfräser, Schlitzfräser, Scheibenfräser, Langlochfräser und Gewindefräser.

Prismenfräser
(versch. Winkel)

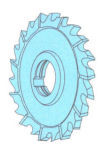
Scheibenfräser
kreuzverzahnt

Winkelstirnfräser

Halbkreisfräser
konvex

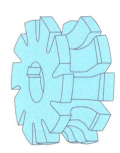
Halbkreisfräser
konkav

Schaftfräser mit Schrupp-Profil

Schaftfräser mit Schrupp-Schlicht-Profil

Schaftfräser

Schaftfräser mit Drallwinkel 55° (schlicht)

Nutenfräser

Schaftfräser mit runder Stirn

Stirnfräser

Radiusfräser (Viertelkreis 90°)

Winkelfräser (verschiedene Winkel)

T-Nutenfräser

Feinheit der Bearbeitung:

Schruppfräser werden für die grobe Bearbeitung und Schlichtfräser für die nachfolgende Feinbearbeitung eingesetzt. Als Kombinationslösung gibt es auch noch Schlicht-/Schruppfräser. Die Unterschiede sind am Aufbau der Schneide zu erkennen.

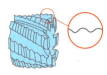
Walzenstirnfräser mit Schrupp-Profil

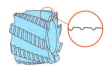
Walzenstirnfräser mit Schrupp-Schlicht-Profil

Walzenstirnfräser mit Schlichtprofil

Walzenstirnfräser für unterschiedliche Oberflächengüten

Anzahl der Schneiden:
1-Schneider, 2-Schneider, 3-Schneider und 4-Schneider
Es gilt: Je höher die Festigkeit/Härte des Werkstoffs, desto mehr Schneiden sollten vorhanden sein.

Einsatzmöglichkeiten und Auswahl von Fräsern

Es gibt einige Faktoren, die die Werkzeugwahl beeinflussen:

- Werkstückkontur (Form und Größe); wenn axial ins Material eingetaucht wird, müssen zentrumschneidende Werkzeuge eingesetzt werden (meistens 2- oder 3-Schneiden-Schaftfräser)
- Art der zur Verfügung stehenden Maschinen (Leistung und Stabilität)
- zu bearbeitender Werkstoff
- Zerspanleistung und Oberflächenqualität

Schaftfräser		Aufsteckfräser	
	Langlochfräser (2- oder 3-Schneiden) mit Zentrumsschliff		Walzenfräser zum Fräsen von Planflächen
	Schaftfräser für tiefe Nuten (ohne Zentrumsschliff)		Walzenstirnfräser zum Fräsen von Ecken und Planflächen
	Winkelfräser zum Fräsen von Winkelführungen		Winkelstirnfräser zum Fräsen von Winkelführungen

Schaftfräser		Aufsteckfräser	
	T-Nutenfräser zum Fräsen von T-Nuten		Scheibenfräser zum Fräsen von Führungen
	Schlitzfräser		Prismenfräser zum Fräsen von Nuten und Schlitzen
	Gesenkfräser Umriss- und 3D-Fräsen		

Tab.: Einsatzmöglichkeiten von verschiedenen Schaft- und Aufsteckfräsern

6.5.8 Spannen der Fräswerkzeuge

Die Fräseraufnahme stellt die Schnittstelle zwischen dem Fräser und der Hauptspindel der Fräsmaschine dar. Richtig ein- bzw. aufgespannte Fräser sind Voraussetzung für eine gute und sichere Fräsarbeit. Dabei ist unbedingt auf einen exakten Rund- und Planlauf zu achten.

Zudem sollten Fräser möglichst kurz eingespannt werden, um die Hebelwirkung so gering wie möglich zu halten (Durchbiegung). Für unterschiedliche Fräser und Fräsaufgaben existieren verschiedene Fräseraufnahmen. Im Folgenden werden einige weitverbreitete Aufnahmen vorgestellt.

 Fräser sind vor dem Einsetzen stets zu reinigen und zu kontrollieren.

Die Auswahl der Fräseraufnahmen kann auf Grundlage verschiedener Kriterien getroffen werden (Beispiele):
• Art des Fräsens (horizontal/vertikal)

- Art des Fräsers (Einsteck- oder Aufsteckfräser)

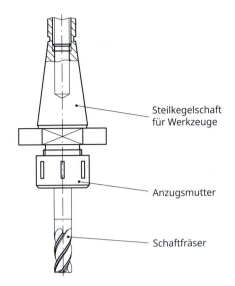
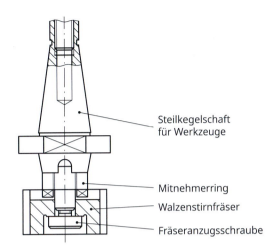

Befestigung Einsteckfräser

Befestigung Aufsteckfräser

- Größe der Steilkegelaufnahme (SK, z. B. SK 10 – SK 15 – SK 20 – SK 25 – SK 30 – SK 35 – SK 40 – SK 45 – SK 50 – SK 60)
Der Steilkegel ist genormt (DIN 69871 und DIN 2080).

Fräseraufsteckdorn SK 40

6.5.9 Spanarten beim Fräsen

Wie bereits beim Drehen beschrieben, gibt es vier Hauptarten von Spänen: Fließ-, Scher-, Reiß- und Lamellenspan. Da jedoch beim Fräsen die einzelne Werkzeugschneide durch die Drehbewegung des Fräsers nur für kurze Zeit im Einsatz ist, kommt es im Gegensatz zum Drehen zu keinen langen Fließspänen.

Beim Umfangsfräsen entscheidet lediglich die Zustelltiefe über die Spanlänge.

Je nach Fräsverfahren (Gleich- oder Gegenlauffräsen) kommt es jedoch zu zwei wesentlichen Unterschieden in der Spanentwicklung. Während beim Gleichlauffräsen der Span dick beginnt und dann immer dünner wird (fallende Kommaform), verhält es sich beim Gegenlauffräsen genau umgekehrt. Der Span beginnt dünn und wird immer dicker (steigende Kommaform).

Späne beim Umfangsfräsen mit einem Schlicht-Schaftfräser

6 Zerspanen und Schneiden

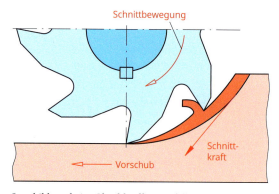
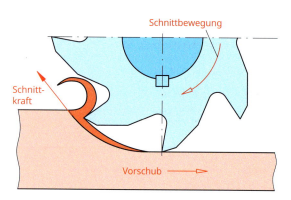

Spanbildung beim Gleichlauffräsen: fallende Kommaform

Spanbildung beim Gegenlauffräsen: steigende Kommaform

Spanbildung beim Stirnfräsen

Da beim Stirnfräsen die Fräserschneiden nur eine geringe Einsatztiefe haben, fallen auch die Späne entsprechend kurz aus.

> Das Ziel beim Fräsen ist es, den Span vom Werkstück wegzubekommen, da dieser sonst das Fräsergebnis negativ beeinflussen kann. Dies geschieht durch den Einsatz entsprechender Fräser, angepasster Schnittwerte sowie dem Einsatz von Druckluft und Kühlschmierstoffen.

Späne beim Stirnfräsen mit einem Messerkopf

6.5.10 Arbeitssicherheit bei der Arbeit an Fräsmaschinen

Das Arbeiten an Fräsmaschinen birgt große Gefahren. Daher ist die Beachtung der Unfallverhütungsvorschriften (UVV) unerlässlich. Die Betriebsanweisung muss im Bereich der Maschine sichtbar sein und die daran arbeitende Person muss darin nachweislich unterwiesen sein. Für das sichere Arbeiten an Fräsmaschinen gibt es eine Vielzahl an Gesetzen, Vorschriften und Verordnungen. Unter anderem dienen folgende Maßnahmen der Unfallverhütung:

- Tragen fest anliegender Kleidung, bei langen Haaren Tragen eines Haarnetzes oder einer Kopfschutzhaube
- kein Tragen von Armbändern, Uhren oder sonstigem Schmuck bei der Arbeit
- kein Tragen von Schutzhandschuhen
- Tragen einer Schutzbrille ist empfehlenswert
- keine Veränderungen an Schutzeinrichtungen vornehmen
- auf exakte Werkstück- und Werkzeugeinspannung achten, Montagewerkzeug unbedingt aus dem Arbeitsbereich der Maschine entfernen
- kein Entfernen von Spänen mit der Hand oder Druckluft, sondern Nutzung von Pinsel, Handfeger, Spänehaken etc.
- Anwenden von Hautschutz

6.6 Handlungssituation: Nachrüstung einer 3-Achs-CNC-Fräsmaschine mit einem 2-Achs-Dreh-Schwenktisch

Sie sind als Fachkraft im Betriebsmittelbau eingesetzt und erhalten folgenden Auftrag: Um die Fertigungsmöglichkeiten zu erweitern, soll eine bestehende 3-Achs-CNC-Fräsmaschine mit einem 2-Achs-Dreh-Schwenktisch nachgerüstet werden. Hierfür muss eine geeignete Adapterplatte angefertigt werden, um den Schwenktisch auf dem Maschinentisch der CNC-Fräsmaschine zu spannen. Zur Einordnung dieser Handlungssituation in den gesamtbetrieblichen Ablauf siehe auch Kapitel 1.3.1.

2-Achs-Dreh-Schwenktisch   Maschinentisch der Fräsmaschine

Die Adapterplatte aus dem Werkstoff AlMg4,5Mn ist bereits auf das Fertigmaß (615 × 300 × 20) bearbeitet zugeliefert worden. Es sind durch Sie zum einen noch M6-Gewindebohrungen für die Befestigung des Schwenktisches und der Ringschrauben (Anschlagmittel für den Transport) in die Platte einzubringen. Zum anderen sind 2×3 Durchgangsbohrungen für die Befestigung auf dem Maschinentisch herzustellen. Der T-Nutenabstand des Maschinentisches beträgt 50 mm, die T-Nutensteine haben ein M8 Gewinde.

ANALYSIEREN

Im ersten Schritt wird der Auftrag sehr gründlich analysiert. Es ist eine Skizze anzufertigen und die entsprechenden Maße sind zunächst für die Befestigung des Schwenktisches auf der Adapterplatte einzutragen. Die Maße sind den beigefügten Unterlagen zu entnehmen und am Schwenktisch vorsichtshalber zu prüfen. Ferner werden die Positionen der Ringschrauben festgelegt, die als Anschlagmittel für den Transport des Schwenktisches dienen. Beim Anheben mit dem Kran soll sich der Schwenktisch in einer waagerechten Lage befinden. Hieran anschließend sind die Durchgangsbohrungen für Innensechskantschrauben M8 zur Befestigung auf den Maschinentischen in die Skizze einzutragen. Nach Fertigstellung der Skizze werden Informationen für die Fertigung der Adapterplatte benötigt.

6 Zerspanen und Schneiden

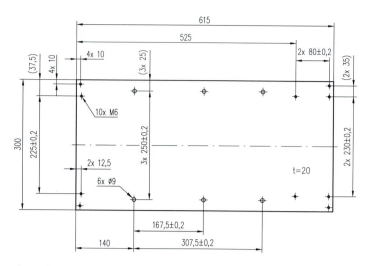

Skizze der Adapterplatte

INFORMIEREN

In diesem Schritt werden alle notwendigen Informationen für die Fertigung eingeholt. Zunächst steht die Auswahl der Maschine an. Für die Herstellung der Bohrungen stehen im Betriebsmittelbau der Firma aktuell zwei dafür geeignete Werkzeugmaschinen zur Verfügung: Eine Säulenbohrmaschine und eine konventionelle Fräsmaschine. Es ist abzuwägen, welche Maschine genutzt werden soll. Alle erforderlichen Werkzeuge stehen im Betrieb zur Verfügung. Es handelt sich hier ausschließlich um Standardwerkzeuge.

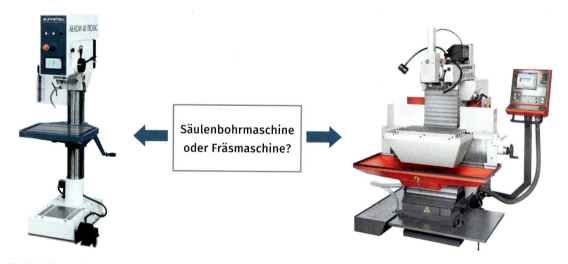

Säulenbohrmaschine   Konventionelle Fräsmaschine mit Digitalanzeige

Welche Maschine sollte ausgewählt werden?
Der Vorteil der Bearbeitung auf der Fräsmaschine liegt in erster Linie in dem präzisen Herstellen der Bohrungsabstände, da über die an der Maschine vorhandene Positionsanzeige die einzelnen Bohrpositionen sehr einfach und genau über die X- und Y-Achse angefahren werden können. Das Ausrichten und Spannen der Adapterplatte auf dem Maschinentisch würde allerdings einen gewissen Aufwand bedeuten. Auf der

Säulenbohrmaschine wäre dieser deutlich geringer. Wahrscheinlich würde auch bei der Fertigung auf der Fräsmaschine nicht auf ein Anreißen der Bohrungen verzichtet werden, obwohl dies prinzipiell nicht erforderlich wäre. Um mögliche Fehler auszuschließen würde aber auch hier ein Anreißen durchgeführt werden. Ferner könnten auf der Fräsmaschine u. a. auch die Gewindebohrungen gleich an der jeweiligen Position eingebracht werden. An den angefahrenen Positionen würden sämtliche Fertigungsschritte (Zentrieren, Bohren, Senken, Gewindeschneiden) durchgeführt. Allerdings würde der jeweils erforderliche Werkzeugwechsel auch insgesamt einige Zeit in Anspruch nehmen. Bei der Fertigung auf der Säulenbohrmaschine würden deutlich weniger Werkzeugwechsel erforderlich sein, da die Platte auf dem Tisch unter das jeweilige Werkzeug geschoben wird.

Nach Abwägung der jeweiligen Vor- und Nachteile fällt die Entscheidung auf die Nutzung der Säulenbohrmaschine. Die M6-Gewinde sollen mit Gewindebohren von Hand mit einem Windeisen an der Werkbank hergestellt werden. Für die Herstellung der Adapterplatte erfolgt auf der Basis dieser Entscheidungen eine detaillierte Arbeitsplanung.

PLANEN

Arbeitsplan

AG-Nr.	Arbeitsgang	Werkzeuge/Hilfsmittel	Bemerkung/Arbeitswerte
	Arbeit an der Anreißplatte/Werkbank		
1	Bohrungen auf der Adapterplatte anreißen, Bohrungsmittelpunkte körnen	Anreißplatte, Höhenreißer, Werkbank, Körner, Schlosserhammer	Maße aus Skizze übertragen
	Arbeit an der Säulenbohrmaschine		
2	Säulenbohrmaschine vorbereiten: Tischhöhe einstellen und fixieren, Schnellspannbohrfutter in die Arbeitsspindel einsetzen, Adapterplatte auf den Tisch legen, Spannpratze als Sicherung gegen Verdrehen sowie sämtliche Werkzeuge und Schutzbrille bereitlegen	Säulenbohrmaschine, Schnellspannbohrfutter, Spannpratze, Werkzeuge: HSS Zentrierbohrer, DIN 333 Form A, Nenn-ø DC: 1,25mm HSS-Bohrer, Typ N, 9 mm HSS-Bohrer, Typ N, 5 mm Kegelsenker 90°	Maschine hinsichtlich Funktion und Arbeitssicherheit überprüfen, aus Tabellen für AlMg4,5Mn die Schnittgeschwindigkeit v_c entnehmen und jeweilige Drehzahl n für Bohrer bestimmen: $v_c = 50$ m/min
4	16 x Bohrpositionen mit Zentrierbohrungen versehen	HSS Zentrierbohrer, DIN 333 Form A, Nenn-ø DC: 1,25 mm	Schutzbrille anlegen, $n = 2600$ U/min und Bohrtiefenanschlag einstellen
5	6 x Bohren der Durchgangslöcher für Schrauben M8	HSS-Bohrer, Typ N, 9 mm, Kühlschmierstoff	$n = 1750$ U/min, Werkstück gegen Verdrehen mit Spannpratze sichern, Freigang des Bohrers in Tischnut oder durch Unterlage sicherstellen
6	10 x Bohren der Kernlochbohrung für Gewinde M6	HSS-Bohrer, Typ N, 5 mm, Kühlschmierstoff	$n = 3200$ U/min
7	Bohrungen ansenken, Kernlochbohrungen auf Gewindedurchmesser 6 mm, weitere Bohrungen beidseitig „anfasen"	Kegelsenker 90°	$n = 800$ U/min und Bohrtiefenanschlag für Kernlochbohrungen einstellen

6 Zerspanen und Schneiden

Arbeitsplan (Fortsetzung)			
8	Adapterplatte zur Werkbank transportieren		Handschuhe tragen
9	Säulenbohrmaschine und Werkzeuge reinigen, Werkzeuge einsortieren, Aluspäne in den vorgesehenen Spänebehälter geben	Pinsel, Handfeger, Späneschaufel, Putzlappen	Handschuhe tragen
Arbeit an der Werkbank			
10	Adapterplatte unter Verwendung von Unterlegleisten (Freigang Gewindebohrer) auf die Werkbank spannen, erforderliche Werkzeuge bereitlegen	Schraubzwinge	Arbeitssicherheit
11	10 × Gewindebohren M6 einbringen	Handgewindebohrersatz, Windeisen, Anschlagwinkel, Schneidöl/-spray	Anschlagwinkel benutzen, um senkrechte Lage des Gewindebohrers zu prüfen
12	Lage und Maßhaltigkeit der Bohrungen und Gewinde prüfen	Messschieber, Gewindelehrdorn	Abgleich mit Maßen der Skizze
13	Adapterplatte, Werkzeuge und Werkbank reinigen, Gewindebohrungen mit Druckluft ausblasen, Werkzeuge und Prüfmittel einsortieren	Pinsel, Handfeger, Putzlappen, Druckluft-Ausblaspistole	Handschuhe tragen, beim Ausblasen der Gewindebohrungen mit Druckluft Schutzbrille tragen
14	Adapterplatte zum Montageplatz für den 2-Achs-Dreh-Schwenktisch transportieren		Handschuhe tragen

Tab.: Arbeitsplan

DURCHFÜHREN

Der Arbeitsplan wird abgearbeitet, dabei wird u. a. auf die Einhaltung der Arbeitssicherheitsvorschriften geachtet. Beim Bohren an der Säulenbohrmaschine ist eine Schutzbrille zu tragen, aber keine Handschuhe. Bei Transport- und insbesondere Reinigungsarbeiten sind Handschuhe durchaus zu empfehlen.

AUSWERTEN

Nach der Auftragsdurchführung wird die getroffene Auswahl der Maschine (Säulenbohrmaschine anstelle Fräsmaschine) ausgewertet. Würde nach der Feststellung u. a. der Maßhaltigkeit, des Zeitaufwandes ein ähnlicher Auftrag wieder in gleicher Weise durchgeführt werden? Welche Arbeitsschritte könnten ggf. optimiert werden?

FÜGETECHNIK

7

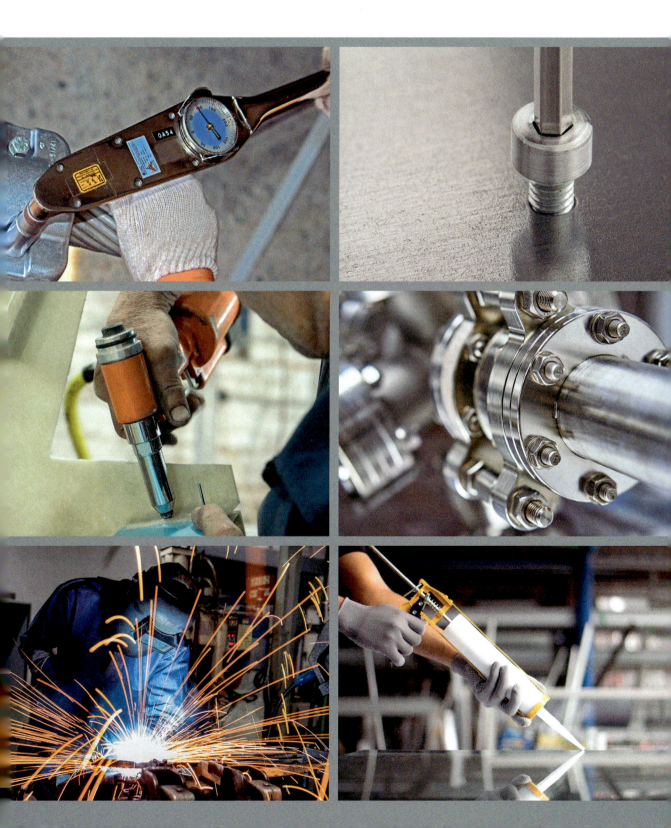

7 Fügetechnik

Berufliche Handlungssituation

Maschinen, Werkzeuge und Vorrichtungen bestehen aus vielen Einzelteilen, die miteinander verbunden werden müssen. Das Herstellen von Verbindungen zwischen Einzelteilen bezeichnet man auch als **Fügen**, das Fügen ist als **Fertigungsverfahren nach DIN 8580** genormt. Das Herstellen und Lösen von Fügeverbindungen zwischen verschiedenen Bauteilen betrifft fast alle Tätigkeitsfelder in den industriellen Metallberufen. Allem voran Montage- und Demontagearbeiten, im Rahmen der Herstellung oder Instandhaltung von Maschinen, Werkzeugen und Vorrichtungen. Die Abbildung zeigt das Bodenschildstützrad eines Nachklärbeckens, dessen Montage am Ende dieses Kapitels dargestellt wird.

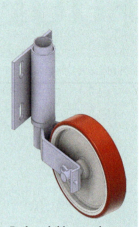

Bodenschildstützrad

Zur Herstellung von Baugruppen müssen die einzelnen Bauteile miteinander verbunden werden, hierzu können verschiedene Fügetechniken eingesetzt werden. Welche Fügetechnik Verwendung findet, hängt von verschiedenen Anforderungen ab. Etwa davon, ob die Verbindung die Bauteile fest oder beweglich miteinander verbinden soll, wie groß die zu übertragenden Kräfte oder Drehmomente sind, aber auch davon, ob die Materialien für die angedachte Fügetechnik geeignet sind.

Berufliche Tätigkeiten	Industrie-mechaniker/-in	Werkzeug-mechaniker/-in	Zerspanungs-mechaniker/-in
Flanschblech an ein U-Profil aus dem Werkstoff S235JR schweißen	●	◐	◔
Ein Typenschild durch Blindnieten anbringen	◐	◐	◐
Gleitlager in Gehäuse einkleben	●	◐	◔
Platten einer Vorrichtung verstiften	◐	◐	◔
Mechanische Spannvorrichtung für Frästeile montieren	◐	◐	●

Tab.: Typische Montagearbeiten von unterschiedlichen Berufen

7.1 Grundlagen des Fügens

> **Fügen**
>
> Das Fügen ist nach DIN 8593 das dauerhafte Verbinden von zwei oder mehr Werkstücken. Werkstücke oder auch Bauteile werden gefügt, um (technische) Systeme oder Funktionseinheiten herzustellen, z. B. Maschinen, Werkzeuge oder Vorrichtungen. Eine durch Fügen hergestellte Verbindung kann lösbar oder unlösbar sein. Die unterschiedlichen Fügeverfahren unterscheidet man unter anderem nach ihren Wirkungsweisen „formschlüssig" (z. B. Stiftverbindung), „kraftschlüssig" (z. B. Schraubenverbindung) und „stoffschlüssig" (z. B. Schweißverbindung). Außerdem werden Verbindungen noch nach ihrer Beweglichkeit in starr und beweglich unterschieden. Eine Schraubenverbindung ist z. B. eine starre, lösbare und kraftschlüssige Verbindung.

Lösbare Verbindungen

Lösbare Verbindungen können ohne Zerstörung der Verbindungselemente oder Fügeteile gelöst werden (z. B. Verschraubungen oder Stiftverbindungen wie im oberen Teil der Abbildung). Sie kommen vor allem zum Einsatz, wenn am Zusammenbau Veränderungen vorgenommen werden müssen, etwa um Bauteile auszutauschen. Aber auch wenn Baugruppen nur kurze Zeit benötigt werden und deren Bauteile wiederverwendet werden sollen (z. B. für Spannvorrichtungen) werden oft lösbare Verbindungen eingesetzt.

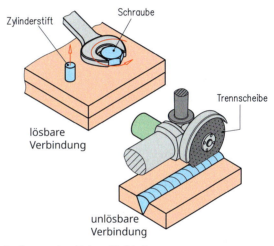

Lösbare und unlösbare Verbindungen

Unlösbare Verbindungen

Diese sind nicht wirklich unlösbar, aber man kann sie nicht zerstörungsfrei lösen. Miteinander verschweißte Bauteile müssen beispielsweise mit einem Trennschleifer (oder einem anderen geeigneten Werkzeug) getrennt werden, hierbei wird mindestens die Schweißnaht zerstört (wie im unteren Teil der Abbildung zu sehen) und auch eine Beschädigung der Bauteile ist nicht auszuschließen.

Beweglichkeit

Bewegliche Verbindungen ermöglichen es den gefügten Werkstücken, sich gegeneinander zu verdrehen oder zu verschieben (z. B. Bolzenverbindung, rechts in der Abbildung). **Starre Verbindungen** hingegen sollen verhindern, dass sich die gefügten Werkstücke gegeneinander verdrehen oder verschieben (z. B. Schraubenverbindung, links in der Abbildung).

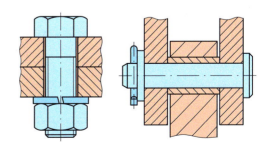

Starre und bewegliche Verbindungen

Neben den genannten Eigenschaften unterscheidet man Fügeverbindungen nach ihren **Wirkprinzipien Kraftschluss** (z. B. Schraubenverbindungen), **Formschluss** (z. B. Stiftverbindungen) und **Stoffschluss** (z. B. Schweißverbindungen). Im Folgenden werden diese drei Wirkprinzipien und ihre wichtigsten Verbindungen und Fügeverfahren vorgestellt.

7.2 Kraftschlüssiges Fügen

> **Kraftschlüssige Verbindungen**
> Bei kraftschlüssigen Verbindungen erfolgt die Kraftübertragung in der Fügestelle durch Reibung. Die Anpresskraft der Verbindungselemente erhöht dabei die Reibung zwischen den Bauteilen (oder ermöglicht diese erst) und verhindert so ein Verschieben oder Lösen.

7.2.1 Überblick kraftschlüssige Verbindungen

Schraubenverbindung

Die Schraubenverbindung ist eine der bekanntesten kraftschlüssigen Verbindungen. Die Reibung herrscht hier vor allem zwischen den Gewindegängen von Schraube und Mutter bzw. der Außen- oder Innengewinde der Fügeteile. Im gezeigten Beispiel wurden zwei Bauteile mit einer Durchsteckschraube verbunden (wird im Folgenden erläutert). Die Reibung besteht hier zwischen der Schraube und der Mutter. Die beiden Fügeteile werden durch die Schraubenverbindung aneinandergepresst. Umso stärker die Fügeteile aneinandergepresst werden, umso größer wird die Normalkraft F_N, wodurch die Reibung zwischen den Fügeteilen größer wird und sich diese nicht mehr gegeneinander verschieben lassen.

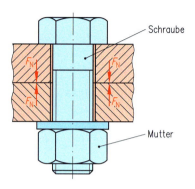

Schraubenverbindung

Klemmverbindung

Auch bei der Klemmverbindung kommt eine Schraube zum Einsatz, namensgebend ist hier in der Abbildung aber die Klemmnabe. Bei den Klemmverbindungen wird eines der Fügeteile durch ein anderes eingeklemmt, meistens das innere Fügeteil durch das äußere.

Zur Herstellung der Klemmnabe wurde das Bauteil von außen bis zur Bohrung geschlitzt, wodurch sozusagen eine Zange entstanden ist. Durch das Anziehen der Schraube wird der Schlitz wieder geschlossen und so die Welle in der Nabe geklemmt. Klemmnaben kommen zum Beispiel bei Kupplungen zum Einsatz, um die Kupplung mit dem Wellenende zu verbinden.

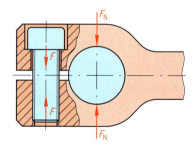

Klemmverbindung

Pressverbindung

Bei der gezeigten Kegelverbindung wird der Kegel durch Anziehen der Mutter in die konische Bohrung eingezogen. Dadurch werden die beiden Flächen aneinandergepresst (ähnlich einer Übergangs- oder Übermaßpassung, je nach Kraftaufwand). Durch diesen Anpressdruck erhöht sich die Reibung zwischen den beiden Bauteilen und es lassen sich sogar Drehbewegungen (und Drehmomente) übertragen. Bei Fräseraufnahmen kommen beispielsweise ähnliche Kegelverbindungen zum Einsatz, aber auch bei Bohrmaschinen oder Reitstöcken an Drehmaschinen, mit dem Unterschied, dass dort in der

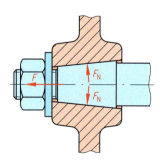

Pressverbindung

Regel die Anpresskraft nicht zusätzlich durch eine Schraubenverbindung erhöht wird. Zylindrische Bauteile können ebenfalls mit einer Pressverbindung gefügt werden, wenn eine Übermaßpassung besteht.

7.2.2 Schraubenverbindungen

Schrauben sind so vielseitig einsetzbar, dass es sie in vielen unterschiedlichen Größen und Formen sowie aus unterschiedlichen Werkstoffen gibt. Ein wichtiges Merkmal von Schraubenverbindungen ist, dass sie lösbar sind.

Welche Schraube (Größe, Form und Werkstoff) zum Einsatz kommt, hängt davon ab, wie die zu verbindenden Werkstücke gestaltet wurden und welchen Belastungen sie ausgesetzt werden sollen. Kopfschrauben kommen am häufigsten zur Anwendung. Die nebenstehende Abbildung stellt die Bezeichnungen an einer Sechskantschraube dar.

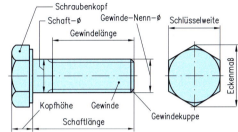

Bezeichnungen an einer Sechskantschraube

Je nachdem wie die zu verbindenden Bauteile gestaltet wurden, spricht man von Einzieh- oder Durchsteckverbindungen.

Die **Durchsteckverbindung** ist schnell und kostengünstig (wirtschaftlich) herzustellen, indem man lediglich eine Durchgangsbohrung in die zu verbindenden Bauteile bohrt. Die Bauteile werden aneinandergelegt und die Schraube wird durch die Durchgangsbohrungen durchgesteckt. Zuletzt wird eine Mutter aufgeschraubt. Die Auflageflächen von Schraubenkopf und Mutter sollen parallel zueinander sein, damit sich die Bauteile nicht verkanten. Zu beachten ist hierbei außerdem, dass die Mutter und häufig auch der Schraubenkopf über die Bauteile hinausragen (wie in der Abbildung zu sehen). Außerdem wird viel Raum für die Montage der Schraube und der Mutter benötigt.

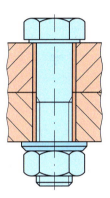

Durchsteckverbindung

Im Vergleich zur Durchsteckverbindung ist die **Einziehverbindung** etwas aufwendiger in der Herstellung. Anstelle einer Mutter wird hier eine Gewindebohrung in eines der zu verbindenden Bauteile eingebracht. Die weiteren Bauteile werden wieder mit einer Durchgangsbohrung versehen. Durchgangsbohrungen können auch mit einer Senkung versehen werden. Diese ermöglicht es, den Schraubenkopf im Bauteil zu versenken (der Schraubenkopf ragt nicht über die Bauteiloberfläche hinaus), die Schraube wird in der Gewindebohrung aufgenommen. So ist es möglich, die Schraubenverbindung raumsparend herzustellen.

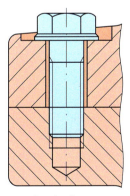

Einziehverbindung

Wenn nichts über die Bauteiloberfläche hinausragt, verringert sich zudem das Verletzungsrisiko, da man nicht an den Verbindungselementen hängen bleiben kann. Auch hier ist es wichtig, dass der Schraubenkopf eine ebene Auflagefläche erhält, in der Abbildung wurde die Durchgangsbohrung dazu mit einem Flachsenker angesenkt.

Gewindearten

Schrauben und Muttern werden u.a. nach ihrem Gewinde unterschieden. Welches Gewinde sie besitzen, hängt von ihrer Verwendung ab. So unterscheidet man Befestigungs- und Bewegungsgewinde. Ein Bewegungsgewinde wandelt eine rotierende Bewegung in eine lineare (geradlinige) Bewegung um. Ein Beispiel ist die Leitspindel an konventionellen Drehmaschinen (Leit- und Zugspindeldrehmaschine), die meistens ein Trapezgewinde besitzt. Im Gegensatz zum Befestigungsgewinde ist hier eine Klemmwirkung nicht erwünscht.

Die Hauptunterscheidungsmerkmale sind die Steigung und der Flankenwinkel: Während Bewegungsgewinde eine große Steigung P und einen kleinen Flankenwinkel besitzen, verhält es sich bei Befestigungsgewinden umgekehrt. Befestigungsgewinde besitzen demnach eine kleine Steigung P und einen großen Flankenwinkel. Die Profile von Befestigungsgewinden besitzen außerdem eine dreieckige Grundform, während bei Bewegungsgewinden mehrere andere Grundformen (z.B. Trapez) üblich sind. Das gebräuchlichste Gewinde im Maschinenbau (Befestigungsgewinde) ist das metrische Regelgewinde.

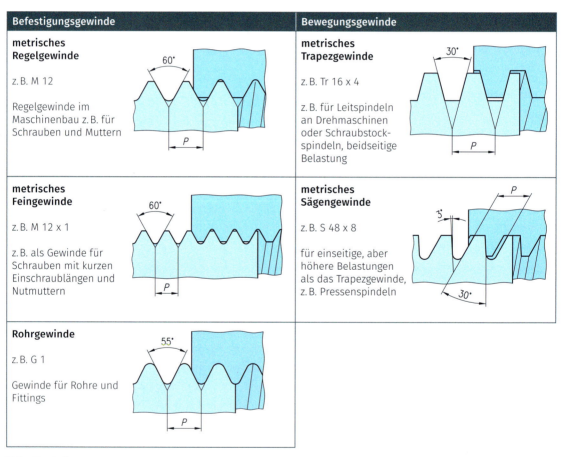

Tab.: Gewindearten

Kopfschrauben

Die Kopfschrauben unterscheidet man nach der Form ihres Kopfes in Zylinder-, Sechskant-, Vierkant- und Senkschrauben.

Sechskant- und Vierkantschrauben werden aufgrund ihrer äußeren Form mit einem Maul-, Ring- oder Steckschlüssel angezogen. Zylinder- und Senkschrauben werden mit einem zu ihrer inneren Form passenden Schraubendreher eingedreht. Bei der inneren Form kann es sich z.B. um einen Innensechskant oder einen Schlitz handeln.

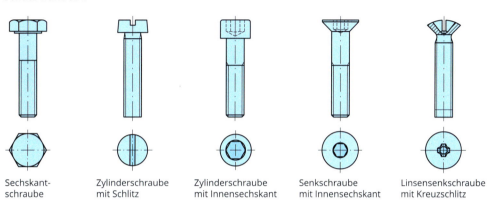

Kopfschrauben

Schraubwerkzeuge

Die Kopfform entscheidet dabei auch über die Werkzeuge, die zum Anziehen und Lösen der Schraubenverbindung verwendet werden können.

Die meisten Schraubenschlüssel können für das Anziehen und Lösen von Schrauben und Muttern verwendet werden. Das gleiche gilt für elektrische oder pneumatische Schraubwerkzeuge, sowie Drehmomentschlüssel oder Knarren mit Steckschlüsseleinsätzen (umgangssprachlich Ratsche).

Schraubendreher hingegen sind nur für das Anziehen und Lösen von entsprechenden Schrauben z.B. mit Kreuzschlitz und Gewindestiften geeignet.

Je nach Anwendungsfall kommen statt Kopfschrauben aber auch Stiftschrauben oder Gewindestifte zum Einsatz.

Stiftschrauben

Stiftschrauben werden verwendet, wenn Verbindungen häufig gelöst werden müssen. Dadurch, dass das Einschraubende im Bauteil eingeschraubt bleibt, wird das Innengewinde geschont, weitere Bauteile sind wie bei der Einziehverbindung mit einer Durchgangsbohrung versehen, werden aber wie bei der Durchsteckverbindung mit einer Mutter verschraubt.

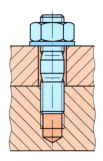

Stiftschraube

Gewindestift

Gewindestifte (Schrauben ohne Kopf, die man umgangssprachlich auch als Madenschrauben bezeichnet) haben über ihre gesamte Länge ein Gewinde und verfügen stirnseitig über einen Schlitz oder einen Innensechskant zur Montage. Sie werden in der Regel verwendet, um die Lage zweier Bauteile nach dem Einbau zu sichern oder auch um die Lage der Bauteile festzulegen (einzustellen).

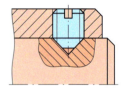

Gewindestift

Blech- und Bohrschrauben

Blechschrauben besitzen ein scharfkantiges Gewinde mit großer Steigung, dadurch schneiden sie das Muttergewinde beim Einschrauben selbst. Man verwendet sie zum Verbinden von Blechen bis zu einer Dicke von 2,5 mm.

Um dickere Belche (bis 10 mm) miteinander zu verbinden, verwendet man Bohrschrauben. Bohrschrauben verfügen über das gleiche Gewinde wie Blechschrauben und sind zusätzlich mit einer Bohrspitze versehen. Beide Schraubenarten sind gehärtet.

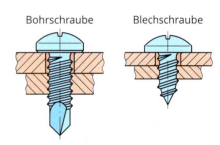

Bohr- und Blechschraube

Scheiben

(Unterleg-)Scheiben kommen zum Einsatz, wenn die Oberfläche der Fügeteile nicht beschädigt werden darf (z. B. wegen Beschichtungen) oder wenn die Schraubenkraft über eine größere Fläche in das Bauteil geleitet werden soll. Letzteres kann bei weichen Werkstoffen der Fügeteile, bei rauen Oberflächen oder bei Verwendung hochfester Schrauben notwendig sein. Bei gehärteten Oberflächen dürfen keine Scheiben verwendet werden, da sie nicht die erforderliche Druckfestigkeit aufweisen.

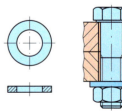

Unterlegscheibe und Schraubenverbindung mit Unterlegscheibe

Muttern

Für die Herstellung von Durchsteck- und Stiftschraubenverbindungen finden verschiedene Muttern Verwendung.

Sechskantmuttern	Rändel- und Flügelmuttern	Nutmuttern	Kronenmuttern
Sechskantmuttern kommen bei Stiftschrauben- und noch häufiger bei Durchsteckverbindungen zum Einsatz.	Diese Muttern werden meistens eingesetzt, wenn die Verbindung oft von Hand gelöst werden soll.	Diese Muttern werden in der Regel als Einstellmuttern verwendet, um das axiale Spiel von Bauteilen (wie z. B. Wälzlagern) auf Wellen einzustellen oder nachzustellen.	Sie finden Verwendung, wenn die Muttern durch einen Splint gegen Verlust gesichert werden sollen, falls sie sich lösen.

Tab.: Muttern

7.2.3 Wirkungsweise von Schraubenverbindungen

Durch das Anziehen der Schraube werden die zu verbindenden Bauteile aufeinandergepresst. Zudem verhindert die Reibung zwischen den Gewinden von Schraube und Mutter sowie zwischen den Auflageflächen von Schraubenkopf und Mutter auf dem Bauteil, dass sich diese Verbindung löst. Diese auftretende Reibung macht die Schraubenverbindung zu einer kraftschlüssigen oder auch reibschlüssigen Verbindung.

Die Kraft, welche die beiden Bauteile aufeinanderpresst und so auch die Reibung erhöht, ist die Klemmkraft Kraft F_K. Sie entsteht als Reaktionskraft der Vorspannkraft F_V, die als Zugkraft in der Schraube wirkt. Dass eine Zugkraft in der Schraube wirkt, bedeutet, dass die beiden Enden der Schraube auseinandergezogen werden. Eine zu große Vorspannkraft F_V kann die Schraube sogar zerstören, sie entsteht, wenn man die Schraube zu fest anzieht.

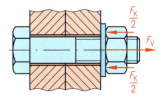

Vorspannkraft F_V in der Schraube

Um ein zu festes Anziehen zu vermeiden, wird oft das Anziehdrehmoment angegeben. Ist es nicht angeben, kann man es berechnen oder Tabellen entnehmen (siehe Tabellenbuch).
Das Anziehdrehmoment der Schraubenverbindung hängt davon ab, wie groß F_V maximal sein darf.

Vorspannkraft F_V

Eine zu große Vorspannkraft F_V zerstört die Schraube, aber bei zu geringer Vorspannkraft F_V kann sich die Schraubenverbindung lösen.

Die Kraft F_V wirkt dabei auf den Spannungsquerschnitt S der Schraube. Beim Durchtrennen eines Gewindes senkrecht zur Längsachse entsteht durch die Steigung im Gewinde kein kreisförmiger Querschnitt. Für die Berechnung von Schrauben wird als Ersatz überschlägig der kreisförmige Spannungsquerschnitt bestimmt. Dieser ist Tabellen zu entnehmen, die auch im Tabellenbuch enthalten sind.

Querschnittsfläche

Während Flächen im Allgemeinen mit A bezeichnet werden, verwendet man für Querschnittsflächen das Formelzeichen S.

Dadurch, dass die Vorspannkraft F_V als Zugkraft auf den Spannungsquerschnitt S, also eine Fläche wirkt, entsteht eine Zugspannung mit der Einheit N/mm^2.

Mechanische Spannung σ

Die mechanische Spannung beschreibt allgemein das Verhältnis Kraft pro Fläche und wird als Formel wie folgt dargestellt:

$$\sigma = \frac{F}{A} \quad \text{bzw.} \quad \sigma = \frac{F}{S}$$

Hieraus ergibt sich die Einheit N/mm^2.

Von Zugspannung spricht man, wenn ein Bauteil auf Zug beansprucht wird. Das kann man sich so vorstellen, dass man versucht, ein Bauteil in die Länge zu ziehen. Die Kräfte an den Enden des Bauteils wirken voneinander weg.

Welchen Zugspannungen Schrauben ausgesetzt werden können, bis sie sich plastisch (dauerhaft) verformen oder brechen, wird mit zwei Kennzahlen direkt auf dem Schraubenkopf angegeben.

Diese Kennzahlen beschreiben die **Festigkeitsklasse** der Schraube. Anhand dieser Angabe kann man sowohl Streckgrenze als auch Zugfestigkeit der Schraube ermitteln.

Die **Streckgrenze R_e** gibt dabei an, ab welcher Zugspannung σ sich die Schraube plastisch verformt. Die **Zugfestigkeit R_m** sagt aus, ab welcher Belastung die Schraube zerstört wird (Der Bruch der Schraube tritt später ein, siehe dazu den Abschnitt „Festigkeit bei Zugbelastung" auf S. 127).

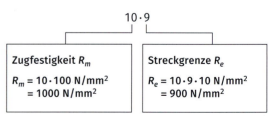

Beispiel für Festigkeitsklassen von Schrauben

Im Beispiel wird die Schraube ab einer Zugspannung σ von 900 N/mm^2 plastisch verformt. F_V wird daher in der Regel so gewählt, dass die Streckgrenze R_e nicht überschritten wird.

Durch die Streckgrenze von 900 N/mm² und den Spannungsquerschnitt 36,6 mm² ergibt sich für die im Folgenden angenommene Schraube mit dem Gewinde M8 und der Festigkeitsklasse 10.9 eine maximale Vorspannkraft von 32 940 N:

> **Beispiel**
>
> **Berechnung der Vorspannkraft Schraube M8, Festigkeitsklasse 10.9**
>
> **Gegeben:** **Gesucht:**
>
> $S = 36,6$ mm² Vorspannkraft F_V
>
> $R_e = 900$ N/mm²
>
> **Lösung:**
>
> $\sigma = \dfrac{F}{A} \rightarrow R_e = \dfrac{F_V}{S} \quad | \cdot S$
>
> $F_V = R_e \cdot S$
>
> $F_V = 900$ N/mm² $\cdot$ 36,6 mm²
>
> $F_V = 32\,940$ N

Das bedeutet, dass die Vorspannkraft F_V für eine Schraube mit einem Gewinde M8 und einer Festigkeitsklasse 10.9 unter 32 940 N liegen muss, damit die Streckgrenze der Schraube nicht erreicht wird und sich diese somit nicht plastisch verformt.

> **❗ Vernachlässigung der Reibung in der Schraubenverbindung bei der Berechnung**
>
> Bei der soeben vorgestellten Vorgehensweise zur Berechnung der Vorspannkraft F_V wird die Reibung in der Schraubenverbindung vernachlässigt. Da die Schraube durch die Reibung zusätzlich auf Verdrehung (Torsion) beansprucht wird, fällt die zulässige Vorspannkraft F_V in der Praxis geringer aus, umso größer die Reibung in der Schraubenverbindung ist.

Um auch die Reibung in der Schraubenverbindung zu berücksichtigen, wird die Vorspannkraft F_V in der Regel aus Tabellen entnommen (siehe Tabellenbuch).

Die eben vorgestellte Berechnung sollte dennoch beherrscht werden, da sich die Werte der Vorspannkraft F_V lediglich auf die Schraube beziehen. Wir erinnern uns aber, dass mit der Reaktionskraft zu F_V, der Klemmkraft F_K auch die miteinander verschraubten Bauteile aufeinandergepresst werden. So kann es notwendig sein, zu berechnen, wie groß F_V bei dem angedachten Anziehdrehmoment ausfällt.

Wie das Anziehdrehmoment entsteht, lässt sich gut am Beispiel des Anziehens einer Sechskantschraube mit einem Schraubenschlüssel verdeutlichen.

Die Kraft, die man aufwendet, um die Schraube mit einem Schraubenschlüssel oder Schraubendreher anzuziehen, bezeichnet man als Handkraft F_H. Die wirksame Hebellänge hängt davon ab, an welcher Stelle man den Schraubenschlüssel anfasst. Der Hebelarm l ist definiert als senkrechter Abstand vom Angriffspunkt der Kraft zum Drehpunkt, der Drehpunkt ist hierbei der Mittelpunkt der Schraube.

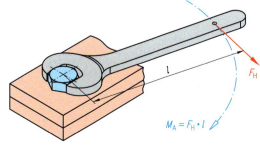

Anziehdrehmoment

Fügetechnik

Anziehdrehmoment M_A (I)

Anziehdrehmoment M_A = Handkraft F_H · Hebelarmlänge l

$$M_A = F_H \cdot l$$

Die Vorspannkraft F_V entsteht, da die Drehbewegung der Schraube beim Anziehen in eine Längsbewegung umgewandelt wird. Außerdem gilt: Je kleiner die Steigung P, umso größer die Vorspannkraft F_V (Abbildung), bei gleichem Anziehdrehmoment M_A.

Durch die Reibung, die zwischen den Gewindegängen und auch dem Schraubenkopf und dessen Anlagefläche entsteht, geht beim Anziehen sehr viel Energie verloren – man spricht von Reibungsverlusten. Die Reibungsverluste in Schraubenverbindungen sind hoch und betragen ca. 90 %. Dieser Umstand wird daher ebenfalls bei der Berechnung des Anziehdrehmomentes berücksichtigt und in der Formel mit dem Wirkungsgrad η ausgedrückt.

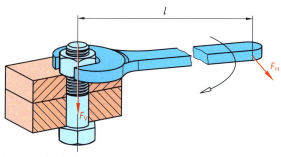

Vorspannkraft F_V in der Schraubenverbindung

Aufgrund der physikalischen Gegebenheiten lässt sich die folgende Formel für das Anziehdrehmoment M_A herleiten. *Diese Herleitung wird in den Büchern der Fachstufe behandelt.*

Anziehdrehmoment M_A (II)

Anziehdrehmoment $M_A = \dfrac{\text{(Vorspannkraft } F_V \cdot \text{Steigung } P\text{)}}{(2 \cdot \pi \cdot \text{Wirkungsgrad } \eta)}$

$$M_A = \frac{(F_V \cdot P)}{(2 \cdot \pi \cdot \eta)}$$

Durch Umstellen der Formel Anziehdrehmoment (II) erhält man:

Vorspannkraft F_V

Vorspannkraft $F_V = \dfrac{(2 \cdot \pi \cdot \text{Wirkungsgrad } \eta \cdot \text{Anziehmoment } M_A)}{\text{Steigung } P}$

$$F_V = \frac{(2 \cdot \pi \cdot \eta \cdot M_A)}{P}$$

Mit einem Drehmomentschlüssel kann das geforderte Anziehdrehmoment einer Schraubenverbindung genau eingestellt werden. Beim Anziehen von Hand, beispielsweise mit einem normalen Schraubenschlüssel, lässt sich nicht sicher sagen, welches Anziehdrehmoment entsteht.

Drehmomentschlüssel

Beispiel

Schraubenberechnung

Zwei Bauteile sollen mit einer Schraube M 8 verschraubt werden. Am verwendeten Schraubenschlüssel mit der wirksamen Hebellänge l = 150 mm greift eine Handkraft von 600 N an.

a) Berechnen Sie das Anziehdrehmoment M_A, das auf die Schraube wirkt.

b) Berechnen Sie die Vorspannkraft F_V, die durch das Anziehdrehmoment erzeugt wird, wenn der Wirkungsgrad 10 % beträgt.

c) Beurteilen Sie die Auswirkungen auf eine Schraube der Festigkeitsklasse 8.8.

Gegeben:

F_H = 600 N
l = 150 mm
η = 0,1

P = 1,25 mm
S = 36,6 mm²

R_e = 640 N/mm²
R_m = 800 N/mm²

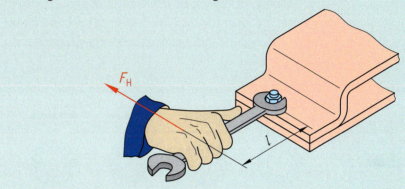

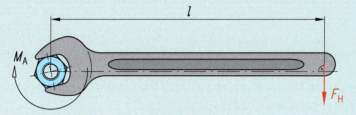

Anziehdrehmoment Schraubenverbindung

Lösung:

a) $M_A = F_H \cdot l = 600 \text{ N} \cdot 0,15 \text{ m} = 90 \text{ Nm}$

b) $F_V = \dfrac{(2 \cdot \pi \cdot \eta \cdot M_A)}{P}$

$= \dfrac{(2 \cdot \pi \cdot 0,1 \cdot 90 \text{ Nm})}{0,00125 \text{ m}}$

$= 45238,9 \text{ N}$

c) Die Zugspannung σ_{vorh}, die in der Schraube entsteht, darf die zulässige Zugspannung σ_{zul} nicht überschreiten, diese entspricht in der Regel der Streckgrenze R_e der Schraube.

$\sigma_{vorh} = \dfrac{F_V}{S} = \dfrac{45238,9 \text{ N}}{36,6 \text{ mm}^2} = 1236 \text{ N/mm}^2$

$\sigma_{zul} = R_e = 640 \text{ N/mm}^2$

Die vorhandene Zugspannung ist mit 1236 N/mm² wesentlich größer als die Streckgrenze der Schraube R_e = 640 N/mm². Das bedeutet, dass die Schraube dem Anziehdrehmoment von 90 N m nicht standhält und sich zunächst plastisch verformt. Da aber auch die Zugfestigkeit der Schraube R_m = 800 N/mm² weit überschritten wird, bricht die Schraube letztlich ab.

7.2.4 Schraubensicherungen

Wie gut eine Schraubenverbindung hält, hängt davon ab, welchen äußeren Einflüssen sie ausgesetzt ist. So kann sich eine Schraubenverbindung selbsttätig lösen, z. B. durch Schwingungen, Temperaturschwankungen oder Lastwechsel. Um dies zu verhindern, setzt man Schraubensicherungen ein. Die Auswahl der Schraubensicherung erfolgt je nach Beanspruchung und Zweck, den diese erfüllen soll. Bei vielen Anwendungsfällen reichen die Reibungskräfte in der Schraubenverbindung selbst schon aus, um diese gegen Lösen zu sichern.

Setzsicherung

Die Kräfte, die beim Anziehen einer Schraubenverbindung entstehen, können dazu führen, dass sich die Bauteile plastisch verformen. Dabei spricht man vom Setzen, da hierdurch die Vorspannkraft in der Schraubenverbindung geringer wird. Um diese Verformung auszugleichen, werden elastische Sicherungselemente eingesetzt, um die Vorspannkraft zu erhalten.

Gebräuchliche Schraubensicherungen dieser Art sind zum Beispiel Federringe und Fächerscheiben.

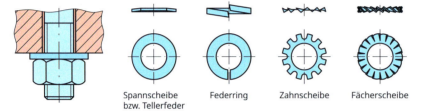

Spannscheibe bzw. Tellerfeder — Federring — Zahnscheibe — Fächerscheibe

Setzsicherungen

Achtung!
Federringe, Feder- und Zahnscheiben sind bei hochfesten Schraubenverbindungen unwirksam.
Die entsprechenden Normen wurden zurückgezogen.

Losdrehsicherung

Diese Schraubensicherungen verhindern nur ein Losdrehen der Schraubenverbindung, gleichen aber keine Setzvorgänge aus. Hierzu zählen zum Beispiel Klebstoffsicherungen und Muttern mit Klemmteil (oft als selbstsichernde Muttern bezeichnet), aber auch Sperrzahnschrauben.

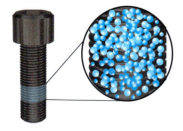

Schraubensicherung durch Klebstoff

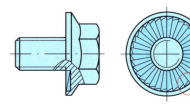

Sperrzahnschraube

Verliersicherung

Bei diesen Schraubensicherungen wird nur sichergestellt, dass eine gelöste Schraubenverbindung nicht in ihre Einzelteile zerfällt. Bei Verwendung einer Kronenmutter mit Splint wird zum Beispiel verhindert, dass die Mutter sich komplett von der Schraube löst und abfällt.

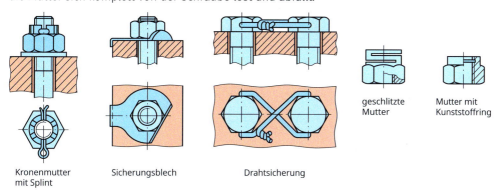

Verliersicherungen

7.2.5 Pressverbindungen

Auch bei Pressverbindungen macht man sich die Reibung zwischen den beiden Fügeteilen zu Nutze. Da beide Teile vor dem Fügen ein Übermaß besitzen, erhöht sich die Reibung zwischen ihnen. Übermaß bedeutet, dass zum Beispiel eine Welle einen größeren Durchmesser besitzt als die Bohrung, in welche sie eingefügt wird. Das Fügen kann durch Krafteinwirkung (z. B. Einpressen) oder auch durch das Ausnutzen der Ausdehnung von Materialien bei Wärme bzw. Schrumpfen bei Kälte erfolgen. Wird beispielsweise ein Teil gekühlt (eine Welle zieht sich zusammen) und das andere erwärmt (eine Bohrung dehnt sich aus), lassen sie sich leicht zusammensetzten und haben dann bei Raumtemperatur eine feste Verbindung. Die Maße der durch eine Pressverbindung zu fügenden Bauteile müssen dazu aufeinander abgestimmt sein. In der Metalltechnik wird die maßliche Beziehung zwischen zwei Teilen als **Passung** bezeichnet.

 Das Erhitzen eines Bauteils ist hierbei dem Abkühlen immer vorzuziehen, da sich am gekühlten Bauteil Kondenswasser in der Fügestelle bilden kann. Da das Kondenswasser normalerweise nicht abzuführen (zu entfernen) ist, besteht erhöhte Korrosionsgefahr in der Fügestelle.

Passungen kurz erklärt

Man unterscheidet zwischen **Spiel-**, **Übergangs-** und **Übermaßpassungen**. Welche Passung vorliegt, kann man grundsätzlich feststellen, indem man die miteinander zu fügenden Bauteile vermisst. Aber auch aus den in technischen Unterlagen angegebenen Toleranzklassen geht die geforderte Passung hervor. Die wichtigsten Paarungen der Toleranzklassen sind daher im Tabellenbuch aufgeführt (so etwa die für Stiftverbindungen gebräuchliche Übergangspassung H7/m6 oder die für Pressverbindungen zum Einsatzkommende Übermaßpassung, z. B. H7/r6).

Bei der Herstellung von Passungen betrachtet man die beiden Fügeteile als Bohrung und Welle. In den Toleranzklassen mit Großbuchstaben (z. B. H7) werden die Toleranzen der Bohrung, in denen mit Kleinbuchstaben (z. B. m6) die der Welle angegeben.

Durch die Toleranzen ergibt sich immer ein Mindestmaß und ein Höchstmaß, welches angibt, wie groß der betrachtete Durchmesser mindestens sein muss und höchstens sein darf.

Diese Durchmesser werden wie folgt bezeichnet:

G_{oW}: Höchstmaß der Welle (größter zulässiger Wellendurchmesser)
G_{uW}: Mindestmaß der Welle (kleinster zulässiger Wellendurchmesser)

G_{oB}: Höchstmaß der Bohrung (größter zulässiger Bohrungsdurchmesser)
G_{uB}: Mindestmaß der Bohrung (kleinster zulässiger Bohrungsdurchmesser)

Spielpassung

Der Stift (Welle) und die Bohrung haben Spiel zueinander. Das bedeutet, dass der Stift dünner ist als der Bohrungsdurchmesser und so Spielraum hat, um sich in der Bohrung seitlich zu bewegen. Der Bohrungsdurchmesser ist größer als der Wellendurchmesser. Das gilt auch dann, wenn G_{oW} und G_{uB} miteinander gefügt werden.

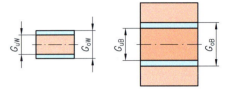

Spielpassung

Übermaßpassung

Übermaßpassungen sind das genaue Gegenteil von Spielpassungen, hier ist der Stift (Welle) dicker als die Bohrung, daher hat er gegenüber der Bohrung ein Übermaß. Das gilt auch dann, wenn G_{oB} und G_{uW} miteinander gefügt werden. Mit Übermaßpassungen werden Pressverbindungen hergestellt. Um eine solche Passung zu fügen, bedarf es Kraft oder die Bohrung wird kurzzeitig erhitzt, um sie zu vergrößern. (Man könnte auch den Stift einfrieren, damit er schrumpft, dann bildet sich aber Kondenswasser in der Fügestelle).

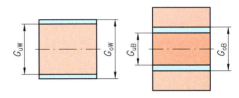

Übermaßpassung

Übergangspassung

Wie der Name sagt, spricht man hier von einem Übergang, nämlich von Spielpassungen zu Übermaßpassungen. Je nachdem wie die Toleranzen der miteinander kombinierten Bauteile ausfallen, ist entweder die Bohrung oder der Stift (Welle) im Durchmesser etwas größer. Bei Übergangspassungen kann es außerdem vorkommen, dass Bohrung und Welle im Durchmesser genau gleich groß sind. Hier besteht eine Spielpassung zwischen G_{uW} und G_{oB}, während mit G_{oW} und G_{uB} eine Übermaßpassung entsteht.

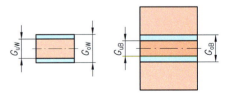

Übergangspassung

7.3 Formschlüssiges Fügen

Formschlüssige Verbindungen

Bei formschlüssigen Verbindungen entsteht der Zusammenhalt in der Fügestelle durch die ineinandergreifende geometrische Form der Fügeteile. Hier verhindert die Form der Bauteile in mindestens einer Richtung, dass sie sich unabhängig voneinander bewegen können. Fügt man zwei Bauteile mit einem Zylinderstift, so füllt der die Bohrungen vollständig aus und verhindert so ein Verschieben der Bauteile gegeneinander.

Eine der bekanntesten lösbaren formschlüssigen Verbindungen ist die Stiftverbindung. Die Nietverbindung ist ihr sehr ähnlich, aber unlösbar. Auf den wesentlichen Unterschied wird in Kapitel 7.3.2 eingegangen.

7.3.1 Stiftverbindungen

Stiftverbindungen sind vielseitig einsetzbar, sie übertragen Kräfte und Drehmomente formschlüssig. Durch die Verwendung mehrerer Stifte fixiert man die Lage von Bauteilen zueinander, indem man durch die Stifte ein Verschieben oder Verdrehen der Bauteile zueinander verhindert. Zeitgleich können die Stifte auch dazu dienen, Bauteile gegen Scherkräfte zu sichern oder sie vor Überlastung zu schützen.

Wie bei Schrauben unterscheidet man für verschiedene Anforderungen auch verschiedene Formen von Stiften. Neben der Form unterscheidet man die jeweilige Ausführung weiter nach Material, Toleranzen und Oberflächenbeschaffenheit.

Zylinderstifte dienen als Passstifte zur Lagesicherung von Bauteilen. Nach der Oberflächenbeschaffenheit unterscheidet man geschliffene und blankgezogene Stifte, die außerdem durchgehärtet, oberflächengehärtet oder ungehärtet hergestellt werden.

Gehärtete Stifte werden vor allem dann eingesetzt, wenn sie hochbeanspruchte Bauteile miteinander verbinden sollen (z. B. im Werkzeug- und Vorrichtungsbau).

Zylinderstifte

Die Bohrung wird in der Regel mit der Toleranz H7 durch Reiben hergestellt, die Passung ergibt sich somit durch die Toleranz des Zylinderstiftes – meistens m6 oder h8. Um die richtige Lage der Bauteile zueinander zu erreichen, sollten die Bohrungen für den Stift zusammen gebohrt und gerieben werden. Dazu werden die miteinander zu verstiftenden Bauteile vormontiert (z.B. bereits verschraubt oder mit Schraubzwingen fixiert).

Kegelstifte werden als Passstifte verwendet, wenn zwei Bauteile besonders genau in ihrer Lage zueinander fixiert werden müssen. Aufgrund ihrer Form sind Verbindungen mit Kegelstiften aufwendiger herzustellen, da auch die Bohrung kegelig aufgerieben werden muss.

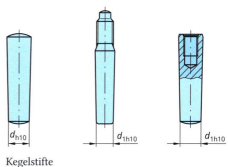

Kegelstifte

7 Fügetechnik

Spannstifte werden als geschlitzte Hülsen aus Federstahl hergestellt. Sie werden zur einfachen Lagesicherung eingesetzt (geringere Genauigkeit) und auch zum Schutz von Schrauben vor Abscherung. Die Herstellung einer solchen Verbindung gestaltet sich einfach und kostengünstig, da lediglich gebohrt werden muss. Der Spannstift selbst ist im Durchmesser 0,2 bis 0,5 mm größer als sein Nenndurchmesser. Dadurch entsteht beim Einbau eine Spannung, die den festen Sitz des Spannstiftes in der Bohrung gewährleistet, die raue Oberflächenbeschaffenheit der Bohrung leistet dazu einen weiteren Beitrag.

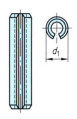

Spannstift

Kerbstifte werden anstelle von Zylinder- oder Kegelstiften verwendet, wenn ein rüttelfester Sitz erreicht werden soll. Bei der Herstellung entstehen an den Kerben wulstartige Ränder, die sich beim Fügen verformen. Durch die entstehende Verspannung erhält der Kerbstift seinen rüttelfesten Sitz. Wie beim Spannstift muss die Bohrung nicht aufgerieben werden.

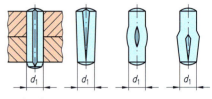

Kerbstifte

Werkzeuge zur Herstellung von Stiftverbindungen

Zum Fügen von Stiftverbindungen wird in der Regel ein Hammer benötigt. Da Stahlhämmer oberflächengehärtet sind, ist darauf zu achten, die Bauteiloberfläche nicht zu beschädigen. Wenn nicht Stifte, sondern Bauteile selbst mit Hammerschlägen gefügt werden sollen, kommen daher auch Kupfer-, Aluminium- oder Kunststoffhämmer zum Einsatz.

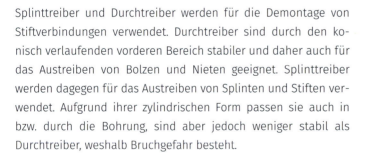

Schlosserhammer

Splinttreiber und Durchtreiber werden für die Demontage von Stiftverbindungen verwendet. Durchtreiber sind durch den konisch verlaufenden vorderen Bereich stabiler und daher auch für das Austreiben von Bolzen und Nieten geeignet. Splinttreiber werden dagegen für das Austreiben von Splinten und Stiften verwendet. Aufgrund ihrer zylindrischen Form passen sie auch in bzw. durch die Bohrung, sind aber jedoch weniger stabil als Durchtreiber, weshalb Bruchgefahr besteht.

Splinttreiber

Bolzen

Zylinderstiften sehr ähnlich sind Bolzen, sie werden insbesondere für Gelenkverbindungen eingesetzt, und daher mit Spiel(-passung) gefügt. Gegenüber Stiften verfügen Bolzen vorwiegend über Splintlöcher, um sie gegen ein axiales Verschieben zu sichern. Bolzen können je nach Ausführung ebenso über einen Kopf als auch über Gewindezapfen verfügen.

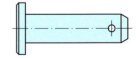

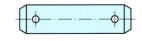

Bolzen

7.3.2 Nietverbindungen

Beim herkömmlichen Nieten werden Niete verwendet, die am ehesten wie eine Schraube ohne Gewinde oder wie ein Stift mit Kopf aussehen. Bei diesem Verfahren wird dem Niet nach dem Einsetzen in die zu fügenden Bauteile ein zweiter Nietkopf geformt, indem das Material gestaucht wird. Da dieses Verfahren im allgemeinen Maschinenbau weitestgehend durch das Schweißen abgelöst wurde, wird im Folgenden nur das Verfahren des Blindnietens vorgestellt.

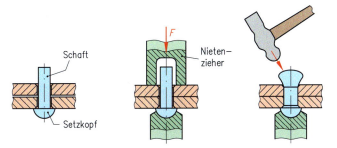
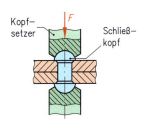

Herstellen von Nietverbindungen

Das **Blindnieten** ist ein Verfahren zum formschlüssigen Fügen von Blechen. Vorteile sind das verzugsfreie Fügen und die Zugänglichkeit der Nietstelle. Im Gegensatz zum herkömmlichen Nieten, bei dem beide Seiten der Nietstelle zugänglich sein müssen, um die Nietverbindung herzustellen, reicht es beim Blindnieten aus, wenn eine Seite der Nietstelle zugänglich ist.

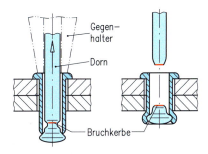

Herstellen von Blindnietverbindungen

Blindnieten bestehen aus einer Niethülse und einem Nietdorn. Beim Herstellen der Nietverbindung wird der Kopf des Nietdorns in das überstehende Ende der Niethülse gezogen, wodurch dieses sich aufweitet und den Schließkopf bildet. Sobald der größtmögliche Anpressdruck erreicht ist, reißt der Nietdorn an einer Sollbruchstelle ab.

Blindniete

Je nach Anforderung stehen verschiedene Blindnietformen aus verschiedenen Werkstoffen zur Verfügung. Blindniete können manuell (Blindnietzange), maschinell (Blindnietpistole) und auch automatisiert gefügt werden.

Blindnietzangen

Blindnietpistole

7.3.3 Schnappverbindungen

Schnappverbindungen können lösbar oder auch unlösbar ausgeführt werden. Alle Schnappverbindungen haben aber gemeinsam, dass beim Fügen die elastische Verformung eines Fügeteils ausgenutzt wird, indem es beim Fügen zusammengedrückt oder auseinandergezogen wird. Sobald das Fügeteil dann seinen endgültigen Sitz erreicht hat, nimmt es seine ursprüngliche Form (zumindest weitgehend) wieder an und es entsteht eine formschlüssige Verbindung.

Kabelbinder

Ein bekanntes Beispiel für eine unlösbare Schnappverbindung sind Kabelbinder, eine lösbare Schnappverbindung, die viele kennen, sind Netzwerkkabelstecker und -buchse.

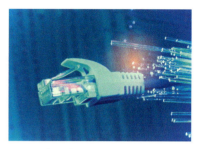

Netzwerkstecker

7.3.4 Welle-Nabe-Verbindung

Unter Wellen versteht man im Maschinenbau längliche und zylindrische Bauteile, die Drehbewegungen übertragen. Um ein Bauteil mit einer Welle zu verbinden, benötigt dieses eine Nabe, die oft eine einfache Bohrung ist. Steckt man aber z. B. ein Zahnrad mit einer Bohrung auf eine Welle und beginnt, die Welle zu drehen, so wird man das Zahnrad in der Regel ohne großen Kraftaufwand daran hindern können, sich mitzudrehen. Es besteht ja keine Verbindung zwischen Welle und Nabe, die in der Lage ist, das Drehmoment der Welle auf das Zahnrad zu übertragen. Die Folge ist, dass sich die Welle frei in der Bohrung dreht.

Eine oft angewendete Welle-Nabe-Verbindung, die hier stellvertretend vorgestellt werden soll, ist die **Passfederverbindung**. Die Passfeder sitzt in Welle und Nabe und fungiert so als „Mitnehmer". Um die Passfederverbindung herzustellen, wird sowohl in die Welle als auch in die Nabe eine Nut gefräst bzw. gestoßen, in die die Passfeder eingelegt wird. Da es sich hierbei um eine leicht montierbare und demontierbare formschlüssige Verbindung handelt, wird sie oft im Getriebebau eingesetzt. Passfederverbindungen kommen zum Beispiel in Standbohrmaschinen zum Einsatz, um die Antriebswelle des Elektromotors mit der Riemenscheibe des Riemengetriebes zu verbinden.

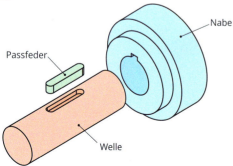
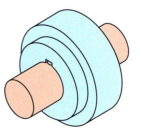
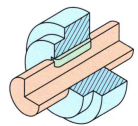

Passfederverbindung

238

7.4 Stoffschlüssiges Fügen

Stoffschlüssige Verbindungen
Bei stoffschlüssigen Verbindungen entsteht der Zusammenhalt durch die Verbindung des Werkstoffs der Bauteile in der Fügestelle oder durch einen dort eingebrachten Zusatzwerkstoff. Stoffschlüssige Verbindungen sind somit immer unlösbar, da mindestens der Zusatzwerkstoff in der Fügestelle beim Lösen der Verbindung zerstört werden muss.

Durch stoffschlüssige Verbindungen lassen sich Werkstoffe unlösbar miteinander verbinden.

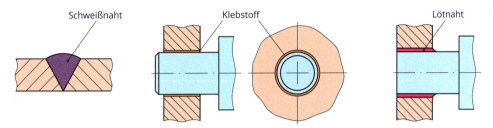

Stoffschlüssige Verbindungen

7.4.1 Kleben

Beim Kleben wird ein Klebstoff verwendet, um einen Stoffzusammenhalt zwischen den beiden Fügeteilen herzustellen. Dabei wirken sogenannte **Adhäsions-** und **Kohäsionskräfte**. Die Adhäsion ist das physikalische Aneinanderhaften verschiedener Stoffe (Anhangskraft). Ein Klebstoff mit guten Adhäsionseigenschaften haftet besonders gut an der Oberfläche eines Fügeteils. Die Kohäsion beschreibt den Zusammenhalt zwischen den Teilchen eines Stoffs, also die Bindungskräfte im Klebstoff selbst.

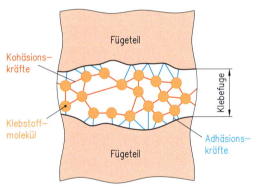

Wirkungsweise Klebeverbindung

Beim Lösen einer Klebeverbindung verdeutlicht sich dies am besten: Wenn man die beiden Fügeteile voneinander getrennt hat und beiden Teilen Klebstoff anhaftet, so haben die Bindungskräfte innerhalb des Klebstoffs nachgegeben – die Kohäsion war schwächer als die Adhäsion.
Trennt man die beiden Fügeteile und der Klebstoff haftet nur einem Fügeteil an, so war die Anhaftkraft (Adhäsion) an diesem Bauteil der schwächste Teil dieser Verbindung. Bekanntes Beispiel: Beigaben auf Zeitschriften: entfernt man diese vorsichtig, gibt nicht das Papier nach, sondern man kann den Klebstoff wie einen Kaugummi zwischen den beiden Fügeteilen entfernen.

Klebstoffarten
Man unterscheidet die verschiedenen Klebstoffarten nach ihren Aushärtemechanismen in physikalisch abbindende (Lösungsmittel- und Dispersionsklebstoffe) und chemisch härtende (Reaktionsklebstoffe):
Bei Nassklebstoffen (lösungsmittelhaltig) wird der flüssige Kleber auf die Fügeteile aufgetragen und die Teile werden direkt oder nach dem Verdunsten des Lösungsmittels gefügt, teilweise geschieht dies unter Druck. Welche Vorgehensweise zum Einsatz kommt, ist den Angaben der Herstellfirma zu entnehmen.

Schmelzklebstoffe sind bei Raumtemperatur fest und müssen durch Erhitzen verflüssigt werden, um sie im geschmolzenen Zustand auftragen zu können. Schmelzklebstoffe bilden durch das Erkalten eine feste Klebeschicht. Chemisch aushärtende Klebstoffe härten aufgrund einer chemischen Reaktion ihrer Komponenten aus. Einkomponentenklebstoffe enthalten bereits alle erforderlichen Bestandteile, um aushärten zu können, während diese bei Zweikomponentenklebstoffe erst kurz vor dem Auftragen miteinander vermischt werden. Weiter unterscheidet man Kalt- und Warmklebstoffe anhand ihrer Aushärtetemperatur. Während Kaltklebstoffe bei Raumtemperatur aushärten, müssen Warmklebstoffe auf 150 °C bis 250 °C erhitzt werden.

Vorbehandlung der Klebeflächen
Damit eine Klebeverbindung auch haltbar und somit einsetzbar ist, muss eine möglichst große Klebefläche vorliegen. Das heißt, die Fügeteile müssen möglichst großflächig überlappen, damit auf einer großen Fläche Klebstoff aufgetragen werden kann.

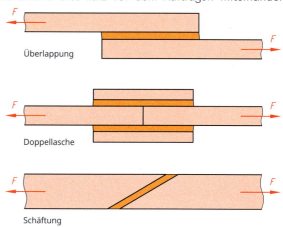

Gestaltung von Klebeflächen

Zur **Herstellung der Klebeverbindung** sind die Klebeflächen vorzubehandeln, damit sie sich vor dem Kleben in einen klebegerechten Zustand befinden. So wird gewährleistet, dass die maximalen Haftkräfte zwischen Fügeteil und Klebstoff wirksam werden. Die Vorbehandlung geschieht durch Reinigen und Entfetten der Klebeflächen.

Das Reinigen kann chemisch (Reiniger o. Ä.) oder mechanisch (Schmirgelleinen, Drahtbürste o. Ä.) erfolgen. Vorbereitete Klebeflächen sind daher gegen erneute Verunreinigung zu schützen, dazu gehört auch, dass man sie nicht mit bloßen Händen berührt, da bereits der Handschweiß eine störende Oxidationsschicht verursacht. Abhängig vom Anwendungsfall kann es notwendig sein, dass ein Haftvermittler auf die Klebeflächen aufgetragen wird, um die Haltbarkeit der Klebeverbindung zu erhöhen.

Wenn die Klebeflächen vorbereitet sind, wird der Klebstoff möglichst dünn bzw. mit der vorgeschriebenen Schichtdicke aufgetragen. Einige Klebstoffe erfordern, dass der Klebstofffilm vor dem Fügen ablüftet. Sind die Fügeteile zusammengefügt, werden sie gleichmäßig zusammengedrückt. So wird gewährleistet, dass sich der Klebstoff gleichmäßig verteilt und die erforderliche Schichtdicke erreicht wird. Überschüssiger Klebstoff, der aus der Fügestelle quillt, wird entfernt.

Neben der sorgsamen Herstellung der Klebeverbindung ist deren Beanspruchung entscheidend für ihre Haltbarkeit. Eine Beanspruchung auf Scherung oder Druck ist in der Regel günstig, eine Beanspruchung auf Zug oder Schälung ist ungünstig und daher zu vermeiden.

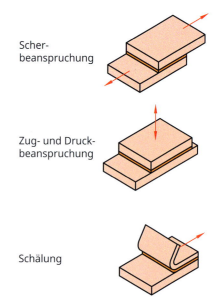

Beanspruchung von Klebeverbindungen

7.4 Stoffschlüssiges Fügen

Arbeitssicherheit beim Kleben	
⚠️ Symbole	Beim Verarbeiten von Klebstoffen ist für ausreichende Entlüftung oder Absaugung zu sorgen, da das Einatmen von Lösungsmitteldämpfen gesundheitsschädlich ist.
	Die Lösungsmitteldämpfe und die von evtl. zur Anwendung kommenden Reinigern sind feuergefährlich. Offenes Feuer ist daher verboten.
	Klebstoffe oder ihre Komponenten können Augen, Hände und auch Atemwege gefährden, daher sind Körperschutzmittel zu tragen (z. B. Schutzbrille und Handschuhe).
	Da Klebstoffe giftig sein können, darf während ihrer Verarbeitung weder getrunken noch gegessen werden.
	Der Arbeitsplatz ist sauber zu halten.
	Klebstoff und andere eingesetzte Chemikalien (z. B. Lösungsmittel oder Reiniger) dürfen nicht in den Abfluss gegossen werden, sondern sind nach Betriebsanweisung zu entsorgen.

Tab.: Arbeitssicherheit beim Kleben

7.4.2 Löten

Beim Löten wird ähnlich wie beim Kleben ein Zusatzwerkstoff (Lot) verwendet, der die Fügeteile miteinander verbindet. Hierbei bleiben die Fügeteile (weitgehend) unverändert, da der Schmelzpunkt des Lots unter dem des Werkstoffs der Fügeteile liegt – anders als beim Schweißen, wo auch das Material der Fügeteile aufgeschmolzen wird. Im Gegensatz zum Kleben können beim Löten nur Metalle miteinander verbunden werden. Die Fügeteile können jedoch auch aus unterschiedlichen Metallen bestehen. Das Lot fungiert dabei ähnlich wie der Klebstoff, wird aber anders verarbeitet.

Die Lötverfahren werden in Weichlöten und Hartlöten unterschieden. Diese Einteilung erfolgt nach der Arbeitstemperatur, also dem Schmelzbereich der Lote.

Beim Löten mit bis zu 450 °C Arbeitstemperatur spricht man vom **Weichlöten**. Das Weichlöten kommt vor allem zur Herstellung von Verbindungen im Elektrotechnikbereich zum Einsatz, aber auch Dachrinnen, z. B. aus Zink, werden so verarbeitet. Verwendung findet es, wenn dichte Verbindungen hergestellt werden sollen und an der Lötstelle keine großen Belastungen auftreten.

Bei Arbeitstemperaturen von über 450 °C spricht man vom Hartlöten. Das **Hartlöten** wird im Maschinenbau eingesetzt, z. B. zum Auflöten von Hartmetallplatten auf Sägeblätter.

Flammlöten

Unabhängig vom Lötverfahren sind die Lötflächen vor dem Löten vorzubereiten. Damit das Lot die Lötflächen benetzen kann, müssen diese metallisch blank sein. Das bedeutet, es dürfen sich kein Fett oder andere Verunreinigungen auf den Lötflächen befinden (Farbe, Klebstoffrückstände etc.) und auch Oxidschichten (z. B. Rost) müssen entfernt werden. Neben Reinigern zur Beseitigung von Fetten und ähnlichen Rückständen werden Drahtbürsten, Feilen und/oder Schmirgelleinen verwendet, um die Lötflächen vorzubereiten.

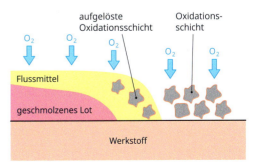

Wirkung des Flussmittels

Damit während des Lötens keine neuen Oxidschichten entstehen (die Hitze beschleunigt die Oxidation der Oberfläche), kommen beim Löten Flussmittel zum Einsatz. Flussmittel bestehen aus natürlichen Harzen, Salzen oder Säuren.

Neben dem Schutz vor Oxidation beseitigen Flussmittel auch geringste Verunreinigungen und dünne Oxidschichten. Welches Flussmittel verwendet wird, ist davon abhängig, welche Werkstoffe miteinander verbunden werden und welches Lötverfahren zum Einsatz kommt. Nach dem Löten müssen Flussmittelrückstände sorgfältig entfernt werden, da sie sonst zu Korrosion führen können.

Wie beim Kleben muss das Lot relativ große Flächen der Fügeteile benetzen, an denen die Fügeteile sich überlappen, um eine haltbare Verbindung herzustellen. Damit dies geschehen kann, muss ein gewisser Abstand zwischen den Fügeflächen bestehen, diesen bezeichnet man als Lötspalt.

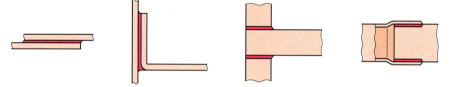

Gestaltung von Lötverbindungen (von links nach rechts): Blechverbindung, Welle in Bohrung, Rohrverbindung

Der **Lötspalt** darf aber auch nicht zu groß ausgelegt werden. Seine optimale Breite liegt zwischen 0,05 mm und 0,2 mm. Je kleiner der Lötspalt ist, umso besser wird das Lot durch die Kapillarwirkung in den Lötspalt hineingesaugt und verteilt sich somit optimal.

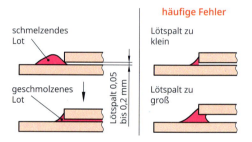

Auslegung des Lötspalts

Nachdem die Fügeteile so fixiert wurden, dass der Lötspalt erhalten bleibt, werden die Fügeteile im Bereich der Fügestelle gleichmäßig bis auf Löttemperatur erhitzt, bevor das Lot eingebracht wird.

Durch die Kapillarwirkung (Saugwirkung) wird das geschmolzene Lot in die Lötstelle eingesogen, benetzt die Oberfläche der Fügestelle und dringt in das Gefüge des Grundwerkstoffs ein. Durch diesen Vorgang, den man Diffusion nennt, bildet sich in der Randschicht der Fügeteile im Bereich der Fügestelle eine Legierung aus Grundwerkstoff und Lot. Das bedeutet, dass einige Atome des Lots in das Gefüge der Fügeteile wechseln (Diffusion) und eine dünne Randschicht nun nicht mehr nur aus Atomen des Grundwerkstoffs besteht, sondern auch Atome aus dem Lot beinhaltet.

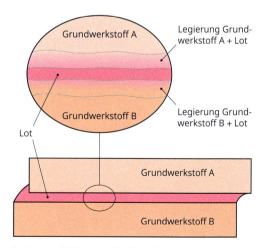

Legierungsbildung in der Lötstelle

Nachdem das Lot eingebracht wurde, soll die Temperatur der Fügestelle noch etwa 15–60 s gehalten werden, um eben diese Legierungsbildung zu ermöglichen, da diese wichtig für die Haltbarkeit der Lötverbindung ist. Während des Abkühlens dürfen die Fügeteile nicht bewegt werden, bevor das Lot nicht komplett erstarrt ist. Zuletzt werden Flussmittelreste entfernt und die Lötstelle kontrolliert.

7.4 Stoffschlüssiges Fügen

Ob die Lötverbindung gelungen ist, lässt sich u. a. daran erkennen, ob die Lötnaht eine saubere und gleichmäßige Oberfläche aufweist und der Lötspalt komplett ausgefüllt ist.

Lotauswahl

Die Auswahl des Lots hängt von der Temperaturbeständigkeit der zu verlötenden Werkstoffe und der geforderten Festigkeit der Lötverbindung ab. Lote mit einer großen Festigkeit haben in der Regel hohe Schmelzpunkte und kommen daher beim Hartlöten zum Einsatz, meistens handelt es sich um Kupfer- oder Silberlegierungen. Beim Weichlöten kommen dagegen hauptsächlich Zinn-Blei-Legierungen zum Einsatz.

Wärmequellen für das Löten von Hand

Die Wärmequelle für die Erwärmung der Lötstelle muss in der Lage sein, die Löttemperatur schnell zu erzeugen. Das liegt daran, dass Flussmittel bei zu langer Erwärmung (ca. 4 min) ihre Wirksamkeit verlieren. Man unterscheidet daher Kolbenlöten und Flammlöten.

	**Elektrischer Lötkolben** Elektrische Lötkolben werden für das Weichlöten vor allem im Bereich der Elektrotechnik und Elektronik eingesetzt. Diese Lötverbindungen können in der Regel durch erneutes Erhitzen mit dem elektrischen Lötkolben wieder gelöst werden, da dieser durch seine Bauform präzise einsetzbar ist.
	**Gasbrenner** Gasbrenner werden für das Löten mit Propan-Sauerstoff- oder Acetylen-Sauerstoff-Gemischen betrieben. Sie werden in der Regel für das Hartlöten eingesetzt. Der Acetylen-Sauerstoff-Brenner wird im Abschnitt Autogenschweißen oder Gasschmelzschweißen näher behandelt.
	**Lötlampe** Bei der Lötlampe handelt es sich um einen propan- oder butanbetriebenen handlichen Brenner für das Flammlöten. Als Brenngas entsteht ein Propan- bzw. Butan-Luft-Gemisch. Sie werden in der Regel für das Weichlöten eingesetzt.

Tab.: Wärmequellen beim Löten von Hand

Arbeitssicherheit beim Löten:
- **Schutzkleidung und Schutzbrille tragen (besonders beim Flammlöten).**
- **Flussmittel können zu Verätzungen der Haut führen, daher Hautkontakt vermeiden.**
- **Dämpfe von Flussmitteln und Loten sind gesundheitsschädlich, daher muss der Arbeitsplatz gut belüftet oder eine Absaugung verwendet werden.**

Allgemein sind beim Umgang mit Brennern weitere Maßnahmen zu beachten:
Der Brenner sollte sofort nach dem Öffnen des Ventils gezündet werden, damit keine explosionsfähigen Gase entstehen.
Es sind geeignete Brandschutzmaßnahmen zu treffen, besonders dann, wenn in der Nähe brennbarer Stoffe gelötet wird.

7.4.3 Schweißen (Schmelzschweißverfahren)

Durch die im Vergleich zum Löten wesentlich höhere Temperatur wird beim Schweißen nicht nur der Zusatzwerkstoff aufgeschmolzen, sondern auch der Werkstoff der Fügeteile selbst. Im flüssigen Zustand vermischen sich die Werkstoffe und bilden nach dem Erstarren ein gemeinsames Gefüge. Je nach Schweißverfahren wird auch nur der Werkstoff der Fügeteile aufgeschmolzen und auf einen Zusatzwerkstoff verzichtet. Aus diesem Grund können beim Schweißen nur Fügeteile aus dem gleichen Werkstoff miteinander verbunden werden. Der Bereich, in dem die Fügeteile aufgeschmolzen werden, wird als Fügezone bezeichnet. Wird ein Zusatzwerkstoff verwendet, so muss dieser den annähernd gleichen Schmelzpunkt besitzen wie der Werkstoff der Fügeteile.

Schweißen

Das Aufschmelzen der Fügeteile bringt gegenüber dem Kleben und Löten einen entscheidenden Vorteil mit sich: Aufgrund der wesentlich haltbareren Verbindung fällt die benötigte Fügefläche deutlich kleiner aus. Somit müssen Bauteile nicht großflächig überlappen, um eine haltbare Verbindung herzustellen. Der hohe Temperatureintrag birgt jedoch einen Nachteil gegenüber dem Löten: Durch die hohe Temperatur ändern sich die Eigenschaften des Materials in der Fügezone und das Werkstück kann sich verziehen.

Wie die Bauteile zusammengelegt werden, bezeichnet die Stoßart. Die wichtigsten Stoßarten sind der Stumpf- und der T-Stoß. Durch die Bauteildicke und die Stoßart wird die Form der Schweißnaht beeinflusst. Stumpfstöße werden häufig mit I- oder V-Nähten verbunden, während bei T-Stößen Kehlnähte entstehen.

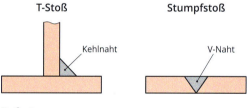

Stoßarten

Welcher Zusatzwerkstoff gewählt wird, hängt wiederum vom zu verschweißenden Werkstoff ab.

Zeichnungsangaben

Die Stoßart, die Nahtart und das anzuwendende Schweißverfahren sind der technischen Zeichnung zu entnehmen. Das Nahtsinnbild gibt die Nahtart an.

Hinter der Gabel können zusätzliche Angaben gemacht werden, etwa über das Schweißverfahren oder den Zusatzwerkstoff.

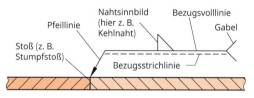

Technische Darstellung von Schweißnähten

Die Kennziffer (Eintragung hinter der Gabel) für das Lichtbogenhandschweißen lautet 111, während 311 für das Gasschweißen mit einer Sauerstoff-Acetylen-Flamme steht.

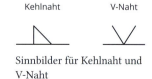

Sinnbilder für Kehlnaht und V-Naht

Im Folgenden werden die wichtigsten Verfahren des Schmelzschweißens von Hand vorgestellt. Diese unterscheiden sich im Wesentlichen in der Art der Zuführung des Zusatzwerkstoffs, der Erzeugung der Temperatur und dem Schutz der Schmelze vor Oxidation.

Die Schutzgasschweißverfahren werden in den Büchern der Fachstufe näher erläutert.

7.4 Stoffschlüssiges Fügen

Autogenschweißen oder auch Gasschmelzschweißen

Beim Autogen- oder Gasschmelzschweißen wird die Hitze, wie bei einigen Lötverfahren, mit einer Flamme erzeugt. In der Regel wird ein Acetylen-Sauerstoffgemisch als Gas verwendet. Dieses wird im Schweißbrenner gemischt. Das richtige Mischungsverhältnis sorgt dafür, dass der Verbrennungsprozess in der Schweißzone den gesamten Sauerstoff benötigt und so die Schmelze nicht oxidieren kann.

Der Zusatzwerkstoff wird als Stab von Hand zugeführt.

Autogenschweißen

Durch die Verwendung des Acetylen-Sauerstoffgemisches werden Flammtemperaturen von 3200 °C erreicht.

Sauerstoff und Acetylen werden in Gasflaschen bereitgestellt, die unter (hohem) Druck stehen (Sauerstoff bis 200 bar und Acetylen 19 bar). An die Flaschenventile werden daher Druckminderer geschraubt, um den hohen Flaschendruck auf einen Arbeitsdruck zu reduzieren. Der Arbeitsdruck von Sauerstoff für das Schweißen beträgt ca. 2,5 bar und der von Acetylen ca. 0,03–0,8 bar.

Da Industriegase als Gefahrgut (Klasse 2) gelten, müssen die Gasflaschen spezielle Anforderungen erfüllen. Alle Gasflaschen für Industriegase müssen einen gesetzlich vorgeschriebenen Gefahrgutaufkleber tragen, außerdem sind die meisten Gasflaschen deutlich erkennbar farblich gekennzeichnet. Vielfach sind das unterschiedliche Schulterfarben, die einen farbigen Ring unterhalb des Gasflaschenkopfes bezeichnen. In manchen Fällen sind auch die ganzen Gasflaschen farbig lackiert.

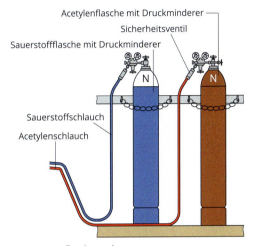

Autogengasflaschenpaket

Die Farbkennzeichnung von Gasflaschen ist genormt (DIN EN 1089-3):

Sauerstoff (O_2): Schulter: weiß, Mantel: blau (grau)

Acetylen (C_2H_2) Schulter: kastanienbraun, Mantel: kastanienbraun (schwarz, gelb)

 ACHTUNG!

Reiner Sauerstoff ist ein Brandbeschleuniger.

Grundsätzlich dürfen Gasflaschen nur mit aufgeschraubter Schutzkappe transportiert werden.

Umgang mit Acetylenflaschen:

Acetylen droht, bereits bei einem Druck von 2 bar explosionsartig in seine Bestandteile zu zerfallen, weshalb ein besonderer Umgang mit Acetylenflaschen erforderlich ist. Acetylenflaschen dürfen nicht im Liegen entleert werden und es sollte besonders darauf geachtet werden, dass sie nicht umfallen. Aus diesem Grund sind Acetylenflaschen mit einer porösen Masse aus Kieselgur und Asbest gefüllt, die wie ein Schwamm wirkt. Das Acetylen selbst wird in flüssigem Aceton gelöst, um es lagerungsfähig zu machen. Dieses Vorgehen ist notwendig, da sonst beim Transport der Flasche durch Erschütterungen der Druck erhöht würde.

Das Sauerstoff-Acetylen-Gemisch wird erst im Schweißbrenner gemischt. Auf dessen Griffstück können mit einer Überwurfmutter verschieden große Schweißeinsätze befestigt werden. Die Größe der Schweißeinsätze ist abhängig von der Werkstückdicke, da sich hiernach die erforderliche Wärmemenge richtet. Schweißbrenner und Gasflaschen sind mit Schläuchen miteinander verbunden. Im Mischrohr werden die beiden Gase durch das Injektorprinzip zusammengebracht. Da der Sauerstoff u. a. durch seinen höheren Druck die Düse mit einer höheren Geschwindigkeit verlässt, entsteht ein Unterdruck, der das Acetylen mitreißt. Am Schweißmundstück wird das Gemisch dann mit geeigneten Anzündern gezündet.

Vor dem Zünden der Flamme ist daher immer zuerst das Sauerstoffventil zu öffnen. Beim Schließen geht man umgekehrt vor – zuerst das Acetylenventil, dann das Sauerstoffventil schließen.

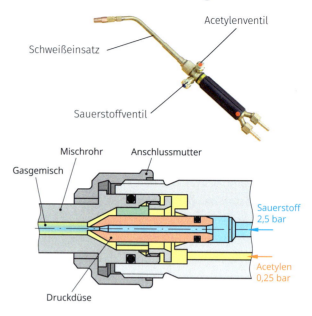

Schweißbrenner

Wichtig für das Schweißen ist außerdem die richtige Einstellung der Schweißflamme. Für eine vollständige Verbrennung des Acetylengases wird ein Sauerstoffüberschuss benötigt. Beim Schweißen von Stahl wird dennoch die sogenannte neutrale Flamme mit einem Mischungsverhältnis von 1:1 eingestellt. Der benötigte Sauerstoffüberschuss entsteht in der Schweißzone durch den Sauerstoff aus der Umgebungsluft.

In der Schweißzone der Flamme werden die Fügezone der zu verbindenden Werkstücke und der Zusatzwerkstoff aufgeschmolzen. Der Zusatzwerkstoff wird als Schweißstab von Hand zugeführt.

Nachlinksschweißen
Das Nachlinksschweißen wird beim Fügen dünner Bleche ($t < 3$ mm) angewendet, um ein Durchbrennen der Bleche zu verhindern. Hierbei wird die Flamme dem Schweißstab nachgeführt und ist so nicht direkt auf das Schmelzbad gerichtet.

Nachrechtsschweißen
Hier wird die Flamme dem Schweißstab vorhergeführt, um sie direkt auf das Schweißbad zu richten. Hierdurch wird beim Fügen dickerer Bleche ($t \geq 3$ mm) ein gutes Durchschweißen erreicht.

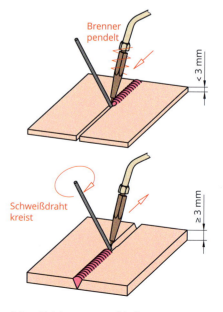

Schweißrichtungen Nachlinks- und Nachrechtsschweißen

Lichtbogenhandschweißen

Bei diesem Verfahren wird die Schmelzwärme durch einen Lichtbogen erzeugt, der zwischen Elektrode und Werkstück gezündet wird.

Die Schweißstromquelle setzt sowohl das Werkstück als auch die Elektrode unter elektrischen Strom, sodass zwischen beiden Teilen der Lichtbogen entstehen kann. Die Elektrode ist zugleich der Zusatzwerkstoff, dieser ist außerdem umhüllt. Die Zusammensetzung der Umhüllung gewährleistet unter anderem, dass das Schmelzbad vor der Umgebungsluft abgeschirmt wird und somit nicht oxidiert.

Lichtbogenhandschweißen

Der benötigte Schweißstrom ($I < 400$ A) und die nötige elektrische Spannung ($U = 15$ bis 80 V) werden dabei von einem Schweißstromerzeuger bereitgestellt. Die richtige Schweißstromstärke ist an der Schweißstromquelle einzustellen, sie richtet sich nach dem Durchmesser der Drahtelektrode.

Faustformel:
Elektrische Stromstärke $I = 40$ A je 1 mm Drahtdurchmesser

Um den Lichtbogen zu zünden, berührt man mit der Elektrode das Werkstück, um beide miteinander kurzzuschließen. Nach dem Kurzschließen fließt bei geringer Spannung ein hoher elektrischer Strom, wodurch Elektrode und Werkstück an beiden Enden des Lichtbogens schmelzen. Im Lichtbogen herrschen dabei 3600–4200 °C. Der Abstand der Elektrode zum Werkstück sollte dabei so groß sein wie ihr Drahtdurchmesser. Wenn der Abstand zwischen Werkstück und Elektrode zu groß wird, reißt der Lichtbogen ab.

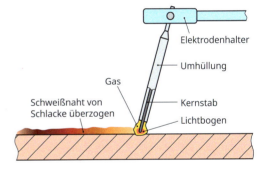

Werkstoffübergang Elektrode – Werkstück

Die Elektroden schmelzen durch den Lichtbogen ab und füllen so die Schweißfuge, wo sich das abgeschmolzene Material außerdem mit dem aufgeschmolzenen Material des Werkstücks vermischt. Die Auswahl der Elektroden erfolgt nach dem zu verschweißenden Material und der herzustellenden Nahtart (Verbindungsschweißen oder Auftragsschweißen) sowie nach ihrer Zusammensetzung (legierte und unlegierte Elektroden) und ihrer Umhüllung (umhüllt oder nicht umhüllt).

Die Umhüllung hat dabei mehrere Aufgaben: Durch die Gasentwicklung stabilisiert sie den Lichtbogen und schützt das Schmelzbad vor Oxidation. Die für das Lichtbogenhandschweißen charakteristische Schlacke, welche die Schweißnaht abdeckt, entsteht ebenfalls durch das Abschmelzen der Umhüllung. Durch die Schlacke wird eine schnelle Abkühlung der Schweißnaht verhindert, wodurch vermieden wird, dass Schrumpfspannungen im Werkstück entstehen. Die Schlacke wird nach Fertigstellung der Schweißnaht entfernt. Welche Eigenschaften eine Schweißelektrode besitzt, wird durch ihre Bezeichnung angegeben.

7 Fügetechnik

> **Arbeitssicherheit beim Schweißen (allgemein):**
>
>
>
> Schutzkleidung tragen: Dazu gehören eine genormte Schutzbrille, ein Schweißschutzschild oder ein Automatikschweißhelm und geeignete Schutzhandschuhe. Besonders beim Lichtbogenhandschweißen sollte zusätzlich der ganze Körper gegen die UV-Strahlung des Lichtbogens, Funken und Spritzer geschützt werden, z. B. durch eine Jacke. Kleidung, die den gesamten Körper schützt, ist aber beim Schweißen generell zu empfehlen.
>
> Der Schweißbereich ist abzuschirmen, um andere Personen nicht zu gefährden.
>
> Der Arbeitsplatz muss gut belüftet sein oder über eine Absaugung verfügen.
>
>
>
> Brennbare Gegenstände sind vom Arbeitsplatz zu entfernen.
>
> Grundsätzlich sind alle Schweißgeräte, Brenner, Schläuche und Leitungen auf einwandfreien Zustand zu überprüfen (mindestens Sichtprüfung).
>
> Für das Gasschmelzschweißen gelten außerdem weitere Unfallverhütungsvorschriften (UVV):
>
> Gasflaschen dürfen nur mit aufgeschraubter Schutzkappe transportiert werden und sind gegen Umfallen zu sichern.
>
>
>
> Acetylenflaschen dürfen nicht im Liegen entleert werden.
>
> Sauerstoffflaschen sind von Öl und Fett freizuhalten.
>
> Nach dem Lichtbogenhandschweißen ist auch beim Entfernen der Schlacke geeignete Schutzkleidung zu tragen, da die beim Abschlagen oder Abbürsten umherfliegenden Schlackesplitter sehr scharfkantig sind.

Schutzgasschweißen

Die Verfahren des Schutzgasschweißens werden in diesem Buch nur kurz vorgestellt und in den Büchern der Fachstufe näher erläutert.

MIG-Schweißen (Metall-Inert-Gas-Schweißen) und MAG-Schweißen (Metall-Aktiv-Gas-Schweißen)

Ähnlich wie beim Lichtbogenhandschweißen ist die Elektrode hier gleichzeitig der Zusatzwerkstoff. Allerdings ist dieser nicht ummantelt und wird kontinuierlich von einer Spule abgewickelt, sodass er „unendlich" erscheint und die Nahtlänge nicht durch die Größe der Elektrode begrenzt wird. Vor Oxidation wird die Schmelze durch ein Schutzgas geschützt. Der Unterschied zwischen MIG und MAG besteht hauptsächlich im verwendeten Schutzgas und dem Material des Zusatzwerkstoffs.

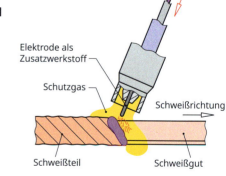

MIG-/MAG-Schweißen

WIG-Schweißen (Wolfram-Inert-Gas-Schweißen)

Hier wird der Lichtbogen durch eine Elektrode erzeugt, die nicht zeitgleich der Zusatzwerkstoff ist. Der Schutz vor Oxidation der Schmelze wird, wie bei MIG und MAG durch Schutzgas gewährleistet, das die Elektrode umströmt. Das WIG-Verfahren ermöglicht unter anderem ein Verschweißen dünner Bauteile ohne Zusatzwerkstoff. Wenn Zusatzwerkstoff verwendet wird, muss dieser wie beim Autogenschweißen von Hand zugeführt werden.

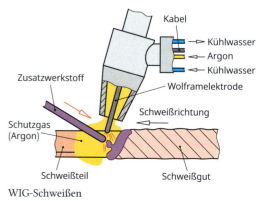

WIG-Schweißen

7.5 Handlungssituation: Montage eines Bodenschildstützrads

Städtische Entwässerungsbetriebe unterhalten in der Regel eigene Instandhaltungsabteilungen für ihre Anlagen. Im folgenden Auftrag ist das Bodenschildstützrad eines Schildräumers zu montieren. Der Schildräumer gehört zu einem Nachklärbecken einer Kläranlage. Hier wird das Wasser noch einmal nachgeklärt, bevor es wieder in Bäche und Flüsse geleitet wird. Der Schildräumer schiebt den sich absetzenden Schlamm in die Mitte des leicht trichterförmigen Nachklärbeckens, damit dieses sich nicht mit Schlamm zusetzt.

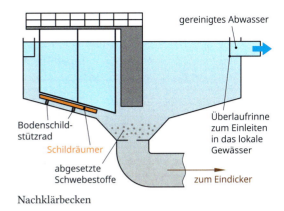

ANALYSIEREN

Bevor mit Montagearbeiten begonnen wird, sollte zunächst der **Montageauftrag** analysiert werden. Neben der eindeutigen Festlegung der betroffenen Baugruppe(n) müssen eventuell vorhandene betriebliche Durchführungs- und Dokumentationsanforderungen bekannt sein.

Was ist zu tun?

Im vorliegenden Auftrag ist das Bodenschildstützrad des Schildräumers als einzelne Baugruppe zu montieren, während das Anbringen des Bodenschildstützrads am Schildräumer nicht Teil dieses Auftrags ist. Die einzelnen Bauteile des Bodenschildstützrads sind ineinanderzufügen und durch Splinte bzw. eine Lasche zu sichern. Letztendlich ist die Funktionsfähigkeit festzustellen und das Bodenschildstützrad zu übergeben.

Was ist zu beachten?

Da es sich um keine komplexe Baugruppe handelt, reicht es aus, mittels einer Sichtprüfung sicherzustellen, dass alle Teile ordnungsgemäß montiert wurden und sich Laufrad und Unterteil des Bodenschildstützrads leichtgängig drehen lassen.

INFORMIEREN

In diesem Schritt werden alle notwendigen Informationen eingeholt und zusammengestellt.
Technische Zeichnungen dienen dazu, den Aufbau und die Funktionsweise der zu montierenden Baugruppe darzustellen, während **Stücklisten** Auskunft über die benötigen Bauteile und deren Anzahl geben.

Wie ist das Bodenschildstützrad aufgebaut und wie funktioniert es?
Das Laufrad wird mit einer Steckachse gefügt, die wiederum mit Splinten in der Gabel gesichert wird. Das Stützrohr wird in das Führungsrohr gesteckt und mit einer Lasche am oberen Ende des Führungsrohrs gegen Herausrutschen gesichert. Dabei soll keine enge Führung entstehen, damit das Bodenschildstützrad auch durch gröbere Verschmutzung nicht zu schnell schwergängig wird oder gar festsitzt.
Die Steckachse ermöglicht das Drehen des Laufrads und das Führungsrohr, welches das Stützrohr aufnimmt, die freie Lenkbewegung.
Mit Schrauben wird die Anbauplatte des Bodenschildstützrads später am Bodenschild des Schildräumers befestigt, dieser Arbeitsschritt ist aber nicht Teil dieses Montageauftrags.
Die verwendeten Normteile (Splinte und Unterlegscheiben) sind nach Stückliste auszuwählen.

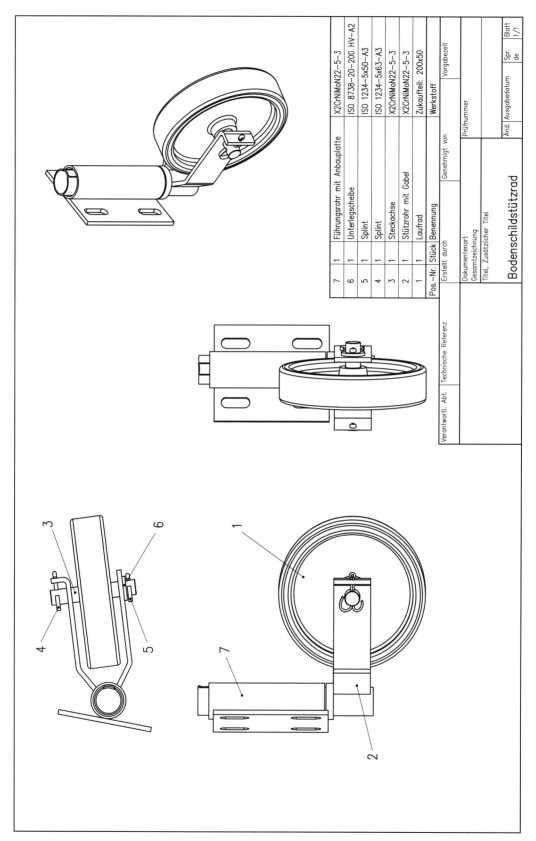

Gesamtzeichnung Bodenschildstützrad

7.5 Handlungssituation: Montage eines Bodenschildstützrads

PLANEN

Der Zeitpunkt für die Durchführung wird abgestimmt und festgelegt. Die einzelnen Arbeitsschritte zur Montage des Bodenschildstützrads werden geplant und in die richtige Reihenfolge gebracht. Für die Montageschritte werden die benötigten Werkzeuge und Hilfsmittel ausgewählt. Diese Entscheidungen werden in einem **Montageplan** festgehalten.

Arbeitsplan für die Montage eines Bodenschildstützrads			
Blatt 1/1	Zeichnungs-/Dokumentnummer 14 894 553.56	Datum 04.04.20..	Bearbeiter/-in Petra Muster
Nr.	Arbeitsgang	Werkzeuge/Material/ Hilfsmittel	Bemerkung/technologische Daten/Arbeitssicherheit/ Umweltschutz
1	Sichtkontrolle aller Teile auf Beschädigungen		auch auf Vollständigkeit achten
2	Laufrad (Pos. 1) in der Gabel des „Stützrohr mit Gabel" (Pos. 2) positionieren und die Steckachse (Pos. 3) durch die Bohrungen der Gabel und des Laufrads stecken		
3	langen Splint (Pos. 4) auf der Seite der Gabel mit der gebogenen Lasche einsetzen und aufbiegen	Spitzzange	ggf. Schlosserhammer und Splinttreiber
4	auf der zweiten Seite Unterlegscheibe (Pos. 6) auf die Steckachse aufstecken		
5	kurzen Splint (Pos. 5) in Steckachse einsetzen und aufbiegen	Spitzzange	ggf. Schlosserhammer und Splinttreiber
6	Stützrohr in das Führungsrohr mit Anbauplatte (Pos. 7) stecken und durch Aufbiegen der Lasche am oberen Ende des Führungsrohrs sichern.	Wasserpumpenzange	ggf. Schlosserhammer und Durchtreiber

Tab.: Montageplan Bodenschildstützrad

DURCHFÜHREN

Der Montageplan wird abgearbeitet, dabei wird u. a. auf die Einhaltung der Arbeitssicherheitsvorschriften geachtet. Da die meisten Bauteile recht scharfkantig und schwer sind, werden zur Montage Sicherheitsschuhe und Handschuhe getragen.

Nach Beendigung der Montage wird eine **Sicht-** und **Funktionsprüfung** durchgeführt. Hierbei wird kontrolliert, ob alle Bauteile nach den Vorgaben verbaut wurden und sich sowohl das Laufrad als auch das Stützrohr mit Gabel des Bodenschildstützrads leichtgängig drehen lassen.

Umweltschutz: Da das Bodenschildstützrad später in einem Nachklärbecken zum Einsatz kommt, ist darauf zu achten, dass es nicht mit Schmierstoffen o. Ä. verunreinigt wird.

Montage des Bodenschildstützrads:

1. Sichtkontrolle aller Bauteile auf Beschädigungen
2. Laufrad (Pos. 1) in der Gabel des „Stützrohr mit Gabel" (Pos. 2) positionieren und die Steckachse (Pos. 3) durch die Bohrungen der Gabel und des Laufrads (Pos. 1) stecken

3. langen Splint (Pos. 4) auf der Seite der Gabel mit der gebogenen Lasche einsetzen und aufbiegen
4. auf der zweiten Seite Unterlegscheibe (Pos. 6) auf die Steckachse (Pos. 3) aufstecken

5. kurzen Splint (Pos. 5) in Steckachse (Pos. 3) einsetzen und aufbiegen

6. Stützrohr in das Führungsrohr mit Anbauplatte (Pos. 7) stecken und durch Aufbiegen der Lasche am oberen Ende des Führungsrohrs sichern
7. Sicht- und Funktionskontrolle des fertig montierten Bodenschildstützrads durchführen

Die Abbildungen sind mit freundlicher Unterstützung der Firma J.A.G. Metallbau GmbH (Neumünster) entstanden.

7.5 Handlungssituation: Montage eines Bodenschildstützrads

AUSWERTEN

Die Auftragsdurchführung wird dokumentiert und das Ergebnis der Sicht- und Funktionsprüfung festgehalten. Die Dokumentation kann z. B. in einem **Prüfprotokoll** erfolgen. Je nach den betrieblichen Anforderungen kann es beispielsweise aber auch ausreichend sein, die durchgeführten Arbeitsschritte im Arbeitsplan abzuhaken oder Fotos anzufertigen. Die fertiggestellte Baugruppe kann dem nächsten Prozessschritt übergeben werden.

Prüfprotokoll für die Montage eines Bodenschildstützrads				
Blatt 1/1	**Zeichnungs-/Dokumentnummer** 14 894 553.56	**Datum** 04.04.20..	**Bearbeiter/-in** Petra Muster	
		Prüfdatum 05.04.20..	**Prüfer/-in** Max Müller	
Nr.	**Prüfmerkmal**	**i. O.**	**n. i. O.**	**Nacharbeit**
1	Sichtkontrolle der Baugruppe auf Beschädigungen	X		–
2	Baugruppe Bodenschildstützrad wurde vollständig nach Zeichnung montiert	X		–
3	Steckachse wurde mit den Splinten (Pos. 4 und 5) gesichert	X		–
4	Stützrohr wurde durch Aufbiegen der Lasche am oberen Ende des Führungsrohrs gesichert	X		–
5	Stützrohr mit Gabel lässt sich leichtgängig im Führungsrohr drehen	X		–
6	Laufrad lässt sich leichtgängig drehen	X		–

UMFORMTECHNIK UND URFORMTECHNIK

8

8 Umformtechnik und Urformtechnik

Berufliche Handlungssituation

Ordnung am Arbeitsplatz ist aus sehr unterschiedlichen Gründen sehr bedeutsam. Durch Ordnungssysteme wie z. B. Werkzeugwände stehen oder liegen weniger Gegenstände im Weg, wodurch Arbeitsunfälle vermieden werden können. Ferner ergibt sich eine Zeitersparnis bei der Durchführung von Arbeiten, da sämtliche Werkzeuge griffbereit sind. Außerdem ist sehr schnell zu erkennen, ob Werkzeuge fehlen, da sie vielleicht an einem anderen Arbeitsort vergessen wurden. Neben handelsüblichen Systemen werden für spezielle Werkzeuge oder Geräte auch Halterungen in Eigenfertigung erstellt. Hierzu wird beispielsweise eine passende Halterung aus Blech hergestellt, welche durch Biegen in die gewünschte Form gebracht wird, also „umgeformt" wird. Insgesamt wird durch diese Maßnahme eine Verbesserung des Arbeitsplatzes erzielt.

Werkzeugwand

Die Durchführung von Verbesserungsmaßnahmen an Arbeitsplätzen ist ein bedeutendes Tätigkeitsfeld in den industriellen Metallberufen. Verbesserungsmaßnahmen werden sowohl an Anlagen oder Werkzeugen/Vorrichtungen als auch bei Veränderungen des Arbeitsbereichs im Betrieb oder bei Kundinnen und Kunden durchgeführt. Dabei werden Herstellmöglichkeiten, Materialien und Sicherheitsmaßnahmen überprüft. Verbesserungsmaßnahmen dienen dem Optimieren vorhandener Systeme. Dies umfasst sowohl technische als auch sicherheitsrelevante oder prozessbedingte Aspekte. Aufgrund der benötigten umfassenden Fachkompetenzen für Verbesserungsmaßnahmen zählen diese zu den anspruchsvollen Tätigkeiten in der Facharbeit. Ohne die benötigten Fachkompetenzen, einer sorgfältigen Planung und Organisation, sind diese Tätigkeiten insbesondere bei Verbesserungsmaßnahmen an Maschinen und Anlagen gefährlich und bergen ein hohes Unfallrisiko.

Die folgende Tabelle verdeutlicht, die unterschiedlichen Schwerpunkte der Um- und Urformtechnik industrieller Berufe.

Berufliche Tätigkeiten	Industrie-mechaniker/-in	Werkzeug-mechaniker/-in	Zerspanungs-mechaniker/-in
Reparaturarbeiten an Maschinen und Anlagen durch Biegen oder Richten durchführen	●	◔	◔
Werkzeuge und technische Systeme optimieren	●	◐	◐
Bauteile mit handgeführten Werkzeugen bearbeiten	●	◐	◔
Bauteile durch Biegen oder Schmieden herstellen und bearbeiten	◐	◐	◐
Herstellen von Bauteilen mithilfe additiver Fertigung vorbereiten	◔	◔	◔

Tab.: Typische Umformarbeiten

8.1 Umformen

8.1.1 Grundlagen des Umformens

Umformen ist nach DIN 8580 das Herstellen von Bauteilen, ohne das Entfernen oder Hinzufügen von Material. Zum Umformen gehören unter anderem das Walzen, das Schmieden, das Tiefziehen und das Biegen. Die Werkstoffe werden beim Umformen gezielt in eine neue Form durch plastische Verformung gebracht und behalten dabei ihren inneren Zusammenhalt und ihre Masse. Häufig entstehen Halbzeuge (Bleche, Rohre, Drähte), die im weiteren Fertigungsprozess bearbeitet werden.

Bleche sind Flacherzeugnisse aus gewalztem Stahl oder Nichteisenmetallen (NE-Metallen). Sie sind für die Herstellung von Erzeugnissen aus Metall in vielerlei Formen, Größen und Anwendungsgebieten bestens geeignet. Sehr dünne Bleche werden auch Folien genannt. Blech zeichnet sich aus durch:

- geringe Dicke und deshalb ein geringes Gewicht bei großflächigen Konstruktionen
- einen geringen Energieeinsatz beim Umformen und thermischen Fügen
- viele genormte Lieferformate an abgestuften Tafelgrößen und Coils
- die Möglichkeit, Blechprofile durch z. B. Walzbiegen und Kanten herzustellen

Die Umformverfahren werden nach den wirkenden Kräften eingeteilt.

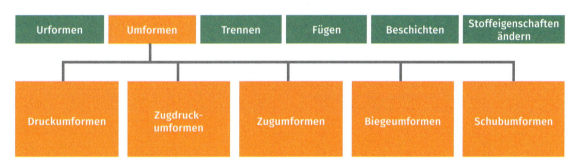

Hauptgruppen des Umformens

> Umformen ist nach DIN 8580 das plastische Verformen eines Werkstoffs ohne das Entfernen oder Hinzufügen von Material.

Für detailliertere Informationen zu den Verfahren des Urformens und scannen Sie bitte den QR-Code. Dieser führt Sie zu Beschreibungen und Visualisierungen der einzelnen Umformverfahren.

8.1.2 Werkstoffverhalten beim Umformprozess

8.1.2.1 Umformbarkeit

Beim Umformen treten dauerhafte Formveränderungen am Material auf. Solche Formveränderungen zeigen sich z. B. bei Druckkräften durch eine Verkürzung oder bei Zugkräften durch eine Verlängerung des Materials. Wird das Material oberhalb seiner Streckgrenze (R_e) belastet, kommt es zur plastischen Verformung des Materials. Das bedeutet, dass die Atomebenen des Materials abgleiten. Unterhalb der Streckgrenze verformt sich das Material elastisch. Dabei werden die Atome gegeneinander verschoben, ohne dass sie abgleiten. Bei Entlastung verschieben sie sich an ihren Ursprungsplatz. Diese Veränderungen können auf atomarer Ebene verdeutlicht werden.

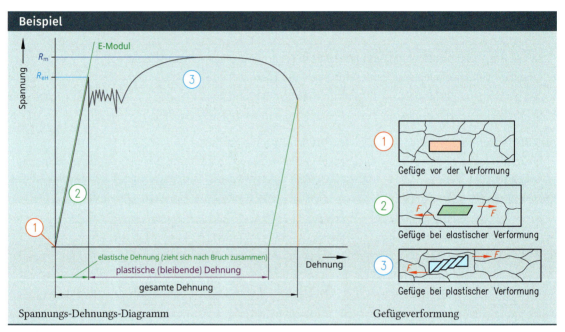

Spannungs-Dehnungs-Diagramm — Gefügeverformung

> Bleibt bei geringer Spannung eine starke Dehnung, wird der Werkstoff als gut umformbar bezeichnet.

8.1.2.2 Kalt- und Warmumformen

Kaltumformen	Warmumformen
Wird das Material bei Raumtemperatur umgeformt, kommt es zu einer Kaltverfestigung des Materials. Dabei wird das Abgleiten der Atomebenen durch die Körner immer mehr beeinträchtigt, da bei Raumtemperatur keine Kornneubildung stattfindet (siehe Kapitel 8.1.2.3). • steigende Härte • sinkende Dehnbarkeit Durch die Kaltverfestigung werden hohe Umformkräfte benötigt und es besteht die Gefahr, dass der Werkstoffzusammenhalt zerstört wird (Risse und Brüche können entstehen).	Mit steigender Temperatur sinkt die Festigkeit und somit die benötigte Umformkraft eines Materials. Warmumformen erfolgt oftmals bei 40 bis 60 % der Schmelztemperatur des Materials. Eine hohe Formänderung ist möglich, wenn die Temperatur so hoch ist, dass eine Kornneubildung (Rekristallisation) stattfindet. • zeitlich begrenzte sinkende Festigkeit • bleibende Dehnbarkeit

Tab.: Kalt- und Warmumformen

8.1.2.3 Rekristallisation

Unter Rekristallisation wird die Kornneubildung durch Glühen nach einer Kaltverformung verstanden. Dabei werden durch Glühen des kaltverfestigten Materials die Verschiebungen der Atomebenen gelöst. Verschiedene Materialien besitzen unterschiedliche Rekristallisationstemperaturen:

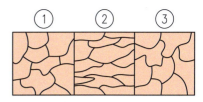

- Aluminium 150 °C
- Blei 20 °C
- Eisen 450 °C
- Kupfer 200 °C
- Magnesium 150 °C
- Nickel 600 °C
- Zink 20 °C

Materialgefüge:
① Gefüge vor Umformung
② Gefüge nach der Umformung
③ Gefüge nach der Rekristallisation

8.1.3 Beispiele einzelner Umformverfahren

Im Folgenden werden beispielhaft die Verfahren Schmieden, Biegen und Tiefziehen erläutert. Für Informationen zu den anderen Verfahren scannen Sie den QR-Code.

8.1.3.1 Schmieden

Das Schmieden gehört zu der Gruppe des Druckumformens (DIN 8583-1) und ist ein Warmumformverfahren. Das Material wird dabei über die Rekristallisationstemperatur erwärmt. Die Temperatur zu Beginn des Schmiedens wird als Anfangstemperatur bezeichnet. Eine hohe Anfangstemperatur verringert den Umformwiderstand. Einerseits verkürzt sich durch die Druckkräfte das Material in Druckrichtung, andererseits baucht es sich zu den Seiten aus (siehe Abb. Schema Umformung beim Schmieden). Das Volumen des Materials sowie der Faserverlauf bleiben dabei erhalten. Die wirkenden Kräfte bewirken eine Kornverfeinerung. Diese Kornverfeinerung und der ununterbrochene Faserverlauf führen zu guten Festigkeitseigenschaften bei Schmiedestücken. Während des Schmiedens kühlt das Material weiter ab. Die Endtemperatur ist dabei die niedrigste Temperatur, bei der das Schmiedestück noch umgeformt werden darf. Bei einer Umformung unterhalb dieser Temperatur kommt es im Material zur Kaltverfestigung (siehe Tabelle Kalt- und Warmumformen). Die Temperaturen zum Schmieden werden in Abhängigkeit vom Kohlenstoffgehalt gewählt, um anschließend durch gesteuerte Abkühlung ein bestimmtes Gefüge erzielen zu können.

Beim heutigen industriellen Schmieden werden überwiegend sicherheitsrelevante Teile (z. B. kleinere Kurbelwellen, Pleuel oder Zahnräder) hergestellt, da durch die Festigkeitseigenschaften und den ununterbrochenen Faserverlauf beim Schmieden die Schmiedestücke weniger rissempfindlich sind.

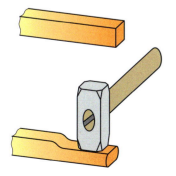

Schema Umformung beim Schmieden

Schmiedeprozess

8.1.3.2 Biegeumformen

Das Biegen gehört zu der Gruppe des Biegeumformens (DIN 8586). Das Material kann dabei mit oder ohne Erwärmung umgeformt werden. Die Umformung erfolgt durch eine Kraft, welche einen Abstand zu der Biegestelle hat (siehe linke Abbildung). Der Abstand zwischen Biegestelle und Kraft wird Hebelarm genannt. Die wirkende Kraft multipliziert mit dem Hebelarm ergibt das Biegemoment. Je größer das Biegemoment, desto größer die Biegewirkung. Durch eine zunehmende Kraft oder einen längeren Hebelarm vergrößert sich das Biegemoment.

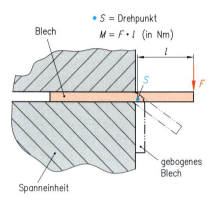

Biegemoment am Beispiel des Schwenkbiegens

Biegeprozess beim Gesenkbiegen

Wird z. B. ein Flächenteil eines Halbzeugs oder eines Bauteils umgeklappt, wird dies als Biegen bezeichnet. Der Vorgang des Biegens wird in geradlinige und drehende Werkzeugbewegungen unterteilt. Zum Biegen mit geradlinigen Werkzeugbewegungen zählen das Gesenkbiegen und das freie Biegen. Dabei verformt der Biegestempel oder der Schieber das Material mittels einer geraden Bewegung. Zum Biegen mit drehenden Werkzeugbewegungen zählen das Schwenkbiegen und das Rollbiegen. Hier übt das Umformwerkzeug eine Drehbewegung aus. Bauteile können sowohl mit handgeführten Werkzeugen als auch mittels Maschinen umgeformt werden.

Neutrale Faser

Um bei Biegeteilen die geforderten Maße zu erhalten, muss das Material vor dem Umformen in der richtigen Länge zugeschnitten werden. Diese Zuschnittlänge muss berechnet werden, da sich das Material im Bereich der Biegezone verändert. Der äußere Bereich der Biegezone wird **gestreckt** und der innere Bereich **gestaucht**. So kommt es in der Druckzone zu einer Ausbauchung und in der Zugzone zu einer Einschnürung in Querrichtung des Materials. Für die Berechnung der Länge des Zuschnitts (gestreckte Länge) wird sich eine Besonderheit zunutze gemacht. Im Übergangsbereich zwischen gestauchtem und gestrecktem Bereich befindet sich die sogenannte **„neutrale Faser"**, diese wird während des Umformens weder gestreckt noch gestaucht.

Grundsätzlich können alle Biegeteile in zwei Bereiche unterteilt werden:
- Biegestellen: Zonen, in denen die neutrale Faser nicht gerade verläuft
- Nicht gebogene Bereiche: Zonen, in denen das Bauteil einfach gerade verläuft

> Die Länge der neutralen Faser entspricht der gestreckten Länge des Bauteils.

8.1 Umformen

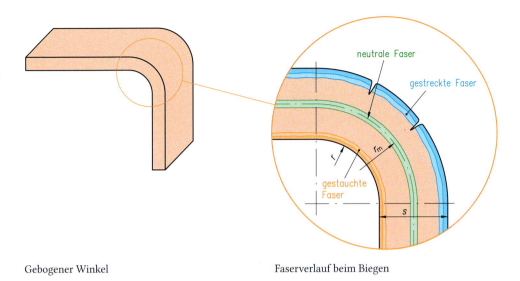

Gebogener Winkel   Faserverlauf beim Biegen

Mindestbiegeradius

Der an den Innenseiten eines Biegeteils liegende Radius wird Biegeradius genannt. Um Risse in der Biegezone zu vermeiden, dürfen **Mindestbiegeradien** nicht unterschritten werden. Die Größe dieser Mindestbiegeradien ist abhängig von:

- der Umformbarkeit des Materials
- der Dicke des zu biegenden Materials
- dem Biegewinkel
- der Walzrichtung (längs oder quer zur Walzrichtung)

Mit steigender Festigkeit nimmt die Umformbarkeit des Materials ab und mit steigender Materialstärke und steigendem Biegewinkel werden die äußeren Fasern immer mehr gestreckt. Bei zu kleinen Biegeradien wird das Material über die Zugfestigkeit hinaus belastet und kann aufgrund dieser Überlastung reißen.

Tab.: Faktoren für den Mindestbiegeradius

Umformtechnik und Urformtechnik

Biegelängen (Zuschnittslänge) mittels der neutralen Faser berechnen

Um die Biegelänge zu bestimmen, müssen die gebogenen und die nicht gebogenen Bereiche berechnet werden.

Die nicht gebogenen Bereiche werden mittels der Schenkellängen des Biegeteils berechnet. Für die gesuchte Länge L_1 muss die Materialstärke t und der Biegeradius r von der Schenkellänge abgezogen werden:

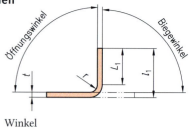

Winkel

$$L_1 = l_1 - t - r$$

Für die gebogenen Bereiche wird mit der Bogenformel $L_B = 2 \cdot \pi \cdot r_m \cdot \frac{\alpha}{360°}$ gerechnet. Dabei ist es wichtig, mit dem mittleren Biegeradius zu rechnen. Denn die neutrale Faser besitzt einen Biegeradius, der um die halbe Materialstärke größer ist $r_m = r + \frac{1}{2}t$ (siehe neutrale Faser). Um den gebogenen Bereich zu bestimmen, muss der Biegewinkel und nicht der Öffnungswinkel genommen werden.

Beispiel

Berechnen Sie die Zuschnittlänge des abgebildeten Winkels.

- r (Biegeradius) = 4 mm
- t (Materialstärke) = 3 mm
- l (Schenkellängen) l_1 = 35 mm, l_2 = 30 mm
- α (Biegewinkel) = 90°

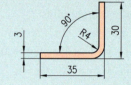

r_m (mittlerer Biegeradius) $= r + \frac{1}{2} \cdot t$

$\qquad = 4 \text{ mm} + \frac{1}{2} \cdot 3 \text{ mm}$

$\qquad = 5{,}5 \text{ mm}$

$L_1 = l_1 - t - r$	$L_2 = l_2 - t - r$	$L_3 = 2 \cdot \pi \cdot r_m \cdot \frac{\alpha}{360°}$
L_1 = 35 mm – 3 mm – 4 mm	L_2 = 30 mm – 3 mm – 4 mm	$L_3 = 2 \cdot \pi \cdot 5{,}5 \text{ mm} \cdot \frac{90°}{360°}$
L_1 = 28 mm	L_2 = 23 mm	L_3 = 8,64 mm

$L_{gesamt} = L_1 + L_2 + L_3 =$ 28 mm + 23 mm + 8,64 mm = 59,64 mm ≈ 60 mm

Alternativ kann bei einem Verhältnis von $\frac{r}{t} > 5$, die Biegelänge mittels eines Ausgleichswerts berechnet werden. Innerhalb dieses Verhältnisses verschiebt sich die neutrale Faser zum Biegeradius (gestauchter Bereich) hin. Der Ausgleichswert v kann für unterschiedliche Materialstärken und Biegeradien dem Tabellenbuch entnommen werden. Bei z. B. 90°-Biegewinkeln lautet die Formel:

$$L_{gesamt} = l_1 + l_2 - n \cdot v \quad (n = \text{Anzahl der Biegestellen})$$

 Nach DIN 6935-2 werden gestreckte Längen auf volle Millimeter aufgerundet.

8.1.3.3 Tiefziehen

Das Tiefziehen gehört zu der Gruppe des Zugdruckumformens (DIN 8584-3). Die Umformung erfolgt durch Zug- und Druckkräfte. Dabei ändert sich die Blechdicke kaum. Beim Tiefziehen wird ein Blechzuschnitt in ein oder mehreren Zügen zu einem Hohlprofil umgeformt. Der Zuschnitt wird dazu zunächst durch einen Niederhalter auf eine Ziehmatritze gepresst. Danach zieht der Ziehstempel das Blech über die gerundete Ziehkante in die Matritze.

Aus der Kreisringfläche A_2 des Zuschnitts wird der Mantel des fertigen Ziehteils gebildet (siehe Abbildung „Materialveränderung beim Tiefziehen"). Da diese Fläche A_2 einen größeren Durchmesser als der fertige Napf hat, fließt der „übrige" Werkstoff in den Mantel des Ziehteils. Dessen Höhe h ist damit größer als die Breite b des Kreisrings.

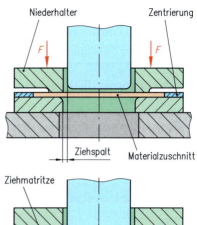

Tiefzieheinheit

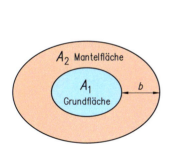
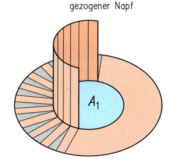
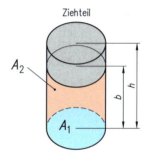

Materialveränderung beim Tiefziehen

Wichtige Einflussgrößen beim Tiefziehen

- **Niederhalterkraft:** Der Niederhalter verhindert die Bildung von Falten am Mantel des Ziehteils. Die Klemmkraft darf jedoch nur so groß sein, dass der Boden des Ziehteils beim Ziehen nicht reißt.
- **Ziehspalt:** Der richtige Ziehspalt ist etwas größer als die Blechdicke, damit der Werkstoff richtig fließen kann. Er darf jedoch nicht zu groß sein, damit keine Falten entstehen. Die Größe des Ziehspalts hängt vom Werkstoff und der Blechdicke s ab.
- **Ziehkantenradius:** Ein großer Radius am Ziehring vermindert die **Ziehkraft** und damit die Rissgefahr, erhöht aber die Gefahr der Faltenbildung, da das Blech gegen Ende des Ziehvorganges nicht mehr geklemmt wird.
- **Ziehverhältnis:** Das Ziehverhältnis β drückt die Formänderung eines Blechs beim Tiefziehen aus. Beim Erstzug ist das Verhältnis vom Zuschnittdurchmesser D zum Stempeldurchmesser d_1, bei Folgezügen das Verhältnis der Stempeldurchmesser d_1/d_2 etc.
- **Ziehstufen:** Ist bei Ziehteilen das Verhältnis von Höhe zu Durchmesser groß, wird in mehreren Stufen gezogen.

8 Umformtechnik und Urformtechnik

> **Grenzziehverhältnis**
>
> Das größte Ziehverhältnis, das ein Werkstoff ohne Schädigung zulässt, nennt man das Grenzziehverhältnis. Vom Zuschnitt ausgehend, kann man mithilfe des Grenzziehverhältnisses die Zahl der notwendigen Ziehstufen berechnen.

Vorgänge beim Tiefziehen berechnen

Um den Rondendurchmesser zu bestimmen, wird sich die Besonderheit der gleichbleibenden Materialstärke zunutze gemacht. Durch die gleichbleibende Materialstärke wird die Oberfläche des Zuschnitts mit der Oberfläche des Tiefziehteils gleichgesetzt. Folgend werden zwei Beispiele dargestellt. Weitere Formen und Formeln sind dem Tabellenbuch zu entnehmen.

Beispiel

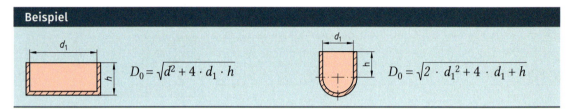

$$D_0 = \sqrt{d^2 + 4 \cdot d_1 \cdot h}$$

$$D_0 = \sqrt{2 \cdot d_1^2 + 4 \cdot d_1 + h}$$

Zur Berechnung des Ziehverhältnisses werden der Durchmesser des Zuschnitts D_0 und der Innendurchmesser d_1 herangezogen.

Das Ziehverhältnis wird wie folgt berechnet:

Beispiel

D_0 Durchmesser des Zuschnitts
d_1 Innendurchmesser des Napfs
β Ziehverhältnis

$$\beta = \frac{D_0}{d_1}$$

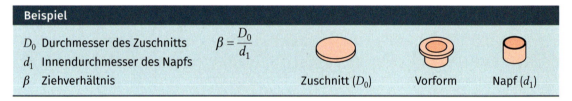

Zuschnitt (D_0) — Vorform — Napf (d_1)

Bei weiteren Zügen wird das Ziehverhältnis mit den Innendurchmessern vor und nach dem Ziehprozess berechnet. Das Gesamtziehverhältnis wird durch Multiplikation der einzelnen Ziehverhältnisse bestimmt.

Beispiel

β_1 Ziehverhältnis beim Zweitzug

$$\beta_1 = \frac{d_1}{d_2}$$

β_{ges} Gesamtziehverhältnis

$$\beta_{ges} = \beta_1 \cdot \beta_2 \cdot \beta_3 \cdot \ldots$$

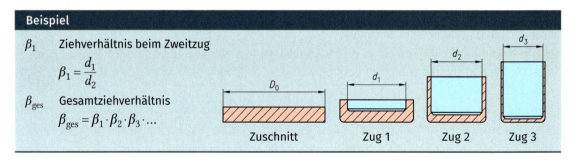

Zuschnitt — Zug 1 — Zug 2 — Zug 3

Beispiel

Eine Stahldose mit einem Innendurchmesser von 60 mm soll probeweise in drei Zügen hergestellt werden. Dazu steht eine Ronde mit dem Durchmesser von 200 mm und einer Blechstärke von 3 mm zur Verfügung.

D_0 (Rondendurchmesser) = 200 mm
d_1 (Stempeldurchmesser beim ersten Zug) = 120 mm
d_2 (Stempeldurchmesser beim zweiten Zug) = 80 mm
d_3 (Innendurchmesser) = 60 mm

Erstzug	1. Weiterzug	2. Weiterzug	Gesamtziehverhältnis
$\beta_1 = \dfrac{D_0}{d_1}$	$\beta_2 = \dfrac{d_1}{d_2}$	$\beta_3 = \dfrac{d_2}{d_3}$	$\beta_{ges} = \beta_1 \cdot \beta_2 \cdot \beta_3$
$\beta_1 = \dfrac{200 \text{ mm}}{120 \text{ mm}}$	$\beta_2 = \dfrac{120 \text{ mm}}{80 \text{ mm}}$	$\beta_3 = \dfrac{80 \text{ mm}}{60 \text{ mm}}$	$\beta_1 = 1{,}67 \cdot 1{,}5 \cdot 1{,}33$
$\beta_1 = 1{,}67$	$\beta_2 = 1{,}5$	$\beta_3 = 1{,}33$	$\beta_{ges} = 3{,}33$

8.2 Urformen

8.2.1 Grundlagen des Gießens

Gießen gehört zu der Hauptgruppe des Urformens. Dieses ist nach DIN 8580 das Fertigen eines festen Körpers aus einem formlosen Stoff. Der Stoff kann dabei fest, flüssig, gasförmig, dampfförmig, breiig oder pastenförmig, aber auch pulvrig oder körnig sein. Beim Urformen werden sowohl Form als auch der Zusammenhalt des Stoffs geschaffen.

Das Urformen kann beim Gießen verschieden unterteilt werden:
- nach den Zuständen des zu gießenden **Stoffs**
- nach **Gießverfahren** (Schwerpunkt bei dem Gießvorgang)
- nach **Formverfahren** (Schwerpunkt bei der Formherstellung und der Wiederverwendbarkeit der Form)

Beispielhaft wird die Unterteilung nach dem Gießverfahren dargestellt.

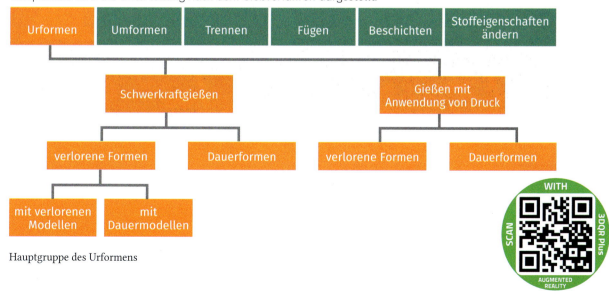

Hauptgruppe des Urformens

Urformen ist nach DIN 8580 das Formen eines festen Körpers aus formlosen Stoffen.

8.2.1.1 Formen und Modelle

Als **verlorene Formen** werden die Formen bezeichnet, die nach dem Abgießen des Gussteils zerstört werden. Um diese Formen zu erstellen, werden die Gussmodelle z. B. in Formsand eingeformt. Die eingesetzten Modelle werden vor oder während des Gießvorgangs entfernt.

Dauerformen werden nach dem Abgießen nicht zerstört und können für mehrere Abgüsse genutzt werden. Diese Art der Form besteht aus metallischen Werkstoffen, da sie durch die direkte Berührung mit der Schmelze sowohl hohen mechanischen als auch thermischen Beanspruchungen unterliegt und somit verschleißfest, hitzebeständig und zunderbeständig sein muss.

Verlorene Modelle ermöglichen das einmalige Herstellen einer verlorenen Form. Dabei werden sie z. B. vor oder während des Abgießens ausgeschmolzen (Wachsmodelle). Ein bedeutsamer Vorteil dieser Modelle ist die hohe Freiheit beim Gestalten. Da die Modelle nicht aus der Form entnommen werden müssen, kann auf die Entformung bei der Konstruktion weitestgehend verzichtet werden.

Dauermodelle werden vor dem Abgießen aus der Form herausgelöst und können nach dem Gebrauch wieder verwendet werden. Somit dienen sie zur Herstellung mehrerer verlorener Formen. Durch das Herausnehmen der Modelle muss bei der Konstruktion der Modelle auf die Entformbarkeit geachtet werden. Dauermodelle können aus Holz, Metall oder Kunststoffen gefertigt werden.

Kerne werden hauptsächlich eingesetzt, um auch Hohlräume im Gussteil abbilden zu können. Kerne werden wie Formen nach ihrer Verwendung in verlorene Kerne und Dauerkerne unterteilt. Es gibt welche für den einmaligen Gebrauch (verlorene Kerne) und welche für den mehrmaligen Gebrauch (Dauerkerne). Es gibt auch Kerne, die verwendet werden, um schwierige Formen darstellen zu können.

Verlorene Form aus Sand und Dauermodell

8.2.1.2 Konstruktion von Gussteilen und Modellen

Es gibt viele Gießverfahren, mit denen sehr komplexe Bauteile gefertigt werden können. Dabei können z. B. auch Abmessungen bis zu 10000 mm und Massen von 252 t gegossen werden. Gießen kann sowohl in der Massenproduktion als auch in der Einzelfertigung eingesetzt werden.

Sowohl Form und Modell als auch das Gussteil selbst müssen beim Konstruieren genau bedacht werden. Hierbei sind besonders die Herstellungsmöglichkeiten zu analysieren.

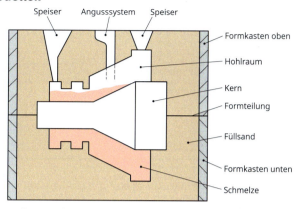
Aufbau Sandguss

Die **Formteilung** ist bei der Konstruktion der Formen und Modelle ein zentraler Punkt. Die Formteilung ist die Fläche, in der das Modell bzw. die Form zur Herstellung des Gussteils geteilt wird.

Um Modelle oder Gussteile aus den Formen zu lösen, wird bei der Konstruktion eine **Formschräge** zwischen 0,7 bis 2° angebracht. Dadurch ist es möglich, die Modelle oder Gussteile ohne Beschädigung der Formen herauszulösen.

Des Weiteren muss dem Modell ein **Angusssystem** beigefügt werden. Dieses dient dazu, das geschmolzene Metall in die Form gießen zu können. Dabei soll eine kontinuierliche Strömung realisiert werden. Zusätzlich kann das Angusssystem zum Teil zum Ausgleichen der **Schwindung** dienen. Dazu wird der Anguss mit **Speisern** versehen (siehe Abbildung „Aufbau Sandguss").

Jedes Material weist während und nach dem Abgießen eine Schwindung auf. Die Schwindung an einem Gussteil kann in drei Phasen unterteilt werden.

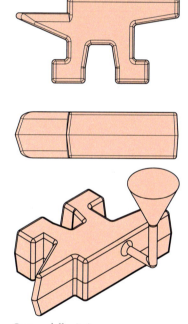
Gussmodell mit Anguss

Schwindungsphasen

Im Speiser befindet sich zusätzliches geschmolzenes Material. Beginnt nun die Schmelze abzukühlen und zu erstarren, befindet sich noch immer flüssiges Material im Speiser. Dieses kann dann in die Form nachfließen und so einen Teil der flüssigen und Erstarrungsschwindung ausgleichen.

Verschiedene Materialien weisen unterschiedliche Längenschwindungen auf:

- Stahlguss 2 %
- Gusseisen 1 %
- Aluminium 1,25 %
- Messing 1,5 %

Beispiel

Berechnen Sie das maximale Außenmaß für das Gussmodell. Das Gussteil wird aus Stahlguss gefertigt.

L_1 Modelllänge
L Werkstücklänge
S Schwindmaß [%]

$$L_1 = \frac{L \cdot 100\,\%}{100\,\% - S} \qquad L_1 = \frac{240\ mm \cdot 100\,\%}{100\,\% - 1\,\%}$$

$L_1 = 244{,}9\ mm$

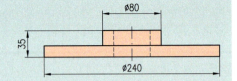

Neben den Gestaltungsrichtlinien für das Abgießen sind auch konstruktive Entscheidungen zum eigentlichen Gussteil zu treffen:

Konstruktive Entscheidungen	Ungünstig	Günstig	Erläuterung
Materialansammlungen vermeiden			Bereiche, in denen mehrere Rippen und Wände aufeinandertreffen, sollten vermieden werden.
Hinterschnitte vermeiden			Durch einen Hinterschnitt lässt sich das Modell nicht mehr aus der Form lösen (ohne diese zu zerstören). Mittels Kernen und Schiebern können Hinterschnitte entformt werden.
Kanten und Ecken abrunden			Abgerundete Kanten und Ecken helfen einerseits beim Lösen des Modells aus der Form und andererseits beim spannungsarmen Abkühlen des Gussteils.
Bearbeitungszugabe für die Nachbearbeitung von Anlage- und Passflächen			Gussoberflächen sind je nach Verfahren sehr ungenau. Deshalb sollten Passungen und Anlageflächen immer mit einer Bearbeitungszugabe konstruiert werden.

Tab.: Konstruktionsmaßnahmen

8.2.1.3 Gussfehler

Auch wenn alle Gestaltungsrichtlinien bei den Formen, Modellen und Gussteilen umgesetzt worden sind, kann es beim Erstarren des Gussteils zu Fehlern kommen.

Schlackeneinschlüsse sind Fehler, die die Materialzusammensetzung des Gussteils betreffen. Wird die Schmelze zu wenig entschlackt, vermischt sich diese mit der Schmelze. Die Schlacke setzt sich beim Gießprozess an der Oberfläche ab und bildet flache, glatte Oberflächenvertiefungen.

Die Gefahr von **Gussspannungen** am Gussteil kann mittels einer bedachten Konstruktion (Radien, Wanddickenverhältnisse) verringert, aber nicht gänzlich verhindert werden. Spannungen im Gussteil zeigen sich durch kleine Risse oder einen Verzug des Bauteils.

Lunker an einem Gussbauteil

Lunker entstehen durch die Schwindung des Materials beim Abkühlen. Lunker sind Schwindungshohlräume, bei denen kein flüssiges Material nachfließen konnte.

8.2.2 Fertigungsverfahren beim Gießen

Folgend werden beispielhaft drei Fertigungsverfahren erläutert. Für Informationen zu den anderen Verfahren scannen Sie den QR-Code.

Handformen aus Sand

Bevor es zum Abgießen bei diesem Gießverfahren kommt, müssen zunächst die Formteilung, die Kerne und deren Lagerung festgelegt werden.

Die untere Modellhälfte wird auf einer ebenen Fläche oder Platte gelegt. Der Unterkasten um das Modell herum wird mit Formsand aufgefüllt. Dieser wird regelmäßig verdichtet. Das Modell besitzt die Kernmarken für die benötigten Kerne. Diese müssen in der Form abgebildet werden, da diese die Lagerstellen der Kerne bilden.

Anschließend wird die obere Modellhälfte in einem Oberkasten abgebildet. Dazu wird dieser auf den Unterkasten aufgebaut. Die obere Modellhälfte wird auf die untere Modellhälfte platziert. Dabei dienen Stifte zum Fixieren der oberen Modellhälfte. Die obere Formhälfte benötigt das Angusssystem mit Speiser und Eingussöffnung. Ist alles positioniert, wird der Formsand aufgefüllt und verdichtet.

Nun muss das Modell aus der Form gelöst werden, um anschließend die beiden Kastenhälften zusammenzusetzten. Dazu werden die beiden Kästen voneinander getrennt. Die Formschräge an den Modellhälften unterstützt das Herausnehmen. Nun muss der Formhohlraum des Angusssystems mit dem Unterkasten verbunden werden. Dazu wird ein sogenannter Lauf in den Sand geschnitten.

Als nächstes werden die Kerne in die Kernmarken des Unterkastens eingelegt, Ober- und Unterkasten zusammengesetzt und durch Führungen an den Seiten vor dem Verschieben gesichert. Zusätzlich wird der Formkasten oben beschwert, damit der Oberkasten nicht durch das Gießmaterial hochgedrückt wird.

Danach kann das Abgießen erfolgen. Die Schmelze wird über das Angusssystem in die Form gegossen. Nach dem Abkühlen wird die Form zerstört und das Gussteil entnommen. Angusssystem und Lauf werden abgeschnitten und das Gussteil gereinigt.

Nun kann das Gussteil weiterbearbeitet werden.

So hergestellte Bauteile weisen eine grobe Oberflächenqualität auf. Durch das zeitaufwendige Herstellen der Form wird dieses Verfahren für Einzelteile und Kleinserien genutzt.

Prozesskette

 Beim Handformen werden verlorene Formen hergestellt. Überwiegend werden Dauermodelle zur Abbildung des Gussteils verwendet. Es können jedoch auch verlorene Modelle eingesetzt werden. Das Handformverfahren wird für Einzelteile und Kleinserien verwendet. Beim Maschinenformverfahren werden viele Arbeitsschritte automatisiert. Durch das Maschinenformverfahren ist eine Massenfertigung von Bauteilen möglich.

Feingussformverfahren

Beim Feingussformverfahren wird ein verlorenes Modell und eine verlorene Form verwendet. Die Modelle bestehen aus Wachs. Oftmals werden mehrere Wachsmodelle zu einer Modelltraube verbunden. Das Wachsmodell wird mehrfach in aufgeschlämmten Formstoff getaucht. So entsteht eine stabile Schale. Anschließend wird das Wachs aus der Modellform herausgeschmolzen und die Form gebrannt. Danach erfolgt der Abguss in die noch heiße Form. Die Form wird dazu ggf. mit Quarzsand hinterfüllt. Nach dem Abgießen wird das Modell zerstört.

 Durch dieses Gießverfahren lassen sich geometrisch komplexe Bauteile fertigen. Ein großer Vorteil ist die Maßgenauigkeit und die gute Oberflächengüte der Gussbauteile. Auch ohne Nachbearbeitung können einbaufertige Funktionsflächen hergestellt werden. Das Feingussformverfahren ist durch den Maschinen- und Zeitaufwand kostenintensiver und findet in Kleinserien oder für Spezialbauteile Verwendung.

Vollformgießen

Beim Vollformgießen wird ein verlorenes Modell und eine verlorene Form verwendet. Die Modelle bestehen aus thermoplastischem Hartschaum. Das Modell wird in den Formsand gesetzt. Während des Gießens befindet sich das Modell noch in der Form und verbrennt/verdampft durch die Hitze der Schmelze.

Durch dieses Gießverfahren lassen sich geometrisch komplexe Bauteile fertigen. Im Unterschied zum Feingussformen wird das Vollformen überwiegend für die Einzelteilfertigung von großen Gussteilen verwendet. Die Oberfläche dieses Verfahrens ähnelt der des Handformens und ist als rau zu beschreiben.

> Beim Feingussformverfahren werden verlorene Formen und verlorene Modelle aus Wachs verwendet. Das Wachs wird vor dem Gießprozess aus der Form ausgeschmolzen. Es wird für Kleinserien und Spezialbauten genutzt. Beim Vollformgießen werden ebenfalls verlorene Formen und Modelle eingesetzt. Die Modelle bestehen aus thermoplastischem Hartschaum und verbrennen beim Gießprozess. Dieses Verfahren wird für die Einzelteilfertigung von großen Gussteilen verwendet.

8.2.3 Sintern

Beim Sintern wird das Bauteil aus einem Metallpulvergemisch zusammengepresst. Die Temperatur liegt dabei unter der höchsten Schmelztemperatur des Pulvergemisches. Es findet somit keine Verflüssigung des Pulvers statt. Durch einen hohen Druck halten die Pulverkörner zusammen.

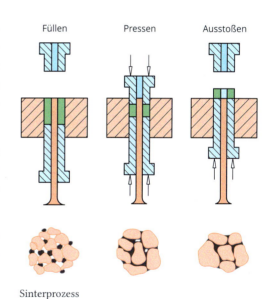

Sinterprozess

Das gepresste Bauteil wird Grünling genannt. Es besitzt eine Grundstabilität, muss aber anschließend in einem Ofen ausgehärtet werden, um als Endprodukt eingesetzt werden zu können.

Vorteile der heutigen Sintermethode sind die hohe Maß- und Formgenauigkeit. Jedoch ist es gegenüber anderen Gießverfahren ein kostenintensives Herstellungsverfahren.

> Beim Sintern wird unter hohem Druck aus Metallpulver ein Grünling gepresst. Dieser wird unter Wärmeeinwirkung zu einem funktionstüchtigen Bauteil gehärtet.

8.3 Additive Fertigung

Der Wunsch, Bauteile unkompliziert mit wenigen Werkzeugen und Maschinen selbst herzustellen, ist durch die additive Fertigung mit einem 3D-Drucker in greifbare Nähe gerückt. Mithilfe erstellter oder erworbener 3D-CAD-Daten können selbst zu Hause Bauteile produziert werden. Viele Personen können somit Erfinderinnen und Erfinder, Entwicklerinnen und Entwickler oder Herstellerinnen und Hersteller sein.

Das 3D-Drucken ist ein generatives Fertigungsverfahren. Ein Bauteil wird auf Grundlage von 3D-CAD-Daten gefertigt. Dabei wird das Modell Schicht für Schicht aufgebaut. Es handelt sich um ein Fertigungsverfahren, welches Material zusammenfügt und wird deshalb auch additive (zusammenfügende) Fertigung genannt.

Das additive Fertigungsverfahren ist laut DIN 8580 den urformenden Verfahren zuzuordnen.

8.3.1 Datenaufbereitung zur additiven Fertigung

8.3.1.1 CAD-Modell und 3D-Scan

Für die Herstellung eines additiv gefertigten Bauteils wird ein **digitales Modell** benötigt. Dies kann entweder eine im CAD-Programm erstellte 3D-CAD-Datei oder ein 3D-Scan eines Bauteils sein.

In CAD-Programmen werden Bauteile maßstäblich konstruiert. Bei solch einer Konstruktion entsteht ein Oberflächen- oder Volumenmodell. In der Abbildung „Querlenker als CAD-Datei" sehen Sie ein Beispiel für eine 3D-CAD-Konstruktion.

Das zweidimensionale Scannen von z. B. Fotos oder Dokumenten darf nicht mit einem 3D-Scan verwechselt werden, denn hierbei wird das Dokument lediglich in einer Ebene (x-Achse und y-Achse) erfasst. Das Ziel eines dreidimensionalen Scans ist es, die gesamten Geometrien des Objekts zu erfassen (x-Achse, y-Achse und z-Achse).

Beim Scannen entsteht eine sogenannte Punktwolke des Bauteils. Diese ist in der Abbildung „3D-Scan des Querlenkers (Punktwolken)" zu sehen. Eine Punktwolke ist kein geschlossenes Modell, sondern eine Aneinanderreihung von Punkten. Um das Modell für die additive Fertigung nutzen zu können, muss die Punktwolke zu einer geschlossenen Oberfläche umgewandelt werden. Werden die Lücken rechnerisch nicht ergänzt, sondern mit dem triangulierten Modell gearbeitet, wird von einem Mesh-Modell gesprochen. Das Ergänzen der Lücken kann in dem Programm des 3D-Scanners vorgenommen werden. Das entstandene Modell wird waterproof model (wasserfestes Modell) oder auch Mesh-Modell genannt (siehe Abbildung „Wasserfestes Modell"). Lücken in den Punktwolken werden dabei vom Programm rechnerisch ergänzt.

Querlenker als CAD-Datei

3D-Scan des Querlenkers (Punktwolken)

Wasserfestes Modell

Wichtig für die additive Fertigung ist es, dass das Modell ein 3D-CAD-Volumenmodell ist. Höhe, Länge und Breite müssen festgelegt sein. Linienmodelle, Flächenmodelle und Fotos können nicht additiv hergestellt werden.

CAD ist die Abkürzung für *Computer Aided Design*. Damit ist das computergestützte Konstruieren oder auch das Entwerfen von Produkten mit computerunterstützter Modellherstellung gemeint.

8.3.1.2 Datenexport

Für die Fertigung mittels eines 3D-Druckers müssen die 3D-Daten, egal ob 3D-CAD-Datei oder 3D-Scan, in ein für den Drucker nutzbares Datenformat umgewandelt werden.

Das am häufigsten verwendete Datenformat ist das STL-Format. STL-Formate werden von fast allen 3D-Programmen akzeptiert und bilden in vielen Bereichen einen Industriestandard. Ursprünglich stand STL für Standard Transformation Language. Aufgrund der Anwendung im Bereich der additiven Fertigung hat sich die Bezeichnung zu Surface/Standard Tessellation Language geändert (engl. tessellation = Mosaik).

Im STL-Format wird die Oberfläche des Bauteils mit einem Netz aus Dreiecksflächen beschrieben. Gerade Flächen werden durch größere Dreiecke und gekrümmte Flächen durch viele kleine Dreiecke dargestellt. Dabei werden die Koordinaten der Eckpunkte und der Flächennormalen gespeichert. Diese Informationen werden für die Fertigung eines 3D-Drucks benötigt.

Je engmaschiger das Netz der Dreiecke ist, desto genauer wird die Oberfläche des Bauteils abgebildet. Eine genaue Oberfläche sorgt für eine hohe Auflösung und Qualität des Drucks.
In den folgenden Abbildungen wird der Unterschied einer hohen und einer niedrigen Auflösung gezeigt.

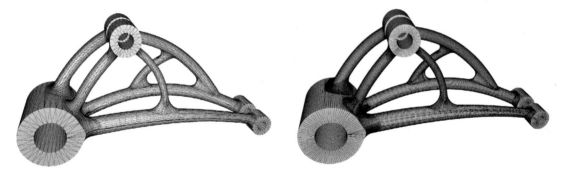

Qualität von STL-Dateien: wenige Dreiecke (links) und viele Dreiecke (rechts)

STL (Standard Tessellation Language) beschreibt die Oberfläche von 3D-Körpern mithilfe von Dreiecken. Dabei werden die Koordinaten der Eckpunkte und der Flächennormale gespeichert. STL-Formate dienen zum Austausch zwischen einzelnen CAD-Programmen und zur Vorbereitung für den 3D-Druck.

Datenprozess der additiven Fertigung

8.3.1.3 Slicen und Datenerzeugung für die additive Fertigung

Um nun das Bauteil zu drucken, muss die STL-Datei in einem Slicingprogramm, auch Slicer genannt, nachbearbeitet werden. Beim Slicing (eng. Schneiden) wird die STL-Datei in einzelne dünne Schichten zerlegt. Dafür wird das Bauteil in dem Slicer auf das virtuelle Druckbett positioniert und parallel zum Druckbett in dünne Schichten zerschnitten. Diese dünnen Schichten werden auch Layer genannt.

Ein Layer bildet somit die Form des Bauteils in einer Ebene (x- und y-Achse) ab. Der Slicer erzeugt aus den Umrissen eine Wegbeschreibung für das Bauwerkzeug des 3D-Druckers. Das Bauwerkzeug fährt Layer für Layer ab, um das Modell additiv aufzubauen.

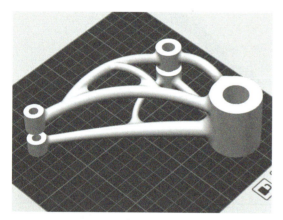

Bauteil auf dem Slicer

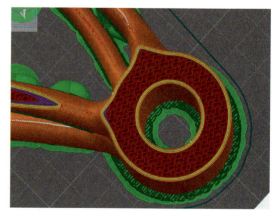

Schnitt durch ein Bauteil

Die Wegbeschreibung wird in Form einen **G-Codes** (Geometric-Code) gespeichert. Der G-Code (DIN 66025-1) ist eine Maschinensprache, mit der CNC-Maschinen (Computerized Numerical Control) angesteuert werden. Beim G-Code werden die Befehle mit einem G und einer Zahl beschrieben. Einzelne Befehle sind beispielhaft in der nachfolgenden Tabelle aufgeführt.

Neben den allgemeinen Informationen werden technologische Daten und Baudaten in dem G-Code ergänzt.
- Allgemeine Informationen, z. B. „G28: HOME Position anfahren".
- technologische Daten, z. B. M109S Temperatur bei Fertigung mit thermoplastischen Materialien, Geschwindigkeit des Bauwerkzeugs
- Baudaten, z. B. Infil (Füllung), Support (Stützstrukturen), Struktur der Füllung, Layerdicke (Schichthöhe)

Der G-Code ist weitestgehend standardisiert (wie das STL-Format) und somit auf fast jeder CNC-Maschine abrufbar. Bearbeitungsaufträge können mittels eines G-Codes nahezu vollautomatisiert ablaufen.

Beispiele für G- und M-Codes

G00: Im Eilgang eine Position mit den Vorschubachsen anfahren.
G01: In normaler Geschwindigkeit eine Position anfahren (lineare Interpolation).
G04: Verweilzeit
G14: Polarkoordinatensystem, absolut
G28: HOME Position anfahren

M00: Programmhalt
M109S Temperatur bei Fertigung mit thermoplastischen Materialien

Die Schichthöhe bestimmt die Layeranzahl, in die das Modell zerlegt wird, und hat somit auch Einfluss auf die Qualität des 3D-Drucks. Mit großen Schichthöhen werden die Übergänge von Layer zu Layer schlechter. Es entsteht der Treppenstufeneffekt an der Oberfläche des Bauteils.

Je größer die Schichthöhe ist, desto weniger Layer und somit Fertigungszeit werden zwar zum Abbilden des Bauteils nötig, aber die Qualität wird schlechter.

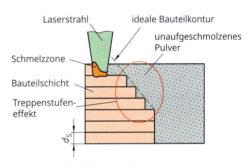

Treppenstufeneffekt beim Lasersintern

Neben der Schichthöhe muss das Infil festgelegt werden. Dabei lassen sich Füllgrad (in Prozent) und Füllstruktur unterscheiden.
Die Wahl der Füllstruktur und ein hoher Füllgrad sorgen für eine höhere Bauteilfestigkeit und Stabilität.
Da es sich um ein additives Fertigungsverfahren handelt, bei dem das Modell Schicht für Schicht aufgebaut wird, muss zusätzlich die Bauteilausrichtung auf der Druckplatte berücksichtigt werden. Eine schlechte Bauteilausrichtung kann das Versagen des Bauteils begünstigen.

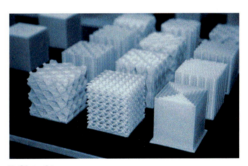

Infilstrukturen

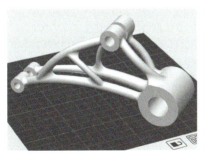

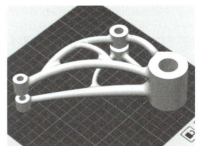

Bauteilausrichtung: schlecht   schlecht   gut

Für eine verbesserte Haftung des Bauteils an der Druckplatte kann ein **Raft** (vergrößerte Bodenfläche) eingestellt werden. Hierbei werden mehrere Layer zu einer Fläche, die größer ist als das Bauteil, auf das Druckbett gedruckt. Auf dieser Fläche wird das eigentliche Bauteil gedruckt. Die vergrößerte Druckoberfläche an der Druckplatte sorgt für eine höhere Haftung.

Überhänge sind additiv nur bis zu einem bestimmten Steigungswinkel zu fertigen. Ansonsten müsste das Bauteil in der „Luft gedruckt" werden. Um solche Konturen dennoch fertigen zu können, werden im Slicer Stützstrukturen angelegt. Die meisten Programme erstellen Stützstrukturen automatisch.

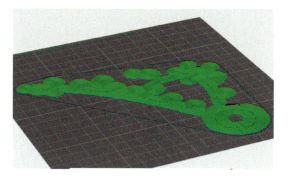
Raft an einem Bauteil

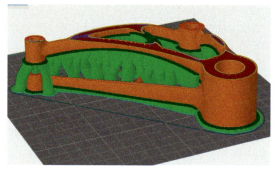
Stützstruktur an einem Bauteil

Beispiel

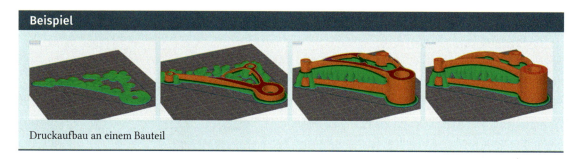
Druckaufbau an einem Bauteil

8.3.2 Anwendungsgebiete

Der 3D-Druck wurde zunächst für die Gestaltung von Prototypen (Rapid Prototyping) eingesetzt. Dadurch sollten die Produktparameter in der Produktentwicklungsphase analysiert und die Entwicklungszeit verkürzt werden. Das Anwendungsgebiet des 3D-Drucks hat sich über den Prototypenbereich hinaus erweitert und umfasst nun auch die Bereiche des Rapid Tooling und des Rapid Manufacturing.

Das **Rapid Manufacturing** wird zur Herstellung von Endprodukten eingesetzt. Dabei entspricht das Modell der Bauteilform (positive Form) und den Anforderungen der mechanisch-physikalischen Eigenschaften des Endprodukts. Deshalb müssen die Materialeigenschaften und die Funktion genau analysiert werden.

Das **Rapid Tooling** wird im Werkzeug- bzw. Vorrichtungsbau eingesetzt. Produkte sind z. B. Lehren, Matrizen oder Guss- und Tiefziehformen. Das additiv gefertigte Bauteil entspricht somit der negativen Form des Endprodukts.

Wie zuvor beschrieben, ist das **Rapid Prototyping** die ursprüngliche Art des 3D-Drucks.
Hierbei handelt es sich um ein maßstäbliches Anschauungsobjekt (Designmodelle), Materialeigenschaften und Funktion haben hier nur eine nebensächliche Bedeutung.

> **Beispiel**
>
>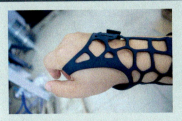
>
> Beispiele für Rapid Manufacturing, Rapid Tooling und Rapid Prototyping

Dem Designmodell ähnlich ist das Konzeptmodell. Dies soll das Produkt bereits während der Konzept- und Entwicklungsphase greifbar machen. Eine besondere Form des Rapid Prototyping sind Funktionsmodelle (**Funktionsprototypen**). Diese dienen einerseits als Anschauungsobjekt und andererseits verdeutlichen sie die Funktion. Wichtig dabei ist, dass solche Funktionsprototypen nicht als späteres Bauteil einsetzbar sind.

Des Weiteren gibt es technische Prototypen, Konzeptmodelle und Geometriemodelle.

 3D-Druck-Modelle werden für das Rapid Tooling (Werkzeug- bzw. Vorrichtungsbau), Rapid Manufacturing (Endprodukte) und das Rapid Prototyping (Anschauungsobjekte) eingesetzt.

8.3.3 Aufbau der 3D-Drucker

Grundlage aller 3D-Drucker ist die Bauplattform. Diese ist bereits aus dem Slicer bekannt. Wie im Slicer bildet die Bauplattform des Druckers die X-Y-Ebene. Auf dieser Ebene wird das Bauteil additiv, Schicht für Schicht, aufgebaut. Zu diesem Zweck ist entweder die Bauplattform oder das Bauwerkzeug in der Höhe (z-Achse) verstellbar. Die Bauplattform wird dabei abgesenkt oder das Bauwerkzeug angehoben.

Das Bauwerkzeug (z. B. Spritzdüse beim FLM-Verfahren) fährt den Umriss des Bauteils auf einem Layer ab und erzeugt so eine Schicht des Modells. Dazu muss der 3D-Drucker in x- und y-Achse beweglich sein. Es ist dabei nicht von Bedeutung, ob die Bauplattform oder das Bauwerkzeug beweglich ist. Näheres zu den Verfahrensabläufen ist im Kapitel 8.3.4 beschrieben.

FLM 3D-Drucker

Eine Vielzahl der 3D-Drucker weisen eine geringe Bauplattform und Höhenverstellung auf (z. B. 220 × 220 × 250). Neben größeren Industriedruckern gibt es aber auch bereits 3D-Drucker mit größerem Bauraum für den privaten Bereich.

Die additiven Fertigungsverfahren lassen sich aktuell in drei Gruppen einteilen.

| Sinter- oder Pulverdruckverfahren | Drucken mit extrudierten Baumaterialien | Stereolithografie |

Unterteilung der additiven Fertigung

8.3.4 Additive Fertigungsverfahren

Das Grundprinzip der additiven Fertigung ist, wie bereits der Aufbau der Drucker, gleich. Das Modell wird Schicht für Schicht zusammengefügt. Dieses ermöglicht eine nennenswerte Freiheit in der Gestaltung der Bauteile. Es gibt kaum Grenzen für die Form der Bauteile.

So haben etwa Formschrägen und Hinterschneidungen, auf die beim Gießen geachtet werden muss, für die additive Fertigung nur eine geringe bis keine Bedeutung. Auch ineinander bewegliche Bauteile können umgesetzt werden.

Es können sowohl flüssige als auch feste Materialien, die wieder aufgeschmolzen werden, eingesetzt werden. Die einzelnen Schichten werden entweder durch Verschweißen oder Verkleben zusammengefügt.

Auch die additive Fertigung hat Toleranzen. Es kann zu Abweichungen beim gedruckten Bauteil kommen. Eine Abweichungstoleranz beträgt bei den herkömmlichen 3D-Druckern und Fertigungsverfahren in etwa einen Zehntelmillimeter. Dies ist ungenauer als viele andere Verfahren. Passungen am Bauteil müssen nachträglich geschaffen werden.

8.3.4.1 Selektives Laserschmelzen

Im Folgenden wird am Beispiel des Laserstrahlschmelzens (Laser Beam Melting LBM) die additive Fertigung erklärt.

Die Drucker für das LBM bestehen aus einer beheizten Bauplattform, einem Laser, einem Pulverschichtsystem und einer Beschichtungseinheit.

Die Bauplattform ist die Fläche, auf der das Bauteil schichtweise aufgebaut wird. Das Pulverschichtsystem verteilt eine gleichmäßige Schicht des Metall- oder Kunststoffpulvers auf der Bauplattform. Der Laser, der oft ein hochpräziser, fokussierter Strahl ist, schmilzt das Pulver gezielt an den Stellen, die dem CAD-Modell entsprechen. Diese geschmolzenen Bereiche verbinden sich und erstarren, wodurch die Schicht des Bauteils geformt wird.

Das Pulverschichtsystem trägt nach jedem Vorgang eine neue Pulverschicht auf, die dann erneut durch den Laser bearbeitet wird. Dieser Vorgang wiederholt sich schichtweise, bis das Modell vollständig aufgebaut ist.

Der Laserstrahl ist entscheidend für die Präzision und beeinflusst die Qualität des Endprodukts erheblich. Der Durchmesser des Laserstrahls und die Leistung des Lasers müssen genau auf das verwendete Pulvermaterial abgestimmt werden, um die gewünschte Festigkeit und Detailgenauigkeit zu erreichen.

Ein wesentlicher Vorteil des LBM-Verfahrens ist die Möglichkeit, sehr komplexe Geometrien und feine Details zu erstellen, die mit traditionellen Fertigungsmethoden schwer zu realisieren wären. Überhänge und komplexe Strukturen können im LBM-Verfahren häufig ohne zusätzliche Stützstrukturen hergestellt werden, da das nicht geschmolzene Pulver als Unterstützung dient.

Nach der Fertigstellung muss das überschüssige Pulver entfernt werden, was oft durch eine spezielle Reinigungseinheit erfolgt. Bauteile, die mittels des LBM-Verfahrens hergestellt werden, zeichnen sich durch hohe Präzision und mechanische Festigkeit aus, sind jedoch möglicherweise nicht immer so belastbar wie Teile, die durch andere Verfahren wie Spritzguss gefertigt werden. Beim LBM-Verfahren kann die Oberfläche der Bauteile je nach Parametern und Materialwahl „Treppenstufen" aufweisen, die in der Nachbearbeitung durch Schleifen oder andere Verfahren geglättet werden können.

8.3.4.2 Fused-Layer-Modelling

Nachfolgend wird am Beispiel des **Fused-Layer-Modeling (FLM)** die additive Fertigung erklärt. Die Drucker für das FLM bestehen aus einem beheiztem Druckbett, einem Extruder, einem Druckkopf (Hot-End) und einer Düse.

Das Druckbett wird auch Bauplattform genannt. Hierauf wird das Bauteil positioniert und schichtweise gedruckt. Der Extruder fördert das schmelzfähige Kunststoffmaterial (Thermoplast), das als Filamentdraht vorliegt, zum Druckkopf.

Es lassen sich zwei Extrudervarianten unterscheiden. Beim **Direktextruder** befinden sich die Rändelräder, die den Filamentvorschub regeln und der Motor direkt am Druckkopf.

Direktextruder

Beim **Bowden-Extruder** befinden sich die Rändelräder mit Motor am Druckergehäuse. Dabei wird der Filamentdraht durch einen PTFE-Schlauch zum Druckkopf geführt. Drucker mit einem Bowden-Extruder haben am bewegten Druckkopf weniger Masse. Jedoch kann die Reibung im PTFE-Schlauch einen Teil der Vorschubkraft des Bowden-Extruders verbrauchen. Zusätzlich führt der Federweg des langen Filamentdrahts zu einer schlechteren Kontrolle beim Materialaustritt aus der Düse.

Das Hot-End (Heizeinheit) schmilzt das Filament auf. Je nach Material müssen die Temperaturen für das Hot-End eingestellt werden (siehe Kapitel 8.3.5). Der geschmolzene Kunststoff wird durch die Düse weiterbefördert. Der Düsendurchmesser hat Einfluss auf die Bauteilqualität. Je größer der Düsendurchmesser ist, desto schlechter wird die Oberflächenqualität. Als Standarddüsen werden oftmals 0,4 mm Düsen verwendet. Durch die Bewegung des Extruders in der x-Achse und des Druckbetts in der y-Achse kann die erste Schicht gedruckt werden. Ist eine Schicht

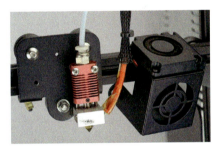
Bowden-Extruder

gedruckt, fährt das Hot-End auf der z-Achse um eine Schichthöhe nach oben. Nun wiederholt sich der Vorgang, bis das Modell vollständig gefertigt wurde.

Überhänge mit einem Winkel von weniger als 45° können in diesem Verfahren oftmals nur mit Support (Stützmaterial) gedruckt werden (siehe Kapitel 8.3.1.3).

Gibt es nur ein Hot-End mit einer Düse, ist das Supportmaterial das gleiche wie das Bauteilmaterial. Es gibt allerdings schon FLM-Drucker mit mehreren Heizeinheiten und Düsen. So können unterschiedliche Materialien und Farben eingesetzt werden. Wird Support benutzt, muss dieses in einem Nachbearbeitungsschritt entfernt werden.

Bauteile, die mittels des FLM-Verfahrens hergestellt werden, sind als stabil zu bezeichnen. Hierbei spielt das Infill (Füllgrad) eine bedeutsame Rolle. Dennoch sind so gefertigte Bauteile noch immer nicht so belastbar wie z. B. ein Spritzgussbauteil. Beim FLM-Verfahren weist die Oberfläche die fertigungsspezifischen „Treppenstufen" auf.

< 45°   = 45°   > 45°
Überhang

Scannen Sie den QR-Code um sich über weitere additive Fertigungsverfahren zu informieren.

8.3.5 Materialauswahl für die additive Fertigung

Materialauswahl beim LBM-Verfahren

Edelstahl (z. B. 316L)	Aluminiumlegierungen (z. B. AlSi10Mg)	Nickellegierungen (z. B. Inconel 625)
1400–1500 °C (Schmelztemperatur)	660–700 °C (Schmelztemperatur)	1300–1400 °C (Schmelztemperatur)
beheiztes Druckbett nicht erforderlich		
hohe Festigkeit, Korrosionsbeständigkeit, gute Verarbeitbarkeit	geringes Gewicht, gute Wärmeleitfähigkeit, gute mechanische Eigenschaften	hohe Temperaturbeständigkeit, Korrosionsbeständigkeit, hohe Festigkeit
geeignet für industrielle Anwendungen	für Leichtbau und Automobilindustrie	ideal für Hochtemperaturanwendungen

Materialauswahl für das FLM-Verfahren

ABS (Acrylnitril-Butadien-Styrol)	PLA (Polylactide)	PETG (Polyethylenterephthalat mit Glykol)
Drucktemperatur zwischen 230 und 260 °C	Drucktemperatur zwischen 180 und 230 °C	Drucktemperatur zwischen 220 und 245 °C
beheiztes Druckbett, 80 und 130 °C	beheiztes Druckbett ist nicht erforderlich, aber hilfreich, 60–70 °C.	beheiztes Druckbett, 60–80 °C
gute Schlagzähigkeit	hohe UV-Beständigkeit, hohe Oberflächenhärte, hohe Steifigkeit	hohe Schlagzähigkeit
Hochtemperaturbeständigkeit (–20 °C und 80 °C)	biokompatibler Rohstoff (kann in industriellen Kompostieranlagen zersetzt werden)	witterungsbeständig
zugluftempfindlich (Einhausung des Druckers benötigt)	lebensmittelecht	lebensmittelecht

> Darüber hinaus wird mit immer weiteren Materialen experimentiert. So wurde bereits mit Lebensmitteln, Beton, Wachs, Laywood (Holzdraht), Laybrick (Sandstein) und Metallen gedruckt.

Neben den druckspezifischen Fehlern müssen auch materialabhängige Fehlerquellen berücksichtigt werden:

- Fadenbildung
- Materialpickel
- raue Ecken (Curling)
- Verziehen (Warping)
- Eigenspannung
- Delamination
- fehlende Haftung am Druckbett
- Filamentlücken

> Als Stützmaterial kann bei Mehrfachfilamentdruckern PVA (Polyvinylalkohol) eingesetzt werden. Dieses löst sich im Wasser auf und kann über das Abwasser entsorgt werden. Es wird als unschädlich für die Umwelt angesehen.

8.3.6 Zusammenfassung

Unter Berücksichtigung aller Informationen aus dem Kapitel 8.3 lässt sich ein Ablaufschema für die Umsetzung additiver Fertigungsverfahren entwickeln. Des Weiteren können die jeweiligen Aufgabenbereiche in Prozessschritte eingeteilt werden. Der Pre-Prozess beschreibt dabei den Bereich der Modellvorbereitung. Im In-Prozess wird das Bauteil hergestellt. Dazu gehört auch die Vorbereitung des 3D-Druckers. Die Nachbearbeitung des gedruckten Bauteils ist dem Post-Prozess zuzuordnen. Den Abschluss der Prozesskette bildet die Applikation. Hierzu gehören die Instandsetzung und Wartung der Anlage sowie die fachgerechte Materialentsorgung.

8.4 Handlungssituation: Herstellung von Halterungen für Werkzeugwände

Sie werden gebeten, Halterungen für Werkzeugwände an Arbeitsplätzen anzufertigen. Hiermit sollen betriebsspezifische Sonderwerkzeuge an einer Werkzeugwand sicher aufbewahrt werden. Die Sonderwerkzeuge haben einen Querschnitt von 120 × 40 mm, das Gewicht beträgt 3 kg. Die Halterungen sollen stabil, langlebig und einfach an der Werkzeugwand zu montieren sein.

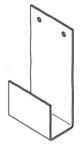

Arbeitsphasen	Tätigkeiten und Maßnahmen
Analysieren (Orientieren)	Analyse der Auftragsinhalte, Durchführungs- und Dokumentationsanforderungen
Informieren	Informationen einholen/zusammenstellen: • Abmaße für eine Wandhalterung ermitteln • Anzahl der benötigten Halterungen ermitteln • Materialanforderungen analysieren • Fertigungsverfahren zur Herstellung der Halterungen ermitteln: – Schneiden, Bohren, Biegen
Planen (Entscheiden)	• Sicherheitsstandards und -maßnahmen festlegen • Material festlegen • Fertigung planen: – Arbeitsplan zur Fertigung der Wandhalterung erstellen
Durchführen (Kontrollieren)	• Rohmaterial bereitstellen • Werkzeuge bereitstellen • notwendige Berechnungen durchführen • Zuschnitt herstellen und entgraten • Bohrungen anfertigen • Wandhalterungen biegen
Auswerten	• Arbeiten dokumentieren

Tab.: Arbeitsphasen

ANALYSIEREN

Bevor mit der Herstellung begonnen wird, muss der Arbeitsauftrag analysiert werden.

Arbeitsauftrag: Die Aufgabe besteht darin, für beriebsspezifische Sonderwerkzeuge mit dem Querschnitt 120 × 40 mm passende Halterungen für die Montage an der Wand händisch zu biegen.

Um die Fertigung durchzuführen, müssen Sie noch weitere notwendige Angaben zur Planung und Umsetzung analysieren:

Einbauort der Bauteile	Befestigung an der gelochten Werkzeugwand mit S-Haken ($D = 5$ mm)
Stückzahl	Nach Analyse des Bedarfs an den verschiedenen Arbeitsplätzen ermitteln Sie eine Stückzahl von 30 Haltern.
Materialanforderung	Da das Material kalt umgeformt wird, muss es eine geeignete Biegefestigkeit und Formbarkeit aufweisen.
Montageanforderungen	Das Design sollte eine einfache Installation an der Werkzeugwand ermöglichen.

INFORMIEREN

Die Halterungen müssen geringe Belastungen aushalten. Somit muss das Material eine mittlere Stabilität und Festigkeit aufweisen. Durch die Installation in Innenräumen ist ein Schutz vor Umwelteinflüssen ebenso unnötig. Im Betrieb sind verschiedene Blechmaterialien vorhanden. Sie entscheiden sich für DC01 Blech als Ausgangsmaterial mit der Materialstärke von 2 mm.

Sie informieren sich über die vorhandenen und geeigneten Fertigungsverfahren zur Herstellung der Halterung.

Für das Schneiden entscheiden Sie sich für die Nutzung einer Hebelblechschere.
Für das Bohren an der Säulenbohrmaschine wählen Sie einen HSS-Bohrer mit ø 5,5 mm.
Zum Entgraten der Bohrungen entscheiden Sie sich für den HSS-Kegelsenker mit ø 6 mm.
Um den Halter zu biegen, wählen Sie das freie Biegen in einem Schraubstock.

Sie informieren sich zu den erforderlichen Sicherheitsmaßnahmen und persönlichen Schutzausrüstung mittels der Betriebsanweisung.

8.4 Handlungssituation: Herstellung von Halterungen für Werkzeugwände

PLANEN

Für die komplette Herstellung erstellen Sie einen Arbeitsplan:

Arbeitsplan für die Fertigung von Haltern für Werkzeugwände			
Blatt 1	Zeichnungs-/Dokumentnummer 34.4711	Datum 05.01.20..	Bearbeiter/-in Musterfrau
Nr.	Arbeitsgang	Werkzeuge, Material, Hilfsmittel	Bemerkung/technologische Daten/Arbeitssicherheit/ Umweltschutz
1	Entwurf der Halterung erstellen	Skizzenpapier, Stift, Stahllineal	
2	Berechnung der Materialabmaße	Tabellenbuch, Taschenrechner	Länge: 261 mm, Breite 80 mm, Blechdicke: 2 mm Material: DC01
3	Anreißen der Zuschnittmaße	Werkbank, Stahllineal, Reißnadel, Anschlagwinkel	Maße aus Skizze übertragen
4	Zuschneiden der Blechstreifen	Blech, Hebelschere	Handschuhe tragen
5	Bleche entgraten	Werkbank, Flachfeile	Handschuhe tragen
6	Bohrungen anreißen, Bohrungsmittelpunkte körnen	Anreißplatte, Höhenreißer, Werkbank, Körner, Schlosserhammer	Maße aus Skizze übertragen
7	Säulenbohrmaschine vorbereiten: Tischhöhe einstellen und fixieren, Schnellspannbohrfutter in die Arbeitsspindel einsetzen, Spannpratze als Sicherung bereitlegen	Säulenbohrmaschine, Schnellspannbohrfutter, Spannpratze	Maschine hinsichtlich Funktion und Arbeitssicherheit überprüfen
8	2 × Bohrpositionen fertigen	HSS-Bohrer ø 5,5	$v_c = 50$ m/min, $n = 2600$ 1/min, Schutzbrille anlegen
9	Entgraten der Bohrungen	HSS-Kegelsenker ø 6	$v_c = 28$ m/min, $n = 1500$ 1/min, Schutzbrille anlegen
10	Biegen der Laschen	Schraubstock, Schonhammer, Schonbacken (Aluminium oder Holz)	Maße aus Skizze übernehmen (Mindestbiegeradius 2 mm)
11	Messen und Prüfen	Flachwinkel, Stahlmaß	

Tab.: Arbeitsschritte zur Herstellung

DURCHFÜHREN

Die Durchführung beginnt mit Vorbereitung des Materials. Dieses kann per Hand vorbearbeitet (geschnitten und entgratet) und anschließend händisch in die geforderte Form gebogen werden.

Für die Fertigung der Halterung müssen zunächst die Maße des Bauteils ermittelt werden. Dazu wird eine Handskizze oder eine einfache Zeichnung angefertigt (1). Die Werkstoffauswahl als auch die Zuschnittlänge müssen bestimmt werden (2). Anschließend werden die benötigten Werkzeuge und Arbeitsschritte festgelegt. Anreißen der Zuschnittsmaße und der Bohrungen (3). Ablängen des Zuschnitts (4) und mit einer Feile entgraten (5). Da für die Halterungen die Ungenauigkeiten beim Biegen im Schraubstock nicht die Funktion beeinträchtigen, können die Bohrungen zur Befestigung im ungebogenen Zustand gefertigt werden (6 bis 8). Die gefertigten Bohrungen müssen danach entgratet werden (9). Anschließend das gefertigte Blech im Schraubstock einspannen und wie in der Skizze biegen (10). Nachdem Biegen die Abmaße der Halterung messen. Zur Auswertung dient sowohl die Kontrolle der Abmaße als auch eine Sicht- und Funktionsprüfung (11).

AUSWERTEN

Für die Auswertung dokumentieren Sie Ihr Vorgehen. Achten Sie zusätzlich auf eine ordnungsgemäße Datenspeicherung. Zu den Dokumenten gehören z. B. der Arbeitsplan, die technischen Dokumente (etwa Zeichnungsableitungen) aber auch eine Kostenberechnung/Kostenschätzung für die Auftraggeberin/den Auftraggeber.

In diesem Arbeitsauftrag muss der Arbeitsaufwand zur Herstellung der Halterungen abgeschätzt werden. Dabei müssen Sie berücksichtigen, dass es Aufgaben gab die einmalig angefallen sind und Aufgaben die bei jedem Halter angefallen sind.

Unter Berücksichtigung dieser verschiedenen Aspekte könnte eine Einschätzung zur Herstellung von 30 Haltern bei 4 Stunden liegen, wenn die Herstellungszeit eines Halters bei 7 Minuten liegt.

Abschließend werden die durchgeführten Arbeitsschritte und der Fertigungsablauf des Halters bewertet. Überprüfen Sie dabei, ob sich die Fertigung wirtschaftlich für das Unternehmen gelohnt hat.

ELEKTROTECHNIK

9

9 Elektrotechnik

Berufliche Handlungssituation

Die Elektrotechnik ist in fast allen Bereichen der Metalltechnik ein Mittel, um technische Prozesse anzutreiben, zu steuern und zu regeln.

Sollten Sie sich unsicher sein, was den Umgang mit elektrischen Betriebsmitteln betrifft, soll Ihnen dieses Kapitel helfen, die Funktion der elektrisch betriebenen Baugruppen nachvollziehen zu können und souverän im Umgang mit ihnen zu werden. In diesem Zusammenhang spielen sicherheitstechnische Aspekte eine wesentliche Rolle.

Sicherung „rausgeflogen": Betätige ich diesen Schalter?

Berufliche Tätigkeiten	Industrie-mechaniker/-in/	Werkzeug-mechaniker/-in	Zerspanungs-mechaniker/-in
Elektrische Maschinen nutzen, z. B. Bohr- Fräs- und Drehmaschinen	●	●	●
Den äußeren Zustand (z. B. auf Beschädigung von Leitungen) prüfen	●	●	●
Batterien in Hubwagen, Stapler warten	◐	○	○
Funktion von Steuerungen und Instandsetzung mechanischer Bauteile prüfen, z. B. Ventile	◔	○	○
Elektrisch betriebene Schweißgeräte einstellen	●	○	○

Tab.: Berufliche Tätigkeiten

9.1 Theoretische Grundlagen der Elektrotechnik

9.1.1 Beschreibung der elektrischen Grundgrößen

Die Grundlagen der Elektrotechnik werden im Folgenden mithilfe des „Wassermodells" erläutert.
In diesem Modell wird die Bewegung von Wasser mit der Bewegung von Elektronen in einem elektrischen Stromkreis verglichen. Ziel ist es, die schwer vorstellbaren und nicht sichtbaren Elektronen durch Wasserteilchen zu ersetzen. Die physikalischen Größen beider Ströme sind gut vergleichbar.

Zunächst das Wassermodell (siehe Abbildung unten): In der linken Röhre ist der Wasserstand hoch. Wenn das Ventil geöffnet wird, strömt das Wasser zur rechten Röhre, bis in beiden Röhren das Wasser gleich hoch steht. Dies würde außerhalb des Schwerefelds der Erde nicht passieren. Folglich ist der „Antrieb" des Wasserstroms der Höhenunterschied und die Stärke des Schwerefelds der Erde. Dies ist die bekannte Erdbeschleunigung „g". Berücksichtigt man jetzt noch die Wassermasse in der linken Röhre, dann kann man die „Höhen- bzw. Lageenergie" des Wassers berechnen:

9.1 Theoretische Grundlagen der Elektrotechnik

$$E = m \cdot g \cdot \Delta h$$

- E: Energiezustand bzw. Energiemenge in Joule (J)
- m: Masse in kg
- Δh: Höhenunterschied in m, den eine Masse zurücklegt
- g: Erdbeschleunigung, 9,81 m/s²

Wenn man die Energie durch die Masse m dividiert, erhält man das sogenannte Potenzial im Schwerefeld. Der „Antrieb" zum Ausgleichen des Höhenunterschieds ist unabhängig von der Wassermenge.

Der Wasserstrom treibt ein Wasserrad oder eine Turbine an. Es handelt sich um einen Verbraucher. Dieser könnte z. B. Getreide zu Mehl mahlen oder einen Generator antreiben, der die Bewegungsenergie in elektrische Energie umwandelt (Prinzip eines Wasserkraftwerks). Es leuchtet sofort ein, dass der Höhenunterschied und die Stärke des Wasserstroms die Wirksamkeit der Turbine beeinflussen. Die Wasserstromstärke ist die Menge an Wasser, die pro Zeit durch die Turbine fließt. Man könnte die Wasserstromstärke durch das Formelzeichen I_{Wasser} beschreiben. Die Wirksamkeit der Turbine wird Turbinenleistung genannt und beschreibt die Umsetzung von Energie pro Zeit. Hier wird beschrieben, wie viel Höhenenergie des Wassers pro Zeit umgesetzt wird. Gleichzeitig stellt die Turbine einen Widerstand für den Wasserstrom dar. Ist der Widerstand bzw. die Reibung der Turbine zu groß und der Antrieb nicht ausreichend, wird die Turbine nicht zum Drehen gebracht.

Die linke Röhre ist die „Quelle" des Flusses (Wasserstrom), die Wasserquelle.

Die physikalische Einheit der Leistung ergibt sich aus folgender Gleichung: $P = \dfrac{\Delta E}{t} \Rightarrow \dfrac{m}{t} \cdot g \cdot \Delta h$

in Einheiten: $1\ N \cdot m \cdot s^{-1} \Rightarrow 1\ J \cdot s^{-1} \Rightarrow 1\ W$

Einheiten (Bezeichnungen nach berühmten Wissenschaftlern):
- N: Newton für die Krafteinheit
- J: Joule für die Energieeinheit
- W: Watt für die Leistungseinheit

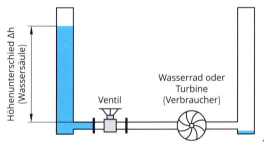

Ausgleich zweier verschieden hoher Wasserstände

> **Zusammengefasst:**
>
> Die Stärke des Wasserstroms und der Höhenunterschied in einem Schwerefeld (Antrieb) bestimmen die Leistung, die von der Turbine aufgenommen werden kann. Vergrößert man den Höhenunterschied, so erhöhen sich die elektrische Stromstärke und die Leistung.

Jetzt wird das Wasser durch Elektronen ersetzt. Allerdings spielt hier das Schwerefeld keine Rolle, sondern die ungleiche Zahl (Menge) an Elektronen an verschiedenen Stellen. Die Elektronen in einem Metall sind zum Teil beweglich und fließen Richtung „Elektronenmangel".

Die Bewegung der Elektronen in einem Metall sorgt für eine gleichmäßige (homogene) Verteilung der Elektronen.

9 Elektrotechnik

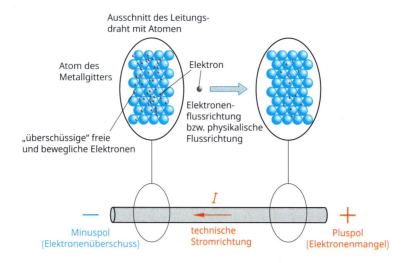

Veranschaulichung der Flussrichtung von Elektronen in einem elektrischen Leiter und der technischen Stromrichtung I

Stromrichtungen
Die „technische" Stromrichtung I ist entgegen der Bewegungsrichtung der Elektronen definiert: vom Pluspol zum Minuspol. Diese Definition hat historische Gründe.

Vergleich mit dem Wassermodell: Der Antrieb für den Fluss der Elektronen, der elektrischen Stromstärke I, ist der Unterschied in der Anzahl an Elektronen zwischen zwei Polen. Dieser Unterschied wird elektrische Spannung U mit der Einheit Volt (V) genannt. Im Wassermodell ist der Antrieb der Ausdruck „$g \cdot \Delta h$". Im Wassermodell strömt eine Wassermasse pro Zeit. In einem elektrischen Leiter sind es die Elektronen, die fließen. Diese besitzen eine elektrische Ladung q. Da Elektronen als kleinste „Transportmittel" für elektrische Ladungen dienen, spricht man von einer Elementarladung. Diese wird mit der Einheit Coulomb angegeben. Daher ist die Einheit für die elektrische Stromstärke Coulomb pro Sekunde bzw. Ampere (A). Alle drei genannten Einheiten sind nach berühmten Wissenschaftlern benannt.

So wie die Lageenergie im Wasserstrom durch den Ausdruck: $E = m \cdot g \cdot \Delta h$ beschrieben wird, lautet die entsprechende Gleichung für den elektrischen Strom:

$$E = q \cdot U$$

q: elektrische Ladungsmenge in C (Coulomb)
U: elektrische Spannung in V (Volt)

In den meisten Quellen wird nicht der Begriff „Energie E" verwendet, sondern die „Arbeit W". Dies ist eher verwirrend, da es nur Energie in verschiedenen Formen gibt und nur von einer Form in eine andere Form umgewandelt werden kann. Daher wird die Nutzung des Begriffs „Arbeit" vermieden.

Wird nun auch die elektrische Energiegleichung abhängig von der Zeit beschrieben, dann entsteht folgende Gleichung:

$$P = \frac{\Delta E}{t} \Rightarrow P = U \cdot \frac{q}{t} \Rightarrow P = U \cdot I \qquad \text{Einheit: W (Watt)}$$

9.1 Theoretische Grundlagen der Elektrotechnik

Bildlicher Begriff	Wasserstrom	Elektrischer Strom	Einheit
Antrieb	Höhenunterschied im Schwerefeld der Erde	Unterschied an Elektronen in einem elektrischen Feld bzw. die elektrische Spannung U	V (Volt)
Flussstärke	Wassermasse pro Zeit	elektrische Stromstärke I	A (Ampere)
Energiemenge	Lageenergie: Wassermenge, die im Schwerefeld mit einem Höhenunterschied voneinander getrennt sind	Menge an Ladungen, die in einem elektrischen Feld mit der Spannung U voneinander getrennt sind.	J (Joule)
Energiestrom bzw. Leistung	Änderung der Energie pro Zeit	Änderung der Energie pro Zeit	W (Watt)

Tab.: Vergleich von Wasserstrom und Elektronenfluss

9.1.2 Elektrische Schaltungen

Im Folgenden werden Grundschaltungen und verschiedene Kombinationen von elektronischen Bauteilen in einem elektrischen Stromkreis erläutert. Wieder soll das Wassermodell zur Hilfe herangezogen werden. Als Grundlage wird ein Pumpspeicherwerk genutzt, das zur Veranschaulichung der Reihen- und Parallelschaltung sowie der Prozesse „Entladen" und „Laden" einer Spannungsquelle, z. B. einem Akku für ein Smartphone, dienen soll.

Pumpspeicherkraftwerk Geesthacht

Ein Pumpspeicherwerk (kurz: PSW) kann mithilfe des Höhenunterschieds eine Turbine antreiben (Bewegungsenergie) und mithilfe eines Generators die Bewegungsenergie in elektrische Energie umwandeln. Dieser Vorgang ist mit dem Nutzen eines Akkus vergleichbar, der sich bei Gebrauch entlädt.

Mithilfe von Pumpen kann Wasser in den oberen Teil des Speichers transportiert werden. Elektrische Energie wird also zunächst in Bewegungs- und anschließend in Lageenergie umgewandelt. Im Rahmen der zunehmenden Nutzung von regenerativen Energieformen sind diese Speicher eine Möglichkeit, Schwankungen bei der Produktion von Wind- und Sonnenenergie auszugleichen.

Das Wasser „fällt" von einer Höhenstufe zur nächsten herab. Ähnlich wird es in der elektrotechnischen Sprache formuliert: Die Spannung U fällt am Verbraucher ab.
Je größer der Höhenunterschied und der Wasserstrom sind, desto größer darf die Turbinenleistung sein. Ähnlich verhält es sich in der Elektrotechnik: Die elektrische Spannung und die Stromstärke sind von der Größe des Widerstands eines Verbrauchers abhängig.

In der folgenden Abbildung ist der schematische Aufbau eines Pumpspeicherwerks mit zwei Stufen dargestellt.
Zwei Turbinen sind hintereinander (in Reihe) angeordnet. In der Elektrotechnik spricht man von einer Reihenschaltung (rechts in der Abbildung). Die Turbinen sind Energiewandler und in einer elektrischen Schaltung werden diese „Verbraucher" genannt. Typische Verbraucher sind Leuchtmittel, z. B. Halogenlampen, elektrische Motoren oder sogenannte „ohmsche Widerstände". Letztere sind für elektronische Schaltungen wichtig und eignen sich für einfache rechnerische Betrachtungen in der Elektrotechnik.

Elektrotechnik

Je größer der Widerstand, desto größer der Spannungsabfall. Da hier kein Wasserstrom abgezweigt wird und durch beide Turbinen fließt, ist der Wasserstrom konstant. Dies entspricht der Reihenschaltung in der Elektrotechnik.

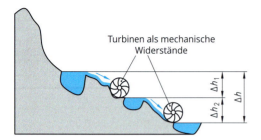
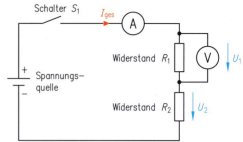

Vergleich eines Pumpspeicherwerks mit einer Reihenschaltung

Da sich alle Wasserteilchen bzw. Elektronen durch Turbinen bzw. Widerstände bewegen, gilt:

$$I_{ges} = I_1 = I_2 \qquad\qquad U_{ges} = U_1 + U_2$$

Es gibt sogenannte ohmsche Widerstände. Diese bestehen z. B. aus Kohle. Sie haben unabhängig von elektrischer Spannung und Stromstärke einen konstanten Wert. Um diesen Zusammenhang zu veranschaulichen, soll in der obigen Schaltung die Spannung der Spannungsquelle veränderbar sein, z. B. ein Trafo einer Modelleisenbahn. Spannung der Spannungsquelle und elektrischen Stromstärke bei geschlossenem Schalter werden gemessen, protokolliert und in einem Diagramm eingezeichnet:

Nr.	U/V	I/A	I/mA	R/Ω
1	11,0	0,010	10	1100
2	20,0	0,020	20	900
3	30,0	0,031	31	1111
4	39,0	0,041	41	900
5	49,0	0,052	52	909
6	58,5	0,062	62	950
				Mittelwert: $R = 978\ \Omega$

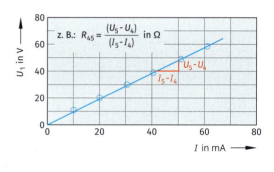

Tab.: Werte einer Messreihe zum ohmschen Gesetz in einer einfachen Reihenschaltung und deren grafische Darstellung

Es ist deutlich zu erkennen, dass sich entlang den Messpunkten eine Gerade im Diagramm einzeichnen lässt.

Ohmsches Gesetz und elektrischer Widerstand in einer Reihenschaltung

Die elektrische Spannung U verhält sich linear bzw. proportional zur elektrischen Stromstärke I. Die Steigung der Geraden entspricht dem elektrischen Widerstand. Beschrieben wird dieser Zusammenhang durch die folgende Gleichung:

$$U = R \cdot I$$

Da nun $U_{ges} = U_1 + U_2$ und $I_{ges} = I_1 = I_2$ gilt, folgt für den Widerstand: $R_{ges} = R_1 + R_2$

Ermittelt man die Steigung der Geraden im Diagramm, z. B. mithilfe eines Geodreiecks, erhält man einen Widerstand von etwa $R = 980\ \Omega$ (Ohm).

Die zweite wichtige Grundschaltung ist die Parallelschaltung. Hier teilt sich der Strom von Wasser bzw. Elektronen auf die verschiedenen Leitungen auf.

Da sich alle Wasserteilchen bzw. Elektronen auf die Turbinen bzw. Widerstände aufteilen, gilt:

$U_{ges} = U_1 = U_2 \qquad I_{ges} = I_1 + I_2$

Mithilfe des ohmschen Gesetzes lässt sich die Gleichung für den Gesamtwiderstand herleiten (siehe Beispiel).

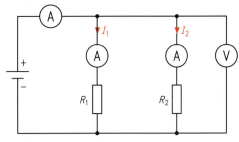

Parallelschaltung

❗ Parallelschaltung

Mit Zunahme der Zahl an Verbrauchern nimmt der Gesamtwiderstand ab (Beispiel: Mehrfachsteckdose). Das Anschließen mehrerer Verbraucher hat zur Folge, dass die elektrische Gesamtstromstärke zunimmt. Dies kann dazu führen, dass der Leiter bzw. das Kabel überhitzt (Brandgefahr). Daher gibt es grundsätzlich einen Mindestquerschnitt für die Leitung. Die maximale elektrische Stromstärke wird durch eine entsprechende Sicherung bzw. einen Leitungsschutz begrenzt.

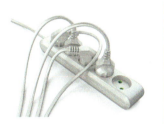

Beispiel

Berechnen der Größen Spannung und elektrische Stromstärke in einer Parallelschaltung

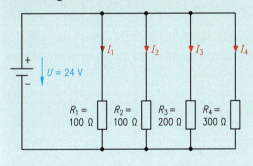

$\dfrac{1}{R} = \dfrac{1}{R_1} = \dfrac{1}{R_2} = \dfrac{1}{R_3} = \dfrac{1}{R_4}$

$\Rightarrow \dfrac{1}{R} = \dfrac{1}{100\,\Omega} + \dfrac{1}{100\,\Omega} + \dfrac{1}{200\,\Omega} + \dfrac{1}{300\,\Omega}$

$\Rightarrow \dfrac{1}{R} = \dfrac{0{,}01}{\Omega} + \dfrac{0{,}01}{\Omega} + \dfrac{0{,}005}{\Omega} + \dfrac{0{,}0033}{\Omega} = 0{,}02833\,\dfrac{1}{\Omega}$

$\Rightarrow R = 35{,}3\,\Omega$

$\Rightarrow I = \dfrac{U}{R} \Rightarrow I = \dfrac{24\,\text{V}}{35{,}3\,\Omega} \Rightarrow I = 0{,}68\,\text{A}$ bzw. 680 mA

$I = I_1 + I_2 + I_3 + I_4$

$I_1 = \dfrac{U}{R_1} = 0{,}24\,\text{A}$ \qquad da $R_1 = R_2 \Rightarrow I_1 = I_2$ und somit $I_2 = \dfrac{U}{R_2}$

$I_3 = \dfrac{U}{R_3} = 0{,}12\,\text{A} \qquad I_4 = \dfrac{U}{R_4} = 0{,}08\,\text{A}$

Kontrolle: $I = I_1 + I_2 + I_3 + I_4 = 0{,}68\,\text{A}$ (i. O.)

Erläuterung: Der elektrische Gesamtstrom teilt sich auf die einzelnen Stränge auf. Da die Widerstände R_1 und R_2 gleich groß sind, sind auch die elektrischen Stromstärken I_1 und I_2 gleich groß. Sind die Einzelwiderstände größer, verkleinern sich entsprechend die elektrischen Stromstärken in den Einzelsträngen. Die Spannungen, die an den Widerständen abfallen, sind gleich groß. Die Stränge beginnen und enden zusammen an einem Ort.

Die Summe der einzeln berechneten elektrischen Ströme muss wieder die elektrische Gesamtstromstärke ergeben. Dies ist auch eine Möglichkeit, um Berechnungen gegenzuprüfen und zu kontrollieren.

Beispiel

Berechnen der Größen Spannung und elektrische Stromstärke in einer Reihenschaltung

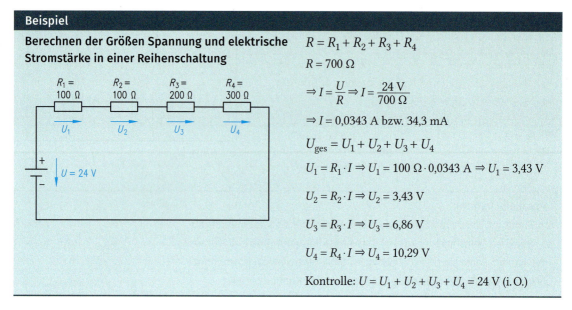

$R = R_1 + R_2 + R_3 + R_4$

$R = 700\ \Omega$

$\Rightarrow I = \dfrac{U}{R} \Rightarrow I = \dfrac{24\ \text{V}}{700\ \Omega}$

$\Rightarrow I = 0{,}0343\ \text{A bzw. } 34{,}3\ \text{mA}$

$U_{ges} = U_1 + U_2 + U_3 + U_4$

$U_1 = R_1 \cdot I \Rightarrow U_1 = 100\ \Omega \cdot 0{,}0343\ \text{A} \Rightarrow U_1 = 3{,}43\ \text{V}$

$U_2 = R_2 \cdot I \Rightarrow U_2 = 3{,}43\ \text{V}$

$U_3 = R_3 \cdot I \Rightarrow U_3 = 6{,}86\ \text{V}$

$U_4 = R_4 \cdot I \Rightarrow U_4 = 10{,}29\ \text{V}$

Kontrolle: $U = U_1 + U_2 + U_3 + U_4 = 24\ \text{V (i. O.)}$

Erläuterung: An jedem Widerstand fällt die Spannung entsprechend der Widerstandsgröße verschieden stark ab. Der elektrische Strom durchfließt alle Widerstände nacheinander, sodass die elektrische Gesamtstromstärke durch alle einzelnen Widerstände fließt.

Es gibt auch Kombinationen aus Reihen- und Parallelschaltungen. Beim Berechnen der elektrischen Stromgrößen solcher Schaltungen werden zunächst parallel liegende Stränge zu einem „Ersatzwiderstand" zusammengerechnet. Anschließend lässt sich die „neue" Reihenschaltung berechnen.

9.1.3 Spannungsarten

Man unterscheidet zwischen zeitlich konstanter Spannung (Gleichspannung) und wechselnder Spannung (Wechselspannung). Je nach Spannungsquelle und der ggf. nachfolgenden Gleichrichtung entstehen verschiedene Spannungsarten.

Zur Spannungserzeugung werden in dem bisher behandelten Pumpspeicherwerk Generatoren verwendet. Das Funktionsprinzip eines Generators ist vereinfacht in nebenstehender Abbildung dargestellt. Ein Magnet dreht sich. Um den Magneten herum sind drei Spulen angeordnet. Durch das Drehen wird an den Spulen eine Spannung „induziert". Da

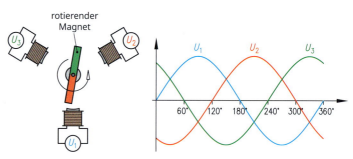

Induzieren einer 3-Phasenwechselspannung mithilfe dreier Spulen und eines Magneten

der Magnet und somit auch das Magnetfeld sich in den Bereich einer Spule hinein- und wieder herausbewegt, steigt die induzierte Spannung an und fällt wieder.

Wenn man die induzierte Spannung zum Drehwinkel des Magneten in einem Diagramm abbildet, entsteht eine Sinuskurve.

Da drei Spannungen induziert werden, spricht man von einer dreiphasigen Spannung bzw. einem Drehstrom. Im Haushalt nutzt ein Verbraucher, zum Beispiel ein Geschirrspüler, nur eine der drei Phasen.

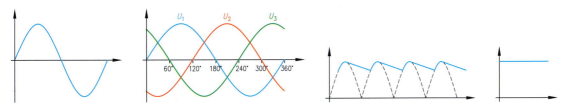

Spannungsarten (von links nach rechts):
1-Phasenwechselspannung, 3-Phasenwechselspannung, gleichgerichtete Wechselspannung, Gleichspannung

Fräsmaschine

Ein Haus wird trotzdem mit der dreiphasigen Spannung versorgt. Dadurch kann man z. B. ein Kochfeld eines Herds besser versorgen. Vereinfacht: Jeder Teilbereich eines Kochfelds wird an eine Phase angeschlossen.
Viele Verbraucher benötigen Gleichspannung bzw. -strom. Dazu muss die Wechselspannung gleichgerichtet werden. Je nach Güte des Gleichrichters, ist die Spannung entsprechend gut geglättet.

In einer Werkstatt wird die dreiphasige Spannung bzw. der Drehstrom u. a. zur Versorgung der Werkzeugmaschinen genutzt. Dies kann z. B. eine Fräsmaschine sein.

Eine gleichgerichtete Wechselspannung ist oben in der Abbildung zu sehen. Diese wird für das Aufladen von Akkus verwendet, z. B. in einem Smartphone. Ganz rechts in der Abbildung ist eine glatte Gleichspannungskurve zu erkennen.

Diese liegt bei Akkus und Batterien an. Nur Gleichspannung ist speicherbar.

Englische Abkürzungen:
Wechselspannung: AC für „Alternating Current"
Gleichspannung: DC für „Direct Current"

Spannungsbereiche	Spannungsbezeichnung	Beispiele
Kleinspannung	< 50 V (AC)	Schweißgeräte (50 V Leerlaufspannung)
	< 120 V (DC)	Schweißgeräte (max. 113 V Leerlaufspannung), Steuerungen (24 V)
Niederspannung	≤ 1 kV (AC), ≤ 1,5 kV (DC)	Werkzeugmaschinen, Blockheizkraftwerk, Fotovoltaik (400 V)
Mittelspannung	≤ 30 kV	Solarparks, Pumpspeicherwerk, Biogasanlagen
Hochspannung	≤ 110 kV	On-/Offshore-Windkraftpark, Schienenverkehr (110 kV)
Höchstspannung	≤ 1150 kV	Großkraftwerk, 380 kV

Tab.: Überblick Spannungsbereiche

9.1.4 Speichern und Nutzen im Kleinspannungsbereich

Wie bereits erwähnt, ist nur Gleichspannung speicherbar. Wir nutzen dies jeden Tag in Form von Smartphones, Netbooks und anderen Geräte, die mit kleiner Spannung betrieben werden.

Um Gleichspannung nutzen und speichern zu können, wird Wechselspannung gleichgerichtet oder chemische in elektrische Energie umgewandelt. Das Gleichrichten wird mithilfe elektronischer Bauteile und spezieller Gleichrichterschaltungen erreicht.

Elektrotechnik

Die Umwandlung von chemischer in elektrische Energie wird mithilfe von Batterien erzielt. Man unterscheidet zwischen zwei Arten von Batterien. Zum einen die primären Batterien (nicht aufladbar) und den sekundären Batterien, auch „Akku" genannt. Diese sind aufladbar. Zum Laden der sekundären Batterien sind unbedingt die Batterietypen und die Arten der Ladungsgeräte zu beachten. Ein Missachten kann zu Beschädigung der Batterien und im schlimmsten Fall zu Bränden führen.

Achtung!

Allen Batterien ist gemeinsam, dass sie bei unsachgemäßen Gebrauch und Entsorgung eine Gefahr für Mensch, Technik und Umwelt darstellen. Es sind die Hinweise auf den Batterien bzw. die Bedienungsanleitungen der Ladegeräte unbedingt zu beachten.

Beiden Batteriearten ist gemeinsam, dass sie verschiedene Metallverbindungen nutzen, um einen Elektronenfluss zu erzielen. Die folgende Tabelle gibt einen Überblick hinsichtlich Zusammensetzung, Art und Eigenschaften der gängigsten Ausführungen.

Bezeichnung	Zusammensetzung bzw. Stoffe	Vorteile	Nachteile	Einsatzgebiete und Größen
Alkaline	Mangandioxid, Zink, Kalilauge	• hohe Zellenspannung (1,5 V) • geringe Selbstentladung (2 %/a)	• nur einmalig nutzbar, somit wenig nachhaltig • kurze Nutzungsdauer bei P > 100 mW	• Fernbedienungen, Kleinstgeräte • AA, AAA, Rundzellen, Blockzellen
Bleiakkumulator	Blei, Bleidioxid und Schwefelsäure	• hohe Lebensdauer • hohe elektrische Ströme möglich • günstig in der Anschaffung • hohe Zellenspannung (2 V)	• hohe Masse, aber vorteilhaft bei Gabelstaplern • Wartung nötig	• Starterbatterie (Kfz) • Flurförderzeuge, z. B. Gabelstapler
Ni-MH-Akkus	Nickel, Metallhydrid (Metallhydride: Metalle mit Wasserstoffeinlagerungen)	• keine giftigen Elemente, wie z. B. Cadmium	• geringe Zellenspannung (1,2 V) • empfindlich bei Tiefentladung/Überladung, hoher Temperatur und falscher Polung	• Fernbedienungen, Kleinstgeräte • AA, AAA, Blockzellen
Lithium-Ionen-Akku	Lithium	• sehr hohe Zellenspannung (3,7 V)	• Beobachtung des Ladezustands nötig, um Lebensdauer zu verlängern: Mindestladegrad notwendig • spezielles Ladegerät nötig	• Mobiltelefone • Digitalkameras • Laptops • Elektro- und Hybridfahrzeuge, Elektrowerkzeuge, z. B.: „Akkuschrauber"
Ni-Fe-Akkumulator	Nickel, Eisen, Kalilauge	• sehr hohe Lebensdauer • keine Überladung und Tiefentladung	• hohe Masse • Wartung nötig	• gewinnt wieder an Bedeutung, z. B. für Energiespeicher von kleinen Windkraftanlagen und Solarstrom

Tab.: Überblick zu Ausführungen von Batterien

Kapazität einer Batterie

Die Menge an Ladungen, die eine Batterie besitzt bzw. beim Laden wieder aufnehmen kann, wird als Kapazität C bezeichnet.

Die Einheit ist Amperestunden (Ah) oder auch mAh. Auch hier kann man ein Pumpspeicherwerk wieder als Beispiel heranziehen: Das Volumen des Speichersees entspricht der Kapazität einer Batterie. Folglich kann

9.1 Theoretische Grundlagen der Elektrotechnik

man die Kapazität durch Parallelschalten von Akkus erreichen. Durch das Schalten der Akkus in Reihe lässt sich die Spannung steigern.

Je nachdem wie stark der Wasserfluss aus dem See ist, verändert sich entsprechend die „Entladezeit". So hat die Angabe 1800 mAh auf einer Batterie folgende Bedeutung:

Bei einem elektrischen Strom von 1,8 mA lässt sich der Akku theoretisch 1000 Stunden nutzen. Theoretisch deshalb, da der Verbraucher eine Mindestspannung zum Betreiben benötigt, außerdem kein maximales Entladen zulässig ist (Tiefenentladung) und der Akku sich mit der Zeit selbst entlädt.
Wird der Akku mit der doppelten Stromstärke belastet, halbiert sich die Zeit.
Elektrische Energie:
$$E_{\text{elektrisch}} = U \cdot Q \Rightarrow E_{\text{elektrisch}} = P \cdot t \Rightarrow E_{\text{elektrisch}} = U \cdot I \cdot t$$

Stromstärke, Ladungsmenge bzw. Kapazität und Entladezeit eines Akkus: $I = \dfrac{Q}{t} \Rightarrow t = \dfrac{Q}{I}$

- P: Leistung des Verbrauchers
- t: Nutzungsdauer
- U: Spannung am Verbraucher
- I: Stromstärke, die durch den Verbraucher fließt
- Q: Ladungsmenge

Die Einheit der Kapazität eines Akkus ist Ah bzw. mAh (Amperestunden bzw. Milliamperestunden)

Stromstärke I des Verbrauchers in mA		Entladezeit (Nutzungsdauer) in Minuten	Stromstärke I des Verbrauchers in mA		Entladezeit (Nutzungsdauer) in Minuten
100		1080	100		1920
200		540	200		960
300	Kapazität der Batterie 1800 mAh	360	300	Kapazität der Batterie 3200 mAh	640
400		270	400		480
500		216	500		384
600		180	600		320
700		154	700		274

Tab.: Vergleich zweier Akkus mit verschiedenen Kapazitäten

Es werden zwei Akkus mit verschiedenen Kapazitäten verglichen: 1800 mAh und 3200 mAh.

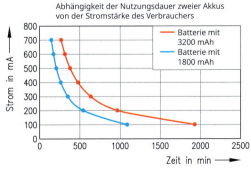

Nutzungszeit zweier Batterien mit unterschiedlicher Kapazität (siehe Tabelle oben)

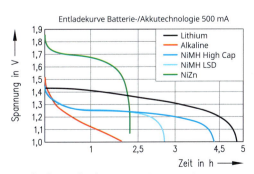

Vergleich verschiedener Batterietypen mit unterschiedlichen Kapazitäten hinsichtlich ihres Entladeverhaltens bei gleicher Stromstärke

9.1.5 Funktionsweise einer sekundären Batterie am Beispiel eines Bleiakkumulators

Ein Bleiakkumulator ist als Autobatterie bekannt und wird ebenso in Flurförderfahrzeugen, z. B. einem Gabelstapler, verwendet. Das Grundprinzip ist mithilfe einer der chemischen Reaktion innerhalb der Batterie erklärbar. Die folgende Beschreibung ist vereinfacht dargestellt, da die detaillierten chemischen Prozesse für den technischen Umgang nicht relevant sind.

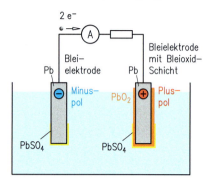

Chemischer Prozess eines Bleiakkumulators

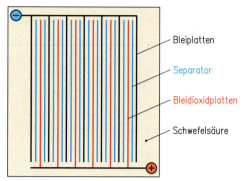

Aufbau eines Bleiakkumulators

Der Aufbau besteht aus einer Bleielektrode, die als Minuspol der Batterie wirkt. Der positive Pol besteht aus Bleioxid. Diese Elektrode besteht im Inneren ebenfalls aus Blei, ist aber mit oxidiertem Blei beschichtet.

An der Bleielektrode entstehen durch die Reaktion des Bleis mit der Schwefelsäure (Elektrolyt) eine Schicht aus Bleisulfat ($PbSO_4$) und zwei Elektronen. Diese fließen über den Draht und Verbraucher zur Bleioxidelektrode. An dieser reagiert wiederum das Bleioxid mit den „ankommenden" Elektronen und der Schwefelsäure. Auch hier entsteht eine Schicht aus Bleisulfat. Diese lagert sich auf der Oxidschicht bzw. dem Bleioxid (PbO_2) ab. Aus diesem Grund wird zu einem bestimmten Zeitpunkt aufgrund einer gleich großen Menge an Sulfat an beiden Polen keine elektrische Spannung zwischen den Polen bestehen, die einen elektrischen Stromfluss ermöglichen würde. Die Batterie darf daher nicht bis zum „Schluss" entladen werden, sondern es sollte eine Kapazität von 20 Prozent übrig bleiben (Tiefenentladung). Diese Batterie ist mit einer galvanischen Zelle vergleichbar. Diese entstehen auch unerwünscht bei Korrosionsvorgängen (siehe Abschnitt „Instandhaltung").

Wird die Batterie aufgeladen, kehrt sich der Prozess um. Der Minuspol „bekommt" jetzt Elektronen und die Sulfatschicht wird dünner. Doch darf das Aufladen nicht zu weit erfolgen (Überladung). Dann kommt es zur Bildung von Wasserstoffgas und es besteht Explosionsgefahr.

Um die Funkenbildung durch Kurzschlüsse zu vermeiden, ist die Reihenfolge beim An- und Abklemmen zu beachten. Beim Anklemmen ist zuerst der Pluspol anzuschließen und beim Abklemmen zuerst die „Masse" bzw. der Minuspol.

Regelmäßig muss die Säurekonzentration geprüft werden, da mit der Zeit die Konzentration steigt. Es wird dann durch Auffüllen mit destillierten Wasser der korrekte Säuregehalt wieder hergestellt.

Säureprüfer für Batterieflüssigkeit

9.2 Energieumwandlung

9.2.1 Wirkungsgrad

Bei allen technischen Systemen treten Verluste auf. Ursache dafür ist, vereinfacht gesagt, die Reibung. Dies gilt sowohl für elektrische als auch mechanische Systeme. Die Reibung verursacht Wärme, die z. T. sogar noch nutzbar ist. Meistens ist die Wärme allerdings von Nachteil, sodass Maßnahmen zur Kühlung nötig sind. Die beschreibende Größe ist der Wirkungsgrad η (eta).

> **Wirkungsgrad:**
> Der Wert sagt aus, wie viel der Eingangsenergie oder -leistung eines Systems prozentual umgesetzt wird. Der Wirkungsgrad ist immer kleiner als 1 bzw. 100 %, da es kein „reibungsloses" System gibt.

Zur Veranschaulichung wird wieder das Pumpspeicherwerk betrachtet. Es wird noch durch eine Energiequelle und einen Endverbraucher ergänzt. Zur Darstellung wird ein Blockschaltbild genutzt (siehe unten).

Zu Beginn wird zur Wandlung der Energie in eine nutzbare Form eine Windkraftanlage als Beispiel gewählt. Diese besitzt bereits einen Wirkungsgrad, da in der Anlage mechanisch sich bewegende Bauteile und ein Generator eingebaut sind. Diese verkleinern die nutzbare Energie des Winds. Die mechanische Form der Windströmung wird in elektrische Energie umgewandelt. Diese treibt wiederum mihilfe eines E-Motors eine Pumpe an, die durch Druckerhöhung Wasser in den Speichersee transportiert. Das Wasser „speichert" jetzt Lageenergie. Beim Transport nach oben entstehen Verluste durch die Reibung in den Steigrohren. Diese lassen sich in Prozenten „abziehen" oder in der gesamten Betrachtung als Wirkungsgrad berücksichtigen.

Beim „Fallen" des Wassers treten diese Verluste wieder auf. Anschließend folgt die Umwandlung der mechanischen Energie (Bewegungsenergie) in die elektrische Form, wie zu Beginn der Kette innerhalb der Windkraftanlage. Am Ende des Blockschaltbilds steht die eigentliche Nutzung, z. B. der Betrieb einer elektrischen Lokomotive. Auch in der Lokomotive treten wieder Verluste auf.

Beispiel

Berechnung der Leistungen mit Berücksichtigung der Wirkungsgrade

Geg.: Ausgangsleistung der WKA: P_{WKA} = 5 MW (Megawatt) und Wirkungsgrade der Teilsysteme

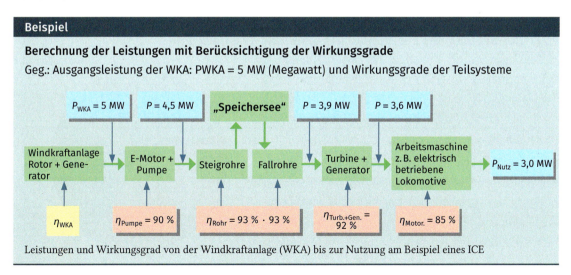

Leistungen und Wirkungsgrad von der Windkraftanlage (WKA) bis zur Nutzung am Beispiel eines ICE

9.2.2 Nutzung der elektrischen Energie im beruflichen Alltag

Alle Bereiche eines Unternehmens nutzen elektrische Energie. Dabei sind die Anforderungen hinsichtlich Spannungsart, -höhe sowie Leistungen sehr verschieden. In einer Werkstatt ist eine große Bandbreite festzustellen. Während elektrische Kleinstgeräte im Kleinspannungsbereich arbeiten und mit Gleichstrom betrieben werden, benötigen Werkzeugmaschinen, wie etwa Fräsmaschinen, Drehstrom mit einer Spannung von 400 V. Der Leistungsbereich reicht von wenigen Watt- bis hoch zu zweistelligen Kilowattwerten. Zur Übersicht der möglichen „Verbraucher" wird ein Teil der grafischen Übersicht zum Thema Elektrotechnik genutzt:

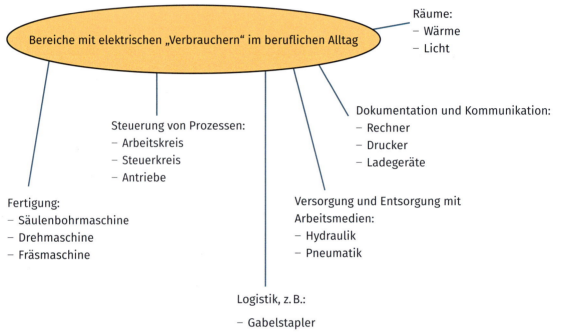

Überblick zu elektrischen Verbrauchern im beruflichen Alltag

9.2.3 Betrachtung des Energiebedarfs einer CNC-Fräsmaschine

Im Folgenden soll die Verteilung der eingespeisten elektrischen Leistung an einer CNC-Fräsmaschine betrachtet werden. Von den 10,7 kW an elektrischer Leistung kommen nur 25 %, also etwa 2,5 kW, an der Hauptspindel, sprich am Werkstück, an.

Dies liegt vor allem an der energieintensiven Aufbereitung des Kühlschmierstoffs (KSS). Daher wird in der spanenden Fertigung angestrebt, möglichst wenig KSS (Minimalmengenschmierung, kurz MMS) einzusetzen oder sogar ganz auf die Verwendung von KKS zu verzichten (Trockenzerspanung).

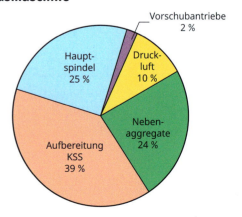

Beispielwerte für Nutz- und Verlustleistungen an einer CNC-Fräsmaschine

9.3 Gefahren durch elektrischen Strom und elektrische Spannung

Wird der menschliche Körper Teil des elektrischen Stromkreises, kommt es zu einer Gefährdung. Diese ist von der Spannungsart und Dauer der Einwirkung abhängig. Dazu im Folgenden ein Überblick in Form einer Tabelle und eines Diagramms.

Gefährdung	Wechselspannung/-stromstärke	Gleichspannung	Bemerkungen
Beginn der Gefährdung für Kinder und Nutztiere	> 25 V/50 mA	> 60 V oder 50 mA	Isolierungen als Basisschutz
unzulässige Berührungsspannung	> 50 V oder 50 mA	> 120 V oder 50 mA	• bleibende Schäden durch Körperströme möglich • weitere Maßnahmen notwendig: aktiver Schutz durch Einrichtungen, z. B. Sicherungen

Tab.: Gefährdung durch elektrischen Strom und elektrische Spannung

Das Diagramm zeigt den Einfluss der Einwirkdauer. Bedeutung der farbigen Flächen im Diagramm:

1: Keine Auswirkungen, Schreckreaktionen können allerdings zu „Sekundärunfällen" führen, z. B. Sturz von einer Leiter.

2: Im Prinzip noch ungefährlich, aber oberhalb von 10 mA („Loslassgrenze"), kann es zu Muskelverkrampfungen kommen. Ist die Brustmuskulatur betroffen, kann dies bei längerer Einwirkung zur Atemlähmung und schließlich zur Bewusstlosigkeit führen. Außerdem kann das Muskelverkrampfen zum „Klebenbleiben" am spannungsgeladenen Bereich kommen.

3: Es sind noch keine Schädigungen der Organe zu erwarten. Reversibles (wieder umkehrbares) Reizen des Herzens sind möglich. Trotzdem ist hier schon Vorhofflimmern oder ein kurzzeitiger Herzstillstand möglich. Bei längerer Einwirkung durch den elektrischen Strom sind Muskelverkrampfungen und Atemaussetzer zu erwarten.

4: Große Wahrscheinlichkeit eines Herzflimmerns und mit zunehmender Dauer kommen Herzstillstand, Atemstillstand und sogar innere schwere Verbrennungen hinzu.

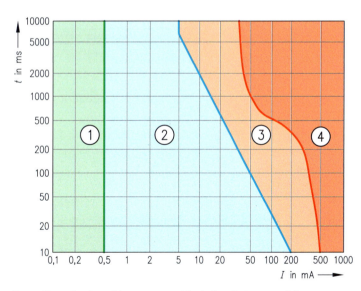

Darstellung der Auswirkungen von elektrischen Strömen und der Einwirkzeit auf den menschlichen Körper in Abhängigkeit (erstellt nach VDE V 0140-479-1)

9.4 Schutzmaßnahmen

Damit ein elektrischer Strom dem Menschen gefährlich werden kann, muss der Körper Teil des elektrischen Stromkreises werden. Dazu ist ein direkter Kontakt eines Körperteils mit einem elektrisch leitfähigen und unter elektrischer Spannung stehenden Gegenstand nötig. Um dies zu verhindern, bedarf es passiver oder aktiver Schutzmaßnahmen.

Elektrotechnik

	Maßnahmen	Umsetzung und Beispiel
Passiver Schutz	Isolierung	Kunststoffmantel eines Kabels
	Umhüllen	Gehäuse einer Handbohrmaschine
	Abdeckung	isolierende Abdeckung eines elektrischen Motors (zum Entfernen der Abdeckung muss ein Werkzeug nötig sein)
	Hindernisse	Absperrungen mittels gelb-schwarz oder rot-weiß markierter Hindernisse
	Abstände zum Tätigkeitsbereich	Mindestabstand beim Schweißen zu Innenwänden eines Schiffsrumpfs
Aktiver Schutz	Schutz durch Abschalten	Leitungsschutzschalter (LS)
		Schmelzsicherung
		RCD (von engl. Residual Current Device, häufig FI-Schalter genannt)

Tab.: Aktive und passive Schutzmaßnahmen gegen den elektrischen Strom

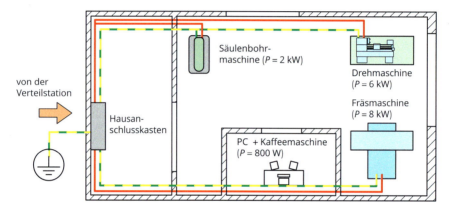

Vereinfachte Darstellung eines Werkstattgrundrisses

In der Abbildung ist der Grundriss einer Metallwerkstatt vereinfacht dargestellt. Es sind typische Verbraucher zu erkennen, wie etwa Werkzeugmaschinen und eine einfache Büroausstattung. Alle Verbraucher werden zentral von einem Hausanschluss versorgt (siehe Abbildung auf nächster Seite). In diesem sind die Leitungen, vom nächstliegenden Versorgungskasten kommend, angeschlossen.

Die Leitungen bestehen aus den Außenleitern (L1, L2 und L3), kurz Phasen genannt, sowie dem Erdleiter.

Der Erdleiter besteht aus einem im Fundament verlegten Erdungsring (siehe Abbildung auf nächster Seite).

Der Erdleiter, auch PEN-Leiter genannt, wird in den Schutzleiter PE und den Neutralleiter N aufgeteilt. Daher ergibt sich die Abkürzung PEN. Die Leitungen unterscheiden sich farblich. Der Neutralleiter (blau) bildet zusammen mit Verbraucher, Sicherungselementen, Schaltern und den Außenleitern (schwarz, braun und grau) den geschlossenen elektrischen Stromkreis.

Versorgungskasten an einer Straße

Der Schutzleiter (grün-gelb) dient dazu, gefährliche elektrische Ströme in die „Erde" abzuleiten. Daher ist diesem Leiter im Sinn der Sicherheit besondere Aufmerksamkeit zu widmen.

9.4 Schutzmaßnahmen

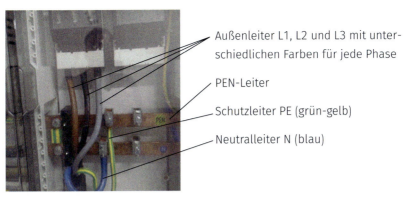

Außenleiter L1, L2 und L3 mit unterschiedlichen Farben für jede Phase

PEN-Leiter

Schutzleiter PE (grün-gelb)

Neutralleiter N (blau)

Hausanschluss mit Aufteilung des PEN-Leiters in Schutzleiter PE und Neutralleiter

Der PEN-Leiter „entsteht" aus dem Erdleiter des Gebäudes. In der nebenstehenden Abbildung sind die Klemmen für die Erdung im Fundament zu sehen.

Schließlich sind im Hausanschlusskasten die Sicherungselemente eingebaut und angeschlossen: jede Versorgungsleitung (jeweils die einzelnen Werkzeugmaschinen), das Büro und die Beleuchtung.

Fundamenterder

Rechts sind Leitungsschutzschalter, kurz LS-Schalter, zu sehen. Diese reagieren auf Überlast durch hohe elektrische Stromstärke oder Kurzschluss. Dazu sind zwei Mechanismen eingebaut: Thermisch per Bimetall bei Überlast und elektromechanisch bei Kurzschluss.

Je nach elektrischer Stromstärke und Verhalten der Verbraucher müssen passende LS-Schalter eingesetzt werden. Der FI-Schalter misst dagegen Unterschiede zwischen hineinfließenden und herausfließenden elektrischen Stromstärken und reagiert somit auf sogenannte elektrische Fehlströme, die z. B. durch Berühren eines spannungsführenden und offenen Bauteils (Metallgehäuse, das unzulässig mit einem spannungsführenden Kabel Kontakt hat) entstehen.

Leitungsschutzschalter (LS-Schalter) und Fehlerstrom-Schutzschalter (RCD, FI-Schalter)

Beispiel

Berechnung zur Bestimmung der LS-Schalter zur sicheren Versorgung der Werkstatt

Elektrischer Gesamtstrom für das Büro mit Beleuchtung

$$I = \frac{P}{U} \Rightarrow I = \frac{800\,\text{W}}{230\,\text{V}} = 3{,}48\,\text{A}$$

Die Berechnung der Beleuchtung, mit einer Leistung von 500 W, ergibt eine elektrische Stromstärke von 2,17 A. Der elektrische Gesamtstrom der Maschinen, wenn alle gleichzeitig in Betrieb sind (Antrieb mit Drehstrom, daher andere Formel), berechnet sich wie folgt:

$$P = U \cdot I \cdot \sqrt{3} \Rightarrow I = \frac{P}{U \cdot \sqrt{3}} = \frac{16000\,\text{W}}{400\,\text{V} \cdot \sqrt{3}} = 23{,}1\,\text{A}$$

Damit ergibt sich für die gesamte elektrische Versorgung der Werkstatt eine elektrische Stromstärke von $I = 3{,}48\,\text{A} + 2{,}17\,\text{A} + 23{,}1\,\text{A} = 29\,\text{A}$ (gerundet).

Beispiel (Fortsetzung)

Konsequenz: Mit Berücksichtigung der Beleuchtung ergibt sich eine elektrische Gesamtstromstärke zur Versorgung der Werkstatt von mindestens 28,9 A (siehe Summe der Betriebsströme in der Tabelle unten). Dies gilt aber nur für eine gleichmäßige Belastung. Um auch das besondere Verhalten der Werkzeugmaschinen beim Starten und während des Betriebs zu berücksichtigen, bekommt jede Werkzeugmaschine ihren eigenen Leitungsschutzschalter. Aus diesem Grund muss jede Maschine einzeln betrachtet werden, und zwar für den Moment des höchsten elektrischen Stromdarfs. Dies ist der Moment des Anlaufens. Der sogenannte Anlaufstrom beträgt ein Vielfaches n des elektrischen Betriebsstroms. Ein typisches Vielfaches ist $n = 5$.

Verbraucher	Elektrischer Betriebsstrom I_B (A)	Elektrischer Bemessungsstrom $I_n = n \cdot I_B$ (A)	Typ LS-Schalter
Säulenbohrmaschine	2,9	14,4	C 16
Drehmaschine	8,7	43,3	C 50
Fräsmaschine	11,6	57,7	C 63
Büro	3,5	3,5	B 16
Beleuchtung ($P = 0,5$ kW)	2,17	2,17	B 16

Tab.: Wählen von LS-Schalter für verschiedene Verbraucher

Die Buchstaben an den LS-Schaltertypen geben einen Hinweis auf deren Eigenschaften (Charakteristik). Diese muss auf das Verbraucherverhalten abgestimmt sein. So haben die Einschaltvorgänge der Werkzeugmaschinen zur Folge, dass eine Charakteristik B nicht ausreicht, sondern „C" gewählt werden muss. Dagegen reicht für das Büro und die Beleuchtung „B" aus.

Ein Beispiel für das Arbeiten mit elektrischem Strom im Berufsalltag in der Werkstatt, ist das Schweißen mithilfe elektrischer Verfahren. Der menschliche Körper kann in direkten Kontakt mit spannungsführenden Teilen kommen, z. B. der Schweißelektrode. Der Körper wirkt im elektrischen Stromkreis als elektrischer Widerstand. Neben dem technisch einwandfreien Zustand der Schweißgeräte ist eine isolierende Arbeitskleidung zu tragen. Neben dieser allgemeingültigen Maßnahme sind die Besonderheiten der einzelnen Verfahren zu beachten. Diese sollten in der entsprechenden Schweißausbildung behandelt werden.

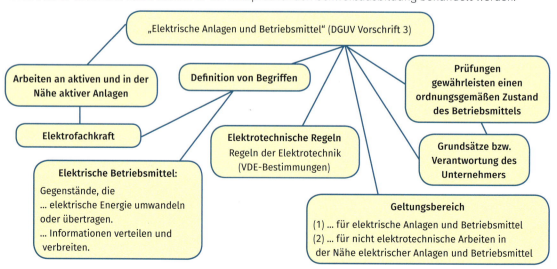

Aspekte beim Umgang mit elektrisch betriebenen Anlagen und Betriebsmitteln in einer Werkstatt, z. B. beim Schweißen

Daraus lässt sich schließen, dass eine berufliche Ausbildung allein nicht ausreicht, um die nötigen Anforderungen zu erfüllen. Es müssen Erfahrungen vorliegen, die eine entsprechende Vorsicht und Sicherheit garantieren. Wiederum können Fachkräfte ohne elektrotechnische Berufsausbildung, im Rahmen einer Weiterbildung, die Zusatzqualifikation „Elektrofachkraft für festgelegte Tätigkeiten" erwerben. Die Weiterbildung kann auch schon gegen Ende der Ausbildung begonnen werden.

Auch für eine Veränderung des Tätigkeitsfelds innerhalb der Elektrotechnik, z. B. vom Niederspannungs- in den Hochspannungsbereich, kann eine zusätzliche Qualifizierung nötig sein.

Neben den VDE-Richtlinien hat auch die DGUV (Deutsche Gesetzliche Unfallversicherung) u. a. Vorschriften für den elektrotechnischen Bereich bzgl. der Tätigkeiten, des Personals, Prüfungen und elektrische Betriebsmittel festgelegt. In der DGUV Vorschrift 3 ist in den einzelnen Abschnitten genau beschrieben, was beim Durchführen elektrotechnischer Arbeiten zu beachten ist.

9.5 Tätigkeiten und Berechtigungen

Für das Arbeiten an elektrischen Arbeits- und Betriebsmitteln sind besondere elektrotechnische Qualifikationen erforderlich. Im Folgenden sind die verschiedenen Qualifikationsstufen mit möglichen Tätigkeiten aufgelistet.

Beispiel

Qualifikationsstufen in der Elektrotechnik nach DIN VDE 0105-100

Qualifikationsstufen in der Elektrotechnik nach DIN VDE 0105-100	Definition nach DIN VDE 0105-100	Tätigkeiten
Elektrofachkraft	„Wer aufgrund seiner fachlichen Ausbildung Kenntnisse und Erfahrungen sowie Kenntnis der einschlägigen Bestimmungen die übertragenen Arbeiten beurteilen und mögliche Gefahren erkennen kann."	Unter anderem: • Schaltberechtigung • Arbeiten unter Spannung (AuS)
elektrotechnisch unterwiesene Fachkraft	„Eine elektrotechnisch unterwiesene Person ist, wer durch eine Elektrofachkraft über die ihr übertragenen Aufgaben und die möglichen Gefahren bei unsachgemäßem Verhalten unterrichtet und erforderlichenfalls angelernt sowie über die notwendigen Schutzeinrichtungen und Schutzmaßnahmen belehrt wurde."	• Betätigen von Schutzeinrichtungen, z. B. Fehlerstromschutzschalter • Auswechseln von Schraubsicherungen • Neustarten von elektrischen Komponenten • Betreten von abgeschlossenen elektrischen Betriebsstätten
Laie in der Elektrotechnik	„… eine Person, die weder Elektrofachkraft noch elektrotechnisch unterwiesene Person ist."	• keine selbstständige Ausführung elektrotechnischer Arbeiten • Zulässig sind einfache Tätigkeiten: – Auswechseln von Lampen – Reinigung von Anlagen – Ein- und Ausschalten von elektrischen Betriebsmitteln

9.6 Handlungssituation: Betrieblichen Unfall mit der Hauselektrik analysieren

Ein Kollege wird gebeten eine Bohrung in die Wand für ein Regal durchzuführen. Das Gebäude wurde bereits zu Beginn des 20. Jh. gebaut. Als der Kollege eine Schlagbohrmaschine mit Metallgehäuse ansetzt und die ersten Zentimeter gebohrt hat, zuckt er zusammen und lässt die Bohrmaschine fallen. Er wirkt ein wenig benommen, aber ist ansprechbar. Im Büro fällt das Licht

aus und die Kaffeemaschine hört auf zu laufen. Der Kollege sagt: „Ach, da habe ich wohl eine Leitung getroffen, hätte ich da nicht erwartet. Ich gucke mal, ob die Sicherung rausgeflogen ist." Ein Leitungsschutzschalter steht auf „OFF", und sobald der Kollege versucht, den Schalter wieder umzulegen, löst er wieder aus.

Wie reagieren Sie und welche Gedanken machen Sie sich, um derartige Vorfälle in Zukunft zu vermeiden?

ANALYSIEREN

Bevor Sie das weitere Vorgehen planen, kleben Sie an den Versorgungskasten eine Notiz mit dem Hinweis, diesen nicht zu öffnen und erst recht keinen Schalter zu betätigen. Anschließend begleiten Sie Ihren Kollegen, gegen dessen Protest, zum Betriebsarzt und schildern dem Arzt das Geschehen. Danach berichten Sie Ihrer Vorgesetzten vom Vorfall. Sie bekommen die Anweisung, Maßnahmen zu ergreifen, um derartige Vorfälle in Zukunft zu vermeiden.

Sie machen sich vor Ort noch einmal ein Bild vom Geschehen und versuchen nachzuvollziehen, was genau passiert ist. Schlussendlich lassen sich folgende Aussagen machen:

- Der Bohrer der Bohrmaschine hat wahrscheinlich zwei stromdurchflossene Leiter in der Wand getroffen und leitend miteinander verbunden (Kurzschluss).
- Da das Gehäuse der Bohrmaschine aus Metall besteht, stand die Bohrmaschine unter Spannung und somit auch der Kollege, der die Bohrmaschine in den Händen hielt.
- Die Bohrmaschine entspricht nicht der Schutzklasse II, da keine doppelte Isolierung vorliegt. Bei einem Metallgehäuse liegt die Schutzklasse I vor und es muss einen Schutzleiter geben.
- Da noch kein Schutzleiter verlegt ist, konnte der Strom nicht direkt zur Erde abfließen, sondern floss über den menschlichen Körper und den Leitungsschutz- und RCD-Schalter.
- Je nach Zeitdauer und Körperwiderstand hätte der Strom tödlich sein können.

INFORMIEREN

Als erstes erkundigen Sie sich nach einer Elektronikerin oder einem Elektroniker für Betriebstechnik in Ihrem Betrieb. Zum Glück erreichen Sie diese und bitten um Hinweise zu Sofortmaßnahmen. Die Fachkraft kommt sofort, schließt zunächst den Versorgungskasten ab und bedankt sich bei Ihnen für Ihr umsichtiges Handeln. Sie werden gefragt, ob Sie Zeit haben, zu helfen. Sie bejahen dies, schließlich haben Sie von Ihrer Vorgesetzten den entsprechenden Auftrag bekommen. Sie gehen mit der Elektrofachkraft zum Ort des Geschehens und hören von ihr ein lautes Seufzen: „Okay, das wird ein größeres Projekt."

9.6 Handlungssituation: Betrieblichen Unfall mit der Hauselektrik

Sie können ihr nicht folgen und haken nach: „Wie meinen Sie das?" – Antwort: „Na ja, das Gebäude ist über hundert Jahre alt, damals gab es noch keine Schutzleiter in den Wänden und die Bohrmaschine hat ein Metallgehäuse. Der Strom ist über den Körper geflossen, sodass der Kollege ‚einen gewischt' bekommen hat. Da die Leitung repariert werden muss und kein Bestandsschutz besteht, muss die Installation auf den aktuellen Stand gebracht werden. Sprich: Alle Leitungen für die entsprechend versorgten Räume müssen wahrscheinlich erneuert werden, und das ist ein größeres Projekt."

Neuinstallation von elektrischen Leitungen

Die Ergebnisse der Analyse führt Sie noch einmal zu der Frage zurück, wie stark die Gefährdung für den Kollegen war. Schließlich hätte es zu komplizierten Haftungsfragen kommen können. Daher berechnen Sie die Körperstromstärke (Betrachtung ohne Fehlstrom zum Verteilerschrank). Zur Berechnung des Körperstroms ist zunächst der Gesamtwiderstand zu berechnen. Dazu werden als erstes die Ersatzwiderstände der parallel liegenden Arme bzw. Beine berechnet. Anschließend wird der Gesamtwiderstand mithilfe der in Reihe liegenden Widerstände bestimmt:

$$\frac{1}{R_{Arme}} = \frac{1}{R_{Arm}} + \frac{1}{R_{Arm}} \Rightarrow \frac{1}{R_{Arme}} = 2 \cdot \frac{1}{460\ \Omega}$$

$$R_{Arme} = 230\ \Omega$$

$$\frac{1}{R_{Beine}} = \frac{1}{R_{Bein}} + \frac{1}{R_{Bein}} \Rightarrow \frac{1}{R_{Beine}} = 2 \cdot \frac{1}{840\ \Omega}$$

$$\Rightarrow R_{Beine} = 420\ \Omega$$

$$\Rightarrow R = R_{Arme} + R_{Beine} + R_{Rumpf} + R_{ST}$$

$$\Rightarrow R = 230\ \Omega + 420\ \Omega + 15\ \Omega + 1000\ \Omega$$

$$\Rightarrow 1665\ \Omega$$

Berechnung Körperstrom:

$$U = R \cdot I_K \Rightarrow I = \frac{U}{R}$$

$$\Rightarrow I_K = \frac{230\ V}{1665\ \Omega}$$

$$\Rightarrow I_K = 0{,}138\ A\ \text{bzw.}\ 138\ mA$$

Körperstrom durch den Körper ohne Schutzleiter und Rechnung zur Körperstromstärke

Im Diagramm zur Gefährdung durch elektrischen Strom, kann man erkennen, dass bei einer Berührungsdauer von 20 Millisekunden und der berechneten Stromstärke, schon der Gefährdungsbereich 3 erreicht ist. Damit sind Vorkammerflimmern, kurzzeitiger Herzstillstand und Muskelverkrampfungen möglich. Vorteilhaft für die Gesundheit des Kollegen war das schnelle Loslassen der Bohrmaschine.

PLANEN

Um die Vorgesetzte auf den neusten Stand bringen zu können, bitten Sie die die Elektronikerin oder den Elektroniker, das weitere Vorgehen mit Ihnen abzusprechen. Dabei kommen folgende Stichworte zusammen:

- Bestimmen der Anzahl und Leistungen der derzeit genutzten Verbraucher
- Einschätzen zusätzlich benötigter Verbraucher

- Leitungslängen abschätzen bzw. messen
- Leitungsquerschnitte berechnen
- LS-Schalter dimensionieren
- Materialien auflisten und bestellen
- Arbeitszeit und Termine abschätzen
- Installation durchführen
- Inbetriebnahme
- Dokumentation erstellen und Belegschaft über zulässiges Verhalten unterrichten, z. B. Einschalten der LS-Schalter

Anschließend berichten Sie Ihrer Vorgesetzten den aktuellen Stand und die noch anstehenden Arbeiten. Jene nickt mit einem Seufzen und erwidert: „Okay, verfolgen Sie bitte das ‚Projekt' weiter und arbeiten Sie sich so gut es geht in die Thematik ein."

DURCHFÜHREN

Sie erfahren bei Ihrer Recherche, dass Sie sich nach DIN VDE 105-100 von einer Elektronikerin oder einem Elektroniker unterweisen lassen können und somit in Zukunft nach einer sicheren Einschätzung zumindest erste Maßnahmen zur Wiederinbetriebnahme ergreifen dürfen.

Die Elektronikerin oder der Elektroniker ist bereit, Sie zu unterweisen, und Sie stimmen einen Termin ab.

AUSWERTEN

Neben Ihren „normalen" beruflichen Aufgaben begleiten Sie, so gut es geht, die elektrotechnischen Arbeiten und gewinnen zunehmend auch praktische Kenntnisse und bekommen diese bescheinigt bzw. einzelne Berechtigungen für einfache elektrotechnische Tätigkeiten erteilt.

Im Rahmen der Unterweisung lernen Sie die fünf Sicherheitsregeln der Elektrotechnik:

1. Freischalten: Mit diesem Begriff ist das Versetzen einer Anlage in einen energielosen Zustand gemeint. Dies betrifft sowohl elektrische, hydraulische und pneumatische Energie. Die Anlage ist also vom Versorgungsnetz zu trennen. Im einfachsten Fall in der Elektrotechnik bedeutet dies, den Stecker des Verbrauchers aus der Steckdose zu ziehen.
2. Gegen Wiedereinschalten sichern: Um zu verhindern, dass aus Versehen bzw. irrtümlicherweise, elektrische Geräte wieder eingeschaltet werden, werden Schlösser verwendet, die eine Betätigung der Schalter unmöglich macht.
3. Spannungsfreiheit feststellen: Trotz Trennung der Anlage vom Versorgungsnetz, kann die Anlage immer noch unter Spannung stehen. Die Ursache kann z. B. eine Ersatzstromquelle sein.
4. Erden und kurzschließen: Um auszuschließen, dass die Anlage erneut unter Spannung steht, ist diese sicher mit einer geerdeten Leitung zu verbinden.
5. Unter Spannung stehende Anlagenteile abdecken oder den Zugang verhindern:

Wenn Teile der Anlage nicht spannungsfrei geschaltet werden können, muss verhindert werden, dass diese berührt werden können. Dies lässt sich durch entsprechende Abdeckungen oder Absperrungen erreichen.

10
STEUERUNGSTECHNIK

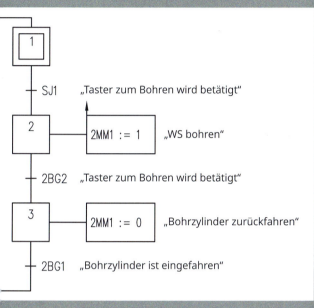

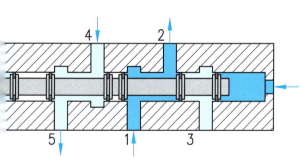

10 Steuerungstechnik

Berufliche Handlungssituation

Sie sollen im Team einen Fertigungsprozess optimieren. In diesem Fall geht es um eine Bohrstation, die Teil einer Fertigungsstraße ist.

Bisher ist die Steuerung noch weitgehend manuell zu bedienen und auch hinsichtlich des zeitlichen Ablaufs und der Sicherheit eines automatisierten Prozesses optimierbar. Sie haben die Aufgabe, diese Optimierung der Steuerung zu planen und umzusetzen.

Bohrstation einer Fertigungsanlage

Als metalltechnische Fachkraft haben Sie u. a. die Aufgabe, betriebliche Fertigungsabläufe zu optimieren. Da heutige Fertigungsprozesse überwiegend automatisiert ablaufen, ist es unabdingbar, sich mit der Automatisierungstechnik auseinanderzusetzen. Dazu gehört zunächst der Einstieg in die Grundlagen der Steuerungstechnik.

Berufliche Tätigkeiten	Industrie-mechaniker/-in	Werkzeug-mechaniker/-in	Zerspanungs-mechaniker/-in
Eine Steuerung aufgrund von Störungen analysieren	●	◐	◐
Eine Steuerung vor Inbetriebnahme hinsichtlich Zustand und Funktionsfähigkeit prüfen	●	●	●
Eine Steuerung optimieren	●	◔	◔
Eine Steuerung entwickeln	●	◔	◔
Eine Steuerung aufbauen	●	◔	◔

Tab.: Typische Anwendungen für Steuerungstechnik im Berufsalltag

10.1 Druckerzeugung und Aufbereitung der Medien (Gase und Flüssigkeiten) in Steuerungsanlagen

Jede pneumatische und hydraulische Steuerung muss mit dem entsprechenden Medium versorgt werden. In der Hydraulik sind es geeignete Flüssigkeiten (Fluide), also zumeist Hydrauliköle und in der Pneumatik aufbereitete Gase, zumeist Luft. Anforderungen an diese Medien sind zum einen ein höherer Druck als der in der Umgebung vorliegende und zum anderen ein „stoffreiner" Zustand. Damit ist gemeint, dass keine für die verwendeten Bauteile schädigenden Stoffe im Medium enthalten sind, z. B. feste Teilchen. Diese können durch Abnutzung der Bauelemente entstehen und zum erhöhten Verschleiß an Ventilen und Arbeitseinheiten, z. B. angetriebene Zylinder, führen.

10.1 Druckerzeugung und Aufbereitung der Medien (Gase und Flüssigkeiten) in Steuerungsanlagen

In pneumatischen Anlagen wird der höhere Druck durch Kompressoren erzeugt. Diese komprimieren die Luft, z. B. in Kolbenkompressoren. Deren Größe steigt mit dem Bedarf an Luft. Da beim Komprimieren der Luft Wärme entsteht, wird eine zu große Erwärmung der Kompressoren mithilfe von Kühlrippen verhindert. Gegebenenfalls wird bei größeren Kompressoren statt Luft eine Flüssigkeit zur Kühlung verwendet.

Kolbenkompressoren für Erzeugung von Druckluft, links: kleinerer Kompressor mit einem Zylinder; rechts: Kompressor für einen höheren Luftbedarf mit drei Zylindern

In hydraulischen Anlagen muss eine andere Technik verwendet werden, da Flüssigkeiten praktisch nicht komprimierbar sind. Flüssigkeiten gelten als inkompressibel. In der Hydraulik werden Pumpen eingesetzt, die Öl in einem Kreislauf transportieren. Dieser Transport wird durch die Größe Volumenstrom beschrieben. Der Druck wird durch ein Druckregelventil begrenzt und kann entsprechend den Anforderungen eingestellt werden.

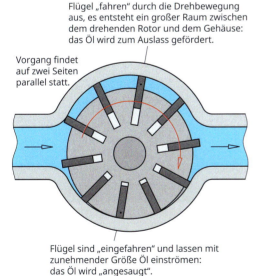 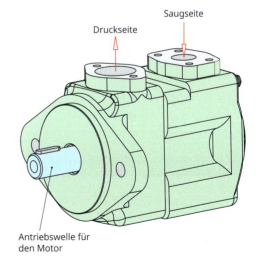

Prinzip einer hydraulischen Flügelzellenpumpe und ein Beispiel

Beide Medien müssen mittels Filter gereinigt werden. In pneumatischen Anlagen geschieht dies im Vorweg. In hydraulischen Anlagen wird das Hydrauliköl nach der Nutzung gefiltert.

10 Steuerungstechnik

Während in pneumatischen Anlagen das Medium „verloren" geht, wird in hydraulischen Anlagen das Hydrauliköl im Kreis gefördert. Es wird aufgefangen, danach wird durch die Pumpe der benötigte Druck erzeugt und den anzutreibenden Steuerungs- und Arbeitselementen zugeführt, also den Ventilen und z. B. Hydraulikzylindern.

In pneumatischen Anlagen ist zu Beginn eine sogenannte Aufbereitungseinheit installiert. In dieser wird die Luft von festen Teilchen und Wasser (Luftfeuchtigkeit) befreit. In manchen Anlagen wird die Luft außerdem mit Öl zur Schmierung der bewegten Bauteile der Anlage mit einem Ölnebel versehen. Dies ist heute nicht mehr Standard, da das Öl durch Alterung die Leitungen und Bauelemente „verkleben" kann und somit Störungen herbeiführen kann.

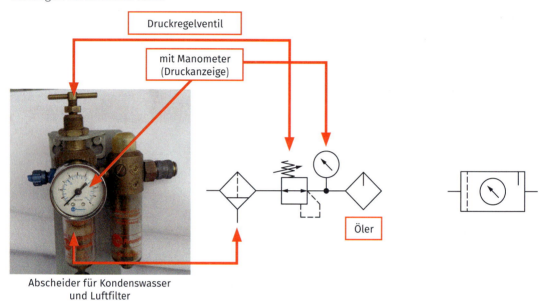

Aufbereitungseinheit mit Manometer, Kondensator, Filter, Druckregler und Öler: als Foto (links), symbolisch detailliert (Mitte) und vereinfacht (rechts)

Grundsätzlich wird Hydraulik verwendet, wenn hohe Kräfte gefordert sind, z. B. in Pressen zum Umformen von Karosserieblechen oder zum Greifen schwerer Bauteile mit Robotern. Pneumatik wird zur Steuerung von Anlagen mit einem geringeren Kraftbedarf eingesetzt, z. B. in Verpackungsanlagen und zum Greifen leichter Bauteile mit Robotern.

Vergleichskriterien und Beispielwerte	Hydraulik: Flügelzellenpumpe	Pneumatik: Kolbenkompressor
maximaler Druck	210 bar (21 MPa)	11 bar (1,1 MPa)
Fördervolumen pro Umdrehung	268 cm^3 (0,268 l)	190 cm^3 (0,19 l)
Volumenstrom bei angegebener Drehzahl	400 l/min bei n = 1500 min^{-1}	410 l/min bei n = 2000 min^{-1}
benötigte Leistung (ohne Verluste)	140 kW	7,5 kW

Tab.: Vergleich von hydraulischen und pneumatischen Druckerzeugungsanlagen

Die obere Tabelle zeigt die verschiedenen Leistungsbereiche und damit auch die Einsatzbereiche. So unterscheiden sich die Betriebsdrücke um den Faktor 20 und entsprechend auch die benötigten Leistungen.

10.2 Physikalische Grundlagen und Berechnungen zu pneumatischen Anlagen

Um die technischen Zusammenhänge in druckgesteuerten Anlagen zu verstehen, ist es sinnvoll, sich mit den mathematischen und physikalischen Zusammenhängen auseinanderzusetzen. Als erstes wird der Hintergrund der physikalischen Größe Druck p beschrieben.

Als einfaches Beispiel wird eine Fahrradluftpumpe betrachtet. Zur Druckerhöhung wird zunächst der Kolben in den Zylinder hineingeschoben, dabei wird eine Verkleinerung des Zylindervolumens erzielt.

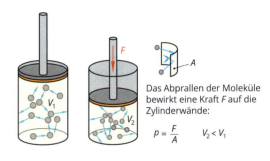

Das Abprallen der Moleküle bewirkt eine Kraft F auf die Zylinderwände:

$$p = \frac{F}{A} \qquad V_2 < V_1$$

Drucklufterzeugung mithilfe einer einfachen Luftpumpe und Verhalten der Luftmoleküle im Zylinder

Die Luft- bzw. Gasmoleküle bewegen sich schnell und prallen gegen die Zylinderwände. Dieses Aufprallen wird als Druck bezeichnet. Wird das Volumen bzw. der Raum für die Moleküle kleiner, bewirkt dies ein heftigeres Aufprallen und somit einen höheren „Druck". Gleichzeitig erwärmt sich das Gas.

Der Handkraft, die versucht, den Kolben weiter runterzudrücken, wirkt der Druck im Inneren des Zylinders entgegen. Der Druck wirkt auf die Kolbenfläche und erzeugt somit eine Kolbenkraft gegen die Handkraft. Um die Luft weiter zu verdichten, also um den Druck zu erhöhen, muss die Kraft der Hand größer sein als die Kolbenkraft. Dazu muss Energie eingesetzt werden.

Um Berechnungen zu Verdichtung und Volumenänderungen durchführen zu können, muss kurz auf den „alltäglichen" Luftdruck, der auf uns wirkt, eingegangen werden. Dieser Druck entsteht durch die Menge an Luft über unseren Köpfen. Da die Luftteilchen bzw. Luftmoleküle wegen ihrer Masse durch die Erdanziehungskraft zur Erdoberfläche „fallen" wollen, entsteht eine Luftsäule über uns, die als Luftdruck messbar ist. Zur Veranschaulichung sollen Schwämme dienen, die übereinanderliegen und sich gegenseitig nach unten hin immer weiter zusammendrücken.

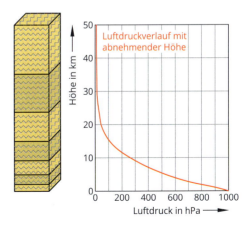

Der Luftdruck in unserer Atmosphäre im Vergleich zu einer Säule aus Schwämmen

Zurück zur Luftpumpe und zum Fahrradschlauch:

Während man den Schlauch aufpumpt, schiebt man mit jedem Hub ein „Luftpaket" bzw. Luftvolumen in den Schlauch. Das beförderte Volumen dieses Pakets ist konstant. Es wird Hubvolumen genannt und wird durch die konstante Querschnittsfläche A des Kolbens und dem Hubweg s einfach berechenbar:

$$V_{Hub} = A \cdot s$$

Eine Anwendung in der Pneumatik am Beispiel eines Druckluftzylinders im Betrieb: Sobald die Druckluft in den Zylinder strömt, beginnt die Hubbewegung des Kolbens. Er bewegt sich und der Luftdruck auf der Einlassseite bleibt konstant hoch, da Druckluft nachströmt. Es lässt sich Folgendes feststellen: Die Druckluft mit einem absoluten Druck von $p_{abs} = p_{amb} + p_e$ schiebt mithilfe des Kolbens am Ausgang des Zylinders ein Luftvolumen V mit einem Druck von p_{amb} heraus. Dieser entspricht dem Umgebungsdruck auf Meereshöhe, etwa 1 bar bzw. 100000 Pa = 0,1 MPa. Die Größe p_e ist der effektiv wirkende Druck. Dieser wird Betriebsdruck genannt.

Fahrradschlauch mit Luftpumpe

In dem Moment der Endlage des Kolbens, wirkt auf der Eingangsseite immer noch der absolute Druck, während auf der Ausgangsseite der Umgebungsdruck herrscht. Daher gilt für das „beförderte" Volumen V:

$$V = \frac{p_{amb} + p_e}{p_{amb} \cdot A \cdot s} \Rightarrow (p_{amb} + p_e) \cdot A \cdot s = V \cdot p_{amb}$$

Bewegt sich der Kolben wieder zurück, drehen sich die Druckverhältnisse um. Der absolute Druck wirkt von der anderen Seite auf den Kolben und schiebt die Luft durch die linke Öffnung hinaus.

Die Öffnungen „wechseln" ihre Aufgabe.

Je schneller die Auf- und Abbewegung erfolgt, desto größer ist der Volumenstrom und somit auch die benötigte Leistung des Verdichters.

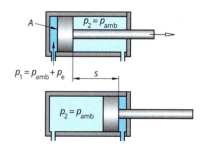

Druckluftzylinder mit Luftbewegungen

Physikalische Größe	Formel	Einheit
Druck	$p = \dfrac{F}{A}$	1 bar bzw. 100000 Pa = 0,1 MPa
Umgebungsdruck auf Meereshöhe (Luftdruck)	p_{amb}	p_{amb} = 0,1 MPa
absoluter Druck	$p_{abs} = p_{amb} + p_e$	z. B.: p_e = 6 bar p_{abs} = 1 bar + 6 bar = 7 bar
effektiver Druck	$p_e = p_{abs} - p_{amb}$	die obere Gleichung entsprechend umgeformt
Energie zum Verdichten	$W = F_{Hand} \cdot s_{Hub}$ Hinweis: In der Technik wird der Aufwand an Energie, um einen anderen energetischen Zustand zu erreichen, begrifflich noch als Arbeit bezeichnet und somit wird noch das Formelzeichen W (work) verwendet. Dies entspricht aber nicht den modernen Vorstellungen in der Physik.	1 J (Joule)
mittlere Kolbengeschwindigkeit für einen Hub	$v_{Kolben} = \dfrac{s_{Hub}}{t}$	1 m/s

10.2 Physikalische Grundlagen und Berechnungen zu pneumatischen Anlagen

Physikalische Größe	Formel	Einheit
Leistung zum Verdichten	$P = \dfrac{E}{t} = F_{\text{Hand}} \cdot \dfrac{s_{\text{Hub}}}{t} \Rightarrow P = F_{\text{Hand}} \cdot v$ $P = p \cdot \dot{V}$ Leistung, um einen verdichteten Volumenstrom zu „erzeugen"	1 W = 1 J/s
Fördervolumen	$\Delta V = \dfrac{(p_1 + p_e)}{p_1} \cdot A \cdot s$	1 m³ bzw. 1000 l (Liter)
Volumenstrom	$Q = \dfrac{(p_1 + p_e)}{p_1} \cdot A \cdot s \cdot n$ Hinweis: Formel gilt für einfach wirkenden Zylinder; doppelter Wert für doppeltwirkenden Zylinder	1 m³/s entsprechen 60 m³/min bzw. 60 000 l/min

Tab.: Formeln und Größen zum Kompressor

Beispiel

Berechnung von Druckluftbedarf, Volumenstrom und Leistung in einer pneumatischen Steuerung

Es soll für die Druckluftversorgung einer Steuerung ein geeigneter Kompressor ausgewählt werden. In der Anlage werden 30 doppeltwirkende Druckluftzylinder, jeweils mit einem Durchmesser von 40 mm eingesetzt. Der Hubweg beträgt 50 mm und der Betriebsdruck 1 MPa ≙ 10 bar.

Im Durchschnitt bewegen sich die Kolben um 50 mm in 1/10 s und es ist vom ungünstigen Fall auszugehen, dass sich alle Kolbenstangen in einer Sekunde einmal bewegen.

Die Berechnung des Luftbedarfs und der Leistung ist als überschlägig (vereinfacht), zu betrachten.

Luftbedarf: Fördervolumen pro Zylinder:

$$V = \dfrac{0{,}1 \text{ MPa} + 1 \text{ MPa}}{0{,}1 \text{ MPa}} \cdot \pi \cdot \dfrac{0{,}04^2 \text{ m}^2}{4} \cdot 0{,}05 \text{ m}$$

$V_{\text{Zyl}} = 0{,}00069$ m³ also in Litern: 0,691 l

für 30 doppeltwirkende Zylinder folgt:
$V = 2 \cdot 30 \cdot 0{,}00069$ m³ $= 0{,}0415$ m³ entspricht 41,5 l

Der Luftbedarf beträgt für 30 doppeltwirkende Druckluftzylinder $V = 41{,}5$ l.

Volumenstrom im Betrieb (Berücksichtigung der Kolbengeschwindigkeit und Anzahl an Hüben pro Zeit)

Volumenstrom für 30 doppeltwirkende Zylinder:

$$Q = 2 \cdot 30 \cdot \dfrac{p_{\text{amb}} + p_e}{p_{\text{amb}}} \cdot A \cdot s \cdot n \cdot p_e$$

Für den Hubweg *s* und die Drehzahl *n* wird hier die mittlere Kolbengeschwindigkeit *v* eingesetzt:

$$Q = 2 \cdot 30 \cdot \dfrac{p_{\text{amb}} + p_e}{p_{\text{amb}}} \cdot A \cdot v \Rightarrow Q = 0{,}0415 \text{ m}^3 \cdot 2 \cdot 0{,}05 \text{ m} \cdot 10 \text{ s}^{-1} = 0{,}0415 \text{ m}^3 \cdot \text{s}^{-1}$$

entspricht 2490 l/min

Bei der gegebenen Geschwindigkeit der Kolben ergibt sich ein Volumenstrom von 2484 l/min.

> **Beispiel (Fortsetzung)**
>
> Berechnung der benötigten Leistung
>
> $$\text{Kompressorleistung:} \quad P = Q \cdot p_e$$
>
> $$P = 00{,}0414 \text{ m}^3 \cdot \text{s}^{-1} \cdot 10 \text{ MPa} \Rightarrow P = 0{,}0414 \text{ m}^3 \cdot \text{s}^{-1} \cdot 1 \text{ MPa} \Rightarrow P = 41{,}4 \text{ kW}$$
>
> Die benötigte Leistung, um den Volumenstrom mit dem gegebenen Druck zu gewährleisten, beträgt etwa 41,4 kW. Dabei wurden Verluste durch Reibung und Wärme nicht berücksichtigt.

10.3 Bauelemente einer pneumatischen Steuerung

10.3.1 Aktoren der Pneumatik

Zu den Aktoren einer Steuerung gehören z. B. Druckluftzylinder. Diese bestehen aus einem Zylinder, in dem ein Kolben mithilfe der Druckluft bewegt wird. Der Durchmesser des Kolbens bestimmt die Kraft, die die Kolbenstange übertragen kann.

Doppeltwirkender Druckluftzylinder im Schnitt und als Symbol

Die doppeltwirkenden Druckluftzylinder besitzen zwei Druckluftanschlüsse, um den Kolben im Zylinder in die zwei Endlagen bewegen zu können.

Es gibt auch einfachwirkende Druckluftzylinder. Diese werden z. B. an einer Förderkette verwendet, um Bauteile zu stoppen. Sobald das Bauteil weiter transportiert werden soll, werden sie kurz eingefahren.

Funktionsweise doppeltwirkender Druckluftzylinder

Das anschließende Ausfahren geschieht mithilfe einer Feder. Vorteil in dem beschriebenen Beispiel ist, dass bei Ausfall der Versorgung mit Druckluft, keine Bauteile mehr befördert werden und es zu keinen Staus oder sogar zu Schäden kommen kann.

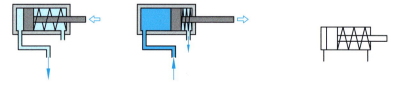

Funktionsweise und Symbol eines einfachwirkenden Druckluftzylinders

Beispiele zur Anwendung von Druckluftzylindern:

- Bearbeiten von Werkstücken
- Spannen von Werkstücken
- Steuern von Transportwegen

Weitere pneumatische Aktoren: Druckluftbohrer und -schrauber

Beispiel
Berechnung der Kraft einer Kolbenstange

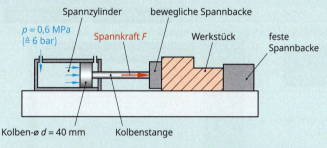

Spannvorrichtung als Beispiel zur Berechnung der Kolbenkraft

Gesucht: Spannkraft bzw. Kraft an der Kolbenstange

$$p = \frac{F}{A} \Rightarrow F = A \cdot p$$

Berechnung der Kolbenfläche:

$A = \pi \cdot \frac{40^2 \text{ mm}^2}{4} \Rightarrow A = 1256{,}6 \text{ mm}^2$

$\Rightarrow A = 0{,}001257 \text{ mm}^2$

$\Rightarrow F = 0{,}001257 \text{ m}^2 \cdot 0{,}6 \text{ MPa}$

$\Rightarrow F = 0{,}001257 \text{ m}^2 \cdot 60\,000 \, \frac{\text{N}}{\text{m}^2}$

$\Rightarrow F \approx 754 \text{ N}$

10.3.2 Ventile

Ventile werden durch mechanische, pneumatische und elektrische Signale betätigt. Je nach Art des Ventils werden die Signale unterschiedlich verarbeitet. So wird mithilfe von Druckventilen der Druck der Luft auf eingestellte Werte begrenzt, um die Anlage zu schützen oder um weitere Ventile zu betätigen (siehe folgende Abbildung). Wegeventile verarbeiten die eingegebenen Signale (Eingabe) und steuern (Verarbeitung) die Luft schließlich zum Aktor (Ausgabe). Dieses Prinzip wird kurz EVA genannt.

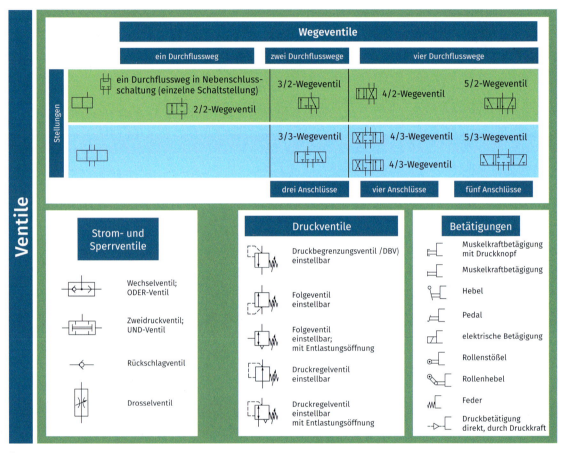

Übersicht zu Ventilen (Auswahl)

Beispiele für Ventile und, Bezeichnungen und Symbole

Als Beispiel für die „Nummerierung" eines Impulsventils wird hier ein 5/3-Wegeventil (WV) beschrieben, das pneumatisch angesteuert wird.

Die erste Zahl steht für die Anzahl an Ein- und Ausgängen und die zweite für die Anzahl an möglichen Positionen. Die Nummerierung der Ein- und Ausgänge erfolgt wie folgt:

1: Druckeingang
2 und 4: Ausgänge zum nächsten Bauteil, hier die Versorgung des Zylinders mit Druckluft
3 und 5: Ausgänge für die Abluft, die beim Ein- oder Ausfahren eines Zylinders, hinaus gedrückt wird
12: Anschluss für Steuerluft zur Bewegung in die Grundstellung
14: Anschluss für Steuerluft zur Bewegung in die betätigte Stellung

10.3 Bauelemente einer pneumatischen Steuerung

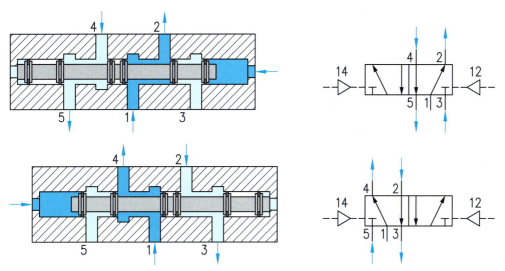

5/3-Wegeventil: schematische Darstellung zweier Schaltstellungen und Symbol

Ein einfaches Wegeventil, das zum Feststellen von Positionen verwendet wird, ist ein pneumatischer Rollenschalter: Es handelt sich um ein mechanisch betätigtes Wegeventil, das zwei Stellungen einnehmen kann, drei Anschlüsse für Ein- und Ausgänge besitzt und durch eine Feder in die Ausgangslage zurückbewegt wird, kurz: 3/2-WV, mechanisch betätigt und federrückgestellt.

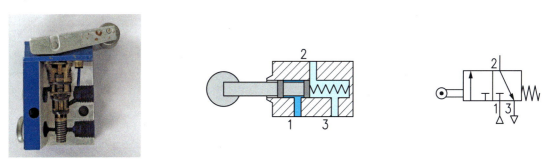

Pneumatischer Rollenschalter: Foto, Schnittdarstellung und Symbol

Ein wichtiges Strom- bzw. Sperrventil ist das Zweidruckventil.

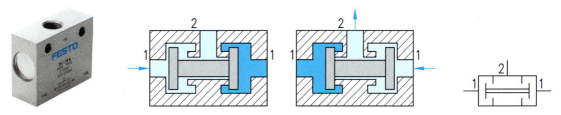

Zweidruckventil: Foto, schematische Darstellung zweier Schaltstellungen (Durchfluss) und Symbol

Das Zweidruckventil wird eingesetzt, wenn zwei Signale zusammen eine Aktion auslösen sollen. Die Lage des Kolbens (grau) ist dabei nicht relevant. Ist der Druck auf der rechten Seite größer, wird der Kolben nach links gedrückt und dichtet die rechte Seite ab (dunkelblau gefärbt). Die Druckluft kann aber auf der linken Seite durchströmen und ein Signal weitergeben. Ist der Druck links größer, fließt auf der rechten Seite die Luft durch die Kanäle zum Ausgang. Kommt nur von einer Seite Druckluft, wird keine Luft durch das Ventil strömen, da auf der anderen Seite keine Druckluft anliegt. Das Ventil sperrt den Durchfluss.

Aufgrund dieser Funktionsweise wird das Zweidruckwegeventil für die UND-Verknüpfung genutzt.

Mit einem Zweidruckwegeventil werden zwei zusammen auftretende Eingangssignale verarbeitet. Wenn z. B. zwei Tastschalter zusammen (gleichzeitig) betätigt werden, wird ein Signal ausgegeben.

Die ODER-Verknüpfung wird mit einem Wechselventil erreicht. Hier wird z. B. eine Kugel genutzt, um nur ein Eingangssignal zweier Eingänge zu verarbeiten. Entweder bewirkt die Druckluft auf der linken Seite eine Weiterleitung oder umgekehrt auf der rechten Seite. Der Zugang für die Druckluft an einem Ventil, wird mit „1" nummeriert. Der Ausgang zum nächsten Bauteil mit „2".

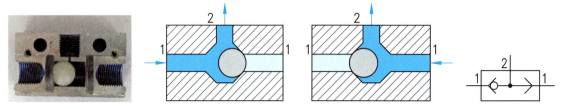

Wechselventil: Foto, schematische Darstellung zweier Schaltstellungen (Durchfluss) und Symbol

Die nächste Ebene im Schaltplan steuert die „Arbeitsluft" der Aktoren, z. B. Druckluftzylinder. Dies wird z. B. durch ein oben beschriebenes 5/2-WV ermöglicht. Es kann auf verschiedene Art angesteuert (betätigt) werden. Pneumatische Betätigung: Die Bewegung erfolgt hier durch die Druckluft (Steuerluft), die aus den voraus eingebauten Ventilen kommt. Neben dieser pneumatischen Ansteuerung kann diese außerdem über eine stromdurchflossene Spule elektromagnetisch erfolgen. Die mechanische Ansteuerung eines Ventils, kann auch per Hand oder Fuß erfolgen (Symbole siehe Tabellenbuch).

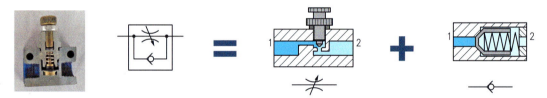

Foto, schematische Darstellungen und Symbole zur pneumatischen Baugruppe Drosselrückschlagventil

Der Widerstand der Drossel ist regulierbar und somit auch die Kolbengeschwindigkeit. Das Rückschlagventil verschließt mithilfe einer Kugel oder eines Kolbens in eine Richtung die Leitung. Der Sperrkörper wird mittels einer Feder in Position gehalten. Wird das Ventil von der anderen Seite mit dem Druck der Luft belastet, wird der Sperrkörper gegen die schwache Feder gedrückt und die Luft kann praktisch ungehindert durchfließen. Beim Einbau ist ein wichtiger Punkt zu beachten. Es gibt zur Drosselung der Kolbengeschwindigkeit zwei Möglichkeiten. Entweder wird die in den Zylinder einströmende Luft (Zuluft) oder ausströmende Luft (Abluft) gedrosselt.

Wird die Zuluftseite gewählt, kommt es zu einer unregelmäßigen „stotternden" Kolbenbewegung. Dies liegt an der wechselnden Reibung zwischen Zylinderinnenwand und Kolben. Der Kolben muss nicht gegen einen Widerstand auf der Abluftseite arbeiten, daher kann es zum kurzem Stoppen des Kolbens kommen (Haftreibung). Wird diese überwunden, kommt es zur Gleitreibung. Letztere ist kleiner als die Haftreibung.

Es kommt zu einer kurzen schnellen Bewegung, bis der antreibende Druck der Zuluft zu gering ist. Der Kolben stoppt wieder (Stick-Slip-Bewegung).

Daher muss der Kolben über die Abluft gedrosselt werden. Zuluft und somit auch der Kolben arbeiten permanent gegen den Widerstand der Drossel. Die Bewegung ist gleichmäßig.

10.3 Bauelemente einer pneumatischen Steuerung

Pneumatische Bauteile bekommen im Rahmen einer Schaltung einen „Namen". Diese Namen tauchen in Beschreibungen, Schaltplänen, Bauteillisten und Ablaufdarstellungen auf und sind somit für eine eindeutige Kommunikation unentbehrlich. Die Namen bzw. Bezeichnungen sind mithilfe von Klassen und Symbolen genormt.

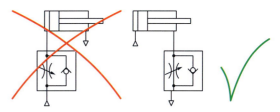

Zuluft- und Abluftdrosselung eines doppeltwirkenden Druckluftzylinders

Haupt-klasse (Auswahl)	Bedeutung	Beispiele (Auswahl) für Unterklassen mit Bedeutung	Beispiele	Symbol
A	frei wählbar, z. B. AZ1 für Wartungseinheit	Z: kombinierte Aufgaben	Wartungseinheit	1AZ1
B	Eingangssignal wird zur Weiterverarbeitung umgewandelt	G: Eingang: Abstand, Stellung, Lage P: Eingang: Druck, Vakuum S: Eingang: Geschwindigkeit	−1BG1: Endlage eines Zylinders, 3/2 WV rollenbetätigt, federrückgestellt	1BG1
K	Verarbeitung von Signalen und Informationen	H: Weiterverarbeitung pneumatischer oder hydraulischer Signale K: Verknüpfung verschiedener Signale	−1KH1: Zweidruckventil (UND-Funktion)	1KH1
M	Bereitstellung mechanischer Energie	M: Druckluft- und Hydraulikzylinder	−1MM1: doppeltwirkender Zylinder	1MM1
Q	Schalten von Energie-, Signal- oder Materialfluss	M: Schalten eines Druckluft- oder Hydraulikstroms	−1QM1: 5/2WV pneumatisch betätigt zur Verarbeitung der Eingangssignale 1SJ1 und 1BG1	1QM1
R	Begrenzen von Energie-, Signal- oder Materialfluss	Drosselrückschlagventil	−1RN1	

Tab.: Ausgewählte Bauteile für pneumatische Steuerungen mit Kennzeichnung nach DIN EN IEC 81346-2

Neben den Klassen gehört zum Typ und zur Art eines Bauteils eine eindeutige Zuordnung innerhalb einer Steuerung mithilfe einer Nummerierung, die in den genannten Unterlagen (Schaltplänen, Listen etc.) auftauchen. Die Zahl des Schaltkreises bzw. der Anlage ist die erste Ziffer in der Bauteilbezeichnung.

Es folgt eine Buchstabenkombination, die Funktion und Aufbau des Bauteils beschreibt. Am Ende der Bezeichnung folgt die Nummerierung nach der Anzahl der Bauteile.

Ventilkennzeichnung

10.4 Beschreibung und Darstellung pneumatischer Schaltungen

10.4.1 Direkte und indirekte Steuerung

Zur Veranschaulichung von Steuerungen und deren Darstellung mithilfe von Symbolen und Plänen sind zwei einfache Schaltungen dargestellt, die im Folgenden beschrieben werden.

In beiden Schaltungen soll ein Zylinder ausgefahren und wieder eingefahren werden. In der linken Schaltung muss der Schalter −1SJ1 gedrückt und verriegelt werden, damit die Kolbenstange des Zylinders ausfährt. Die einfachere Formulierung ohne Erwähnung der Kolbenstange, ist die übliche Art der Beschreibung. Der Zylinder bekommt über den Ausgang 4 des Ventils Druckluft. Er wird über das Ventil −1SJ1 direkt mit Druckluft versorgt. Daher spricht man von einer direkten Steuerung. Soll er wieder einfahren, muss der Schalter wieder entriegelt werden. Da das 5/3-Wegeventil (WV) federrückgestellt ausgelegt ist, bewegt sich das Ventil nach dem Entriegeln wieder in die Ausgangsstellung zurück und der Zylinder bekommt über den Ausgang 2 des Ventils direkt Druckluft.

In der rechten Schaltung wird der Zylinder indirekt angesteuert. Zwischen der Eingabe des Startsignals über den Taster −1SJ1 und dem Zylinder ist ein weiteres Ventil, −1KH1, vorgesehen. Dieses wird über den Taster, Eingang 12, mit Steuerluft am Eingang (gestrichelte Linie) in die zweite Ventilstellung bewegt. Erst dieses 5/3-WV lässt über den Ausgang 4 Druckluft (Arbeitsluft) zum Zylinder kommen. Der Vorteil der indirekten Schaltung ist, dass die Arbeitsluft einen höheren Druck besitzen kann. Das steuernde Ventil, −1KH1, erfährt eine geringere Belastung. Der zweite Unterschied zur linken Schaltung ist das selbsttätige Einfahren des Zylinders. Nachdem der Zylinder seine Endlage erreicht und damit den Rollentaster −1BG1 betätigt hat, fährt der Zylinder wieder ein. Dieses sorgt über den Eingang 14, dass sich das Ventil −1BG1 wieder in die Grundstellung zurückbewegt.

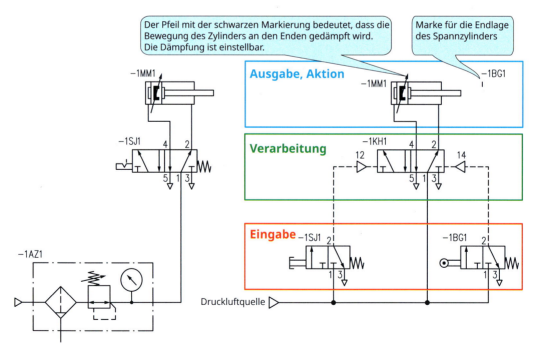

Direkte und indirekte Steuerung eines Druckluftzylinders

10.4.2 Anforderung an die Steuerung einer Bohrvorrichtung

Als Einführung in die Steuerungstechnik werden die verschiedenen Darstellungsformen der Bewegungsabläufe und Schaltzustände am Beispiel einer pneumatischen Bohrvorrichtung mit zwei Zylindern vorgestellt. Ziel der Bohrvorrichtung ist es, ein Werkstück zu spannen und zu bohren. Das Werkstück soll für das Bohren eingespannt werden. Der Spannvorgang soll mit zwei Starttastern gestartet werden, um eine Gefährdung der Hände durch Einquetschen zu vermeiden.

10.4.3 Technologieschema, pneumatische Schaltpläne und GRAFCET

Um die Beschreibung eines steuerungstechnischen Systems zu vereinfachen, wird statt eines originalen Bilds bzw. Fotos eine schematische Darstellung verwendet. Diese wird Technologieschema genannt. Darin werden die wesentlichen Komponenten abgebildet und beschriftet. In den nachfolgenden Beschreibungen werden die Beschriftungen und die normgerechten Kennzeichnungen verwendet, um den Einstieg in die fachgerechte Sprache zu ermöglichen.

Beschreibung der Vorgänge in Kurzform:

- Starttaster –SJ1 und –SJ2 werden zusammen kurz gedrückt (UND-Bedingung)
- Spannzylinder –MM1 fährt aus
- Endlagenschalter –BG2 gibt ein Signal ab
- Das Signal löst das Ausfahren des Bohrzylinders –MM2 aus
- –BG4 zeigt das Ende des Bohrvorgangs an
- Zylinder –MM2 soll wieder einfahren, dazu müssen Endlagenschalter –BG3 und Pedal –SJ3 ein Signal abgeben (UND-Bedingung)
- Endlagenschalter –BG1 gibt ein Signal ab, wenn der Zylinder wieder eingefahren ist.

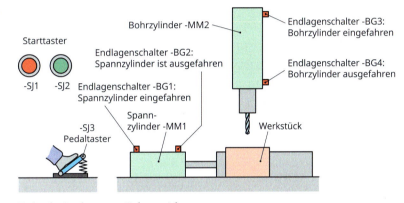

Technologieschema zur Bohrvorrichtung

Zuordnungsliste für die Gesamtanlage

Steuer-kreis	Aufgabe und Funktion	Bezeichnung bzw. Name	Ventilart
1	Endlagenschalter „Spannzylinder ist eingefahren"	–BG1	3/2 WV rollenbetätigt, federrückgestellt
1	Endlagenschalter „Spannzylinder ausgefahren und WS eingespannt"	–BG2	3/2 WV rollenbetätigt, federrückgestellt
1	Starttaster 1	–SJ1	3/2 WV handbetätigt, federrückgestellt
1	Starttaster 2	–SJ2	3/2 WV handbetätigt, federrückgestellt
1	Pedalschalter „Spannzylinder einfahren"	–SJ3	3/2 WV fußbetätigt, federrückgestellt
1	beide Taster sind betätigt	–KH1	Zweidruckventil
1	Stellglied für den Spannzylinder -MM1	–QM1	5/2 WV pneumatisch betätigt
1	Spannzylinder	–MM1	doppeltwirkender Druckluftzylinder
2	Endlagenschalter „Bohrzylinder eingefahren"	–BG3	3/2 WV rollenbetätigt, federrückgestellt
2	Bohrzylinder ausgefahren, WS fertig gebohrt	–BG4	3/2 WV rollenbetätigt, federrückgestellt
2	Verbindung zwischen den Steuerkreisen	–QM2	5/2WV pneumatisch betätigt

Steuer-kreis	Aufgabe und Funktion	Bezeichnung bzw. Name	Ventilart
2	Stellventil Arbeitsluft für den Bohrzylinder –MM2	–QM3	5/2 WV pneumatisch betätigt
2	Bohrzylinder	–MM2	doppeltwirkender Druckluftzylinder

Tab.: Zuordnungsliste zur Gesamtsteuerung der Bohrvorrichtung

10.4.4 GRAFCET-Plan nach DIN EN 60848 und pneumatischer Schaltplan zum Spannen und Bohren des Werkstücks

Um eine international gültige „Sprache" bzw. Darstellung von steuerungstechnischen Abläufen zu gewährleisten, wurde GRAFCET entwickelt und eine entsprechende Norm eingeführt. Die Bezeichnung GRAFCET ergibt sich aus der französischen Beschreibung: „**GRA**phe **F**ontionnel de **C**ommande **E**tapes **T**ransitions. Ins Deutsche übersetzt in etwa: „Darstellung einer schrittweisen Steuerung mit Weiterschaltbedingungen". Der Vorteil dieser einheitlichen Darstellung ist, dass der Ablauf vor der technischen Umsetzung dargestellt wird. Es kann somit die Steuerung pneumatisch, elektropneumatisch oder elektrisch realisiert werden.

Es sollen nacheinander schrittweise Aktionen erfolgen. Diese werden erst ausgelöst, wenn eine Bedingung erfüllt ist. Diese wird als Transitionsbedingung bezeichnet. Es ist auch möglich, parallel ablaufende Prozesse, die von einem gemeinsamen Punkt aus beginnen und an einem späteren Punkt wieder zusammenlaufen, abzubilden. Dies soll an dieser Stelle nicht weiterverfolgt werden.

Die Darstellung des Ablaufs beginnt mit einem Initialschritt. Dieser ist mit einem Doppelkasten kenntlich gemacht. Die Bedingung für den Grundzustand ist durch die letzte Transitionsbedingung gegeben. In diesem Fall: Der Endlagenschalter BG1 gibt ein Signal, da der Spannzylinder eingefahren ist.

Der Prozess soll weiter automatisiert werden. Dies erfordert eine veränderte Steuerung. Dabei kann das fußbetätigte 3/2 WV eingespart werden. Um die Steuerung zu starten bzw. das Werkstück zu spannen, muss die rot umrandete Transitionsbedingung erfüllt sein: Taster –SJ1 und Taster –SJ2 werden zusammen betätigt.

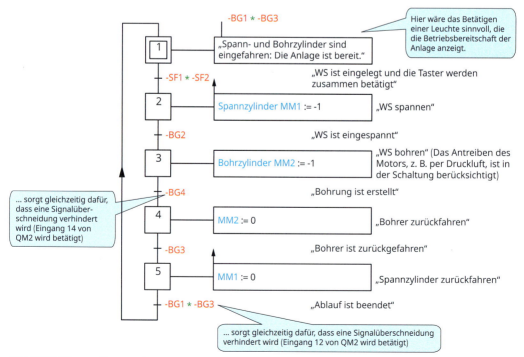

GRAFCET-Plan zur Gesamtanlage

10.4 Beschreibung und Darstellung pneumatischer Schaltungen

Da zwei Bedingungen gleichzeitig gegeben sein müssen, handelt es sich um eine **UND**-Verknüpfung. In der GRAFCET-Sprache wird dies durch das Symbol „*" sichtbar gemacht.

Wäre nur eine der Bedingungen nötig, um die Steuerung zu starten, wird dies als **ODER**-Verknüpfung bezeichnet. Diese wiederum wird in der GRAFCET-Darstellung durch das Symbol „+" kenntlich gemacht.

Das Ergebnis der Verknüpfung ist eine Aktion: Der Spannzylinder **–MM1** fährt aus. Dies wird durch „:=1" beschrieben. Dem Zylinder wird der Wert „1" zugewiesen, er soll ausfahren.

Ist der Zylinder ausgefahren, wird der Endlagenschalter **–BG2** betätigt. Dies ist eine Bedingung für den Schritt zur nächsten Aktion: dem Ausfahren des Bohrzylinders **– MM2**.

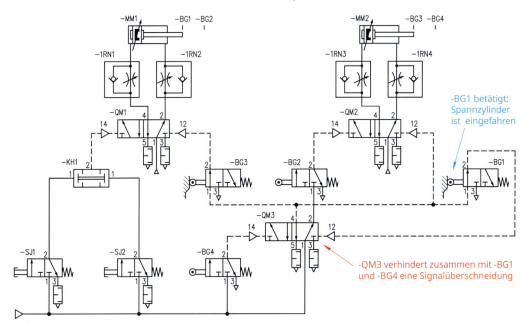

Pneumatischer Schaltplan zur Gesamtanlage

Ablaufbeschreibung der Steuerung

- Beide Kolbenstangen sind eingefahren, die Steuerung befindet sich in Grundstellung: –BG1 und –BG3 sind betätigt.
- Durch –BG1 ist –QM3 in der 12-Stellung und sorgt somit für eine „Entlüftung" von –BG3, damit wird eine sogenannte „Signalüberschneidung" verhindert (siehe nächste Seite).
- Der Prozess wird durch Betätigen der Taster –SJ1 und –SJ2 gestartet (–SJ1 und –SJ2 schalten –QM1 in die Stellung 14).
- Spannzylinder –MM1 fährt, durch –RN2 gedrosselt, aus und spannt das Werkstück ein.
- Endlagenschalter –BG2 wird betätigt und –BG1 ist nicht mehr betätigt.
- Über das Wegeventil –QM3 kommt Druckluft zum Anschluss 14 des Wegeventils –QM2. Dieses geht in seine zweite Stellung (14) und versorgt den Zylinder –MM2 mit Arbeitsluft.
- Der Zylinder für den Vorschub des Bohrers fährt, durch –RN4 gedrosselt, aus (der Antrieb des Bohrers selbst, wird hier nicht betrachtet).
- Der Endlagenschalter –BG3 ist nicht mehr betätigt, dieser sorgt später dafür, dass der Spannzylinder wieder einfahren kann.
- Der Bohrzylinder ist ausgefahren (Bohren ist beendet) und Endlagenschalter –BG4 wird betätigt.

- Jetzt kommt Steuerluft zum Anschluss 14 von –QM3, dieses bewegt sich dadurch in die zweite Stellung, sodass keine Steuerluft über –BG2 zum 14-Anschluss von –QM2 kommen kann.
- Durch die Verknüpfung der Steuerleitung oberhalb von –QM3, bekommt der 12-Anschluss von –QM2 Steuerluft und dieses Ventil wird in die Grundstellung bewegt. Der Bohrzylinder –MM2 fährt wieder ein.
- –BG3 wird betätigt, wenn der Zylinder eingefahren ist.
- –BG3 bewegt das Ventil –QM1 in die Grundstellung.
- Der Spannzylinder –MM1 fährt wieder ein.
- Beim Erreichen der Grundstellung wird BG1 betätigt und dadurch bewegt sich –QM3 in die Grundstellung und entlüftet so –BG2.

Die vorgestellte Steuerung ist hinsichtlich des Fertigungsvorgangs optimierbar. So kann der Bohrzylinder nur mit einer Geschwindigkeit ausfahren. Dies würde bedeuten, dass die maximale Geschwindigkeit des Bohrzylinders der Vorschubgeschwindigkeit beim Bohren entspräche und somit den Gesamtprozesszeit vergrößert.

Um einen Eilgang zu berücksichtigen, sind zwei Maßnahmen nötig. Zum einen muss die Geschwindigkeit des Zylinders bzw. Kolbens variierbar sein und zum anderen muss eine zusätzliche Position erfasst werden: Beginn und Ende der Vorschubgeschwindigkeit.

Für den ersten Punkt benötigt man einen zusätzlichen veränderbaren Widerstand für die strömende Luft (Drosselventil) und ein Rückschlagventil für den Eilgang. Beide Ventile zusammen bilden die Baugruppe Drosselrückschlagventil. Der zweite Punkt wird durch einen zusätzlichen Rollenschalter erreicht.

Signalüberschneidung

Ein Wegeventil, hier –QM1 aus der Schaltung auf der vorangegangenen Seite, darf nicht gleichzeitig von zwei Seiten Steuerluft bekommen. Der Schaltzustand wäre nicht eindeutig. Durch den betätigten Rollenschalter –BG3 wird der Zustand des Ventils „gehalten". Betätigt man die Taster –SJ1 und –SJ2, das Zweidruckventil –KH1, arbeitet die Steuerluft gegen diejenige der rechten Seite von –QM1 an. Der Zustand des Ventils ist nicht eindeutig durch ein Signal definiert. Um dies zu verhindern, gibt es mehrere Möglichkeiten. In der Schaltung zur Bohrvorrichtung wird ein zusätzliches 5/2-Wegeventil, –QM3, eingesetzt. Dieses wird durch die Endlagenschalter (–BG1 und –BG3) der Zylinder gesteuert. –BG1 sorgt für das „Entlüften" des Ventils –BG3 über –QM3 und das Ventil –BG4 stellt sicher, dass der Spannzylinder vorher noch wieder einfahren kann.

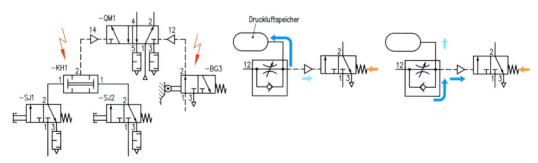

Signalüberschneidung und Zeitglied mit Verzögerung einer Signalweitergabe bzw. des Signalabfalls

In anderen Fällen von Steuerungen kann eine weitere Möglichkeit zur Verhinderung einer Signalüberschneidung der Einsatz von Zeitgliedern sein. Diese verzögern das Weiterleiten bzw. das Abfallen eines Signals.

In dem linken Zeitglied fließt über ein Drosselrückschlagventil die Luft in den Speicher, bis der Druck groß genug ist, um das 3/2-Wegeventil in die Durchflussstellung zu bewegen. Das Signal wird mit einer Verzögerung weitergegeben. Da in dem rechten Zeitglied der Rückschlag entgegengesetzt zum ersten Zeitglied wirkt, strömt die Luft gleich direkt zum 3/2-Wegeventil mit dem gesamten Druck und schaltet das Ventil. Nur ein kleiner Teil strömt in den Speicher. Bewegt sich nun ein Zylinder in eine andere Stellung und betätigt somit den Endlagenschalter nicht mehr, verhindert die gespeicherte Luft ein sofortiges Abfallen des Signals.

10.4.5 Elektropneumatischeatische Steuerung des Spannvorgangs

Der Einsatzbereich mechanischer Rollenschalter und Signalgeber ist begrenzt. So können z. B. keine verschiedenen Materialien erfasst werden. Hinzu kommt, dass der Platzbedarf gegenüber Signalgebern mit einem elektrischen Ausgangssignal größer ist. Diese sind unempfindlicher gegenüber äußeren Einflüssen, wie z. B. Staub. Mechanischen Verschleiß gibt es praktisch nicht. Neben Positionen von Kolben in einem Druckluftzylinder können andere Größen, z. B. Licht, Temperatur, magnetische und elektrische Felder, mithilfe physikalischer Prinzipien erfasst werden. Allgemein werden diese Art von Signalgeber Sensoren genannt.

Ein häufig eingesetzter Sensor zum Erfassen von Positionen und Endlagen, ist ein Reed-Kontakt bzw. -schalter. Am Kolben des Druckluftzylinders ist ein Magnet montiert. Bewegt sich der Kolben an einem Reed-Kontakt vorbei, ziehen sich zwei magnetische Drahtenden an und berühren sich. Der Reed-Kontakt in einem elektrischen Stromkreis wirkt wie ein Schalter. Es wird so ein elektrisches Signal weitergegeben, das verarbeitet werden kann. Die Verarbeitung erfolgt in einer elektropneumatischen Steuerung mit elektromagnetischen Schaltern (Relais bzw. Schütze) und Spulen an den Ventilen.

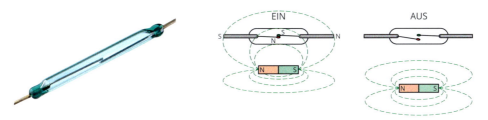

Einfacher Reed-Kontakt ohne elektrische Versorgung (links) und Darstellung des Funktionsprinzips (rechts)

Beschreibung eines Relais mit Schließer und Öffner

Relais bestehen aus einem Elektronmagnet (Spule), einem Anker und Kontakten, die als Schließer oder Öffner arbeiten. In einem Steuerkreis wird ein Relais typischerweise mit 24 V Gleichspannung versorgt. Das Relais kann mehrere Schließer und Öffner gleichzeitig schließen. Dies ist auf dem Foto gut zu erkennen. Damit lassen sich parallel verschiedene elektrische Stromkreise bzw. -pfade schließen bzw. öffnen. In der schematischen Darstellung ist die Funktion als Schließer dargestellt.

Relais

Wird das Relais, z. B. mithilfe eines Tasters, mit der Steuerspannung versorgt, zieht die Spule den Anker an, daher sagt man auch: „Das Relais –KF1 zieht an." In einem Pfad, der mittels dem Relais geschlossen oder geöffnet werden soll, taucht entsprechend das Symbol für einen Schließer bzw. Öffner mit Relaisbezeichnung auf.

Wird die Spule des Relais nicht mehr mit einer Spannung versorgt, sagt man: „Das Relais –KF1 fällt ab."
Die Steuerung wird mithilfe von Reed-Kontakten und Relais ermöglicht. Um dies zu veranschaulichen und ein Kommunikationsmittel zu haben, wird ein Stromlaufplan zum Spannvorgang verwendet (siehe nächste Seite). In diesem werden die in der Zuordnungsliste aufgeführten Bezeichnungen verwendet.

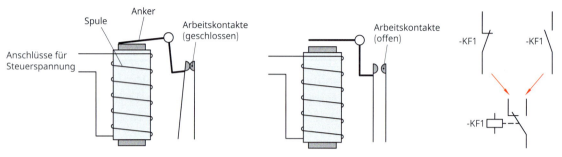

Relais: Aufbau und Symbol

Der Stromlaufplan auf der nächsten Seite zeigt verschiedene elektrische Stromkreise in Form von Pfaden. Die obere Querlinie stellt die Spannungsversorgung mit 24 Volt dar und die untere Linie (Pfadende) den Gegenpol mit 0 Volt. Jeder Pfad zeigt einen wichtigen Teil der Steuerung. So lässt sich die Logik der Steuerung übersichtlich darstellen und nachvollziehen.

Bezeichnung im Technologieschema	Bezeichnung bzw. Name	Bauteil
Endlagenschalter „Schutzgitter geschlossen Spannvorrichtung betriebsbereit"	–BG1	Reed-Kontakt
Endlagenschalter „Spannzylinder ausgefahren"	–BG2	Reed-Kontakt
Hauptschalter	–SF0	handbetätigter elektrischer Taster (Schließer)
Ausschalter	–SF1	handbetätigter elektrischer Taster (Öffner)
Starttaster 1	–SF2	handbetätigter elektrischer Taster (Schließer)
Starttaster 2	–SF3	handbetätigter elektrischer Taster (Schließer)
Taster zum Einfahren des Zylinders –MM1	–SF4	handbetätigter elektrischer Taster (Schließer)
Stellventil Arbeitsluft für den Spannzylinder	–QM1	5/2WV elektrisch betätigt
Versorgungsventil Pneumatik	–QM2	2/2WV elektrisch betätigt und federrückgestellt, Sperrruhestellung
Spannzylinder	–MM1	doppeltwirkender Druckluftzylinder
Relais zum Versetzen der Steuerung in den betriebsbereiten Zustand (Elektrik und Pneumatik MB3)	–KF1	Relais mit Schalter zum Schließen und Öffnen
Relais zum Schalten der Spule –MB1 (Ausfahren des Spannzylinders)	–KF2	Relais mit Schalter zum Schließen und Öffnen
Relais zum Schalten der Spule –MB2 (Einfahren des Spannzylinders)	–KF3	Relais mit Schalter zum Schließen und Öffnen
Wartungseinheit	–AZ1	Manometer, Druckregler, Filter, Kondensator, Öler

Tab.: Zuordnungsliste für die elektropneumatische Steuerung des Spannvorgangs

10.4 Beschreibung und Darstellung pneumatischer Schaltungen

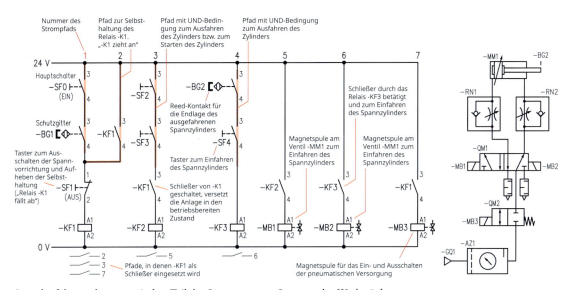

Stromlaufplan und pneumatischer Teil der Steuerung zum Spannen des Werkstücks

Ein Aspekt bei der Entwicklung des Stromlaufplans richtet sich nach der Anzahl der Spulen, die die Ventile betätigen sollen. Hier sind es zwei Wegeventile: das 5/2-WV –QM1, elektrisch von beiden Seiten aus betätigt, und das 2/2-WV –QM2, elektrisch einseitig betätigt, federrückgestellt und Sperrruhestellung.

Dementsprechend müssen drei Spulen mit entsprechenden Pfaden im Stromlaufplan auftauchen (Pfade 5, 6 und 7).
Die Spulen müssen durch Relais geschaltet werden (KF1-KF3). Diese wiederum werden in einzelnen Pfaden mithilfe von Tastern und Reed-Kontakten geschaltet.

In der reinen pneumatischen Steuerung wurde ein Zweidruckventil, auch UND-Ventil genannt, eingesetzt. Werden Schalter in Reihe geschaltet, entspricht dies der UND-Funktion. Da zum Auslösen des Spannvorgangs zwei Taster (–SF2 und –SF3) zusammengedrückt werden müssen, sind diese, jetzt elektrisch wirkend, in Reihe geschaltet (Pfad 3). Ähnliches gilt für das Einfahren des Zylinders: Ist der Zylinder ausgefahren, gibt BG2 ein Signal und erst wenn der in Reihe geschaltete Taster –SF4 betätigt wird, fährt der Zylinder wieder ein.

In den Pfaden 1 und 2 wird der Betriebszustand der Anlage mithilfe des Relais –KF1 gesteuert. Im ersten Pfad sind zwei Taster, –SF0 und –SF1, eingebaut. Der Pfad 1 dient zum einen zum Versetzen der Anlage in den eingeschalteten Betriebszustand. Zur Sicherheit bekommt die Anlage ein Schutzgitter. Erst wenn dieses geschlossen ist, wird ein Signal vom Reed-Kontakt –BG1 gegeben. Zusammen mit einer Betätigung von –SF0 bekommt –K1 Strom, um dieses anzuziehen. Mit der Betätigung von –SF1 (Öffner) lässt sich die Anlage in den Ruhezustand zurücksetzen. Dies gilt sowohl für elektrische Versorgung der Strompfade als auch für die pneumatische Versorgung der Ventile und des Zylinders.

Damit das Signal zum Einschalten gespeichert wird, ist eine Selbsthaltung nötig. Diese wird über den zweiten Pfad erzielt. Wird der Taster –SF0 gedrückt bekommt das Relais –K1 elektrischen Strom, „es zieht an". Im zweiten Pfad wird über den Schließer der Stromkreis „gehalten", denn der Stromkreis bzw. -pfad ist dann über den Knoten vor dem Öffner –SF1 geschlossen. Wird –SF1 gedrückt, „fällt das Relais ab" und die Anlage geht in den Ruhezustand. Das Relais –K1 steuert die Pfade 2, 3 und 7. Dies wird unterhalb des Stromlaufplans durch die Symbole für Schließer und Öffner zusammen mit den Pfadnummern angegeben.

Im dritten Pfad erfüllt –K1, durch das Betätigen eines Schließers, die erste Bedingung zum Anziehen des Relais –KF2. Durch ein gleichzeitiges Drücken von –SF2 und –SF3, wird der Spannvorgang gestartet. Die Ventilspule –MB1 bekommt durch das Relais –K2 Strom und das Ventil –QM1 wird betätigt. Der Spannzylinder –MM1 fährt aus. Hat –MM1 seine Endlage erreicht, gibt der Reed-Kontakt (–BG2) ein Signal. Wird nun der Taster –SF4 gedrückt, ist die UND-Bedingung erfüllt, die Spule –MB2 bekommt durch das Anziehen des Relais –K3 Strom und der Zylinder fährt wieder ein.

Das hier beschriebene Beispiel lässt sich noch um einige Funktionen optimieren. So lassen sich u.a. verschiedene Betriebszustände einrichten: Einzelschritt und Automatik. Ersteres bedeutet, dass der Anlagenführer beim Einrichten die Steuerung Schritt für Schritt testen kann, um bei Fehlverhalten noch den Prozess stoppen zu können.

Der Automatikzustand lässt den Gesamtprozess mit dem Drücken eines Tastschalters starten und durchlaufen.

Technisch ist der Prozess außerdem optimierbar, indem der Bohrer sich zunächst im Eilgang zum Werkstück bewegt und anschließend mithilfe eines weiteren Reed-Kontakts auf den Arbeitsvorschub gebremst wird. Nicht berücksichtigt wurde eine Antriebssteuerung des Bohrers, also der Beginn der Drehbewegung. Dies lässt sich mit dem Beginn der Vorschubbewegung kombinieren.

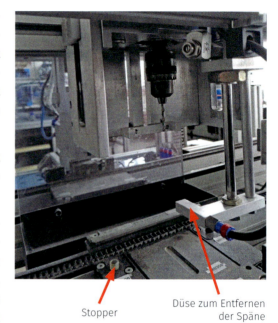

Bohrstation einer Fertigungsanlage

Weitere Möglichkeiten einer Optimierung lassen sich in der Abbildung zur Bohrstation erkennen:

- Druckluftdüse zum Entfernen der Späne
- Stopper an der Förderkette

10.5 Speicherprogrammierbare Steuerungen (SPS)

Programmierbare Steuerungen, kurz SPS, ermöglichen die Nutzung von Prozessoren zur Verarbeitung von elektrischen Signalen. Die Verarbeitung der Eingangssignale basiert auf einem erstellten Programm. Dieses wird mithilfe einer Programmiersprache zunächst auf einem Computer erstellt und anschließend in ein Automatisierungsgerät der SPS geladen. Das Automatisierungsgerät verfügt über Ein- und Ausgänge mit den zugehörigen Anschlüssen für die Signalübertragung. Beispielsweise kann ein Eingangssignal von einem Reed-Kontakt stammen, während ein Ausgangssignal den elektrischen Impuls an ein 5/2-Wegeventil sendet, das Luft zu Aktoren wie Druckluftzylindern leitet, um eine bestimmte Aktion auszuführen.

10.5 Speicherprogrammierbare Steuerungen (SPS)

Ein Hauptvorteil der SPS-Technologie ist ihre Anpassungsfähigkeit in Prozessen, wie etwa in der Fertigung. Um die Prozesssteuerung zu modifizieren, müssen Ventile nicht hinzugefügt oder entfernt und pneumatische Verbindungen (Schläuche) nicht verändert werden. Stattdessen kann durch eine Programmänderung die Steuerung angepasst werden.

Auf der Eingangsseite gehen die Signale der Schalter und Sensoren ein. Es werden ihnen Adressen zugeteilt und eine entsprechende Zuordnungsliste ist wieder zu erstellen. Auf der Ausgangsseite werden auch den ausgehenden Signalen Adressen zugewiesen. Diese Adressen sind Voraussetzung für eine Verarbeitung im Programm.

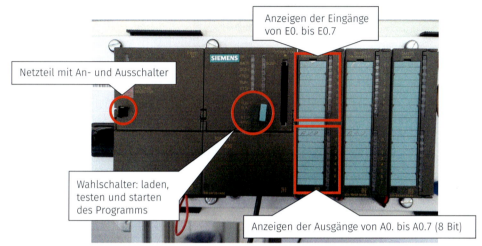

Automatisierungsgerät einer SPS mit Stromversorgung, CPU, Ein- und Ausgabegruppen

Die Ausgangssignale steuern die Spulen der Ventile an.
Die Anzahl der Ein- und Ausgänge steht für die Bit-Zahl.
Jeder Ein- und auch jeder Ausgang kann den Zustand „0" oder „1" bekommen. Diese nennt man binäre Zustände.

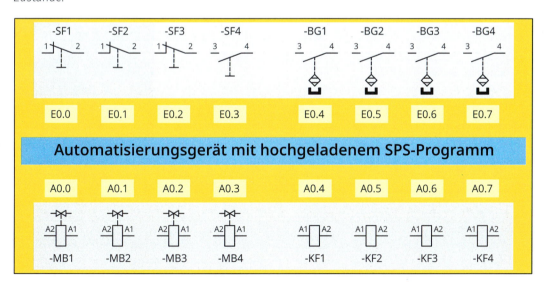

Schematische Darstellung eines Automatisierungsgeräts mit den Eingangs- und Ausgangsadressen

10.6 Einsatz digitaler Werkzeuge in der Steuerungstechnik

Der Einsatz digitaler Werkzeuge wie Augmented Reality (AR) und Virtual Reality (VR) werden im betrieblichen Alltag genutzt, um die Tätigkeiten zu erleichtern. So wird AR genutzt, um schnell einen Überblick zum Aufbau der Anlage zu bekommen. Mit digitalen Endgeräten (Digital Devices) wie Smartphone und Tablet wird die Anlage in das Blickfeld der Kamera gebracht. Das Gerät erkennt mithilfe einer Software (App) den Anlagentyp und ruft die anlagenspezifischen Daten (Bilder, Zeichnungen, Pläne etc.) entweder aus einem geräteinternen Speicher oder aus dem betriebsintern genutzten Netz auf.

Einsatz von AR im betrieblichen Alltag

Sofort können Aufbau und Zustand der Anlage mit den Daten verglichen werden. Außerdem lassen sich konkrete Anweisungen zu Tätigkeiten anzeigen.

10.7 Handlungssituation: Automatisierung einer Bohrstation

Sie bekommen als Team den Auftrag, die elektropneumatisch gesteuerte Bohrstation weiter zu automatisieren, um eine spätere Integration in eine Fertigungsanlage zu ermöglichen. Die Steuerung soll erkennen, ob ein Werkstück eingelegt ist. Der anschließende Spannvorgang soll selbsttätig beginnen.

Um die Unfallverhütung zu maximieren, sollen Lösungsideen verglichen und eine Idee letztendlich gewählt werden. Die Steuerung der Bohreinheit soll hinsichtlich seiner Vorschubbewegungen optimiert werden, sodass die Fertigungszeit minimiert wird.

10.7 Handlungssituation: Automatisierung einer Bohrstation

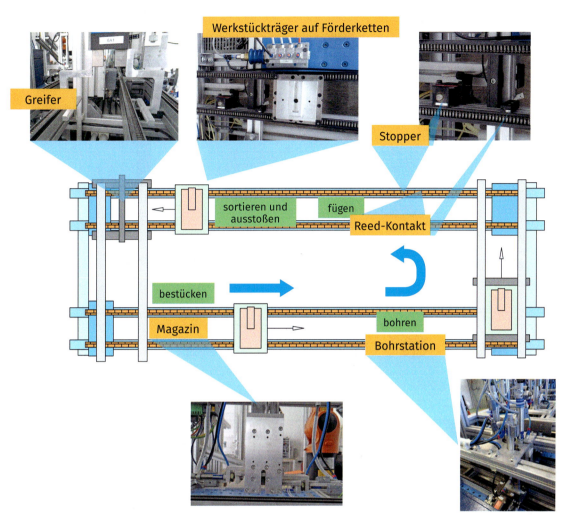

Draufsicht der Fertigungsanlage

ANALYSIEREN

Sie skizzieren ein Technologieschema zum Ist-Zustand und erstellen eine vorläufige Zuordnungstabelle. Sie beschreiben den Bohrprozess und die Übergänge zwischen den Fertigungsstationen vor und hinter der Bohrstation. Sie bewerten die vorliegende Steuerung hinsichtlich manueller Tätigkeiten, die automatisiert werden können. Es sollen Maßnahmen zur Sicherheit gegen mögliche Unfälle berücksichtigt werden.

Ist-Zustand: Das Werkstück ist auf einem Werkstückträger in einer Nut fixiert, sodass die Fertigung der Bohrung erleichtert wird. Der Werkstückträger wird innerhalb der Station mit Hilfe eines Spannzylinders in einer definierten Position gehalten. Die sich permanent bewegende Förderkette transportiert den Werkstückträger in die Station und wird durch einen Stopper aufgehalten. Durch das gleichzeitige manuelle Betätigen zweier Taster, wird das Spannen ausgelöst. Erreicht der Spannzylinder seinen Anschlag, folgt das automatische Betätigen des Vorschubzylinders. Mit dem Beginn der Vorschubbewegung fängt der Bohrer an sich zu drehen. Das Wiedereinfahren des Vorschubzylinders wird durch den maximalen Kolbenweg und einem Endlagenschalter ausgelöst. Ist der Vorschubzylinder wieder eingefahren, muss ein weiterer Taster zum Einfahren des Spannzylinders gedrückt werden. Erreicht der Spannzylinder seinen Ausgangszustand, fährt der Stopper ein und der Werkstückträger wird weiterbefördert.

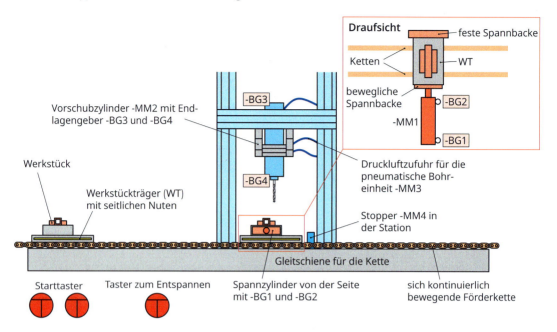

Erstes einfaches Technologieschema der bestehenden Anlage

Bauteilart	Kennzeichnung	Bemerkung
Taster	−SF1	Starttaster 1
Taster	−SF2	Starttaster 2
Taster	−SF3	Einfahren des Spannzylinders
Reed-Kontakt	−BG1	Spannzyl. eingefahren
Reed-Kontakt	−BG2	Spannzyl. ausgefahren
Reed-Kontakt	−BG3	Vorschubzylinder eingefahren
Reed-Kontakt	−BG4	Vorschubzylinder ausgefahren
Spule für doppeltwirkenden Zylinder	−MB1	Spannzylinder ausfahren
Spule für doppeltwirkenden Zylinder	−MB2	Vorschubzylinder ausfahren
Spule für doppeltwirkenden Zylinder	−MB3	Antrieb Bohrer
Spule für doppeltwirkenden Zylinder	−MB4	Vorschubzylinder einfahren
Spule für doppeltwirkenden Zylinder	−MB5	Spannzylinder einfahren
Spule für einfachwirkenden Zylinder	−MB6	Stopper in der Station
Doppeltwirkender Druckluftzylinder	−MM1	Spannzylinder
Doppeltwirkender Druckluftzylinder	−MM2	Vorschubzylinder
Druckluftbetriebende Bohreinheit	−MM3	Bohrer
Einfachwirkender Zylinder	−MM4	Stopper

Tab.: Zuordnungsliste zur Bohrstation

10.7 Handlungssituation: Automatisierung einer Bohrstation

INFORMIEREN

Sie informieren sich über Möglichkeiten, die manuell betätigten Bauteile durch zusammenwirkende Sensoren und Relais zu ersetzen. Sie vergleichen Ihren Auftrag mit ähnlichen Problemstellungen, die ggf. im Internet zu finden sind. Außerdem erkundigen Sie sich nach den Anforderungen an eine automatisierte Anlage zur Verhütung von Unfällen. Sie recherchieren nach Möglichkeiten zur Umsetzung von Sicherheitsmaßnahmen. Sie orientieren sich an entsprechenden Richtlinien und Normen.

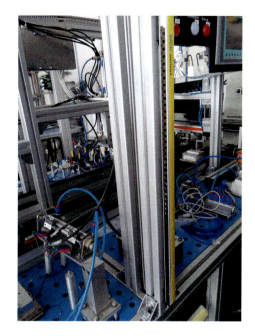

Ergebnisse:
- Zur Erkennung von Positionen wählen Sie Reed-Kontakte, da diese sowohl für die Endlagen der Zylinder als auch für die Positionsbestimmungen des Werkstückträgers geeignet sind. Letzterer wird dazu mit einem Magneten ausgestattet.
- Sie recherchieren im Internet nach Anbieter für pneumatisch betriebene einfachwirkende Stopper.
- Sie entscheiden sich als Sicherheitsmaßnahme für einen „Lichtvorhang". Dieser besteht aus Schienen mit Einweglichtschranken.

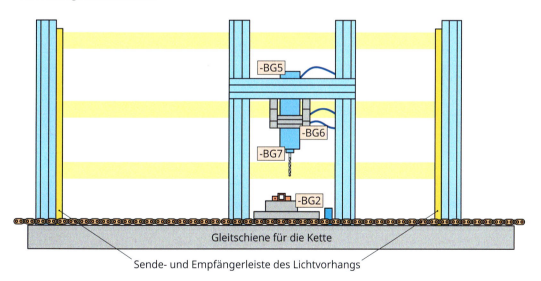

„Lichtvorhang" in der Anlage

PLANEN

Sie überlegen sich mithilfe der erstellten GRAFCET-Darstellung, wie eine Umsetzung möglich wäre.
Zur besseren Übersicht und zur Erleichterung der weiteren Arbeit erstellen Sie ein neues Technologieschema. Dabei berücksichtigen Sie neue Bauteile und deren Bezeichnungen.

Steuerungstechnik

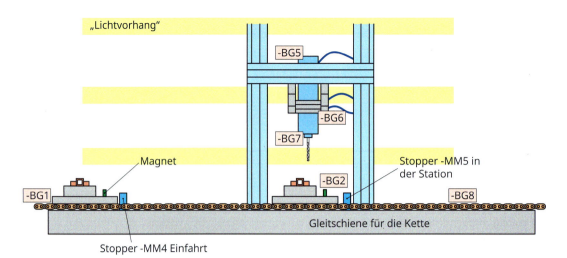

Neues Technologieschema mit neuen Sensorbezeichnungen

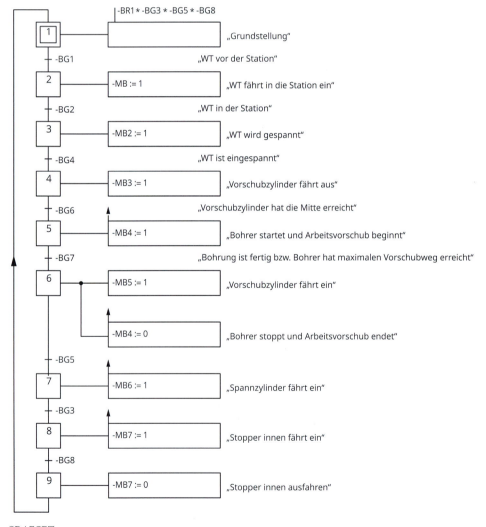

GRAFCET

10.7 Handlungssituation: Automatisierung einer Bohrstation

Es folgt das Erstellen einer neuen Zuordnungsliste. Danach soll ein neuer und normgerechter Stromlaufplan entwickelt werden. Während der Inbetriebnahme überprüfen Sie die Steuerung durch Beobachtung des Prozesses und suchen ggf. nach Ursachen von Störungen.

Bauteil	Kennzeichnung	Bemerkung
Lichtschranke	–BR1	Arbeitsraum gesichert
Reed-Kontakt	–BG1	WT vor der Station
Reed-Kontakt	–BG2	WT in der Station
Reed-Kontakt	–BG3	Spannzylinder eingefahren
Reed-Kontakt	–BG4	Spannzylinder ausgefahren
Reed-Kontakt	–BG5	Vorschubzylinder eingefahren
Reed-Kontakt	–BG6	Vorschubzylinder Mitte
Reed-Kontakt	–BG7	Vorschubzylinder ausgefahren
Reed-Kontakt	–BG8	Stopper innen ist ausgefahren
Spule für einfachwirkenden Zylinder	–MB1	Stopper vor der Station
Spule für doppeltwirkenden Zylinder	–MB2	Spannzylinder ausfahren
Spule für doppeltwirkenden Zylinder	–MB3	Vorschubzylinder ausfahren
Spule für doppeltwirkenden Zylinder	–MB4	Antrieb Bohrer und Arbeitsvorschub
Spule für doppeltwirkenden Zylinder	–MB5	Vorschubzylinder einfahren
Spule für doppeltwirkenden Zylinder	–MB6	Spannzylinder einfahren
Spule für einfachwirkenden Zylinder	–MB7	Stopper in der Station
5/2-WV elektr. betätigt	–QM1	Ansteuerung Vorschub
3/2-WV elektr. betätigt	–QM2	Antriebssteuerung Bohrer
3/2-WV elektr. betätigt	–QM3	Steuerung Stopper Einfahrt
3/2-WV elektr. betätigt	–QM4	Steuerung Stopper Station
3/2-WV elektr. betätigt	–QM5	Vorschub drosseln
Doppeltwirkender Druckluftzylinder	–MM1	Spannzylinder
Doppeltwirkender Druckluftzylinder	–MM2	Vorschubzylinder
Druckluftbetriebener Bohrer	–MM3	Bohrer
Einfachwirkender Druckluftzylinder	–MM4	Stopper Einfahrt
Einfachwirkender Druckluftzylinder	–MM5	Stopper in der Station

Tab: Neue Zuordnungsliste zur Bohrstation mit aktualisierten Sensorbezeichnungen

Steuerungstechnik

DURCHFÜHREN

Sie erstellen den Stromlaufplan:

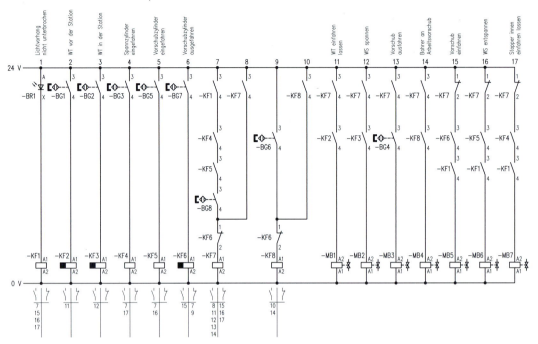

Stromlaufplan

Erläuterung des Stromlaufplans: Im ersten Pfad ist der „Lichtvorhang" vorgesehen. Dieser schaltet den Hilfsschütz –KF1. Wird der Vorhang unterbrochen, z.B. jemand greift in die Anlage, um den Werkstückträger zu entfernen, bekommt der Hilfsschütz keinen Strom mehr und die unten angegebenen Pfade werden nicht mehr elektrisch versorgt. Eine zentrale Bedeutung für die Steuerung hat der Pfad 7. Dieser dient dazu den Grundzustand der Anlage zu definieren und Signalüberschneidungen zu verhindern. Das Signal des Schütz –KF7 wird durch eine Selbsthaltung (Pfad 8) gespeichert und die ersten Aktionen (Pfade 11 bis 14) werden durch diesen Schütz angesteuert. Danach wird durch den Schütz –KF6 bzw. dem Endlagengeber –BG7 („Vorschubzylinder ist ausgefahren") die Selbsthaltung von –KF7 aufgehoben. Dadurch werden die nachfolgenden Schritte ausgelöst. Die Schütze –KF2, –KF3 und –KF6 sind rückfallverzögert vorgesehen. Die Verzögerungen der ersten zwei Schütze sorgen im Pfad 11 und 12 dafür, dass der Werkstückträger genügend Zeit bekommt, um in die Station einzufahren. Im Pfad 15 soll durch ein längeres Verbleiben am Ende des Vorschubweges der Bohrer kurz auf einer Stelle verbleiben, um die Späne zu brechen. Dadurch soll der Übergang in den Eilgang zurück nach oben, erleichtert werden.

Ist dieser Stand erreicht geht es zur Beschaffung der benötigten Bauteile. Sie lassen sich Angebote zusenden, entscheiden und bestellen die neuen Bauteile (siehe unten). Bei Anlieferung überprüfen Sie die Bestellung auf Zustand und Vollständigkeit.

10.7 Handlungssituation: Automatisierung einer Bohrstation

Hilfsschütz mit fünf Öffner und drei Schließer und Betätigung mit DC 24V, Magnetschalter (1 x Öffner und 1 x Schließer) und Stopper

Bevor Sie an die Anlage herangehen und Ihre Umbauarbeiten beginnen, stellen Sie sicher, dass die Druckluft aus allen Druckluftzylindern entwichen ist und die Druckluftzufuhr gesperrt ist. Außerdem ist die elektrische Versorgung zu unterbrechen und gegen Wiedereinschalten zu sichern. Sie legen die Bauteile, Werkzeuge, Schläuche und Kabel bereit. Die neuen Bauteile bekommen einen Aufkleber mit der Bauteilbezeichnung. Dies gilt ebenso für die neuen Leitungen. Nach Montage der Sensoren und dem Herstellen von pneumatischen und elektrischen Verbindungen, lassen Sie Ihre Arbeitsergebnisse durch ein Teammitglied überprüfen.

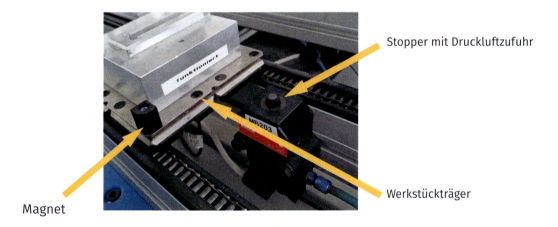

Details am Werkstückträger (WT) und an der Kette

AUSWERTEN

Bedienfeld mit gesicherter Tür

Sie stellen die Versorgung mit elektrischem Strom wieder her. Sie kontrollieren mithilfe der Zustandsleuchten an den Reed-Kontakten die Grundstellungen der Druckluftzylinder.

Sie schalten die Druckluftversorgung wieder ein und stellen den Betriebsdruck ein. Sie hören nach Zischlauten, um die Dichtigkeit der pneumatischen Verbindungen zu prüfen.

Sie prüfen zunächst die neuen Sicherheitseinrichtungen. Es folgt anschließend die Funktionsprüfung der veränderten Steuerung und korrigieren gegebenenfalls den Aufbau.

INSTANDHALTUNG

11

11 Instandhaltung

Berufliche Handlungssituation

Die Durchführung von Instandhaltungsarbeiten ist ein bedeutendes Tätigkeitsfeld in den industriellen Metallberufen. Instandhaltungsarbeiten werden z. B. an selbstgenutzten Werkzeugmaschinen und Arbeitsmitteln oder an Fertigungssystemen im Betrieb oder bei Kundinnen und Kunden durchgeführt. Dabei werden auch Sicherheitseinrichtungen überprüft sowie Fehler und Störungen analysiert und behoben.

Instandhaltungsmaßnahmen dienen dem Erhalt oder der Wiederherstellung eines funktionsfähigen Zustands eines technischen Systems. Dafür werden in Unternehmen im Durchschnitt jährlich 2 bis 6 Prozent der Anlagenwerte aufgewendet, in manchen Branchen noch deutlich mehr. Maßnahmen der Instandhaltung zählen zu den anspruchsvollsten und gefährlichsten Tätigkeiten in der Facharbeit und haben bedauerlicherweise eine hohe Unfallquote. Zur Reduzierung von Gefährdungen bei Instandhaltungsarbeiten sind weitreichende Fachkompetenzen, eine sorgfältige Planung und Organisation sowie ein umsichtiges Vorgehen erforderlich.

Berufliche Tätigkeiten	Industrie-mechaniker/-in	Werkzeug-mechaniker/-in	Zerspanungs-mechaniker/-in
Selbst eingesetzte Werkzeuge und Arbeitsmittel austauschen	●	●	●
Ortsfeste Maschinen warten, z. B. Bohr-, Dreh-, Fräsmaschinen	●	◔	●
Mobile Maschinen instand halten, z. B. Kompressoren, Hubwagen, Stapler	●	○	○
Handgeführte Werkzeuge warten	●	●	●
Fertigungssysteme im Betrieb oder bei Kundinnen und Kunden warten	●	○	○
Produktionsanlagen und Teile davon instand halten, z. B. Roboter in der Fertigung	●	○	○
Bauteile und Komponenten in Produktionsanlagen warten, z. B. Kolben, Lager, Gasdruckfedern	●	○	○
(Erstellte) Werkzeuge in Maschinen pflegen, z. B. Gesenke, Schneid- oder Spritzgusswerkzeuge	○	●	○

Tab.: Typische Instandhaltungsarbeiten

11.1 Grundbegriffe der Instandhaltung

11.1.1 Instandhaltung und Abnutzungsvorrat

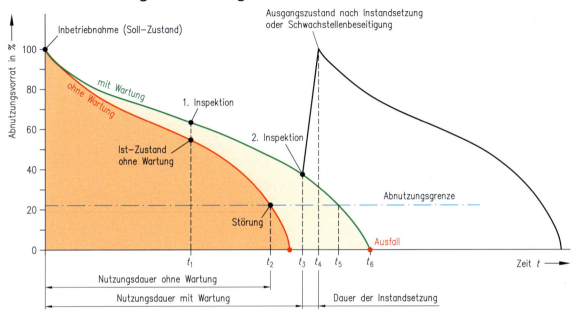

Abnutzungsvorrat und Wartungsmaßnahmen

Maßnahmen der Instandhaltung sollen dazu dienen, dass Anlagen, Geräte und Systeme die geforderte Funktion während der Nutzungsdauer erfüllen können. Bei der Inbetriebnahme befindet sich das System in einem Sollzustand. Durch Abnutzung (Verschleiß) verringert sich im Verlauf der Nutzung der sogenannte Abnutzungsvorrat.

 Unter Instandhaltung werden nach DIN 31051 alle Maßnahmen zur Aufrechterhaltung oder Wiederherstellung des funktionsfähigen Zustands eines Gesamt- oder Teilsystems verstanden.

In der oberen Abbildung ist der Einfluss von Wartungsmaßnahmen zu erkennen. Während der einzelnen Inspektionen wird der Unterschied hinsichtlich des Zustands bei Inbetriebnahme immer größer. Bei fehlender Wartung kommt es bereits deutlich früher zu Störungen oder einem Ausfall. Somit ist die Nutzungsdauer entsprechend kürzer.

Treten Störungen auf, ist die sogenannte Abnutzungsgrenze erreicht (Zeitpunkt t_2). Spätestens ab diesem Zeitpunkt sollten Instandsetzungsmaßnahmen personell und materiell geplant werden, um eine unnötig lange Ausfallzeit zu vermeiden. Es gilt, durch Wartungs- und Inspektionsmaßnahmen die Nutzungsdauer zu vergrößern. Ziel der Instandsetzung ist es, den ursprünglichen Anlagenzustand wieder zu erreichen.

 Als Abnutzungsvorrat wird der aktuelle Zustand eines Objekts in Hinblick auf die zu erfüllenden Funktionen bezeichnet.

Werden die Wartungen und Inspektionen an der Anlage gut geplant und dokumentiert, lässt sich die Instandhaltung optimieren. Damit ist eventuell ein höherer Abnutzungsvorrat erreichbar, als ursprünglich vorhanden war.

Die zum Zeitpunkt t_3 angesetzte Instandsetzung wäre eine vorbeugende intervallabhängige Strategie. Will man diesen Zeitpunkt bis kurz vor Anlagenausfall hinauszögern, wird eine zustandsorientierte Strategie angestrebt. Diese würde ein Maximum an Nutzungsdauer bedeuten.

Die zeitlichen Abstände zwischen Instandsetzungsbeginn und -ende sind die Ausfallzeiten. Diese zu minimieren, ist das Ziel einer Strategieoptimierung.

Beispiel

Ein einfaches Beispiel für den Abnutzungsvorrat ist der Reibbelag einer Kupplungsscheibe.

Die Reibbeläge nutzen sich während des Betriebs ab und das übertragbare Drehmoment sinkt. Die Federn müssen nachgestellt werden. Als Einstellgröße dient der markierte Abstand von 17 mm. Der Nachstellweg entspricht dem Verschleiß der Beläge.

In der Darstellung auf der vorangegangenen Seite lassen sich auch die verschiedenen Strategien einer Instandhaltung erkennen. Die störungsbedingte Instandsetzung (t_6) gehört zur ereignisorientierten Strategie.

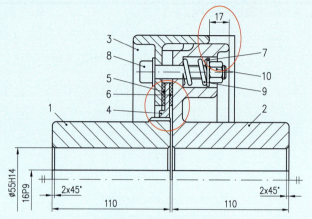

Nachstellmaß für die Federn und Reibbelagsstärke

11.1.2 Inspektion und Wartung

 Als Wartung werden alle Maßnahmen bezeichnet, die dazu dienen, den Abbau des vorhandenen Abnutzungsvorrats zu verzögern.

Bei der Inspektion wird der Ist-Zustand festgestellt und beurteilt. Vorhandene Abnutzungen werden untersucht und mögliche Ursachen beurteilt.

Dabei werden besonders die Stellen (Verschleißorte) betrachtet, an denen durch Bewegung Reibung und Verschleiß auftreten können. Zusätzlich zu den Inspektions- und Wartungstätigkeiten werden Auswirkungen für die kommende Nutzung abgeleitet. In der DIN 31051 werden die einzelnen Instandhaltungsbegriffe definiert.

	Inspektion	Wartung	Instandsetzung	Verbesserung bzw. Optimierung
Definition	Maßnahmen zur Feststellung und Beurteilung des Ist-Zustands, Beurteilung der Ursachen von Abnutzung und Ableitung von Konsequenzen für die künftige Nutzung	Maßnahmen zur Verzögerung des Abbaus des vorhandenen Abnutzungsvorrats	Maßnahmen zur Wiederherstellung von Abnutzungsvorräten ohne technische Verbesserung	Maßnahmen zur technischen Verbesserung bei wirtschaftlicher Vertretbarkeit
typische Tätigkeiten mit Beispiel	prüfen, messen, visuelle Prüfung auf Schäden Beispiele: Ölstand prüfen, Keilriemenspannung messen	reinigen, nachstellen, schmieren, ergänzen, nachfüllen z. B.: Riemen nachspannen	einen beschädigten Riemen ersetzen	neuen Riementyp bzw. -anbieter wählen

Tab.: Einteilung der Begriffe und Tätigkeiten zur Instandhaltung nach DIN 31051

11.1 Grundbegriffe der Instandhaltung

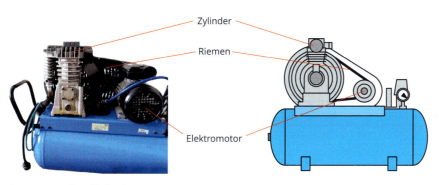

Baugruppen eines Kolbenkompressors

Folgende Tabelle veranschaulicht die Inspektions- und Wartungstätigkeiten am Beispiel eines Kolbenkompressors:

Ver-schleißort	Bewegung und Reibung	Anzeichen	Ursachen	Inspektions-/ Wartungstätigkeiten	Maßnahmen in Zukunft
Riemenge-triebe	trockene Haftreibung	Spuren am Riemen, Quietschen	Riemenspannung zu gering	Riemenspannung und -zustand vor Betreiben prüfen ggf. spannen oder austauschen	Inspektionsintervalle verkleinern, anderen Riementypen wählen
Zylinder-Kolben	Gleitreibung, Mischreibung	ungewöhnlich hohe Zylinder-temperatur	Mangelschmierung oder „verstopfter Luftfilter"	Öl auffüllen, ggf. Wechsel des Luftfilters	Inspektionsintervalle verkleinern, anderes Öl wählen

Tab.: Verschleiß, Reibung und Wartung an einem Kompressor

11.1.3 Instandsetzung und Verbesserung

> Unter Instandsetzung versteht man das Wiederherstellen des Abnutzungsvorrats, der zu Beginn des Baugruppeneinsatzes vorlag. Dies kann etwa durch den Austausch der verschlissenen Bauteile geschehen. Eine Verbesserung (Optimierung) soll ggf. durch kleine Änderungen die Funktionssicherheit einer technischen Anlage steigern, ohne die geforderte Anlagenfunktion zu verändern.

Am Beispiel einer Säulenbohrmaschine sollen die Begriffe Instandsetzung und Optimierung veranschaulicht werden.

Beispiel

Instandsetzung und Optimierung: Riemenantrieb einer Säulenbohrmaschine

Der Antriebsmotor der Säulenbohrmaschine überträgt mithilfe von Riemen die Leistung auf die Bohrspindel und somit auf das Bohrwerkzeug. Die Riemen sind gespannt, um die Reibung zu den Riemenscheiben zu erhöhen. Die Zugkräfte in den Riemen, die ständige Verformung im Betrieb und die Reibung führen zum Verschleiß der Riemen.

> **Beispiel (Fortsetzung)**
>
> Wird der Zustand der Riemen nicht regelmäßig oder nur unzureichend geprüft, kann es zu einer abrupten Zerstörung des Riemens kommen. Mittels der Verschleißanzeichen lässt sich der Betrieb optimieren, z. B. durch einen festeren Riemenwerkstoff und längere Wartungsintervalle.

In der Fachsprache der Instandhaltung spricht man von einem „Ereignis". Nutzt man bewusst die Bohrmaschine bis zum Ausfall des Riemengetriebes, spricht man von einer ereignisorientierten Instandhaltungsstrategie (siehe Kapitel 11.1.4).

Um die Säulenbohrmaschine wieder in Betrieb nehmen zu können, muss das Riemengetriebe instandgesetzt werden, d. h., der zerstörte Riemen oder besser alle Riemen müssen ausgetauscht werden.

11.1.4 Instandhaltungsstrategien

Ereignisorientierte Instandhaltungsstrategie

Spannvorrichtung

Ein anderes Beispiel für eine ereignisorientierte Instandhaltungsstrategie ist eine Spannvorrichtung, die in automatisierten Produktionen und an vielen Stellen der Produktion eingesetzt wird und in großer Zahl vorrätig und schnell austauschbar ist. Diese Strategie ist aber nicht unbedingt die sicherste und kostengünstigste Form. Wenn es zu einem Ausfall einer Baugruppe in der Produktion kommt, kann – sofern die Baugruppe einfach auszutauschen und auch vorrätig im Magazin ist – diese Strategie gewählt werden. Alle Systeme bzw. Baugruppen dagegen, deren Versagen erhebliche Sachschäden oder wirtschaftliche Einbußen nach sich ziehen oder sogar Menschenleben gefährden können, werden einer vorbeugenden Strategie zugeordnet.

Vorbeugende Instandhaltungsstrategien

Vorbeugende Strategien, intervallabhängig oder zustandsorientiert, sollen den Ausfall der Anlage und somit Kosten durch einen ungeplanten Ausfall vermeiden. Zwei Kriterien sind bei der Wahl entscheidend: Wirtschaftlichkeit und Sicherheit. Technische Systeme, die durch einen Ausfall Menschenleben gefährden oder einen erheblichen Materialschaden zur Folge haben können, werden periodisch hinsichtlich ihres Zustands geprüft. Ein Beispiel kann eine personenbefördernde Seilbahn sein. Lässt sich der Zustand des technischen Systems mithilfe bestimmter Größen, z. B. Temperatur eines Getriebeöls, beurteilen, spricht man von zustandsorientierter Strategie. In beiden Fällen werden Maßnahmen ergriffen, bevor die Anlage ausfällt.

Intervallabhängige bzw. periodische Instandhaltungsstrategie

In festgelegten Zeitabständen werden Baugruppen einer Anlage ausgebaut und wieder instand gesetzt oder durch eine neue Baugruppe ersetzt. Ein Beispiel für eine intervallabhängige Strategie ist eine gut zu erreichende Windkraftanlage (siehe Abbildung).

Um den Abnutzungsvorrat gut auszunutzen, sollten die Intervallzeiten möglichst groß sein. Eine sorgfältige Dokumentation der Störungen und deren Auswertung unterstützen die Optimierung dieser Strategie.

Klarer Vorteil dieser Strategie ist die Planbarkeit der Maßnahmen hinsichtlich Personal- und Materialbedarf. Die Produktion bzw. der Betrieb kann auf die Instandhaltungsmaßnahmen abgestimmt werden, um den Analagenausfall und somit wirtschaftliche Einbußen zu minimieren. Nachteil ist, dass der Abnutzungsvorrat nicht vollständig ausgenutzt wird. Die Anlage ist möglicherweise noch in einem betriebsfähigen Zustand und die Instandhaltungsmaßnahmen könnten zeitlich später erfolgen. Um hier eine Optimierung zu erreichen, wird versucht, die zustandsorientierte Strategie anzuwenden.

Periodische Wartung einer kleinen Vertikalwindkraftanlage

Zustandsorientierte Instandhaltungsstrategie

Die zustandsorientierte Instandhaltungsstrategie lässt sich mit der ärztlichen Überwachung des Gesundheitszustands von Patientinnen und Patienten vergleichen. Statt Herzfrequenz, Körpertemperatur und anderen Merkmalen werden Größen wie Öltemperatur, Frequenz von mechanischen Schwingungen u. Ä. gemessen, um den Zustand einer Baugruppe beschreiben zu können.

Voraussetzung ist, dass man auf genügend Kenntnisse und Erfahrungen zurückgreifen kann, um die Messgrößen bzw. deren Veränderungen interpretieren und die richtigen Maßnahmen ergreifen zu können (siehe Vergleich mit Patientinnen und Patienten).
Wird die Zustandsüberwachung mithilfe verschiedener Sensoren, einem Rechnersystem und mithilfe des Internets durchgeführt, spricht man von Condition Monitoring System (CMS).

Typische Messgrößen:

- Öltemperatur
- Ölbestandteile
- Baugruppentemperatur bzw. abgegebene Wärmestrahlung der Baugruppe
- Drehfrequenz bzw. Drehfrequenzschwankungen
- mechanische Schwingungen, Körperschall (Lautstärke, Frequenzen)
- Drehmomente und Kräfte

Vorausschauende Instandhaltungsstrategie (Predictive Maintenance)

Werden die erhobenen Maschinen- und Prozessdaten ausgewertet und für eine Vorhersage eines künftigen Wartungsbedarfs genutzt, spricht man von vorausschauender Instandhaltung oder Predictive Maintenance. Mithilfe von Methoden der künstlichen Intelligenz werden Eintrittswahrscheinlichkeiten von Störungs- oder Schadensereignissen bestimmt und daraus die richtigen Zeitpunkte für Instandhaltungsmaßnahmen bestimmt. Als weiteres unterstützendes digitales Werkzeug wird die Augmented Reality (AR) genutzt. Mithilfe von gespeicherten technischen Daten und einem digitalen „Namen", z. B. einem QR-Code, wird der Zustand vor Ort abrufbar.

Vorteile vorausschauender Instandhaltung:

- Bestimmung des optimalen Instandhaltungszeitpunktes
- Vermeidung unnötiger Wartungen
- verbesserte Personaleinsatzplanung
- Reduzierung von unerwünschten Betriebszuständen, z. B. Stillstand- und Ausfallzeiten
- Erhöhung der Lebensdauer von Maschinen und Anlagen
- Optimierung von Verfügbarkeit, Produktivität und Leistung

Predictive Maintenance Augmented Reality (AR)

Strategie	Beschreibung
ereignisorientierte Instandhaltungsstrategie	Nutzung von Bauteilen bis zum Eintritt eines Schadensereignisses (Ausfall, Störung)
vorbeugende Instandhaltungsstrategien	Umsetzung intervall- oder zustandsabhängiger Instandhaltungsmaßnahmen zur präventiven Vermeidung von Schadensereignissen
intervallabhängige bzw. periodische Instandhaltungsstrategie	Umsetzung von Instandhaltungsmaßnahmen zu festgelegten Zeitpunkten oder Nutzungsabschnitten (Intervallen) zur präventiven Vermeidung von Schadensereignissen
zustandsorientierte Instandhaltungsstrategie	Umsetzung von Instandhaltungsmaßnahmen nach Beurteilung des Ist-Zustands aufgrund festgelegter Zustandsgrößen zur präventiven Vermeidung von Schadensereignissen
vorausschauende Instandhaltungsstrategie (Predictive Maintenance)	Umsetzung von Instandhaltungsmaßnahmen aufgrund einer Überwachung des Ist-Zustands und Vergleich mit Maschinenausfalldaten mittels künstlicher Intelligenz zur präventiven Vermeidung von Schadensereignissen

Tab.: Zusammenfassung Instandhaltungsstrategien

11.2 Reibung, Verschleiß, Korrosion

Verschleiß in jeder Art und Form ist der Grund für die Instandhaltung technischer Systeme. Ursache des Verschleißes bewegter Teile ist die Reibung. Daher ist es von Bedeutung, die verschiedenen Reibungsarten und -zustände sowie die daraus resultierenden Verschleißmechanismen kennenzulernen. Neben der Reibung ist die chemische Wechselwirkung der Bauteile mit der Umwelt (Feuchtigkeit, aggressive Gase und Flüssigkeiten) eine wesentliche Ursache für den Verschleiß von technischen Baugruppen.

Bei einer meeresnahen Windkraftanlage (WKA) ist es bspw. die salzhaltige Meeresluft, die Korrosion der Komponenten (Turm, Generator etc.) fördert. Dies hat Konsequenzen für Instandhaltungsstrategie und -planung sowie Optimierungen der Konstruktion.

11.2 Reibung, Verschleiß, Korrosion

Reibung

Wenn zwei Körper sich berühren, tritt Reibung auf. Je nach Bewegung der Körper zueinander spricht man von Haft-, Gleit-, Wälz- oder Rollreibung. Reibung verursacht eine Kraft, die der Bewegung von Körpern zueinander einen Widerstand entgegensetzt.

Verschleiß

Verschleiß ist die Abnutzung (Materialverlust, Oberflächenabtrag) eines Körpers oder verschiedener Körper in einem System durch mechanische, thermische oder chemische Beanspruchung.

11.2.1 Reibungsarten

Die einzelnen Reibungsarten unterscheiden sich hinsichtlich der Bewegungszustände an den Bauteilen. Die Haftreibung sorgt dafür, dass sich ein Körper aufgrund der Reibung nicht bewegt. Gewünscht ist dies bei kraftschlüssigen Verbindungen, z. B. Schraubenverbindungen. Die Bauteile werden durch die Schrauben aufeinandergedrückt.

Die Haftreibung zwischen den Bauteilen verhindert ein Verschieben bei seitlich wirkenden Kräften (siehe Skizzen in der nachfolgenden Tabelle).

Von Gleitreibung spricht man, wenn die gefügten Bauteile sich relativ zueinander bewegen. Das heißt, ein Bauteil kann ruhen, so wie im Beispiel die Achse mit der Gleitbuchse, während sich das Laufrad gleitend auf der Buchse dreht (einfaches Gleitlager). Es können sich aber auch beide Bauteile mit unterschiedlichen Geschwindigkeiten bewegen. Rollreibung entsteht durch die Verformung der aufeinander abrollenden Körper.

Reibungsart	Beispiel	Skizze
Haftreibung	Die Schrauben einer Schraubenverbindung drücken zwei Bauteile zusammen (F_N) und erzeugen eine große Reibung, weshalb diese Bauteile nicht zueinander verschiebbar sind.	Schraube / Mutter
Gleitreibung	Laufrolle mit Bolzen als Achse und Gleitbuchse (Gleitlager)	Laufrolle / Achse / Gleitbuchse
Wälzreibung	Kugeln zwischen zwei Lagerringen (Wälzlager)	Kugeln / Lagerringe
Rollreibung	Rollenschrank	elastische Verformung / „Hindernis" bzw. Widerstand beim Rollen durch die Verformung

Tab.: Reibungsarten

11 Instandhaltung

Durch das Abrollen des Körpers, z. B. einer Rolle eines Rollschranks auf dem Fußboden, wird eine „Kuhle" geformt. Der Rand dieser „Kuhle" bildet ein Hindernis für die Rolle. Dieser Widerstand ist verantwortlich für die Rollreibung.

In der Praxis zeigt sich bei rotierenden Bauteilen eine Kombination aus Gleit- und Rollreibung: Wälzreibung. In der Tabelle zu den Reibungsarten ist ein Wälzlager skizziert, in dem die Kugeln sich zwischen den Lagerringen „abwälzen". Daher werden sie auch Wälz- und nicht Rolllager genannt.

11.2.2 Reibungszustände

Ähnlich den Aggregatzuständen in der Physik treten bei Reibungsvorgängen Zwischenstoffe in verschiedenen Aggregatszuständen auf. Die Zwischenstoffe können gasförmig, flüssig oder fest vorliegen.

Mithilfe der Beispiele in der Tabelle und der folgenden Abbildungen wird dies veranschaulicht.

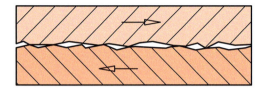
Trocken- bzw. Festkörperreibung

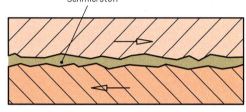
Flüssigkeitsreibung

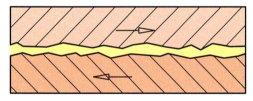
Gasreibung

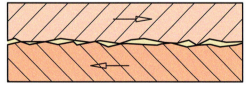
Mischreibung

Bei einer Schraubenverbindung soll eine möglichst effektive Haftung erreicht werden, daher sollten die Oberflächen der zusammengeschraubten Bauteile und die Gewindegänge der Schrauben möglichst gereinigt, fettfrei und trocken sein. Da dies selten optimal vorliegt, wird es in Berechnungen von Schraubenverbindungen berücksichtigt.

Bei Gleit- und Wälzlagern soll die Reibung minimiert werden. Dies gelingt, wenn beide Bauteiloberflächen voneinander getrennt werden. Erzielt man diesen Zustand mithilfe von Öl oder Fett, spricht man Flüssigkeitsreibung.

In einigen technischen Anwendungen werden Luftkissen erzeugt, beispielsweise zum Transport von Werkstücken, um diese leicht bewegen zu können. Es wird dann die Gasreibung genutzt.

Flüssigkeits- und Gasreibung sind optimale Zustände. Ähnlich wie bei den Reibungsarten liegt meistens aber eine Kombination von Festkörper- und Flüssigkeitsreibung vor: Mischreibung.

Dies gilt z. B. für die Reibung in Wälzlagern oder die Reibung zwischen einem Werkzeugschlitten und dem Maschinenbett einer Drehmaschine. Bei Gleitlagern dagegen lassen sich die Bauteile schon im Stillstand durch hineingepresstes Öl voneinander trennen (hydrostatisches Lager).

Ab einer bestimmten Drehfrequenz beginnt die Welle zu schwimmen. Man spricht hier von einem hydrodynamischen Gleitlager. Sind die Bauteile tatsächlich mithilfe des Schmierstoffs getrennt, tritt an den Bauteilen kein Verschleiß auf.

Nur die Moleküle des Schmierstoffs, Öle oder Fette, verschleißen. Im nächsten Kapitel folgt eine Übersicht dazu, wie die Reibungszustände die Verschleißmechanismen bestimmen.

11.2.3 Verschleißmechanismen

Verschleißmechanismen	Skizze	Verschleißformen
Abrasion	Furchen, Pflügen, Spanen, Brechen	Kratzer, Riefen, Mulden, Wellen
Adhäsion		Materialübertrag; Kaltpressschweißung, Fresser, Schuppen, Kuppen, Löcher
Oberflächenzerrüttung, Oberflächenermüdung	schwellende Belastung; durch Stöße versprödete Stellen	Zungen (Keile), Risse (Delamination, Butterflies), Grübchen (Pittings)

Tab.: Verschleißmechanismen

Beispiel	Reibungszustand	Reibungsart	Verschleißmechanismus		
			Abrasion	Adhäsion	Oberflächenzerrüttung
Wälzlager	Mischreibung	Wälzreibung	X	X	X
Zahnräder	Mischreibung	Wälzreibung	X	X	X
Gleitlager (Schmierfilm unterbrochen)	Mischreibung	Gleitreibung	X	X	X
Gleitlager (Schmierfilm nicht unterbrochen)	Flüssigreibung	Gleitreibung	–	–	–
Bohren ohne KSS (Trockenzerspanung)	Trockenreibung	Gleitreibung	X	X	
Werkzeugschlitten-Maschinenbett, langsame Bewegungen	Mischreibung	Gleitreibung	X	X	
Lagersitze, schwingende Belastung, ohne Spiel	Trockenreibung	Haftreibung			X

Tab.: Beispiele für Reibung und Verschleiß

Die vorwiegend auftretenden Verschleißmechanismen sind in den Tabellen auf dieser Seite veranschaulicht. Adhäsion wird durch das Aufeinanderpressen zweier Bauteiloberflächen verursacht. Dies kann zur Mikroverschweißung führen. Die Folge ist, dass aus der einen Bauteiloberfläche ein Stück herausgerissen wird und auf der gegenüberliegenden Oberfläche sich durch Verschweißen festsetzt. Es kommt zu sogenannten Ausbrüchen und nur mikroskopisch erkennbaren Verformungen. Typischerweise tritt Adhäsion dort auf, wo kleine Oberflächen unter hoher Krafteinwirkung aufeinandertreffen, z. B. an den sich berührenden Zahnflanken zweier Zahnräder.

Bei der Abrasion zerspant der härtere Werkstoff die gegenüberliegende Oberfläche, auch Mikrozerspanung genannt. Dabei entstehen Riefen, Späne und Materialanhäufungen. Konträr zur Adhäsion, müssen sich die Oberflächen verschieden schnell zueinander bewegen.

11 Instandhaltung

Bei Wälzlagern lässt sich die Bewegung der Wälzkörper, z. B. der Kugeln zwischen den Wälzlagerringen, durch ein Gleiten und Rollen beschreiben. Das Rollen führt zur Adhäsion und das Gleiten zur Abrasion.

Beispiel

Abrasion
Riefen durch mitbewegte Schmutzteilchen an den Bordwänden (seitliche Führungen für die Kugeln oder Rollen) der Lagerringe

Oberflächenzerrüttung
Pittings bzw. Grauflecken durch Ermüdung der Oberflächen, z. B. durch Überrollen von Fremdkörpern, Mangelschmierung oder schwankenden Belastungen

Adhäsion
„Anschmierungen" durch Schlupf zwischen den Lagerringen und den Walzkörpern bei zu geringer Belastung

Verschleißmechanismen an Wälzlagern
- Außenring
- Wälzkörper
- Käfig
- Innenring

Der dritte Mechanismus ist die Oberflächenzerrüttung bzw. -ermüdung, die sich als Kombination der zwei ersten Verschleißmechanismen beschreiben lässt, mit dem entscheidenden Unterschied, dass die Belastungsstärke schwankt. Man spricht auch von einem schwellenden Belastungsfall. Die Oberflächenzerrüttung tritt vor allem bei regelmäßiger Berührung und Belastung der Bauteile auf.

Die Darstellungen und Bilder im oberen Beispiel zeigen typische Schäden auf mikroskopischer Ebene. Aus den Untersuchungen der Bauteile hinsichtlich des Verschleißes werden, u. a. mithilfe mikroskopischer Aufnahmen, die Ursachen ermittelt. Dies hat für die zukünftige Instandhaltung Konsequenzen.

Typische Ursachen sind:

- falsche Schmierstoffwahl
- Schmierstoffmangel
- zu hohe bzw. unterschätzte Belastungen (Kräfte und Geschwindigkeiten)
- zu geringe Härte der betroffenen Oberflächen
- Fremdeinwirkungen durch Umwelteinflüsse

11.2.4 Korrosion

 DIN EN ISO 8044 definiert Korrosion wie folgt:

Die „physikalisch-chemische Wechselwirkung zwischen einem metallenen Werkstoff und seiner Umgebung, die zu einer Veränderung der Eigenschaften des Metalls führt und die zu erheblichen Beeinträchtigungen der Funktion des Metalls, der Umgebung oder des technischen Systems, von dem diese einen Teil bilden, führen kann."

11.2 Reibung, Verschleiß, Korrosion

Neben der Abnutzung durch Reibung führt auch Korrosion zur Minderung der Funktionsfähigkeit eines Systems, oder sogar zum Ausfall. Daher ist ein guter Korrosionsschutz bzw. eine Minderung der Anfälligkeit gegen Korrosion von entscheidender Bedeutung.

Während bei der Reibung rein mechanische Vorgänge betrachtet werden, läuft die Korrosion aus einer Kombination von chemischen und physikalischen Reaktionen ab. Grundbedingungen für Korrosionsvorgänge sind elektrisch leitende Materialien: Metalle, Feuchtigkeit und Sauerstoff bzw. Umgebungsluft.

Kommt es zur Korrosion, so entsteht ein kleiner elektrischer Stromkreis. Der bekannteste Korrosionsprozess ist die Korrosion von Eisen in feuchter Umgebung. Diese Art Korrosion wird auch als Sauerstoffkorrosion bezeichnet.

Am Punkt 1 „teilen" sich die Eisenteilchen auf: Zwei Elektronen wandern in das Metall hinein und das positiv geladene „abgespeckte" Eisenteilchen wandert in den Wassertropfen. Die Luft um den Tropfen herum enthält Sauerstoff. Dieser geht zum Teil in das Wasser des Tropfens über. Bei diesem Vorgang nimmt das Sauerstoffteilchen Elektronen aus der negativ geladenen Metalloberfläche mit. Es fließen Elektronen von Punkt 2 zu 3. Eine galvanische Zelle ist entstanden. Die Folge ist, dass in Punkt 1 ständig Eisenteilchen entnommen werden, es entsteht eine Aushöhlung.

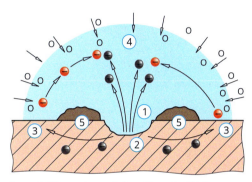

Sauerstoffkorrosion auf einer Eisenoberfläche

Innerhalb des Wassertropfens reagieren die negativ geladenen Sauerstoffteilchen mit dem „abgespeckten" Eisenteilchen und daraus entstehen „Rostteilchen" (Punkt 4 und 5).

Die Eisenoberfläche wird allmählich aufgelöst bzw. zerfressen. Besonders wird dieser Prozess in Meeresnähe gefördert, da das Salz mit der Luftfeuchtigkeit ein Elektrolyt bildet. Dieses ist elektrisch gut leitfähig.

Der andere Korrosionsprozess entsteht, wenn zwei verschieden „edle" Metalle sich berühren (Kontaktkorrosion) oder über eine elektrolytische Lösung, z. B. eine Säure oder eine Salzlösung, miteinander elektrisch leitend verbunden sind. Ein Metall „verliert" Elektronen an ein edleres Metall. Das weniger edle Metall wird dadurch zersetzt. Es korrodiert und verliert seine Stabilität, da ein neuer brüchiger Stoff entsteht, auch Reaktionsprodukt genannt. Ein Beispiel wäre eine Schraubenverbindung, bei der die Schrauben aus Stahl und die verschraubten Bauteile aus einer Aluminiumlegierung bestehen.

Wenn keine elektrisch isolierende Trennschicht zwischen Schrauben und Bauteilen besteht, kommt es zur Kontaktkorrosion.

Schutzmaßnahmen vor Korrosion:
- Sauerstoff und Wasser können verschiedentlich vom Material ferngehalten werden:
  - durch Beschichtungen (Lacke, Verzinken o. Ä.)
  - durch regelmäßigen Schutz mit Öl bzw. Fett
  - durch die Entfernung von Handschweiß
- durch korrosionsfeste Legierungen, z. B. Chrom-Nickel-Stähle
- durch das Einrichten einer „Opferanode" (diese besteht aus einem unedleren Metall als das zu schützende Bauteil)

11.3 Betriebsstoffe für die Instandhaltung

11.3.1 Aufgaben von Schmierstoffen

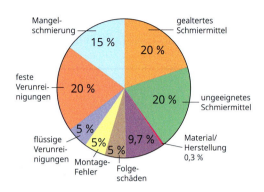

Ausfallursachen für Wälzlager

Die Hauptaufgaben von Schmierstoffen sind:
- Verminderung der Reibung und somit des mechanischen Verschleißes
- Abführen von Wärme
- Entfernen von Schmutzpartikeln, z. B. Abrieb von Zahnradflanken
- Schutz vor Korrosion, dadurch Vermeidung bzw. Minderung des elektrochemischen Verschleißes
- Abdichten (z. B. Kompressor)

Je nach den Bedingungen an den Schmierstellen und in deren Umgebung sind unterschiedliche Schmierstoffarten und -sorten zu wählen.

Material und Herstellprozess machen nur 0,3 % aller Lagerausfälle aus, das Gros geht auf den Themenkomplex Schmierung: Eine nicht sachgerechte und angemessene Schmierung ist mit 55 % die Hauptursache für den Ausfall von Wälzlagern.

Bei Mangelschmierung kommt es zu einem rapiden Ausfall während gealtertes und ungeeignetes Schmiermittel den Ausfall hinauszögert. Letzteres könnte diagnostiziert werden, ohne einen zu großen Schaden zu verursachen.

11.3.2 Flüssige Schmierstoffe

Schmieröle werden je nach Einsatzbedingungen, genau wie Metalllegierungen, aus verschiedenen Bestandteilen legiert. Dazu gehört ein Basisöl. Dieses kann mineralisch (aus Erdöl), synthetisch oder auch biologisch sein. Im bestehenden Trend zur biologischen Variante spiegelt sich das Bestreben zu umweltgerechteren Konstruktionen wider.

Um Öle hinsichtlich ihres Einsatzes zu optimieren, sind ihre verschiedenen Eigenschaften auf die Anforderungen abzustimmen.

Die wichtigste Eigenschaft zur Einteilung von Schmierölen ist die Viskosität (Zähflüssigkeit). Viskosität beschreibt den Widerstand bzw. Reibung innerhalb einer Flüssigkeit gegen eine wirkende Kraft.

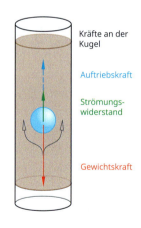

Funktionsprinzip eines Kugelviskosimeters

Ein Beispiel ist der Vergleich zwischen Honig und Wasser. Honig ist bekanntermaßen sehr zähflüssig (hohe Viskosität) und Wasser ist dünnflüssig (weniger viskos). Die Viskosität ist stark von der Temperatur abhängig: Je höher die Temperatur, desto geringer die Viskosität.

> ❗ Viskosität beschreibt den Widerstand bzw. die Reibung innerhalb einer Flüssigkeit gegen eine wirkende Kraft.

Es ist von entscheidender Bedeutung, dies bei der Wahl des Schmieröls zu berücksichtigen. Wird eine Schmierstelle zu warm, verliert das Öl an Viskosität. Dadurch wird ggf. die nötige Schmierfilmdicke unterschritten. Außerdem kann das Öl verdampfen oder sogar verbrennen.

Letzteres ist der sogenannte Flammpunkt. Wird das Öl zu kalt, ist es zu zäh, um noch die Schmierstellen zu erreichen.
Der Temperaturpunkt, ab dem das Öl aufhört zu fließen, wird Pourpoint genannt.

Ein Öl soll möglichst über den gesamten Temperaturbereich der Schmierstelle eine konstante Viskosität bzw. eine Mindestviskosität halten. Die einzuhaltenden Werte werden in den Wartungs- und Schmieranweisungen angegeben.

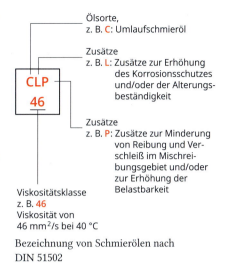

Bezeichnung von Schmierölen nach DIN 51502

In der Abbildung auf der vorangegangenen Seite ist das Prinzip zur Viskositätsmessung in einem Kugelviskosimeter dargestellt. Nach oben wirken Auftrieb und Reibung des Öls an der Kugeloberfläche. Nach unten wirkt die Gewichtskraft.

Es wird die Fallzeit für eine festgelegte Messstrecke gemessen. Die Zeit ist abhängig von der Viskosität. Mit der Kugeloberfläche, die umströmt wird, sowie der Kugelmasse, dem Querschnitt der Röhre und der Öldichte lässt sich der Viskositätswert berechnen. Aus den Größen ergeben sich ungewöhnliche Einheiten:
- dynamische Viskosität: $(Pa \cdot s)$ [Pa für Pascal; 1 MPa entspricht 1 bar.]
- kinematische Viskosität: (m^2/s)

Normgerechte Schmierstoffangaben werden verwendet, um der Fachkraft zur Wartung die Schmierstoffe vorzugeben und somit die vorgesehene Schmierung zu gewährleisten (siehe obere Abbildung).

11.3.3 Schmierfette

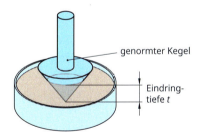

Schematische Darstellung zur Bestimmung der Walkpenetration bzw. der Konsistenzklasse

Schmierfette werden auf Basis von Mineralölen oder synthetischen Ölen durch die sogenannte Verseifung hergestellt. Fette werden als pastenartig bezeichnet. Die verwendeten Hilfsstoffe bestimmen die Eigenschaften der Schmierfette. Eine Eigenschaft von Fetten, die der Viskosität bei Schmierölen entspricht, ist die Walkpenetration. Diese beschreibt die Eindringfähigkeit eines Kegels in das zu prüfende und vorher durchgewalkte Schmierfett. Die Form und die Masse des Kegels sind genormt. Die Eindringtiefe des Kegels in das Schmierfett wird in $\frac{1}{10}$ mm angegeben. Diese Angabe wird für die Konsistenzklasse genutzt.

11 Instandhaltung

Auch die Walkpenetration ist stark von der Temperatur abhängig. Daher gibt es eine obere und eine untere Gebrauchstemperatur. Wird das Schmierfett zu warm, verflüssigt es sich. Die sogenannte Fließgrenze ist erreicht. Ist die Temperatur zu tief, wird ein wachsartiger Zustand erreicht, der eine ausreichende Schmierung nicht ermöglicht.

Bezeichnung von Schmierfetten nach DIN 51502

Im Gegensatz zu Schmierölen können Fette nicht Schmutzpartikel und Wärme abführen. Dafür ist die Haftfähigkeit an Bauteilen größer. Dies macht Fette u.a. geeignet für offene Schmierstellen und Bereiche, die sich nur mäßig erwärmen. Durch entsprechend gut abgedichtete Bereiche lässt sich eine sogenannte „Lebensdauerschmierung" erreichen, z.B. mit Dichtscheiben ausgestattete Wälzlager. Ähnlich wie Schmieröle werden auch Schmierfette mithilfe von Kurzzeichen angegeben.

 Die Eigenschaften von Schmierölen und -fetten sind stark temperaturabhängig.

11.3.4 Feste Schmierstoffe

Baugruppen, deren Funktion durch die Verwendung von Schmierölen oder -fetten beeinträchtigt werden können, werden mithilfe von festen Schmierstoffen geschmiert, z.B. ein Türschloss. In diesem Fall würde ein Öl zu wenig haften und es müsste häufig nachgeschmiert werden. Öl würde außerdem zu einer Verschmutzung von Taschen o.Ä. führen.

Schmierfette würden das Schloss verkleben und Schmutzteile haften bleiben. Die Schmutzteilchen oder Fremdkörper verschleißen die Flächen im Inneren des Schlosses und beeinträchtigen die Beweglichkeit des Schlosses beim Drehen des Schlüssels.

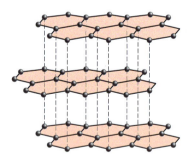

Darstellung dreier Molekülebenen einer Grafitstruktur

Feste Schmierstoffe bestehen aus kleinsten Partikeln bzw. Teilchen, die sich leicht zueinander verschieben und dabei nicht weiter „zerstört" werden. Der bekannteste Festschmierstoff ist Grafit. Dieser besteht aus reinem Kohlenstoff. Er bildet sechseckige Molekülgitter (starke Verbindungen zwischen den Kohlenstoffatomen), deren Ebenen sich leicht zueinander verschieben lassen (schwache Verbindungen). Die gestrichelten Linien sollen die schwachen Verbindungen zwischen den Ebenen darstellen.

Durch diese Eigenschaft können sich die Moleküle in die Vertiefungen der Bauteiloberflächen schieben. Die Oberflächenrauheit verringert sich und somit auch die Gefahr von Adhäsion an Oberflächenspitzen.

Daher sind Festschmierstoffe besonders geeignet für Stellen, die durch Wechsel zwischen ruhenden und bewegten Phasen gekennzeichnet sind. Dort tritt der Zustand der Mischreibung ein. Festschmierstoffe finden außerdem ihre Anwendungen, wenn Ölfreiheit gefordert wird, sowie bei hohen Temperaturen.

Weitere Beispiele für Feststoffschmierstoffe sind Molybdänsulfid (MoS_2) und Talkum.

11.3.5 Schmierverfahren

Die Schmierung wird überwiegend durch folgende Methoden umgesetzt:

- Handschmierung
- Tropfschmierung
- Tauchschmierung
- Umlaufschmierung
- Ringschmierung

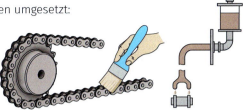
Handschmierung und Tropfschmierung

Automatischer Schmierstoffspender für mehrere Schmierstelle

Handschmierungen werden vor allem dort genutzt, wo die zu schmierende Baugruppe gut einsehbar und erreichbar ist, z. B. auf einer Fahrradkette.

Um die Zeiträume zwischen den Prüfungen zu vergrößern, lassen sich Schmierstoffspender verwenden, die durch einen Vorratsbehälter für eine längere Zeit eine ausreichende Schmierung gewährleisten.

In den beiden Fotos sind Schmiersysteme zu sehen, die mithilfe einer selbsttätigen Gasproduktion und eines Kolbens Fett oder auch Öl zu mehreren Schmierstellen befördern. Diese Schmierstoffsysteme sind fein dosierbar und können nach einer bekannten Zeit leicht ausgewechselt werden.

Mithilfe eines solchen Systems entfällt auch die tägliche Kontrolle des Schmierzustands.

Da die Schmierstoffspender einen geringen Platzbedarf haben, können sie sehr gezielt an einzelne und schwer zugängliche Schmierstellen angebracht werden.

Gezielt angeordnete Schmierstoffpatronen

Tauch- und Umlaufschmierungen werden in geschlossenen Baugruppen, z. B. einem Kettengetriebe, das durch ein Gehäuse geschützt ist, verwendet.
Bei der Tauchschmierung ist der Ölstand hoch genug, um ein bewegtes Bauteil mit Öl zu schmieren. Durch die Bewegung wird das Öl im Gehäuse herumgeschleudert, sodass auch die übrigen Bauteile mit Öl versorgt werden.

Ist eine Versorgung der einzelnen Bauteile nicht gewährleistet, wird mithilfe einer Pumpe das Öl gezielt zu den Schmierstellen transportiert.

Das Öl sammelt sich und wird durch einen Filter transportiert. In beiden Fällen muss der Ölstand regelmäßig geprüft und das Öl

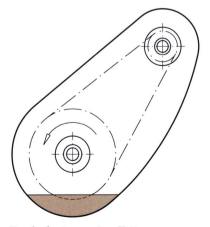
Tauchschmierung einer Kette

sowie der Ölfilter gewechselt werden. Bei der Tauchschmierung entfällt zwar das zusätzliche Pumpaggregat, dafür gewährleistet die Umlaufschmierung aber eine punktgenaue Versorgung, ohne eine zu große Ölmenge in der Baugruppe zu bewegen. Bei einer zu großen Ölmenge kann es zum Schäumen kommen.

Dies kann wegen eingebetteter Gasblasen wiederum zu einer Mangelschmierung führen.
Wird das Öl gewechselt, wird bei der Umlaufschmierung außerdem der Filter erneuert.

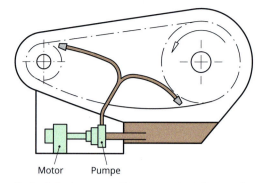

Umlaufschmierung zur Versorgung der Schmierstellen mit Öl

Als letzte Schmiertechnik wird an dieser Stelle die Schmierung mithilfe eines Rings vorgestellt. Der Schmierring taucht in das Ölbad ein und schleudert dieses hoch. Diese Technik wird z. B. in einem Kompressorgehäuse verwendet (siehe Abbildung unten rechts).

Das Öl im Kompressor gelangt über Nuten und Bohrungen zu den Schmierstellen (rot gefärbt). Der Schmierring ist blau gefärbt und wird in diesem Fall durch einen Mitnehmer mitgenommen.

Bei beiden Schmierverfahren lässt sich das aufgefangene Öl hinsichtlich Verschleißpartikeln und Ölzustand untersuchen. Diese Analyse ist für eine Optimierung der Baugruppe hinsichtlich Verschleiß und Lebensdauer sehr hilfreich.

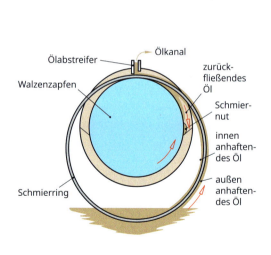

Prinzip der Ringschmierung

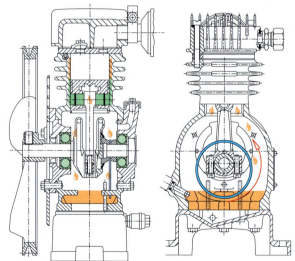

Ringschmierung der Lager eines Kolbenkompressors

11.3.6 Kühlschmierstoffe (KSS)

Betriebsstoffe in der zerspanenden Fertigung sind Kühlschmierstoffe (KSS).

Anforderungen an KSS:
- hohe Kühlwirkung (Wärmeabfuhr)
- hohe Schmierwirkung
- gute Abfuhr von Spänen (Spülwirkung)
- geringe Gesundheits- und Umweltgefährdung
- Korrosionsschutz
- Haltbarkeit (Konservierung)
- geringe Entflammbarkeit
- geringe chemische Reaktionsneigung mit den zu bearbeitenden Werkstoffen

Anforderung	wassermischbar	nicht wassermischbar
Wärmeabfuhr	+	−
Schmierwirkung	−	+
Spülwirkung	+	−
Gesundheit, Umwelt	−	−
Korrosionsschutz	−	+
Nutzungsdauer	−	+

Tab.: Vergleich der Eigenschaften von wassermischbaren und nicht wassermischbaren KSS

KSS bestehen typischerweise aus einer Mischung von verschiedenen Stoffen. Ähnlich wie bei den Schmierölen und -fetten gibt es ein Basisöl. Dieses kann wiederum auf fossiler, synthetischer oder biologischer Basis beruhen. Grundsätzlich werden KSS in wasser- und nichtwassermischbare Mittel eingeteilt. Beide Arten bringen Vor- und Nachteile mit sich und eignen sich entsprechend verschieden gut für verschiedene Einsatzgebiete (Fertigungsverfahren).

Wassermischbarer KSS an einer Fräsmaschine

Bei einem wassermischbaren KSS handelt es sich um eine sogenannte Emulsion. Dieser Begriff beschreibt die Eigenschaft, dass das Wasser zwar mit dem Öl eine zusammenhängende Flüssigkeit bildet, aber eben keine chemische Lösung, wie z. B. eine Salzlösung.

Ohne die genaue Zusammensetzung zu kennen, lassen sich beide Arten hinsichtlich ihrer Vor- und Nachteile grob vergleichen. Der Aspekt der Gesundheits- und Umweltgefährdung ist bei beiden Arten negativ einzuordnen. Hier schneiden die auf biologischen Grundstoffen basierenden KSS besser ab.

Um Nachteile der KSS zu mindern bzw. Vorteile weiter zu stärken, werden auch hier Additive (Zusatzstoffe), verwendet.

Die Wahl der Additive ist schwierig, da sie z. T. gegeneinander wirken. So besitzt ein wassermischbarer KSS eine höhere Spülwirkung, aber aufgrund einer Anfälligkeit gegenüber einer Schimmelbildung eine geringere Nutzungsdauer. Werden entsprechende Additive zur Konservierung eingesetzt, verschlechtern sich wahrscheinlich die Einflüsse auf Gesundheit und Umwelt.

Nicht wassermischbarer KSS an einer Drehmaschine

Der Zustand eines KSS muss wöchentlich geprüft werden. Entscheidende Größen zur Einschätzung des Zustands sind der pH-Wert, Konzentration (z. B. Anteil an Öl, Nitrit- und Nitratgehalt, Menge an Mikroorganismen). Dies sind messbare Größen.

Daneben helfen Sinneseindrücke, z. B.:
- Geruch
- Schaumbildung
- Farbe
- Viskosität
- Abscheidungen auf der Oberfläche
- Aussehen des KSS

Ein einfaches Bestimmen des pH-Werts erfolgt mithilfe von Indikatorpapier, kurz pH-Streifen genannt. Der pH-Wert soll im Bereich zwischen 8 und 9,5 liegen, im alkalischen Bereich. Farblich liegt dieser im grünen Bereich. Je kleiner der Wert, desto saurer ist das KSS und die Korrosionsgefahr nimmt zu. Außerdem kann der zu niedrige Wert schon auf einen Bakterien- und Pilzbefall hindeuten. Ist der alkalische Wert zu hoch, nimmt die Schädigung der Haut zu.

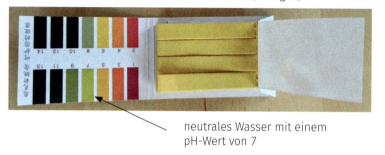

Indikatorpapier mit Farbskala zur Bestimmung des pH-Werts

Neben der einfachen und kostengünstigen Indikatorpapiermethode, lässt sich der pH-Wert elektrisch und optisch bestimmen. Diese Bestimmungsarten sind zwar genauer, aber im betrieblichen Alltag schwieriger umzusetzen.

Die Bestimmung des Nitrit- und Nitrat-Gehalts, und somit eines Indikators für die Verschmutzung mit Pilzen und Bakterien, ist ebenfalls mithilfe von Teststäbchen möglich. Der Grenzwert liegt bei 20 mg/l.

Werden die Grenzwerte nicht mehr eingehalten, ist der KSS auszutauschen. Bei kleinen Abweichungen lassen sich durch entsprechende Zusätze (Additive) die Werte noch korrigieren. Wird das KSS ausgetauscht, ist die Werkzeugmaschine gründlich zu reinigen. Natürlich sind Hinweise der Werkzeugmaschinen- und KSS-Herstellfirmen zu beachten.

11.3.7 Reinigungsmittel

In diesem Kapitel werden Reinigungsmittel für Maschinen beschrieben. Für alle diese Mittel gilt, mit ihnen sorgsam umzugehen. Dazu sind entsprechende Schutzbekleidungen zu verwenden. Typische Mittel, chemisch als organisch einzuordnen, sind Waschbenzin, Spiritus und Aceton.

Darüber hinaus gibt es technische Reinigungsmittel. Diese besitzen einen hohen pH-Wert von größer als 13. Sie sind wasserlöslich, sodass der pH-Wert den Anforderungen (z. B. Verschmutzungsgrad durch Öle und Fette) angepasst werden kann. Aufgrund dieses hohen pH-Werts sind Schutzmaßnahmen bei der Verwendung zu beachten. Zu den sehr starken Reinigungsmitteln auf organischer Basis gehören Nitroverdünnung und MEK (Methylethylketon). Entsprechend viel Wert ist auf eine vorsichtige Anwendung zu legen. Vor Nutzung eines Reinigungsmittels ist das dazugehörige Sicherheitsdatenblatt zu lesen. Ein Ausschnitt zu MEK ist auf der nächsten Seite aufgeführt.

Neben der Gesundheitsgefährdung durch Verätzungen wird auch auf die Feuergefahr hingewiesen. Es wird u.a. der sogenannte Flammpunkt genannt. Dieser gibt die niedrigste Temperatur an, bei welcher ein brennbarer Dampf bzw. brennbares Gas über der Oberfläche entsteht. In Verbindung mit ggf. vorhandener Luft entsteht ein explosives Gas-Luft-Gemisch.

Die von den Herstellfirmen erstellten Sicherheitsdatenblätter sind sehr umfangreich und beschreiben detailliert Zusammensetzung, Gefahren und Maßnahmen in Zusammenhang mit dem Umgang der Gefahrenstoffe. Dazu, gehört auch die sachgerechte Entsorgung und Lagerung.

Ausschnitt aus dem Sicherheitsdatenblatt zum Reinigungsmittel MEK

Gefahrensymbole für Gefahrenstoffe

Beim Umgang mit Betriebsstoffen sind vielfältige Gefährdungen zu berücksichtigen. Die Gefährdungen werden mit Symbolen gekennzeichnet.

Eine Beeinträchtigung der Gesundheit von Menschen kann durch die Aufnahme der Stoffe über folgende Wege erfolgen:

- Verschlucken
- Einatmen
- Hautresorption

Grundsätzlich besteht durch Betriebsmittel eine Explosions- und Brandgefahr, eine Beeinträchtigung der Gesundheit des Menschen sowie eine Gefährdung der Umwelt.

Unter Umwelt sind auch die Arbeitsräume zu verstehen, die z.B. bei entsprechend falscher Lagerung der Betriebsmittel einer zusätzlichen Brandgefahr ausgesetzt sind.

Durch Stoffe können in den verschiedenen Aggregatszuständen (fest, flüssig, gasförmig) Gefährdungen vorliegen. Um mit diesen Stoffen arbeiten zu dürfen, muss eine entsprechende Einweisung erfolgen. Dies betrifft Kenntnisse über die Gefährdungsart, Schutzmaßnahmen, das Verhalten in Notfällen, z.B. das Ausspülen von betroffenen Augen, Erste Hilfe-Maßnahmen und eine umweltgerechte Entsorgung. Bestehen Zweifel bzgl. der Gefahr durch ein Betriebsmittel, ist von einer Gefährdung auszugehen. Eine Übersicht der Gefahrensymbole zur Kennzeichnung der Stoffe ist oben zu sehen.

11.4 Handlungssituation: Umsetzung von Wartungs- und Inspektionsarbeiten

Arbeitsphasen	Tätigkeiten und Maßnahmen gemäß DIN 31051
Analysieren (Orientieren)	Analyse des Auftragsinhalts, Durchführungs- und Dokumentationsanforderungen
Informieren	Informationen einholen/zusammenstellen: • Anordnungs- und Funktionspläne • Herstellerunterlagen, Bedienungsanleitungen • ggf. vorhandene Wartungs- und Inspektionspläne • Betriebsanweisungen • Sicherheitsdatenblätter • ggf. vorhandene Gefährdungsbeurteilung
Planen	Prüfung, Überarbeitung und ggf. Neuerstellung: • Wartungsplan (Ort, Termin, Maßnahmen, zu beachtende Merkmalswerte) • Inspektionsplan (Ort, Termin, Methode, Gerät, Maßnahmen, zu betrachtende Merkmalswerte) • Gefährdungsbeurteilung • Erstellung eines Arbeitsplans inklusive organisatorischer Abstimmungen
Durchführen	• Werkzeuge, Betriebsstoffe und Hilfsmittel bereitstellen • Erforderliche Sicherheitsmaßnahmen umsetzen • Überprüfung und Freigabe zur Durchführung • Umsetzung der Wartungsarbeiten • Durchführung und Auswertung der Inspektion (Ermittlung des Ist-Zustands) • ggf. Entscheidung und Umsetzung von Maßnahmen • ggf. Entsorgung von Reststoffen • Wiederinbetriebnahme und Funktionstest
Auswerten	• Wartungs- und Inspektionsprotokolle ausfüllen • Arbeiten dokumentieren • Kundinnen- und Kundendaten aktualisieren • zukünftige Instandhaltungsmaßnahmen und -termine festlegen

Tab.: Arbeitsphasen

ANALYSIEREN

Vor der Umsetzung von Instandhaltungsarbeiten sollte zunächst der Instandhaltungsauftrag analysiert werden.

INFORMIEREN

Neben der eindeutigen Festlegung der betroffenen Anlagen und Maschinen müssen eventuell vorhandene betriebliche Durchführungs- und Dokumentationsanforderungen bekannt sein.

Im nächsten Schritt werden dann alle notwendigen Informationen zusammengestellt.

Anordnungs- und Funktionspläne dienen dazu, sich den Aufbau und die Funktionsweise der zu wartenden Maschine oder Anlage zu verdeutlichen.

In **Unterlagen der herstellenden Unternehmen**, z. B. **Betriebsanleitungen**, sind häufig **Wartungs- und Inspektionspläne** mit Angaben zu den erforderlichen Arbeiten, Intervallen und Betriebsstoffen enthalten. Vielleicht kann auch auf bereits früher verwendete Wartungs- und Inspektionsprotokolle zurückgegriffen werden. Ebenso sollten für die Arbeiten an der Maschine und den Umgang mit Gefahrstoffen (z. B. Kühlschmierstoffe), **Betriebsanweisungen** und **Sicherheitsdatenblätter** vorhanden sein. Auch sollten Ergebnisse der letzten **Gefährdungsbeurteilung** herangezogen werden, um sich einen Überblick zu verschaffen.

11.4 Handlungssituation: Umsetzung von Wartungs- und Inspektionsarbeiten

In der Regel wird in der Bedienungsanleitung einer Werkzeugmaschine ein Wartungsplan beigefügt. Dieser wird häufig grafisch unterstützt.

In dem Schmierplan der Fräsmaschine findet man die Schmierstellen und -arten sowie die Schmierintervalle.

Folgende Punkte sind zur Wartung der dargestellten Fräsmaschine zu beachten: Der Support ① ist täglich mit mehreren Stößen einer Ölpresse zu schmieren. Das Schauglas S0 dient nur zur Zufuhrkontrolle. Wöchentlich ist der Senkrechtfräskopf mit Getriebe ② mit einigen Stößen aus der Ölpresse zu schmieren. Ebenso wöchentlich ist die Antriebsspindel ③ mit einigen Tropfen aus einer Ölkanne zu schmieren. Dazu ist die Spindel zunächst zu reinigen. Um an die Spindel zu kommen, ist das Schutzblech abzunehmen. Die Handräder ④ sind einmal in der Woche mithilfe einer Ölkanne und einigen Tropfen zu schmieren. Alle 4000 Betriebsstunden, spätestens aber einmal im Jahr, ist das Öl des Hauptgetriebes zu wechseln. Im Zug dieser Arbeit ist der Getriebekasten (Metallspäne der Zahnräder) zu reinigen. Das Öl wird bis zur Mitte des Schauglases S1 aufgefüllt. Dazu sind etwa 1,5 l Öl vorzusehen.

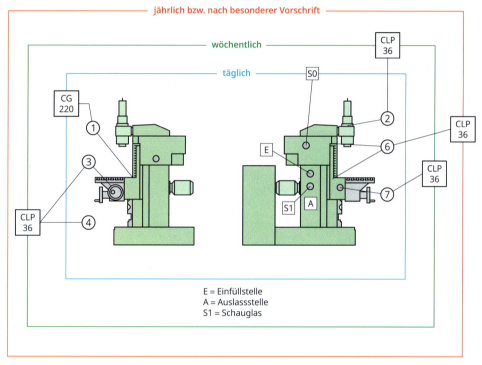

Schmierplan einer Fräsmaschine

Die Späneabstreifer ⑥ sind monatlich abzunehmen und zu reinigen. Die Arbeitstischspindel ⑦ wird genauso häufig gereinigt und per Hand geschmiert. Einmal im Jahr bzw. beim Auftreten regelmäßiger Fertigungsabweichungen, ist das Spiel der Arbeitstischspindel zu überprüfen. Dieses darf $\frac{1}{100}$ Millimeter nicht überschreiten. Geprüft werden kann dieses Spiel, indem man ein Probewerkstück von zwei Seiten nach nacheinander anfräst. So wird die Spindel während der Fertigung von zwei gegenüberliegenden Seiten her belastet. Die erzielte Abweichung am Probstück entspricht in etwa dem Spiel der Spindel.

Zum Einstellen des Spiels ist die Bedienungsanleitung genau zu beachten und zu verwenden.

Der Kühlschmierstoff (KSS) ist regelmäßig (mindestens einmal in der Woche) hinsichtlich des Zustands und der Menge zu kontrollieren. Wird das KSS gewechselt, ist der Kühlmittelbehälter zu reinigen und eine Menge von 8 l KSS zum Wiederauffüllen bereitzustellen.

Instandhaltung

Auszuführende Arbeiten	Mess- bzw. Prüfgröße, Betriebs- bzw. Hilfsstoffe	Häufigkeit				Bemerkungen (Prüf- und Messmittel, Vorrichtungen ...)
		t	w	m	j	
Schmieren der Tischführungen ①	einige Stöße CG 220	X				Ölpresse, Ölschauglas zur Zufuhrkontrolle
Schmieren des Senkrechtfräskopfes mit Getriebe ②	einige Stöße CLP 36		X			Ölpresse
Reinigen und schmieren der Antriebsspindel	einige Tropfen CLP 36		X			Ölkanne, vorher Schutzblech entfernen
Handräder schmieren ④	CLP 36		X			Ölkanne
Ölwechsel Hauptgetriebe	ca. 1,5 l CLP 36				X	alle 4000 Betriebsstunden, Mitte Schauglas S5
Getriebekasten reinigen, zusammen mit dem Ölwechsel	Reinigungsmittel, Putzlappen				X	alle 4000 Betriebsstunden
Reinigen der Späneabstreifer ⑥	Reinigungsmittel, Putzlappen			X		
Arbeitstischspindel reinigen und schmieren ⑦	Reinigungsmittel, Putzlappen, CLP 36			X		
Überprüfen des Spiels der Arbeitstischspindel	Spiel kleiner als $\frac{1}{100}$ mm, Probewerkstück				X	bei entsprechenden Fertigungsfehlern auch früher, Probewerkstück von zwei Seiten anfahren und vermessen
Einstellen der Arbeitstischspindel	nach Bedienungsanleitung				X	nach Bedienungsanleitung
KSS-Zustand prüfen	Werte aus der Gebrauchsanleitung des KSS entnehmen, Pilzbildungen, Farbe, Absonderungen		X			Sicht- und Geruchskontrolle, Refraktometer, Lackmusstreifen, Schutzhandschuhe
KSS-Wechsel und Reinigung des KSS-Behälters	8 l KSS, Reinigungsmittel, Putzlappen					Absaugpumpe, Entsorgungsbehälter, Schutzhandschuhe

Tab.: Tabellarischer Wartungsplan

PLANEN

Vorhandene Wartungs- und Inspektionspläne müssen geprüft und ggf. in Hinblick auf veränderte Bedingungen überarbeitet und verändert werden.

Neben Angaben zur Maschine, dem Ort sowie den Intervallen und Terminen enthalten Wartungspläne die erforderlichen Wartungstätigkeiten, z. B. einen Schmierplan. Die Tabelle zeigt einen beispielhaften Wartungsplan für eine Fräsmaschine.

In Inspektionsplänen sind zudem die zur Feststellung des Ist-Zustands einzusetzenden Methoden, wie Messung, Beobachtung oder Funktionsprüfung, und ggf. dazugehörige Messgeräte angegeben.

Liegen keine Wartungs- und Inspektionspläne vor, müssen sie neu erstellt werden. Dazu sollten folgende Fragen geklärt werden:

- Welche Bauteile bewegen sich?
- Welche Reibungsarten und -zustände sind festzustellen?
- Welche Verschleißanzeichen sind zu erwarten und wie sind diese feststellbar?

- Sind bereits Ursachen erkennbar bzw. beschreibbar?
- Welche Tätigkeiten folgen daraus?
- Welche Intervalle sollten eingehalten werden?
- Wie entwickelt sich der Verschleiß zeitlich?
- Welche Maßnahmen sind kurzfristig möglich?
- Wie lässt sich der Verschleiß mittel- bzw. langfristig vermindern, der Verschleißprozess verlangsamen oder sogar vermeiden?

Sind alle Informationen vorhanden und Fragen geklärt, kann ein Arbeitsplan inklusive notwendiger organisatorischer Abstimmungen erstellt werden. Die Durchführung der Maßnahmen hat eine Ausfallzeit der Maschine zur Folge und muss zeitlich abgestimmt werden.

Arbeitssicherheit und Unfallverhütung bei Wartungstätigkeiten

Instandhaltungsarbeiten beinhalten hohe Gefährdungen und eine besonders hohe Unfallquote. Etwa 25 Prozent aller tödlichen Arbeitsunfälle entstehen bei Instandhaltungsarbeiten.

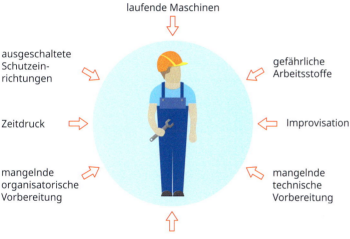

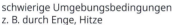

Gefährdungen bei Instandhaltungsmaßnahmen (BGHM)

Neben den Gefahren durch den Umgang mit Betriebsstoffen, gehen bzgl. der Wartungstätigkeiten Gefahren durch elektrische und mechanische Bedingungen aus.

Zu Letzterem zählen u. a. pneumatische und hydraulische Baugruppen sowie die Handhabung von schweren Lasten. Die erste vorbeugende Maßnahme vor einer Wartung für die druckbelasteten Baugruppen und elektrisch betriebenen Anlagen wird „Freischalten" genannt. Das bedeutet, dass die Anlagen in einen drucklosen und spannungsfreien Zustand versetzt und gegen ein Wiedereinschalten gesichert werden.

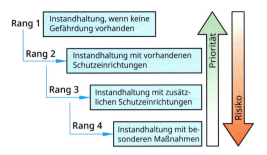

Rangfolge der Schutzmaßnahmen (BGHM)

Der drucklose und spannungsfreie Zustand wird durch das Unterbrechen von Versorgungsleitungen gewährleistet. Dies geschieht durch das Betätigen des Not-Aus-Schalters (elektrisches Freischalten) bzw. Herstellen eines drucklosen Zustands durch Trennen von Versorgungsquellen (Kompressoren oder Pumpen) und durch anschließendes Ablassen des Druckmediums (Luft bzw. Hydrauliköl) über ein entsprechendes Ventil.

Maßnahmen – Rang 1

Instandhaltung **erst**, wenn:
1. **Energieversorgung** unterbrochen ist und
2. Ingangkommen infolge **gespeicherter Energie** verhindert worden ist und
3. gefahrbringende Bewegungen zum **Stillstand** gekommen sind und
4. physikalische, chemische und biologische **Einwirkungen** und
5. **unbefugtes, irrtümliches oder unerwartetes** Ingangsetzen ausgeschlossen werden können.

Schutzmaßnahmen Rang 1 (BGHM)

Beim Umgang mit großen und schweren Lasten mithilfe von Kränen o. Ä. sind ggf. Bereiche abzusperren und die entsprechenden Unfallverhütungsvorschriften im Umgang mit den Fördermitteln zu beachten.

Für alle Einrichtungen sind Einweisungen durch Fachkräfte erforderlich.

Grundsätzlich ist bei Instandhaltungsmaßnahmen die Rangfolge der Schutzmaßnahmen zu beachten. Priorität hat immer der Ausschluss von Gefährdungen nach Rang 1. Erst wenn dieser Zustand nicht erreicht werden kann, kommen nachrangige Maßnahmen zum Einsatz.

Zeitdruck, mangelnde technische und organisatorische Vorbereitung sowie schwierige Umgebungsbedingungen sind weitere verstärkende Gefährdungsfaktoren.

11.4 Handlungssituation: Umsetzung von Wartungs- und Inspektionsarbeiten

DURCHFÜHREN

Die Durchführung von Wartungen und Inspektionen beginnt mit der **Bereitstellung aller Werkzeuge, Betriebsstoffe und Hilfsmittel**, die für diese Tätigkeiten genutzt werden sollen.

Dann müssen die **erforderlichen Sicherheitsmaßnahmen** umgesetzt werden, z. B. das Freischalten. Wenn alle Maßnahmen überprüft wurden, kann die **Freigabe zur Durchführung** gegeben werden.

Alle Wartungsarbeiten werden durchgeführt und der Ist-Zustand der Anlage ermittelt. Aus der Ergebnisauswertung werden ggf. Maßnahmen abgeleitet und umgesetzt.

Nach der Fertigstellung werden alle angefallenen Reststoffe ordnungsgemäß entsorgt.

Sind alle Tätigkeiten durchgeführt, erfolgt eine Wiederinbetriebnahme und **Funktionsprüfung** der Anlage. Dabei werden vorhandene Anweisungen zur Inbetriebnahme und Checklisten zur Funktionsprüfung genutzt.

AUSWERTEN

Zum Abschluss werden alle Arbeiten in den vorgesehenen **Wartungs- und Inspektionsprotokollen** dokumentiert.

Bei der Übergabe werden die durchgeführten Arbeiten erläutert und auf die nächsten Termine und Maßnahmen der Instandhaltung hingewiesen.

Ggf. werden Arbeitsnachweise erstellt, Ersatz- und Verbrauchsmaterial aufgelistet und Daten von Kundinnen und Kunden aktualisiert.

Sachwortverzeichnis

3D-Drucker 272, 277
3D-Druck-Modell 277
3D-Perspektiven 76
3D-Scan 272

A

Ablaufbeschreibung der Steuerung 323
Abluftdrosselung 319
Abnutzungsgrenze 341
Abnutzungsvorrat 341
Abrasion 349
Abweichung 26
Abweichungstoleranz 278
Aceton 358
Acetylenflasche 245
Acetylen-Sauerstoffgemisch 245
Additive Fertigung 272
Additive Fertigungsverfahren 278
Adhäsion 239, 349
Adhäsionskräfte 239
Akku 294
Aktor 314, 318
Alkaline 294
ALPEN-Methode 35
Alternating Current (AC) 293
Ampere 288
Amperestunden 294
Anforderung 25
Angusssystem 267
Anlassen 128
Anreißen 159
Anreißplatte 160
Anziehdrehmoment 230
Arbeitskontrolle 31
Arbeitsluft 318
Arbeitsplanung 29
Arbeitsplatzsicherheit 41
Arbeitsprozess 18, 20
Arbeitsschutz 40, 41, 43
Arbeitsschutz bei Arbeiten an Sägemaschinen 169
Arbeitsschutzgesetz (ArbSchG) 46
Arbeitsschutzmanagementsystem 53

Arbeitssicherheit 41, 45
Arbeitssteuerung 30, 31
Arbeitsvorbereitung 29
Aufbau der Backenfutter 194
Aufbau von Drehmaschinen 190
Aufbereitungseinheit 310
Aufbohren 174
Aufsteckfräser 210
Augmented Reality (AR) 346
Ausgangsstellung 320
Autogenschweißen 245
Automatisierte Prüfsysteme 115
Automatisierungsgerät 328, 329
Automatisierungstechnik 308

B

Backlog 24
Bauarten von Fräsmaschinen 202
Bemaßungen 81
Betriebsanweisung 50
Bettfräsmaschinen 203
Bewegliche Verbindungen 221
Bewegungsachse 202
Biegelängen 262
Biegemoment 260
Biegen 260
Biegeumformen 257, 260
Blechschrauben 226
Bleiakkumulator 294, 296
Blindnieten 237
Bohren 170
Bohren ins Volle 174
Bohrschrauben 226
Bohrverfahren 173
Bolzen 236
Bowden-Extruder 279
Brennbarkeit 132

C

CAD 273
CAD-Programm 272
CNC-Drehmaschine 187

Coulomb 288
Cyber-physische Systeme 15

D
Datenexport 273
Dauerform 266
Dauermodell 266
Detailansichten 78
Dienstleistung 15
Digitales Modell 272
Digitales Werkzeug 330
Digitalisierung 13, 14
DIN VDE 0105-100 303
Direct Current (DC) 293
Direkte Steuerung 320
Direktextruder 279
Doppeltwirkender Druckluftzylinder 314
Drallrichtung 182
Drehen 186
Drehmeißel 196
Drehstrom 293
Drehverfahren 188
Dreibackenfutter 193, 207
Drossel 318
Drosselrückschlagventil 318, 325
Druck 311
Druckerzeugung 308
Druckluftbedarf 313
Druckluftzylinder 312, 318
Druckregelventil 309, 310
Druckumformen 257
Druckzone 260
Durchflussstellung 325
Durchlaufzeiten 30
Durchsteckverbindung 223
Duromere 144

E
Eckenwinkel 197
Eektrische Stromstärke 288
Einfachwirkender Druckluftzylinder 314
Einspannen der Bohrer 179
Einstellwinkel 197
Einteilung von Drehmaschinen 188
Einwirkdauer 299

Einzelkosten 33
Einziehverbindung 223
Eisenmetalle 137
Elastomere 145
Elektrische Energiegleichung 288
Elektrische Grundgrößen 286
Elektrische Ladung 288
Elektrische Leitfähigkeit 131
Elektrischer Lötkolben 243
Elektrische Schaltungen 289
Elektrische Spannung 288
Elektrische Verbraucher 298
Elektrofachkraft 303
Elektrofachkraft für festgelegte Tätigkeiten 303
Elektronen 287
Elektropneumatische Steuerung 325
Elektrotechnische Qualifikationen 303
Elektrotechnisch unterwiesene Fachkraft 303
Emulsion 357
Energieumwandlung 297
Erdleiter 300
Ereignisorientierte Instandhaltungsstrategie 344
Ergonomie 42
Explosionszeichnung 72
Extrudervarianten 279

F
Faserverlauf 259, 261
Feilen 165
Feingussformverfahren 270
Fertigungsverfahren nach DIN 8580 157
Feste Schmierstoffe 354
Festigkeit 126
Festigkeitsklasse 228
Festigkeitsprüfung 126
Festkörperreibung 348
Filamentdraht 279
Flachsenker 181
Flammpunkt 353
Fließspäne 199
Flügelzellenpumpe 309
Flüssige Schmierstoffe 352
Flüssigkeitsreibung 348
Flussmittel 242
Formen der Drehmeißel 198

Formsand 269
Formschluss 221
Formschlüssige Verbindungen 235
Formschräge 267
Formteilung 267
Formverfahren 265
Fräser 208
Fräseraufnahme 212
Fräsmaschine 206
Fräsverfahren 204
Fräswerkzeuge 208
Freiwinkel 162
Fügen 221
Fügetechnik 220
Füllgrad 275
Funktionsprototyp 277
Fused-Layer-Modeling (FLM) 279
Future Skills 16

G

Gasbrenner 243
Gasflasche 245
Gasreibung 348
Gasschmelzschweißen 245
G-Code 275
G-Codes (Geometric-Code) 274
Gefahr 49
Gefährdung 49
Gefährdungsbeurteilung 48
Gefahren durch elektrischen Strom 299
Gefahrenquellen 42
Gegenlauffräsen 205, 214
Gemeinkosten 33
Generatives Fertigungsverfahren 272
Geometrisch bestimmte Schneide 157
Geometrisch unbestimmte Schneide 157
Gesamtziehverhältnis 264
Geschäftsprozess 18, 20
Gesenkbiegen 260
Gewindearten 224
Gewindebohren 183
Gewindedrehen 191
Gewindelehrdorn 110
Gewindelehrringe 110
Gewindestift 226

Gießbarkeit 132, 133
Gießen 265
Gießverfahren 265
Giftigkeit 135
Gleichlauffräsen 205, 214
Gleichspannung 292
Gleitreibung 347
Glühen 128
GRAFCET 321, 322
GRAFCET-Plan 322
Grafit 354
Grundlagen des Bohrens 170
Gusseisen 141
Gussfehler 269
Gussspannung 269
Gusswerkstoffe 141

H

Haftreibung 347
Handbohrmaschine 171
Handbügelsäge 168
Handform aus Sand 269
Handgeführte Werkzeuge 158
Handreibahle 183
Handschmierung 355
Härte 127
Härteprüfung 128
Hartlöten 241
Hauptgüteklassen der Stähle 138
Hebelspanner 207
Hiebzahl 165
Höhenanreißgerät 160
Hot-End (Heizeinheit) 279
Hubbewegung 312
Hubvolumen 312
Hydraulik 308
Hydraulikzylinder 310
Hydrostatisches Lager 348

I

Indikatorpapier 358
Indirekte Steuerung 320
Industrie 4.0 13, 14, 15
Initialschritt 322
Inspektion 342

Instandhaltung 340
Instandhaltungsmaßnahmen 340
Instandhaltungsstrategien 344
Instandsetzung 343
Intervallabhängige Instandhaltungsstrategie 345
ISO GPS 86, 87

J
Joule 287

K
Kaltumformen 258
Kapazität 294
Kapazitätsauslastung 30
Kegeldrehen 191
Kegelsenker 180
Kegelstifte 235
Keilschneiden 163
Keilwinkel 162
Kerbschlagbiegeversuch 128
Kerbstifte 236
Kern 266
Kernmarken 269
Klebefläche 240
Kleben 239
Klebeverbindung 239
Klebstoffarten 239
Klemmverbindung 222
Kohäsion 239
Kohäsionskräfte 239
Kolben 314
Kolbenkompressor 309
Kolbenstange 314
Konsistenzklasse 353
Konsolfräsmaschine 202
Kontaktkorrosion 351
Kopfschrauben 225
Kopierfräsen 201
Körnen 160
Korrosion 346, 350
Korrosionsbeständigkeit 131, 132
Korrosionsschutz 351
Korrosionsvorgänge 351
Kostenrechnung 33
Kraftschluss 221

Kraftschlüssige Verbindungen 222
Kugelviskosimeter 353
Kühlschmierstoffe (KSS) 183, 357
Kundenaufträge 25
Kundenzufriedenheit 26, 27
Künstliche Intelligenz (KI) 14
Kunststoffe 142

L
Laie in der Elektrotechnik 303
Lamellenspäne 199
Längenausdehnungskoeffizient 130
Laserstrahlschmelzen (Laser Beam Melting LBM) 278
Lastenheft 27
Layer 274
Layeranzahl 275
LBM 278
Lebensdauerschmierung 354
Legierungsbildung 123
Leiterwerkstoffe 131
Leitspindeldrehmaschine 190
Leitungsschutzschalter (LS-Schalter) 301
Lichtbogen 247
Lichtbogenhandschweißen 247
Lithium-Ionen-Akku 294
Lösbare Verbindungen 221
Losdrehsicherung 232
Loslassgrenze 299
Lot 242
Lotauswahl 243
Löten 241
Lötlampe 243
Lötspalt 242
Lunker 269

M
Magnetspannplatte 208
MAG-Schweißen (Metall-Aktiv-Gas-Schweißen) 248
Mangelschmierung 352
Manuelles Gewindebohren 184
Maschinelles Gewindebohren 185
Maschinenbügelsäge 169
Maschinenschraubstock 207
Maschinereibahle 182

Maximalprinzip 33
Mechanische Spannung 228
Mechatronische Systeme 15
Meißeln 163
MEK (Methylethylketon) 358
Messerkopf 209
Messmittel 97
Mess- und Prüftechnik 94
Messunsicherheit 111, 113
Metallbandsäge 169
Metalle 135
Metallkreissäge 169
Metallpulvergemisch 271
MIG-Schweißen (Metall-Inert-Gas-Schweißen) 248
Mikroverschweißung 349
Mikrozerspanung 349
Mindestbiegeradius 261
Minimalprinzip 33
Mischreibung 348
Molybdänsulfid 354
Morsekegel 180
Muttern 227

N

Nachkalkulation 33
Nachlinksschweißen 246
Nachrechtsschweißen 246
Nachschleifen 176
Naturstoffe 146
Neutrale Faser 260
Neutralleiter 300
Newton 287
Nichteisenmetalle 142
Nichtmetalle 135
Niederhalterkraft 263
Nietverbindungen 237
Ni-Fe-Akkumulator 294
Ni-MH-Akkus 294
Nitroverdünnung 358
Normen 67, 68, 70
Nutzungsdauer 295, 341

O

Oberflächenangaben 88
Oberflächenermüdung 349

Oberflächenzerrüttung 349
Oberkasten 269
ODER-Verknüpfung 318, 323
Ohmscher Widerstand 289
Ohmsches Gesetz 290
Ökonomisches Prinzip 33
Ortsfeste Bohrmaschine 172

P

Parallelschaltung 291
Passfeder 238
Passfederverbindung 238
Passung 233
PEN-Leiter 300
Periodische Instandhaltungsstrategie 345
Persönliche Schutzausrüstung (PSA) 42
Pflichtenheft 27
pH-Wert 358
Planscheibe 194
Pneumatik 308
Pneumatische Anlagen 311
Pneumatische Schaltungen 320
Pneumatische Steuerung 313
Pourpoint 353
Pressverbindung 222
Pressverbindungen 233
Primäre Batterie 294
Prinzip des Bohrens 170
Prinzip des Drehens 186
Projekt 21, 22
Projektionsmethode 1 74
Projektionsmethode 3 74
Projektmanagement 21
Projektmanagement-Methoden 23
Prüfmerkmal 102
Prüfplan 100
Prüfschritt 100
Pulverschichtsystem 278
Pulverwerkstoffe 147
Pumpspeicherwerk 289

Q

Qualitätsleistung 114
Qualitätsmanagement 113
Qualitätsmerkmale 95

Qualitätsplanung 95, 97
Qualitätsregelkreis 108

R

Radialbohrmaschine 173
Raft 276
Rapid Manufacturing 276
Rapid Prototyping 276
Rapid Tooling 276
Recycling 148
Recycling von Kunststoffen 149
Recycling von Metallen 149
Reed-Kontakt 325
Reibahle 181, 182
Reiben 170, 181
Reibung 346, 347
Reibungsarten 346, 347
Reibungszustände 348
Reihenschaltung 290
Reinigungsmittel 358
Reißspäne 198
Rekristallisation 259
Rekristallisationstemperatur 259
Relais 325
Ressourcenschonung 57
Ringschmierung 356
Roheisen 123
Rollreibung 347
Rondendurchmesser 264

S

Sachleistung 15
Sägeblatt 167
Sägen 166
Sauerstoffkorrosion 351
Säulenbohrmaschine 173
Schaftfräser 210
Scheiben 226
Scherschneiden 163
Scherspäne 199
Schichthöhe 275
Schlackeneinschluss 269
Schleifen 176
Schmelzklebstoffe 240
Schmelztemperatur 130

Schmieden 259
Schmierfette 353
Schmierfilmdicke 353
Schmierring 356
Schmierstelle 353
Schmierstoffarten 352
Schmierstoffe 352
Schmierstoffspender 355
Schmierverfahren 355
Schnappverbindungen 238
Schneiden 156, 157
Schnittansichten 76
Schnittgeschwindigkeit 175
Schnittwerte beim Bohren 175
Schränkarten von Sägeblättern 167
Schraubensicherungen 232
Schraubenverbindungen 222, 223, 227
Schruppfräser 211
Schubumformen 257
Schutzausrüstung 42
Schutzgasschweißen 248
Schutzleiter 300
Schutzmaßnahmen 299
Schweißangaben 85
Schweißbrenner 246
Schweißen 244
Schwenkbiegen 260
Schwindung 267
Sekundäre Batterie 294
Selektives Laserschmelzen 278
Senken 170, 180
Setzsicherung 232
Signalüberschneidung 324
Sintern 148, 271
Sinterprozess 271
Sinterwerkstoffe 147
Skizze 71
Slicen 274
Slicer 274
Smart Factory 15
Smart Product 15
Spanarten 198
Spanarten beim Fräsen 213
Spannen der Werkstücke 207
Spannen der Werkzeuge 196

Spannen zwischen Spitzen 195
Spannfutter 193
Spannplatte 208
Spannpratzen 208
Spannstifte 236
Spannungsarten 292
Spannzangenfutter 195
Spanungsquerschnitt 197
Spanwinkel 162
Speicherprogrammierbare Steuerungen (SPS) 328
Speisern 267
Sperrventil 317
Spielpassung 233, 234
Spiritus 358
Spitzenhöhe 189
Spitzenweite 189
Sprödigkeit 128, 129
SPS-Technologie 329
Stahl 123, 137, 141
Stahlguss 141
Stahlklassen 138
Standzeit 176
Starre Verbindungen 221
Steilkegelaufnahme 213
Steuerungstechnik 308
Stick-Slip-Bewegung 318
Stiftschrauben 226
Stiftverbindungen 235
Stirnmitnehmer 195
STL-Format 273
STL (Standard Tessellation Language) 273
Stoffschluss 221
Stoffschlüssiges Fügen 239
Stoßarten 244
Stranggießen 123
Streckgrenze 126, 127, 228
Stromrichtung 288
Stückliste 72
Stumpfstoß 244
Stützmaterial 279, 280
Stützstrukturen 276

T

Talkum 354
Taskboard 24
Tauchschmierung 355
Technische Kommunikation 66
Technologieschema 321
Technologische Werkstoffeigenschaften 132
Thermische Eigenschaften 130
Thermoplast 279
Thermoplaste 143
Tiefziehen 263
Timeboxing 24
Tischbohrmaschine 173
Toleranzen 84, 85
Toleranzzone 99
Toxikologie 134
Transitionsbedingung 322
Trennverfahren 157
Trockenreibung 348
Tropfschmierung 355
T-Stoß 244

U

Übergangspassung 233, 234
Übermaßpassung 233, 234
Umformbarkeit 133, 134, 258
Umformen 257
Umformtechnik 256
Umlaufschmierung 355
Umweltbelastungen 56
Umweltmanagement 58
Umweltrecht 55
Umweltschutz 40, 53
UND-Verknüpfung 323
Unlösbare Verbindungen 221
Unterkasten 269
Unterweisung 49
Urformen 265
Urformtechnik 256

V

Vakuumtisch 208
Ventil 308, 316
Ventilkennzeichnung 319
Verbesserung 343
Verbundwerkstoffe 135, 147
Vergüten 128
Verhalten im Notfall 52

Verliersicherung 233
Verlorene Form 266
Verlorenes Modell 266
Verschleiß 346, 347
Verschleißmechanismen 349
Viskosität 352
Viskositätsmessung 353
Vollformgießen 271
Vollfräser 209
Volt 288
Volumenstrom 313
Vorausschauende Instandhaltungsstrategie (Predictive Maintenance) 346
Vorbeugende Instandhaltungsstrategie 344
Vorkalkulation 33
Vorschub 175
Vorspannkraft 228, 229

W

Wachsmodell 270
Walkpenetration 353
Walzen 123
Wälzreibung 347
Wärmeausdehnung 130
Warmhärte einer Werkzeugschneide 161
Warmumformen 258
Wartung 342
Wartungsmaßnahmen 341
Waschbenzin 358
Watt 287
Wechselspannung 292
Wechselventil 318
Wegeventil (WV) 316
Weichlöten 241
Welle-Nabe-Verbindung 238
Werkstoffeigenschaften 124, 125
Werkstoffgruppen 135
Werkstoffnummer 139
Werkstofftechnik 120
Werkzeugschneide 161

Wertschöpfungskette 13
WIG-Schweißen (Wolfram-Inert-Gas-Schweißen) 248
Winkel an der Werkzeugschneide 162
Wirkungsgrad 297

Z

Zähigkeit 128, 129
Zapfensenker 181
Zeichnungen 71
Zeichnungsableitungen 71
Zentrierbohren 174
Zerspanbarkeit 134
Zerspanen 156, 157
Zerteilen 163
Ziehkantenradius 263
Ziehkraft 263
Ziehmatritze 263
Ziehspalt 263
Ziehstufe 263
Ziehverhältnis 263, 264
Zugdruckumformen 257, 263
Zugfestigkeit 126, 228
Zugspannung 228
Zugspindeldrehmaschine 190
Zugumformen 257
Zugversuch 126
Zugzone 260
Zuluftdrosselung 319
Zündtemperatur 132
Zuordnungsliste 321
Zusatzwerkstoff 244
Zustandsorientierte Instandhaltungsstrategie 345
Zustandsorientierte Strategie 342
Zweidruckventil 317
Zyklengesteuerte Drehmaschine 187
Zylinder 308
Zylinderstifte 235

Bildquellenverzeichnis

|3DQR GMBH, Magdeburg: 4.1, 13.2, 32.1, 77.1, 99.2, 143.6, 158.1, 158.2, 163.1, 199.5, 205.1, 206.3, 207.2, 221.1, 235.1, 236.3, 238.3, 244.2, 257.1, 265.5, 270.1, 297.1, 317.11. |akg-images GmbH, Berlin: bilwissedition 172.3. |Alamy Stock Photo, Abingdon/Oxfordshire: access rights from Library Book Collection 171.1; BOKEH STOCK 304.1; David J. Green - electrical 325.1; Dimitrov, Nikolay 171.4; Harms, Frank 285.2, 286.1; imageBROKER.com 305.1; Keatsirikul, Ekkasit 330.1; KPixMining 325.3; walsh, kevin 345.1. |Alpen-Maykestag GmbH, Puch: 179.6. |Alves, Alexander, Staufenberg: 252.1, 252.2, 252.3, 252.4, 252.5, 252.6, 252.7, 252.8, 252.9, 252.10, 252.11. |Alzmetall Werkzeugmaschinenfabrik GmbH & Co. KG, Altenmarkt: 173.1, 173.2, 173.3, 216.3. |AMES Group, Sant Feliu de Llobregat, Barcelona: 148.1. |AMF - ANDREAS MAIER GmbH & Co. KG, Fellbach: 207.5. |AMTAG Alfred Merkelbach Technologies AG, Meerbusch: 148.2. |Anthon GmbH Maschinen- & Anlagenbau, Flensburg: nachgezeichnet von Di Gaspare, Michele (Bild und Technik Agentur für technische Grafik und Visualisierung), Bergheim 65.1, 75.4, 82.1, 83.1, 83.2, 83.3. |BC GmbH Verlags- und Medien-, Forschungs- und Beratungsgesellschaft, Ingelheim: 45.5, 241.1, 241.2, 241.3, 241.4, 359.1, 359.2, 359.3, 359.4, 359.5, 359.6, 359.7, 359.8, 359.9, 359.10, 359.11. |Behringer GmbH, Kirchardt: 169.3. |Bünz, Christian, Braunschweig: 301.1, 307.5, 308.1, 309.1, 309.2, 310.1, 314.1, 317.5, 318.2, 318.5, 328.1, 329.1, 330.2, 331.1, 331.2, 331.3, 331.5, 331.6, 333.1, 337.4, 338.1, 343.2, 358.2. |C. & E. FEIN GmbH, Schwäbisch Gmünd-Bargau: 172.1. |Carl Hanser Verlag GmbH & Co. KG, München: 174.2, 181.1. |Di Gaspare, Michele (Bild und Technik Agentur für technische Grafik und Visualisierung), Bergheim: 21.1, 26.2, 27.1, 29.1, 42.1, 45.7, 48.1, 48.2, 51.1, 59.1, 71.1, 73.1, 73.2, 73.3, 73.4, 73.5, 74.1, 75.1, 75.2, 75.3, 76.1, 76.3, 77.2, 77.3, 77.4, 78.2, 78.3, 79.1, 79.2, 80.1, 80.2, 80.3, 84.1, 84.2, 84.3, 84.4, 84.5, 84.6, 85.1, 85.2, 86.1, 87.1, 87.2, 87.3, 87.4, 88.1, 88.2, 89.1, 89.2, 96.4, 98.1, 99.1, 101.1, 102.1, 102.3, 102.4, 103.2, 104.2, 104.4, 105.1, 105.3, 106.2, 108.2, 109.1, 110.1, 111.1, 113.1, 114.1, 117.2, 120.1, 123.1, 123.2, 123.3, 126.1, 130.1, 130.2, 132.1, 134.1, 134.2, 134.3, 134.4, 134.5, 134.6, 134.7, 134.8, 135.1, 143.1, 143.2, 144.1, 144.2, 145.1, 145.2, 147.1, 148.3, 149.1, 151.1, 151.2, 156.1, 157.1, 157.2, 157.3, 160.1, 160.2, 160.3, 160.4, 161.1, 161.2, 162.1, 162.2, 162.3, 162.4, 163.2, 163.3, 163.4, 163.5, 163.6, 163.7, 164.1, 164.2, 164.3, 164.4, 164.8, 165.1, 165.2, 165.3, 166.1, 166.2, 166.3, 166.4, 166.5, 166.6, 166.7, 167.1, 167.2, 167.3, 167.4, 167.5, 168.1, 168.2, 168.3, 168.4, 170.1, 170.2, 175.1, 175.2, 175.3, 179.1, 179.2, 179.3, 179.4, 180.2, 181.2, 182.1, 182.3, 183.1, 183.2, 186.1, 188.1, 188.2, 188.3, 188.4, 188.5, 188.6, 189.1, 190.1, 192.1, 192.2, 192.3, 193.1, 195.2, 195.4, 196.2, 196.3, 197.1, 197.2, 197.3, 197.4, 197.5, 197.6, 198.1, 198.2, 198.3, 198.4, 198.5, 199.1, 199.2, 199.3, 199.4, 200.1, 200.2, 201.2, 202.1, 203.1, 203.2, 203.3, 203.4, 204.1, 204.2, 204.3, 204.4, 204.5, 204.6, 204.7, 204.8, 205.2, 205.3, 205.4, 206.2, 207.1, 209.1, 209.2, 209.3, 209.4, 209.5, 210.1, 210.2, 210.3, 210.4, 210.5, 210.6, 210.7, 210.8, 210.9, 210.10, 210.11, 210.12, 210.13, 210.14, 210.15, 210.16, 210.17, 210.18, 211.1, 211.2, 211.3, 211.4, 211.5, 211.6, 211.7, 211.8, 211.9, 212.1, 212.2, 212.3, 212.4, 212.5, 213.1, 213.2, 214.1, 214.2, 216.1, 220.1, 221.2, 221.3, 222.1, 222.2, 222.3, 223.1, 223.2, 223.3, 224.1, 224.2, 224.3, 224.4, 224.5, 225.1, 225.2, 225.3, 226.1, 226.2, 226.3, 226.4, 227.6, 229.1, 230.1, 231.1, 231.2, 232.1, 232.2, 232.3, 233.1, 234.1, 234.2, 234.3, 235.2, 235.3, 236.1, 236.2, 236.4, 236.7, 237.1, 237.2, 238.4, 238.5, 238.6, 239.1, 239.2, 240.1, 240.2, 241.8, 242.1, 242.2, 242.3, 242.4, 242.5, 242.6, 244.3, 244.4, 244.5, 245.2, 246.2, 246.3, 247.2, 248.4, 248.5, 249.1, 250.1, 258.1, 258.2, 259.1, 259.3, 260.1, 261.1, 261.2, 261.3, 261.4, 262.1, 262.2, 263.1, 263.2, 264.1, 264.2, 264.3, 264.4, 264.5, 264.6, 264.7, 264.8, 264.9, 265.1, 265.2, 265.3, 265.4, 267.1, 267.2, 267.3, 267.4, 268.1, 268.2, 268.3, 268.4, 268.5, 268.6, 268.7, 268.8, 268.9, 271.1, 275.1, 279.3, 281.1, 287.1, 288.1, 290.1, 290.2, 290.3, 291.1, 291.3, 292.1, 292.2, 292.3, 293.1, 293.2, 293.3, 293.4, 295.1, 295.2, 296.1, 296.2, 298.1, 299.1, 300.1, 305.2, 307.2, 307.3, 309.3, 309.4, 310.2, 310.3, 311.2, 311.3, 312.1, 312.2, 314.2, 314.3, 314.4, 314.5, 315.3, 316.1, 316.2, 316.3, 316.4, 316.5, 316.6, 316.7, 316.8, 316.9, 316.10, 316.11, 316.12, 316.13, 316.14, 316.15, 316.16, 316.17, 316.18, 316.19, 316.20, 316.21, 316.22, 316.23, 316.24, 316.25, 316.26, 316.27, 316.28, 316.29, 317.1, 317.2, 317.3, 317.4, 317.6, 317.7, 317.9, 317.10, 318.1, 318.3, 318.4, 318.6, 318.7, 318.8, 318.9, 319.1, 319.2, 319.3, 319.4, 319.5, 319.6, 319.7, 319.8, 319.9, 320.1, 321.1, 322.1, 323.1, 324.1, 325.2, 326.1, 326.2, 326.3, 327.1, 329.2, 331.4, 332.1, 333.2, 334.1, 334.2, 336.1, 341.1, 342.1, 343.1, 347.1, 347.2, 347.3, 347.4, 347.5, 348.1, 348.2, 348.3, 348.4, 349.1, 349.2, 349.3, 351.1, 352.1, 352.2, 353.1, 353.2, 354.1, 354.2, 355.1, 355.4, 356.1, 356.2, 356.3, 358.1, 361.1; Berufsgenossenschaft Holz und Metall, Mainz 363.2, 364.1; Deutsche Gesetzliche Unfallversicherung e.V. (DGUV), Berlin 108.1. |digiCULT-Saarland, Ottweiler: Foto: Saarländischer Museumsverband e.V. unter der CC Lizenz CC BY-SA 4.0 https://creativecommons.org/licenses/by-sa/4.0/ 172.4. |DIN Media GmbH, Berlin: 45.1, 45.2, 45.3, 45.4, 45.6, 45.8, 52.1, 52.2, 52.3, 52.4, 52.5, 52.6, 52.7, 52.8, 60.3, 60.5, 60.6, 62.1, 107.3, 241.5, 241.6. |DMG MORI, München: 187.4. |Druwe & Polastri, Cremlingen/Weddel: 227.1, 227.2, 227.3, 227.4, 227.5. |ELMAG Entwicklungs und

Bildquellenverzeichnis

Handels GmbH, Tumeltsham: 174.1, 207.4. |FAMI S.r.l., Rosà: 256.1. |Festo SE & Co. KG, Esslingen: 317.8, 337.3. |Fischer GmbH, Geringswalde: 20.2. |fotolia.com, New York: createur 60.1; Trueffelpix 58.1; © Thomas Hansen 60.2. |FPS Werkzeugmaschinen GmbH, Warngau: 201.3, 206.1, 293.5. |GSR Stursberg GmbH, Remscheid: 110.3, 110.4, 110.5, 110.6, 184.1, 184.3, 184.4, 185.1. |HANS THORMÄHLEN GmbH & Co. KG, Großenmeer: 301.2. |HEDELIUS Maschinenfabrik GmbH, Meppen: 20.1. |Hegewald & Peschke MPT GmbH, Nossen: 115.1. |HERMLE AG, Gosheim: 201.5. |Hockerup, Carmen, Hürup: 1.1, 2.1, 90.1. |iStockphoto.com, Calgary: 7postman 363.1; A stockphoto 285.1; alex-mit 137.3; AnnaElizabethPhotography 208.3; Chalabala 145.3; cris180 236.6; cyano66 17.3; daseaford 133.5; dlerick 131.4; DmyTo 137.2; FG Trade 39.3; Floriana 136.1; gorodenkoff 65.2, 66.1; Grafner 106.3, 136.3; Häuslbetz, Andreas 145.5; huseen, sufiyan 219.4; iantfoto 339.1; InCommunicado 133.2; industryview 11.4, 17.1; JIRAROJ PRADITCHAROENKUL 346.1; kadmy 214.3; kittimages 63.1; Ladislav Kubeš 155.3, 155.5; lcs813 291.2; liujunrong 193.3; M-Production 301.3; maroke 39.1; Matveev_Aleksandr 193.2; molaruso 96.6; monkeybusinessimages 17.2; Oguz Uysak 133.3; OlegSam 172.2; OwenPrice 136.4; pamirc 145.4; photosoup 357.1; Phuchit 155.2, 357.2; pixhook 131.1; PragasitLalao 136.6, 144.4; RedDaxLuma 171.2; Rustiyanto, Dwi 136.2; Sarak, Aree 39.4; Siddiqui, Aamir 196.1; sorapol1150 155.4, 195.1; stocknroll 188.7; timyee 60.4; uatp2 155.1; v_zaitsev 236.5; Velazquez, Noe 128.1; vitapix 213.4; Wirestock 144.3; worradirek 39.2; yanik88 133.1; zenit122 136.5; zssp 307.1; © Viktor Kintop 300.2. |J. Schmalz GmbH, Glatten: 208.1. |Jansen AG, Oberriet: 143.4. |Kallenberger Ingenieur-GmbH, Düsseldorf: 131.2. |Karl-Heinz Müller, Ingenieurbüro, Waldkirchen: 177.1, 177.2, 177.3, 177.4, 178.1, 178.2. |KASTO Maschinenbau GmbH & Co. KG, Achern-Gamshurst: 169.1, 169.2. |Köhler GmbH & Co. KG, Kirschweiler: 12.1, 23.1, 215.1. |KS Tools Werkzeuge-Maschinen GmbH, Heusenstamm: 296.3. |KUNZMANN Maschinenbau GmbH, Remchingen-Nöttingen: 201.4, 216.2. |Mahr GmbH, Göttingen: 103.1, 104.3. |Matthias Roitzheim, Gelsenkirchen: 96.5. |Matutat, Patricia, Lotte: 272.1, 272.2, 272.3, 273.1, 273.2, 274.1, 274.2, 275.3, 275.4, 275.5, 276.1, 276.2, 276.3, 276.4, 276.5, 276.6; nachgezeichnet von Di Gaspare, Michele (Bild und Technik Agentur für technische Grafik und Visualisierung), Bergheim 76.2, 78.1. |mauritius images GmbH, Mittenwald: Cavan Images/Henn Photography 122.1; DSLucas 131.3; Weitzel, Holger 289.1; Westend61 122.5. |Megele, Thomas, Ursberg: 184.2, 212.7. |NSK Deutschland GmbH, Ratingen: 350.1, 350.3, 350.4. |Nusret Eroglu Präzisionswerkzeuge GmbH, Mössingen: 213.3. |Oerke, Alexa, Gifhorn: 96.1, 98.2, 117.1. |OPO Oeschger AG, Kloten: 159.4. |PantherMedia GmbH (panthermedia.net), München: bukhta79 161.3; Lenz, Stefan 158.3; panama555 350.2. |Pick-Up Media - Gerhard Klähn, Hannover: https://www.pick-up-media.de/ 107.1. |Reitberger, Robert, Gerzen/ Lichtenhaag: umgesetzt durch Valentinelli, Mario, Rostock 93.1, 100.1, 101.2. |RÖHM GmbH, Sontheim a. d. Brenz: 179.7, 179.8, 194.1, 194.2, 194.3. |Sandvik Coromant, Düsseldorf: 185.2. |Sassatelli s.r.l., Pianoro (BO): 195.3. |SCHUNK SE & Co. KG, Lauffen/Neckar: 179.9. |Shutterstock.com, New York: ABCDstock 119.2; abimages 171.3; Akimov Igor 93.2, 97.2; AlenKadr 248.2; arfa adam 95.1; asharkyu 238.2; astel design 24.1; Bardushka, Natalya 95.5; BonD80 230.2; Cat Us 143.3; Chokchai, Chok 93.3, 97.3; daseaford 187.2; denisik11 137.1; Don Pablo 11.3, 19.5; donatas1205 102.2; Dovzhykov Andriy 244.1; elenab 16.1; elenabsl 13.1; Elnur 33.1; evkaz 219.2; Factory_Easy 219.6; FedotovAnatoly 133.4; fle-x-elf 237.4; Funtap 11.2, 14.1; Gorodenkoff 26.1; I AM NIKOM 19.7; il21 96.3; Joaquin Corbalan P 119.1; Kaewkhammul, Anan 97.1; Kalinovsky, Dmitry 19.4, 22.1, 340.1; kang-bthian 107.2; kasarp studio 315.2; KKulikov 315.1; KUNTHONG, SARIN 219.1, 225.5; Kzenon Titel; Le Moal, Olivier 24.3; lertkaleepic 243.2, 246.1; marketlan 179.5, 225.4; MaxCab 237.3; Merfeldas, Audrius 13.4; metamorworks 19.6; MilanMarkovic78 311.1; Mishunin, Mikhail 119.4, 122.3; Monkey Business Images 20.3; Morocco lens 97.4, 110.2; Morphart Creations inc 187.1; Mr.Matoom 104.1; Mrs_ya 115.2; mtkang 19.3; Nata Studio 243.3; NicoElNino 18.1, 24.2; Nipot, Daria 122.2, 122.4; noprati somchit 219.5; Oleksandr Chub 248.1; patpitchaya 95.4; R_Boe 13.3; Rawpixel.com 19.2; Ryzhov, Sergey 96.2, 141.1; SFIO CRACHO 19.1; Smagin, Petr 247.1; Soppelsa, Moreno 277.2; spaxiax 243.1; StanislauV 248.3; Stokkete 119.3; Sunshinyday 245.1; Sutthipan Poungkaew 238.1; Svetliy 237.5; Umomos 241.7; Underawesternsky 95.2; Venn-Photo 219.3; Wongsakorn Dulyavit 95.3; Yevgeniy, Sambulov 106.1; Zapp2Photo 11.1, 13.5, 15.1, 307.4; ZinetroN 14.2; ZoranOrcik 94.1. |Siemens AG, München: 337.1, 337.2. |simatec ag, Wangen an der Aare: 355.2, 355.3. |Smithsonian Institution, National Museum of Natural History, Washington, DC: 201.1. |SPREITZER GmbH & Co. KG, Gosheim: 208.2. |stock.adobe.com, Dublin: Anterovium 43.6; Aranami 277.4; Cavan 255.1, 259.2; chones 143.5; Funtay 266.1, 266.2; Geithe, Ralf 36.1; gunterkremer 43.2; I LOVE PNG 56.3; industrieblick 255.3; Manok 44.1; mari1408 275.2, 277.1, 277.3; Mulderphoto 56.2; Nur 43.3; OLEKSANDR 43.1; Pixel 279.2; Pixel-Shot 43.4; R_boe 279.1; Sauerlandpics 40.1, 57.1; standret 43.5; Strelnikova, Irina 54.1; Tieck, Michael 269.1; Trubitsyn, Andrey 56.1; Yaroslav 255.2, 260.2; © M.Doerr & M.Frommherz GbR 255.4. |Stritzelberger GmbH, Solingen: www.vakuumtisch.de 25.1, 215.2. |TÜNKERS Maschinenbau GmbH, Ratingen: 344.1. |ULTRA PRÄZISION MESSZEUGE GmbH, Glattbach: 105.2. |WEILER Werkzeugmaschinen GmbH, Emskirchen/Mausdorf: 187.3, 187.5. |ZwickRoell GmbH & Co. KG, Ulm: 129.1. |© Hoffmann SE, 2025, München: 159.1, 159.2, 159.3, 159.5, 164.5, 164.6, 164.7, 164.9, 179.10, 180.1, 180.3, 180.4, 181.3, 181.4, 182.2, 207.3, 212.6.